JN336236

ホモロジー代数学

安藤哲哉 著

数学書房

はじめに

　本書の執筆中の 2008 年 8 月 13 日に，Henri Cartan が 104 歳で他界された．氏と Samuel Eilenberg の共著書『Homological Algebra』(以下 [CE]) は 1956 年に出版されて以来，ホモロジー代数の標準的教科書として多くの数学者に読まれてきた．和書では，同書に沿って書かれた中山正・服部昭『ホモロジー代数学』共立 (1957)(以下 [中山・服部]) や，岩波基礎数学講座として出版された河田敬義『ホモロジー代数』(1976)(以下 [河田]) が標準的教科書として愛用されてきた．これらは名著であるが，残念ながら両書とも絶版になって久しい．本書は，[中山・服部] や [河田] の代用たるものを提供することを目的に執筆した．ただし，その後 30 年間でホモロジー代数も大きく発展し巨大化してきたので，新しい内容を追加すると同時に，必要性の低くなった事項は割愛し，時代の要求に合わせて扱う内容をかなり変更することにした．

　本書の構成について，少し説明と弁解をさせて頂く．現在，ホモロジー代数は，幾何学，可換環論，代数幾何学，整数論，代数解析学をはじめ，多くの分野で利用されている．これら，すべての分野を念頭に，あらゆることを網羅的に解説しようとしたら，分厚い数学辞典のような本になってしまう．逆に，ホモロジー代数の初歩は，森田康夫『代数概論』裳華房 (以下 [森田])，彌永昌吉・小平邦彦『現代数学概説 I』岩波 (以下 [彌永・小平]) をはじめ様々な和書で解説されている．本書は，まったくホモロジー代数に触れたことのない人より，上記のような入門的教科書を卒業した人で，特に可換環論，代数幾何，整数論などの可換代数に興味を持つ人に役に立つことを念頭において執筆した．一応，初心者でも読めるように書いてはあるが，ホモロジー代数を速習するなら，まず，上記のような入門書を読んでいただきたい．

　第 1 章「加群」，第 2 章「複体の (コ) ホモロジー」は初心者のために設けられているので，代数学をある程度勉強された方は飛ばして読んでいただ

くとよい．

　第 3 章「射影的加群と移入的加群」からは，ホモロジー代数の初歩を勉強された方も，きちんと読んでいただきたい．ここには，[中山・服部], [河田] より新しい知見が多く盛り込まれている．ただし，[河田] にある cofree については，割愛させて頂いた．

　第 4 章「導来関手」において，Abel 圏の一般論は本書では割愛した．[森田] や [彌永・小平] で説明されているようなホモロジー代数は一般の Abel 圏でも並行して成立するが，本書の内容 (特に，Noether 環や有限生成加群の理論) は一般の Abel 圏などでは成立しないものが多い．一般の圏上で成立する定理でも，環上の加群の圏の場合より，証明が複雑で難しくなるものも少なくない．そもそも，層の圏のように，環上の加群の圏には存在しない半完全関手の解説や，Abel 圏，導来圏，三角圏などの一般論を詳しく書き始めると，さらに数百ページを要する．そういう種々の事情で，本書では環上の加群のホモロジー代数を中心に説明することにし，圏上のホモロジー代数は，機会があったら別書で解説するのが適当と考えた．

　また，本書では，多変数関手の理論は省略して 1 変数関手だけを扱うことにした．[中山・服部] や [河田] で多変数関手を用いて説明されている事項は，本書ではスペクトル系列を利用して説明してある．関手の自然変換も簡単に触れるにとどめた．

　第 5 章「スペクトル系列」は，[中山・服部] や [河田] では終章で扱われているが，最近の代数やトポロジーではスペクトル系列の知識が常識化しているので，本書では早い段階で導入し，Ext や Tor もスペクトル系列を利用して説明した．

　第 6 章「Ext と Tor」の内容は標準的なもので，それほど新しい内容はない．ただし，スペクトル系列を多用して解説している．Ext と Tor を速習するだけなら，本書より [森田] などを読んでいただくほうが手っ取り早いが，ある程度専門的な議論をするためには，本書で解説したような手法が不可欠である．それから，[CE] や [中山・服部] にある「積」については，割愛させてもらった．積については，幾何学者によるホモロジー論の教科書で勉強してもらうほうが，積の幾何学的意味がよく分かってよいと思う．

第7章以降の構成については，弁解が必要である．まず，[CE] や [中山・服部] にある，群のホモロジー，Lie 環のホモロジーは割愛した．多元環のホモロジーについても，非可換環上の理論は割愛した．多くの教科書が出版されている現在では，これらの内容は各分野の教科書で勉強するほうが適当と考えたからである．例えば，非可換代数に興味ある方は，巻末文献の [岩永・佐藤] を参照して頂くとよい．層のコホモロジーについても，Iversen[Iv] の邦訳を初め，いろいろな和書で解説されているので，改めて本書で扱うに及ばないと考え割愛した．エタール・コホモロジーについては加藤和也の書に期待したい．

　そういうわけで，第7章「Noether 可換環上のホモロジー代数」は [松村] で使われているような，Noether 可換環におけるホモロジー理論を解説することを目標に執筆した．この章の内容は [松村] とかなり重なっているが，より詳しく解説した事項も多い．代数以外の専攻の方も，第7章の前半くらいまでは読んでおいて損はないと思う．

　第8章「標準加群と局所コホモロジー」は，代数幾何や可換環論の専門家向けの内容であって，特に，Hartshorne[H] を読まれた方には参考になると思う．初学者にはかなり難しい部分もあるので，ある程度，可換環論や代数幾何に熟達してから読まれるとよい．特に，次数付き加群のホモロジー代数は，射影代数多様体への応用を念頭に書いた．

2010 年 2 月 　　　　　　　　　　　　　　　　　　　　　　　　　著者

＊ 正誤表は安藤哲哉のホームページに掲載されています．

目次

- 第 1 章　加群 1
  - 1.1　環と加群 1
  - 1.2　完全系列 3
  - 1.3　可換環の基本概念 7
  - 1.4　蛇の補題 10
  - 1.5　直積と直和 13
  - 1.6　帰納的極限と射影的極限 17
  - 1.7　Hom 22
  - 1.8　双対加群 27
  - 1.9　テンソル積 29
- 第 2 章　複体の (コ) ホモロジー 43
  - 2.1　複体の定義 43
  - 2.2　ホモロジー・コホモロジー 45
  - 2.3　複体の例 46
  - 2.4　次数付き加群 49
  - 2.5　ホモトープ 53
  - 2.6　複体の完全系列 54
- 第 3 章　射影的加群と移入的加群 60
  - 3.1　射影的加群と移入的加群の定義 60
  - 3.2　射影的加群 62
  - 3.3　移入的加群 72
  - 3.4　移入閉包 80
  - 3.5　射影分解・移入分解 83
  - 3.6　複体の射影分解・移入分解 89
- 第 4 章　導来関手 97
  - 4.1　圏 97

4.2	関手	98
4.3	半完全関手	101
4.4	導来関手の定義	106
4.5	導来関手の性質	111
4.6	関手とホモロジー	115
4.7	関手の自然変換	118
第5章	スペクトル系列	125
5.1	スペクトル系列の定義	125
5.2	スペクトル系列の基本性質	128
5.3	スペクトル系列の構成	137
5.4	完全対	141
5.5	2重複体	147
5.6	ホモロジー・スペクトル系列	153
第6章	Ext と Tor	165
6.1	Ext と Tor の定義	165
6.2	次元論	178
6.3	Künneth の関係	193
6.4	超ホモロジー	201
第7章	Noether 可換環上のホモロジー代数	208
7.1	局所化との関係	208
7.2	Noether 可換環上の移入的加群の構造	214
7.3	Bass 数	221
7.4	完備化と Matlis の双対	222
7.5	正則列	228
7.6	Koszul 複体と Čech 複体	242
7.7	CM 環と Gorenstein 環	251
第8章	標準加群と局所コホモロジー	264
8.1	標準加群	264
8.2	局所コホモロジーの定義と基本性質	274

8.3　次数付き環の素イデアル ………………… 290
　　8.4　次数付き加群の圏 ………………………… 299
　　8.5　算術的 CM 次数付き環 ………………… 310

初版第 2 刷の補遺 ………………………………… 334

参考文献 …………………………………………… 335

記号索引 …………………………………………… 338

用語索引 …………………………………………… 340

第1章

加群

1.1. 環と加群

本書では，環は単位元 1 を持つものと仮定し，環の準同型写像 f は $f(1) = 1$ を満たすことを仮定する．本書では非可換環も登場するので，環というときは積 (乗法) についての交換法則は仮定しない．ただし，体は可換体のことを指す．

R が非可換環のとき，R 上の加群は R の作用の方向により左加群と右加群を区別しないといけない．つまり，M が $\mathbb{Z}$-加群で，$a \in R$ に対し左からの作用 $ax \in M$ が定義されていて，結合法則 $(ab)x = a(bx)$，分配法則 $(a+b)x = ax + bx, a(x+y) = ax + ay$ $(a, b \in R; x, y \in M)$ と，$1x = x$ を満たす場合に M を R-**左加群**とか，**左** R-**加群**という．

同様に，$a \in R$ に対し右からの作用 $xa \in M$ が定義されていて，上と同様な法則を満たすとき，R-**右加群**という．

M が R-左加群でも R-右加群でもあるとき M を R-**両側加群**という．このとき，一般には $ax \neq xa$ であるので，注意が必要である．また，

$$Rx = \{ax \in M \mid a \in R\} \quad \text{と} \quad xR = \{xa \in M \mid a \in R\}$$

も一般には一致しない．R が可換環の場合には $xa = ax$ と約束し，右からの作用と左からの作用を区別しない．

R, S が環であって，M は R-左加群でありかつ S-右加群であるとする．この場合，**本書では次の結合法則が成り立つことを仮定する．**

(∗)　$r \in R, s \in S, x \in M$ のとき，
$$r(xs) = (rx)s$$

R-左加群 M と，$X \subset M$ に対し，$\sum_{i=1}^{n} a_i x_i$ ($n \in \mathbb{N}$, $a_i \in R$, $x_i \in X$) という形の元全体の集合を X で生成される R-左加群といい，X をその**生成系**とか**生成元**という．右加群の場合は $\sum_{i=1}^{n} x_i a_i$ として考える．

ホモロジー代数は，群論や代数解析などでも利用するので，非可換環の場合も考えて理論を展開するのが望ましい．しかし，整数論や代数幾何学のように可換環しか扱わない人達には，左右を考えるのは煩わしいであろう．そこで，**本書では R が非可換環のとき R-左加群を単に R-加群とよぶ**．応用上，R-右加群，R-両側加群はあまり登場しないから，本書では左加群を基本に考える．なお，いちいち断らないが，R-左加群についての定義や定理は，特殊なものを除けば R-右加群についてもそのまま適用される．また，**R のイデアルは左イデアル**のことを指すと約束する．なお，本書では，**R 自身は R のイデアルとは考えない**ことにする．

R-加群としての準同型写像を短く R-**準同型写像**とか R-**準同型**という．本書では，R-加群 M, N が与えられたとき $f \colon M \to N$ とか，$M \xrightarrow{f} N$ と書いたら f はつねに R-準同型写像であると仮定し，R-準同型写像とは限らない写像を扱う場合には，そのことを明記する．

また，1つの元 0 だけからなる R-加群 $\{0\}$ を**ゼロ加群**とよび，$\{0\}$ を単に 0 と書く．また，R-加群 M, N に対し，写像 $f \colon M \to N$ が**ゼロ写像**であるとは，任意の $x \in M$ に対し $f(x) = 0$ となることをいう．ゼロ写像を単に 0 とも書き，f がゼロ写像であることを $f = 0$ と書く．ゼロ写像は R-準同型写像である．

また，恒等写像は $\mathrm{id}_M \colon M \to M$ または $1_M \colon M \to M$ という記号で表す．

本書では，$f \colon L \to M$ が全射であるとき
$$f \colon L \twoheadrightarrow M$$
と書き，$f \colon L \to M$ が単射であるとき
$$f \colon L \hookrightarrow M$$

と書く．特に $L \subset M$ のとき，$f(x) = x$ で定まる**包含写像** $f: L \to M$ を
$$f: L \hookrightarrow M$$
と書く．

R-加群 M が R 上有限個の元で生成されるとき，M は**有限生成** R-加群であるとか，**有限** R-加群であるという．本書では，前者の用語を用いる．

R-多元環 S が，有限生成 R-加群であるとき，S は**有限** R-多元環であるという．他方，S が環として R 上有限個の元で生成されるとき，S は**有限生成** R-多元環であるという．

環 R が **Noether 環**であるとは，R の左イデアルについての昇鎖条件が成り立つことをいう．これは，R の任意の左イデアルが有限生成であることと同値である．

R が Noether 環で，M が有限生成 R-加群のとき，M の任意の部分 R-加群は有限生成である．

$a \in R$ が任意の $b \in R$ に対し $ab = ba$ を満たすとき，a は**中心元**であるとか，**R-中心元**であるという．

$f(x) = ax$ で定まる a 倍写像 $f: R \to R$ が R-準同型写像であるための必要十分条件は，a が中心元であることである．また，m 行 n 列の行列 $A = (a_{ij})$ $(a_{ij} \in R)$ で表現される写像 $f: R^n \to R^m$ が R-準同型写像であるための必要十分条件は，すべての a_{ij} が中心元であることである．

1.2. 完全系列

R は環で，L, M は R-加群，$f: L \to M$ は R-準同型写像とする．このとき，
$$\begin{aligned} \operatorname{Ker} f &= \{x \in L \mid f(x) = 0\} \\ \operatorname{Im} f &= \{f(x) \in M \mid x \in L\} \\ \operatorname{Coker} f &= M / \operatorname{Im} f \end{aligned}$$

と書く．$\operatorname{Ker} f$ は L の部分 R-加群，$\operatorname{Im} f$ は M の部分 R-加群になる．$\operatorname{Ker} f$ を f の**核**（カーネル）といい，$\operatorname{Im} f$ を f の**像**（イメージ）という．ま

た，$\operatorname{Coker} f$ を f の**余核** (コカーネル) とよぶ．余像 (コイメージ)
$$\operatorname{Coim} f = L/\operatorname{Ker} f$$
も定義し得るが，準同型定理により $L/\operatorname{Ker} f \cong \operatorname{Im} f$ であるので，余像は像と同型であり，R-加群では考える必要がない．

R は環で，I は $\mathbb{Z}$ 内の連続する整数からなる部分集合とし，各 $i \in I$ に対し M_i は R-加群で，$i, i+1 \in I$ のときに $f_i \colon M_i \to M_{i+1}$ は R-準同型写像であるとする．このとき，
$$\cdots \xrightarrow{f_{i-2}} M_{i-1} \xrightarrow{f_{i-1}} M_i \xrightarrow{f_i} M_{i+1} \xrightarrow{f_{i+1}} M_{i+2} \xrightarrow{f_{i+2}} \cdots \quad (*)$$
などと書き，**系列**という．さらに，各 $i, i+1, i+2 \in I$ に対し $\operatorname{Im} f_i = \operatorname{Ker} f_{i+1}$ が成り立つとき，上の系列 $(*)$ は**完全系列** (exact sequence) であるという．

なお，$M_i = 0$ のとき，R-準同型写像 $f_i \colon 0 \to M_{i+1}$ はゼロ写像しか存在しないので，f_i を省略して単に $0 \to M_{i+1}$ と書く．同様に，準同型写像 $f_i \colon M_i \to 0$ もゼロ写像しか存在しないので，単に $M_i \to 0$ と書く．

完全系列の中で，
$$0 \longrightarrow L \xrightarrow{f} M \xrightarrow{g} N \longrightarrow 0$$
という形のものが基本になる．この形の完全系列を**短完全系列** (short exact sequence) という．

命題 1.2.1. R-加群 M, N に対し，以下が成り立つ．

(1) $0 \longrightarrow M \xrightarrow{f} N$ が完全 $\iff f$ は単射．

(2) $M \xrightarrow{f} N \longrightarrow 0$ が完全 $\iff f$ は全射．

(3) $0 \longrightarrow M \xrightarrow{f} N \longrightarrow 0$ が完全 $\iff f$ は同型写像．

定理 1.2.2. k は体，M は有限次元 k-ベクトル空間とする．完全系列
$$0 \longrightarrow L \xrightarrow{f} M \xrightarrow{g} N \longrightarrow 0$$
が存在するならば，$\dim_k M = \dim_k L + \dim_k N$ が成り立つ．

証明． L と $f(L)$ は同型で，$f(L)$ は有限次元ベクトル空間 M の部分空間だから，$f(L)$ も有限次元で，L も有限次元である．$\dim_k L = l$ と

し，$x_1,\ldots, x_l$ を L の基底とする．$y_1 = f(x_1),\ldots, y_l = f(x_l)$ とおく．f は単射だから，$y_1,\ldots, y_l$ は 1 次独立である．$\dim_k M = m$ とし，$m-l$ 個の元 $y_{l+1},\ldots, y_m \in M$ をうまく選んで，$y_1,\ldots, y_l, y_{l+1},\ldots, y_m$ が M の基底になるようにできる．g は全射だから，$g(y_1),\ldots, g(y_m)$ は N の生成系になる．ところが，$1 \leq i \leq l$ のとき $g(y_i) = g(f(x_i)) = 0$ だから，$g(y_{l+1}),\ldots, g(y_m)$ が N の生成系になる．もし，これらの間に線形関係 $\sum_{j=l+1}^{m} a_j g(y_j) = 0 \ (a_i \in k)$ があれば，$\sum_{j=l+1}^{m} a_j y_j \in \operatorname{Ker} g = \operatorname{Im} f$ だから，$\sum_{j=l+1}^{m} a_j y_j = f\left(\sum_{i=1}^{l} a_i x_i\right) (\exists a_i \in k)$ と書ける．しかし，$y_1,\ldots, y_m$ は 1 次独立だから，$a_1 = \cdots = a_m = 0$ でなければならない．したがって，$g(y_{l+1}),\ldots, g(y_m)$ は N の基底になり，$\dim_k N = m - l$ が得られる． □

系 1.2.3. k は体で，$M_1,\ldots, M_n$ は有限次元 k-ベクトル空間で，完全系列

$$0 \xrightarrow{f_0} M_1 \xrightarrow{f_1} M_2 \xrightarrow{f_2} \cdots \xrightarrow{f_{n-2}} M_{n-1} \xrightarrow{f_{n-1}} M_n \xrightarrow{f_n} 0$$

が存在すると仮定する．このとき，$\sum_{i=1}^{n} (-1)^i \dim_k M_i = 0$ が成り立つ．

証明． $0 \to \operatorname{Ker} f_i \hookrightarrow M_i \xrightarrow{f_i} \operatorname{Im} f_i \to 0$ は完全系列だから，$\dim_k M_i = \dim_k \operatorname{Ker} f_i + \dim_k \operatorname{Im} f_i$ が成り立つ．$\operatorname{Im} f_i = \operatorname{Ker} f_{i+1}$ だから，

$$\sum_{i=1}^{n} (-1)^i \dim_k M_i = \dim_k \operatorname{Ker} f_0 + (-1)^n \dim_k \operatorname{Im} f_n = 0$$

が成り立つ． □

定理 1.2.4. R-加群の完全系列

$$0 \longrightarrow L \xrightarrow{f} M \xrightarrow{g} N \longrightarrow 0$$

に対し，次の (1)〜(3) は同値である．
 (1) ある R-準同型 $h \colon M \to L$ が存在し，$h \circ f = \operatorname{id}_L$ を満たす．
 (2) ある R-準同型 $i \colon N \to M$ が存在し，$i \circ g = \operatorname{id}_N$ を満たす．

(3) N と同型な部分 R-加群 $N' \subset M$ が存在し，$M = f(L) \oplus N'$，$g(N') = N$ が成り立つ．このとき，$g|_{N'}: N' \to N$ は同型写像である．

上のいずれかの条件が成立するとき，完全系列 $0 \to L \to M \to N \to 0$ は**分解**するとか**分裂**するとか **split** するという．

証明．(1) $\Longrightarrow$ (3) は，$N' = \operatorname{Ker} h$ とすれば容易に証明できる．(3) $\Longrightarrow$ (1) は，正射影 $f(L) \oplus N' \twoheadrightarrow f(L)$ と $f^{-1}: f(L) \to L$ の合成を h とすればよい．(2) $\Longrightarrow$ (3) は，$N' = \operatorname{Im} j$ とすれば証明でき，(3) $\Longrightarrow$ (2) は，$g: N' \to N$ の逆写像から $j: N \to N' \overset{\subset}{\to} M$ を作ればよい． □

命題 1.2.5． $f: L \to M$ が R-加群の準同型写像のとき，以下の完全系列が存在する．

$$0 \longrightarrow \operatorname{Ker} f \overset{\subset}{\longrightarrow} L \overset{f}{\longrightarrow} \operatorname{Im} f \longrightarrow 0$$
$$0 \longrightarrow \operatorname{Im} f \overset{\subset}{\longrightarrow} M \longrightarrow \operatorname{Coker} f \longrightarrow 0$$
$$0 \longrightarrow \operatorname{Ker} f \overset{\subset}{\longrightarrow} L \overset{f}{\longrightarrow} M \longrightarrow \operatorname{Coker} f \longrightarrow 0$$

命題 1.2.6． (1) (準同型定理) $f: L \to M$ が R-加群の準同型写像のとき，

$$L/\operatorname{Ker} f \cong \operatorname{Im} f$$

(2) (第 1 同型定理) L, M, N が R-加群で，$L \supset M \supset N$ のとき，次が成り立つ．

$$(L/N)/(M/N) \cong L/M$$

(3) (第 2 同型定理) L, M が R-加群 A の部分 R-加群のとき，次が成り立つ．

$$L/(L \cap M) \cong (L + M)/M$$

(4) $f: L \to M$ が R-加群の準同型写像で，$L_0 \subset L$, $M_0 \subset M$ が部分 R-加群であり，$f(L_0) = M_0$ のとき，

$$f^{-1}(M_0) = L_0 + \operatorname{Ker} f$$

これらの命題の証明は，代数学の初歩的な話題なので割愛する．

ホモロジー代数では矢印 (写像) $\longrightarrow$ がたくさん登場するので，ホモロジー代数を使って議論する人のことを「矢印使い」ともいう (加藤和也説). ホモロジー代数における概念や定義や定理において，形式的に矢印 $\longrightarrow$ の向きをすべて一斉に逆向き $\longleftarrow$ に変更して得られる概念や定義や定理を**双対** (そうつい) という.

例えば，R-準同型写像 $f\colon L \to M$ が単射であることは，「$0 \longrightarrow L \xrightarrow{f} M$ が完全である」と言い換えられるが，ここで矢印の向きを反転すると，「$0 \longleftarrow L \xleftarrow{f} M$ が完全」つまり「$M \xrightarrow{f} L \longrightarrow 0$ が完全」となるが，これは $f\colon M \to L$ が全射であることと同値である．したがって，

「単射」の双対は「全射」

ということになる.

同様に，主な双対概念を列挙すると以下のようになる.

(1) 「$L \hookrightarrow M$」の双対は「$M \twoheadrightarrow L$」

(2) 「L は M の部分 R-加群」の双対は「L は M の商 R-加群」

(3) $\operatorname{Ker} f$ の双対は $\operatorname{Coker} f$. なぜなら「$0 \to \operatorname{Ker} f \xhookrightarrow{} L \xrightarrow{f} M$ が完全」の双対は，「$M \xrightarrow{f} L \twoheadrightarrow \operatorname{Coker} f \to 0$ が完全」だからである.

(4) $\operatorname{Im} f$ の双対は $\operatorname{Coim} f$, と言いたいところだが，$\operatorname{Coim} f \cong \operatorname{Im} f$ なので，$\operatorname{Im} f$ の双対は $\operatorname{Im} f$.

1.3. 可換環の基本概念

Noether 可換環と局所環の理論の初歩は，本書では解説しない．これらを知らない人は，それに関連する部分を全部飛ばして読んでもらっても，話が通じるように書いてあるので，そうしてほしい.

定義 1.3.1. 可換環 R の部分集合 S が以下の 2 つの条件を満たすとき，**積閉集合**であるという.

(1) $x, y \in S$ ならば $xy \in S$.

(2) $0 \notin S$.

M は R-加群, $S \subset R$ は積閉集合とする. $M \times S$ 上の同値関係 $\sim$ を, $(x, a), (y, b) \in M \times S$ に対し,

$$(x, a) \sim (y, b) \iff \text{ある } s \in S \text{ が存在して } s(bx - ay) = 0$$

によって定義し,

$$S^{-1}M = (M \times S)/\sim$$

と定め, $S^{-1}M$ における (x, a) の同値類を $\dfrac{1}{a}x$ とか, $\dfrac{x}{a}, a^{-1}x$, あるいは x/a と書く. $\iota: M \to S^{-1}M$ を $\iota(x) = x/1$ で定めるとき,

$$\mathrm{Ker}\,\iota = \{x \in M \mid \exists s \in S, sx = 0\}$$

である. 一般には ι は単射とは限らない.

$$\frac{x}{a} = \frac{y}{b} \iff \exists s \in S, say = sbx$$

であって, ここが普通の分数の法則と異なる. ただし, R が整域のときは,

$$\frac{x}{a} = \frac{y}{b} \iff ay = bx$$

である.

定義 1.3.2. R は可換環とし, R の非零因子全体の集合を S とする. このとき, S は積閉集合になるので,

$$Q(R) = S^{-1}R$$

と定義し, $Q(R)$ を R の**全商環**という.

特に R が可換整域のとき $Q(R)$ は可換体になるが, このとき $Q(R)$ を R の**分数体**ともいう. このとき, 前定義の ι に対し $\mathrm{Ker}\,\iota = 0$ となるので, $x \in R$ と $x/1 \in Q(R)$ を同一視して (同じ元と考えて) $R \subset Q(R)$ と考える.

なお, [永田] 第 2.3 節 (p.52-57) に書いてあるように, $\mathfrak{n} = \{x \in R \mid \exists s \in S, sx = 0\}$, $\varphi: R \twoheadrightarrow R/\mathfrak{n}$ を自然な全射として,

$$Q(R) = \{r/s \mid r \in R/\mathfrak{n}, s \in \varphi(S)\}$$

と考えてもよい.

なお, 非可換環に対しても左全商環, 右全商環が定義できるが, 可換環の場合とはずいぶん様子が異なる. 興味ある方は [中山・東屋], [岩永] などを参照されたい.

定義 1.3.3. R は可換環，M は R-加群，$\mathfrak{p}$ は R の素イデアルとする．$S = R - \mathfrak{p}$ (R における $\mathfrak{p}$ の補集合) とおくと，S は積閉集合になる．そこで，
$$R_{\mathfrak{p}} = S^{-1}R, \quad M_{\mathfrak{p}} = S^{-1}M$$
と書き，$\mathfrak{p}$ による**局所化**という．$R_{\mathfrak{p}}$ が $\mathfrak{p}R_{\mathfrak{p}}$ を唯一の極大イデアルとする局所環になることは，可換環論の入門書に解説されているとおりである．また，第 1.9 節で説明するテンソル積を用いれば，自然な同型
$$M_{\mathfrak{p}} \cong R_{\mathfrak{p}} \otimes_R M$$
が存在する．

定理 1.3.4. (中山の補題) R は可換環，M は有限生成 R-加群，N は M の部分 R-加群とする．また，R のすべての極大イデアルの共通部分を J とする (J は **Jacobson 根基**とよばれる)．このとき，もし，
$$JM + N = M$$
が成り立つならば，$M = N$ である．

証明は [永田] 定理 2.1.5 または [松村] 定理 2.2 等を見よ．特に，R が $\mathfrak{m}$ を唯一の極大イデアルとする局所環の場合には，$J = \mathfrak{m}$ であるので，$\mathfrak{m}M + N = M$ ならば $M = N$ である．さらに，$N = 0$ とおくと，$\mathfrak{m}M = M$ ならば $M = 0$ であることがわかる．

定義 1.3.5. 可換環 R に対し，R の素イデアルの列
$$\mathfrak{q}_0 \supsetneq \mathfrak{q}_1 \supsetneq \mathfrak{q}_2 \supsetneq \cdots \supsetneq \mathfrak{q}_{d-1} \supsetneq \mathfrak{q}_d$$
の長さ d の上限 (最大値) を $\operatorname{Krull dim} R$ と書き，R の **Krull 次元**という．また，R の素イデアル $\mathfrak{p}$ に対し，
$$\mathfrak{q}_0 \subsetneq \mathfrak{q}_1 \subsetneq \mathfrak{q}_2 \subsetneq \cdots \subsetneq \mathfrak{q}_{h-1} \subsetneq \mathfrak{q}_h = \mathfrak{p}$$
を満たす素イデアル列の長さ h の上限 (最大値) を $\operatorname{ht} \mathfrak{p}$ と書き，$\mathfrak{p}$ の**高さ** (height) という．さらに，
$$\mathfrak{q}_0 \supsetneq \mathfrak{q}_1 \supsetneq \mathfrak{q}_2 \supsetneq \cdots \supsetneq \mathfrak{q}_{c-1} \supsetneq \mathfrak{q}_c = \mathfrak{p}$$
を満たす素イデアル列の長さ c の上限 (最大値) を $\operatorname{coht} \mathfrak{p}$ と書く．

一般に，$\operatorname{ht} \mathfrak{p} + \operatorname{coht} \mathfrak{p} \leq \operatorname{Krull dim} R$ が成り立つ．定義より，
$$\operatorname{ht} \mathfrak{p} = \operatorname{Krull dim} R_{\mathfrak{p}}, \quad \operatorname{coht} \mathfrak{p} = \operatorname{Krull dim} R/\mathfrak{p}$$
である．これらは代数幾何学で明確な幾何学的意味を持つ概念であるが，本書ではその説明や，これらの諸性質の紹介は割愛する．後で，これらと (コ) ホモロジーから定義されるいろいろな次元との関係が議論される．

1.4. 蛇の補題

本節では R は環とし，登場する写像はすべて R-準同型写像とする．

定義 1.4.1. K, L, M, N は R-加群とする．下の図 1 や図 2 のように，加群などを矢印 (準同型写像) で結んで得られる有向グラフ状の図を**図式** (diagram) という．

$$\begin{array}{ccc} L & \xrightarrow{g} & M \\ {}_{f}\searrow & & \swarrow_{h} \\ & N & \end{array} \qquad \begin{array}{ccc} K & \xrightarrow{f} & L \\ {}_{h}\downarrow & & \downarrow_{g} \\ M & \xrightarrow{i} & N \end{array}$$
図 1 　　　　　　図 2

図 1 で $f = h \circ g$ が成り立つ場合，また，図 2 で $g \circ f = i \circ h$ が成り立つ場合，それぞれの図式は**可換** (commutative) であるという．

一般に，もっと複雑な図式においても，矢印を進む経路に依らず，どの経路を通って写像を合成しても，その結果が同じ写像になるとき，その図式は可換であるという．

定理 1.4.2. (蛇の補題, snake lemma) $L_1, M_1, N_1, L_2, M_2, N_2$ は R-加群で，以下の図式は可換 (つまり，$g \circ \varphi_1 = \varphi_2 \circ f, h \circ \psi_1 = \psi_2 \circ g$) であり，横の 2 つの列 $L_1 \to M_1 \to N_1 \to 0$ と $0 \to L_2 \to M_2 \to N_2$ は完全系列であるとする．

$$\begin{array}{ccccccc} L_1 & \xrightarrow{\varphi_1} & M_1 & \xrightarrow{\psi_1} & N_1 & \longrightarrow & 0 \\ {}_{f}\downarrow & & \downarrow_{g} & & \downarrow_{h} & & \\ 0 & \longrightarrow & L_2 & \xrightarrow{\varphi_2} & M_2 & \xrightarrow{\psi_2} & N_2 \end{array}$$

このとき，以下の完全系列が存在する．

$$\operatorname{Ker} f \xrightarrow{\varphi_0} \operatorname{Ker} g \xrightarrow{\psi_0} \operatorname{Ker} h \xrightarrow{\delta} \operatorname{Coker} f \xrightarrow{\varphi_3} \operatorname{Coker} g \xrightarrow{\psi_3} \operatorname{Coker} h$$

ここで，φ_0, ψ_0 は φ_1, ψ_1 の定義域と終域を制限して得られる写像であり，φ_3 と ψ_3 はそれぞれ φ_2, ψ_2 から自然に誘導される写像である．δ を**連結写像**という．

さらに，もし φ_1 が単射であれば φ_0 も単射であり，もし ψ_2 が全射であれば ψ_3 も全射である．

証明．(1) $\varphi_1(\operatorname{Ker} f) \subset \operatorname{Ker} g$ だから，$\varphi_0 = \varphi_1|_{\operatorname{Ker} f} : \operatorname{Ker} f \longrightarrow \operatorname{Ker} g$ は矛盾なく定義できる．$\psi_0 = \psi_1|_{\operatorname{Ker} g} : \operatorname{Ker} g \longrightarrow \operatorname{Ker} h$ も同様である．

$\operatorname{Im} \varphi_0 = \varphi_1(\operatorname{Ker} f) = \operatorname{Im} \varphi_1 \cap \operatorname{Ker} g = \operatorname{Ker} \psi_1 \cap \operatorname{Ker} g = \operatorname{Ker} \psi_0$ なので，$\operatorname{Ker} f \xrightarrow{\varphi_0} \operatorname{Ker} g \xrightarrow{\psi_0} \operatorname{Ker} h$ は完全である．また，φ_0 の定義から，φ_1 が単射ならば φ_0 も単射である．

(2) $\pi_L \colon L_2 \twoheadrightarrow \operatorname{Coker} f$, $\pi_M \colon M_2 \twoheadrightarrow \operatorname{Coker} g$, $\pi_N \colon N_2 \twoheadrightarrow \operatorname{Coker} h$ を自然な全射とする．φ_3, ψ_3 の定義から，$\pi_M \circ \varphi_2 = \varphi_3 \circ \pi_L$, $\pi_N \circ \psi_2 = \psi_3 \circ \pi_M$ である．

$\operatorname{Im} \varphi_3 = \varphi_3(\pi_L(L_2)) = \pi_M(\varphi_2(L_2)) = \pi_M(\operatorname{Im} \varphi_2) = \operatorname{Im} \varphi_2 / \operatorname{Im} g = \operatorname{Ker} \psi_2 / \operatorname{Im} g = \operatorname{Ker} \psi_3$ なので，$\operatorname{Coker} f \xrightarrow{\varphi_3} \operatorname{Coker} g \xrightarrow{\psi_3} \operatorname{Coker} h$ は完全である．また，ψ_2 が全射ならば，それから誘導される ψ_3 も全射である．

(3) **連結写像** (connecting mophism) とよばれる写像 $\delta \colon \operatorname{Ker} h \longrightarrow \operatorname{Coker} f$ を構成する．

勝手な元 $z \in \operatorname{Ker} h \subset N_1$ をとる．このとき，$\psi_1(y) = z$ を満たす $y \in M_1$ が存在する．$\psi_2(g(y)) = h(\psi_1(y)) = h(z) = 0$ だから，$g(y) \in \operatorname{Ker} \psi_2 = \operatorname{Im} \varphi_2$ である．そこで，この y に対し $\varphi_2(x) = g(y)$ を満たす $x \in L_2$ が一意的に存在する．

$\pi_L(x)$ が y の選び方に依存しないことを示す．$\psi_1(y') = z$ を満たす他の $y' \in M_1$ と，$\varphi_2(x') = y'$ を満たす $x' \in L_2$ をとる．このとき，$y - y' \in \operatorname{Ker} \psi_1 = \operatorname{Im} \varphi_1$ なので，$y - y' = \varphi_1(x_1)$ を満たす $x_1 \in L_1$ が存在する．すると，φ_2 の単射性から $x - x' = f(x_1)$ となる．したがって，$\pi_L(x) = \pi_L(x' + f(x_1)) = \pi_L(x) + \pi_L(f(x_1)) = \pi_L(x')$ となる．

そこで，$\delta(z) = \pi_L(x)$ と定義することができる．

(4) 上の記号において，もし，ある $y_0 \in \mathrm{Ker}\, g$ が存在して $z = \psi_0(y_0)$ と書けているとすると，$y = y_0$ と選ぶことができるので，$\varphi_2(x) = g(y) = 0$ であり，$x = 0$ となる．よって，$\delta(z) = \pi_L(x) = 0$ である．したがって，$\mathrm{Im}\,\psi_0 \subset \mathrm{Ker}\,\delta$ である．

逆に，$z \in \mathrm{Ker}\,\delta$ とすると，$\pi_L(x) = 0$ だから，$f(x_1) = x$ を満たす $x_1 \in L_1$ が存在する．$g(y - \varphi_1(x_1)) = \varphi_2(x - x) = 0$ だから，$y - \varphi_1(x_1) \in \mathrm{Ker}\,g$ であり，$z = \psi_1(y) = \psi_1(y - \varphi_1(x_1)) = \psi_0(y - \varphi_1(x_1))$ なので，$z \in \mathrm{Im}\,\psi_0$ となる．したがって，$\mathrm{Ker}\,\delta \subset \mathrm{Im}\,\psi_0$ で，$\mathrm{Ker}\,g \xrightarrow{\psi_0} \mathrm{Ker}\,h \xrightarrow{\delta} \mathrm{Coker}\,f$ は完全である．

(5) 記号は (3) と同じとする．

$$\varphi_3(\delta(z)) = \varphi_3(\pi_L(x)) = \pi_M(\varphi_2(x)) = \pi_M(g(y)) = 0$$

より，$\mathrm{Im}\,\delta \subset \mathrm{Ker}\,\varphi_3$ である．

逆に，$\pi_L(x) \in \mathrm{Coker}\,f$ が $\varphi_3(\pi_L(x)) = 0$ を満たしたとする．すると，$\varphi_2(x) \in \mathrm{Ker}\,\pi_M = \mathrm{Im}\,g$ だから，$g(y) = \varphi_2(x)$ を満たす $y \in M_1$ が存在する．$h(\psi_1(y)) = \psi_2(g(y)) = 0$ だから，$\psi_1(y) \in \mathrm{Ker}\,h$ である．このとき，$\delta(\psi_1(y)) = \pi_L(x)$ となるので，$\mathrm{Ker}\,\varphi_3 \subset \mathrm{Im}\,\delta$ である．したがって，$\mathrm{Ker}\,h \xrightarrow{\delta} \mathrm{Coker}\,f \xrightarrow{\varphi_3} \mathrm{Coker}\,g$ は完全である． □

命題 1.4.3. (ファイブ・レンマ, 5-lemma) 下の図式は R-加群の可換図式で，横の 2 行はいずれも完全系列であるとする．

$$\begin{array}{ccccccccc} L_1 & \xrightarrow{f_1} & L_2 & \xrightarrow{f_2} & L_3 & \xrightarrow{f_3} & L_4 & \xrightarrow{f_4} & L_5 \\ {\scriptstyle h_1}\downarrow & & {\scriptstyle h_2}\downarrow & & \downarrow{\scriptstyle h_3} & & \downarrow{\scriptstyle h_4} & & \downarrow{\scriptstyle h_5} \\ M_1 & \xrightarrow{g_1} & M_2 & \xrightarrow{g_2} & M_3 & \xrightarrow{g_3} & M_4 & \xrightarrow{g_4} & M_5 \end{array}$$

このとき，以下が成立する．

(1) h_1 が全射，h_2 と h_4 が単射ならば，h_3 も単射である．

(2) h_5 が単射，h_2 と h_4 が全射ならば，h_3 も全射である．

証明. (1) $K_i = \operatorname{Ker} h_i$ とおく. $i \leqq 4$ に対し, $h_{i+1}(f_i(K_i)) = f_{i+1}(h_i(K_i)) = f_{i+1}(0) = 0$ だから, $f_i(K_i) \subset K_{i+1}$ であり, $f'_i = f_i|_{K_i}: K_i \to K_{i+1}$ が定義できる. $2 \leqq i \leqq 4$ に対し $f_i \circ f_{i-1} = 0$ だから, $f'_i \circ f'_{i-1} = 0$ で, $\operatorname{Im} f'_{i-1} \subset \operatorname{Ker} f'_i$ である.

$\operatorname{Ker} f'_3 = 0$ を示す. $x_3 \in \operatorname{Ker} f'_3 \subset \operatorname{Ker} f_3 = \operatorname{Im} f_2 \subset L_3$ をとる. ある $x_2 \in L_2$ により, $x_3 = f_2(x_2)$ と書ける. $g_2(h_2(x_2)) = h_3(f_2(x_2)) = h_3(x_3) = 0$ だから, ある $y_1 \in M_1$ により, $h_2(x_2) = g_1(y_1)$ と書ける. h_1 は全射だから, ある $x_1 \in L_1$ により, $y_1 = h_1(x_1)$ とかける. すると,

$$h_2(f_1(x_1)) = g_1(h_1(x_1)) = g_1(y_1) = h_2(x_2)$$

であるが, h_2 は単射なので, $x_2 = f_1(x_1)$ であり, $x_3 = f_2(f_1(x_1)) = 0$ となる. すると, $f'_3: K_3 \hookrightarrow K_4 = 0$ だから, $K_3 = 0$ で f_3 は単射である.

(2) 上と同じ要領で,「双対」がどうなるかを考えながら議論をすれば証明できる. □

1.5. 直積と直和

R は環, Λ は集合で, 各元 $\lambda \in \Lambda$ に対し R-加群 M_λ が与えられているとする. 各 $\lambda \in \Lambda$ に対し, 元 $x_\lambda \in M_\lambda$ を1つずつ同時に選び出す. 選び出された x_λ を集めたものを $(x_\lambda)_{\lambda \in \Lambda}$ と書く. 直積集合

$$\prod_{\lambda \in \Lambda} M_\lambda = \{(x_\lambda)_{\lambda \in \Lambda} \mid x_\lambda \in M_\lambda \ (\forall \lambda \in \Lambda)\}$$

を考え, $(x_\lambda)_{\lambda \in \Lambda}, (y_\lambda)_{\lambda \in \Lambda} \in \prod_{\lambda \in \Lambda} M_\lambda$ と $a \in R$ に対し,

$$(x_\lambda)_{\lambda \in \Lambda} + (y_\lambda)_{\lambda \in \Lambda} = (x_\lambda + y_\lambda)_{\lambda \in \Lambda}, \quad a(x_\lambda)_{\lambda \in \Lambda} = (ax_\lambda)_{\lambda \in \Lambda}$$

と演算を定めると R-加群になる. これを $M_\lambda\ (\lambda \in \Lambda)$ の**直積**という. $\mu \in \Lambda$ を1つ固定する. 写像 $\iota_\mu: M_\mu \hookrightarrow \prod_{\lambda \in \Lambda} M_\lambda$ を, $x \in M_\mu$ に対し, その像 $\iota_\mu(x) = (x_\lambda)_{\lambda \in \Lambda}$ は,

$$x_\lambda = \begin{cases} x & (\lambda = \mu \text{ の場合}) \\ 0 & (\lambda \neq \mu \text{ の場合}) \end{cases}$$

であるものとして定める．この写像 ι_μ を**自然な単射**とか μ-成分への**埋入写像**という．

また，写像 $\pi_\mu\colon \prod_{\lambda\in\Lambda} M_\lambda \longrightarrow M_\mu$ を，$(x_\lambda)_{\lambda\in\Lambda} \in \prod_{\lambda\in\Lambda} M_\lambda$ に対し，その μ-成分 x_μ を対応させる写像として定める．この写像 π_μ を μ-成分への**正射影**という．

また，$\prod_{\lambda\in\Lambda} M_\lambda$ の部分集合

$$\bigoplus_{\lambda\in\Lambda} M_\lambda = \left\{ (x_\lambda)_{\lambda\in\Lambda} \in \prod_{\lambda\in\Lambda} M_\lambda \;\middle|\; x_\lambda \neq 0 \text{ となる } \lambda \in \Lambda \text{ は高々有限個} \right\}$$

は $\prod_{\lambda\in\Lambda} M_\lambda$ の部分 R-加群になる．これを M_λ $(\lambda \in \Lambda)$ の**直和**という．

Λ が有限集合ならば $\bigoplus_{\lambda\in\Lambda} M_\lambda = \prod_{\lambda\in\Lambda} M_\lambda$ である．

埋入写像 $\iota_\mu\colon M_\mu \hookrightarrow \prod_{\lambda\in\Lambda} M_\lambda$ の終域を制限して得られる写像 $\iota_\mu\colon M_\mu \longrightarrow \bigoplus_{\lambda\in\Lambda} M_\lambda$ も**自然な単射**とか μ-成分への**埋入写像**という．また，正射影 $\pi_\mu\colon \prod_{\lambda\in\Lambda} M_\lambda \to M_\mu$ の定義域を制限して得られる写像 $\pi_\mu\colon \bigoplus_{\lambda\in\Lambda} M_\lambda \longrightarrow M_\mu$ も μ-成分への**正射影**という．

$\bigoplus_{\lambda\in\Lambda} M_\lambda$ の元 $x = (x_\lambda)_{\lambda\in\Lambda}$ について，$x_\lambda \neq 0$ となる λ は有限個なので，そのような λ 全体を $\lambda_1,\ldots,\lambda_n$ として，$x = (x_\lambda)_{\lambda\in\Lambda}$ を

$$x = x_{\lambda_1} + x_{\lambda_2} + \cdots + x_{\lambda_n} \quad (x_{\lambda_i} \in M_{\lambda_i})$$

と書き表すことも多い．

直和 $M = \bigoplus_{\lambda\in\Lambda} M_\lambda$ を構成する成分 M_λ を M の**直和因子**という．一般に，M の部分 R-加群 N が M の**直和因子**であるとは，M のある部分 R-加群 L が存在して，

$$M = L + N, \quad L \cap N = \{0\} \quad \text{つまり} \quad M = L \oplus N$$

が成り立つことをいう．

なお，もし各 M_λ が R-左多元環ならば，$\prod_{\lambda\in\Lambda} M_\lambda$ は

$$(x_\lambda)_{\lambda\in\Lambda} \cdot (y_\lambda)_{\lambda\in\Lambda} = (x_\lambda y_\lambda)_{\lambda\in\Lambda}$$

で定まる積により, $(1_\lambda)_{\lambda \in \Lambda}$ (1_λ は M_λ の単位元) を単位元とする R-多元環になる.

しかし, Λ が無限集合の場合, $\bigoplus_{\lambda \in \Lambda} M_\lambda$ は単位元を持たないので, 本書の意味での環にはならない.

定理 1.5.1. (普遍性による特徴づけ) R は環, Λ は集合で, 各 $\lambda \in \Lambda$ に対し R-加群 M_λ が与えられているとする. また, P は R-加群とする.

(I) もし, 次の (1), (2) が成立すれば $P \cong \prod_{\lambda \in \Lambda} M_\lambda$ である.

(1) 各 $\lambda \in \Lambda$ に対し R-準同型写像 $p_\lambda : P \to M_\lambda$ が与えられている.

(2) X が R-加群で, 各 $\lambda \in \Lambda$ に対し R-準同型写像 $f_\lambda : X \to M_\lambda$ が与えられていれば, R-準同型写像 $g : X \to P$ で, 任意の $\lambda \in \Lambda$ に対し $f_\lambda = p_\lambda \circ g$ を満たすものが一意的に存在する.

(II) もし, 次の (1′), (2′) が成立すれば $P \cong \bigoplus_{\lambda \in \Lambda} M_\lambda$ である.

(1′) 各 $\lambda \in \Lambda$ に対し R-準同型写像 $i_\lambda : M_\lambda \to P$ が与えられている.

(2′) X が R-加群で, 各 $\lambda \in \Lambda$ に対し R-準同型写像 $f_\lambda : M_\lambda \to X$ が与えられていれば, R-準同型写像 $g : P \to X$ で, 任意の $\lambda \in \Lambda$ に対し $f_\lambda = g \circ i_\lambda$ を満たすものが一意的に存在する.

証明. (I) まず, $\prod_{\lambda \in \Lambda} M_\lambda$ が P が満たすべき性質 (1), (2) を満たすことを示す. (1) は $p_\lambda = \pi_\lambda$ とすればよい. (2) を示す.

X が R-加群で, 各 $\lambda \in \Lambda$ に対し R-準同型写像 $f_\lambda : X \to M_\lambda$ が与えられていると仮定する. $x \in X$ に対し $g(x) = \bigl(\iota_\lambda(f_\lambda(x))\bigr)_{\lambda \in \Lambda}$ として $g : X \longrightarrow \prod_{\lambda \in \Lambda} M_\lambda$ を定義すれば, $f_\lambda = \pi_\lambda \circ g$ が成り立つ.

また, $f_\lambda = \pi_\lambda \circ g'$ を満たす $g' : X \longrightarrow \prod_{\lambda \in \Lambda} M_\lambda$ があれば, $g'(x)$ と $g(x)$ の各 λ-成分が等しいので, $g'(x) = g(x)$ が成り立つ.

さて, (1), (2) を満たす P と p_λ が与えられたとする. $X = \prod_{\lambda \in \Lambda} M_\lambda$, $f_\lambda = \pi_\lambda$ とおけば $g : X \to P$ が存在して $\pi_\lambda = p_\lambda \circ g$ を満たす.

逆に, 前半の議論から, $h : P \to X$ が存在して, $p_\lambda = \pi_\lambda \circ h$ を満たす.

$g \circ h : P \to P$ は (2) の一意性の条件から id_P に一致しなければならない．したがって，$h = p^{-1}$ で $P \cong X$ である．

(II) 上の証明の双対的議論によって証明できるが，証明のポイントは $\bigoplus_{\lambda \in \Lambda} M_\lambda$ が P が満たすべき条件 (2′) を満たすことを確かめるところで，$g : \bigoplus_{\lambda \in \Lambda} M_\lambda \longrightarrow X$ を構成する部分である．これについて，$\bigoplus_{\lambda \in \Lambda} M_\lambda$ の元 x は，

$$x = x_{\lambda_1} + x_{\lambda_2} + \cdots + x_{\lambda_n} \quad (x_{\lambda_i} \in M_{\lambda_i})$$

という形の有限和で表されるので，$g(x) = \sum_{i=1}^{n} f_{\lambda_i}(x_{\lambda_i})$ と定めればよい． $\square$

系 1.5.2. 直和 $\bigoplus_{\lambda \in \Lambda} M_\lambda$ と直積 $\prod_{\lambda \in \Lambda} M_\lambda$ は R-加群についての双対概念である．

すべての $\lambda \in \Lambda$ に対し $M_\lambda = R$ であるとき，$\bigoplus_{\lambda \in \Lambda} M_\lambda$ を

$$R^{\oplus \Lambda}$$

と書くことにする．本書ではほとんど登場しないが，$\prod_{\lambda \in \Lambda} M_\lambda$ を R^Λ と書く．また，Λ の濃度を，$\#\Lambda = \lambda$ とするとき，$R^{\oplus \Lambda}$ を

$$R^{\oplus \lambda}$$

と書き，R^Λ を R^λ と書く．Λ が有限集合で，$\Lambda = n \in \mathbb{N}$ のときは，$R^{\oplus n} = R^n$ であるが，ホモロジー代数では上付き添え字をいろいろな意味で用いるので，本書では $R^{\oplus n}$ という記法をよく用いる．

上のような $M = R^{\oplus \Lambda}$ に対し，λ-成分への埋入写像を $\iota_\lambda : R = M_\lambda \hookrightarrow M$ とし，$e_\lambda = \iota_\lambda(1)$ とするとき，集合 $\{e_\lambda \mid \lambda \in \Lambda\}$ を $\{e_\lambda\}_{\lambda \in \Lambda}$ とも書き，これを $R^{\oplus \Lambda}$ の**標準基底**という．

M が R 加群で，ある集合 Λ が存在して，$M \cong R^{\oplus \Lambda}$ となるとき，M は R-**自由加群**であるという．また，Λ の濃度 $\#\Lambda$ を M のランクといい，$\mathrm{rank}\, M = \#\Lambda$ と書く．

M が R-自由加群のとき, 部分集合 $\{x_\lambda \in M \mid \lambda \in \Lambda\}$ に対し, ある同型写像 $f\colon R^{\oplus \Lambda} \to M$ が存在して, 任意の $\lambda \in \Lambda$ に対し $x_\lambda = f(e_\lambda)$ (ただし $\{e_\lambda\}_{\lambda \in \Lambda}$ は $R^{\oplus \Lambda}$ の標準基底) が成り立つとき, $\{x_\lambda\}_{\lambda \in \Lambda}$ は M の**基底**であるという.

定義 1.5.3. 各 $\lambda \in \Lambda$ に対し $f_\lambda \colon M_\lambda \to N_\lambda$ が与えられているとき, $f\colon \prod_{\lambda \in \Lambda} M_\lambda \longrightarrow \prod_{\lambda \in \Lambda} N_\lambda$ を $(x_\lambda)_{\lambda \in \Lambda} \in \prod_{\lambda \in \Lambda} M_\lambda$ に対し, $f((x_\lambda)_{\lambda \in \Lambda}) = (f_\lambda(x_\lambda))_{\lambda \in \Lambda}$ で定める. このとき, f を

$$\prod_{\lambda \in \Lambda} f_\lambda \colon \prod_{\lambda \in \Lambda} M_\lambda \longrightarrow \prod_{\lambda \in \Lambda} N_\lambda$$

と書き, $\{f_\lambda\}$ の**直積**という. また, この f の定義域と終域を制限して得られる写像

$$\bigoplus_{\lambda \in \Lambda} f_\lambda \colon \bigoplus_{\lambda \in \Lambda} M_\lambda \longrightarrow \bigoplus_{\lambda \in \Lambda} N_\lambda$$

を, $\{f_\lambda\}$ の**直和**という.

1.6. 帰納的極限と射影的極限

$(\Lambda, \leqq)$ を半順序集合とする. 半順序という意味は, $\lambda, \mu \in \Lambda$ に対し, $\lambda \leqq \mu$ であるか $\mu \leqq \lambda$ である以外に, λ と μ が比較不可能である場合も許すという意味である. 比較不可能な 2 元が存在しないような半順序集合を**全順序集合**という.

「順序集合」という用語は, 半順序集合の意味で用いられる場合と, 全順序集合の意味で使われる場合があり, まぎらわしいので本書では用いない.

Λ が半順序集合で, 任意の $\lambda, \mu \in \Lambda$ に対し, ある $\nu \in \Lambda$ が存在して, $\lambda \leqq \nu$ かつ $\mu \leqq \nu$ となるとき, Λ は**有向集合**であるという.

全順序集合は有向集合である.

本書では, 順序集合や Zorn の補題は既知として話を進めるので, ご存じでない方は, 松阪和夫『集合・位相入門』岩波, などを参照してほしい

1.6 帰納的極限と射影的極限

定義 1.6.1. R は環, $(\Lambda, \leqq)$ は半順序集合とし, 各 $\lambda \in \Lambda$ に対し, R-加群 M_λ が与えられているとする. さらに, $\lambda, \mu \in \Lambda$ が $\lambda \leqq \mu$ を満たす場合には R-準同型写像 $f_{\lambda\mu}: M_\lambda \to M_\mu$ が与えられていると仮定する. これが, 次の条件 (1), (2) を満たすとき, $\{M_\lambda, f_{\lambda\mu}\}$ は**帰納系** (**直系**, **順系**)であるという.

(1) $f_{\lambda\lambda}: M_\lambda \to M_\lambda$ は恒等写像である ($\forall \lambda \in \Lambda$).
(2) $\lambda, \mu, \nu \in \Lambda$ が $\lambda \leqq \mu \leqq \nu$ を満たせば, $f_{\lambda\nu} = f_{\mu\nu} \circ f_{\lambda\mu}$ が成り立つ.

なお, $\Lambda = \mathbb{N}$ や $\Lambda = \mathbb{N} \cup \{0\}$ の場合には, 各 $n \in \Lambda$ に対し $f_{n,n+1}: M_n \to M_{n+1}$ を与えれば, それから自然に帰納系が定まる.

さて, 上のような帰納系 $\{M_\lambda, f_{\lambda\mu}\}$ に対し, その**帰納的極限** (**直極限**, **順極限**) $\varinjlim M_\lambda$ は次のように定義される.

$U = \bigoplus_{\lambda \in \Lambda} M_\lambda$ とし, $\iota_\mu: M_\mu \hookrightarrow U$ を埋入写像とする. さらに,

$$X = \{\iota_\lambda(x) - \iota_\mu(f_{\lambda\mu}(x)) \in U \mid \lambda, \mu \in \Lambda, \lambda \leqq \mu, x \in M_\lambda\}$$

とし, X で生成される U の部分 R-加群を

$$V = \left\{\sum_{i=1}^n a_i x_i \,\middle|\, n \in \mathbb{N}, a_i \in R, x_i \in X\right\}$$

とおく. そして,

$$\varinjlim M_\lambda = U/V$$

と定義する. $\varinjlim M_\lambda$ を $\varinjlim_\lambda M_\lambda$ などとも書く.

また, $\iota_\mu: M_\mu \to U$ と自然な全射 $U \to U/V$ を合成して得られる写像を, $f_{\mu\infty}: M_\mu \longrightarrow \varinjlim M_\lambda$ と書くことにする. X の定義から, $\lambda, \mu \in \Lambda, \lambda \leqq \mu$ であるとき, $f_{\mu\infty} \circ f_{\lambda\mu} = f_{\lambda\infty}$ が成り立つ.

$x \in \varinjlim M_\lambda$ を任意に選ぶとき, ある $r \in \mathbb{N}$ とある $\lambda_1, \ldots, \lambda_r \in \Lambda$ により, $x = f_{\lambda_1\infty}(x_{\lambda_1}) + \cdots + f_{\lambda_r\infty}(x_{\lambda_r})$ と表すことができる. さらに, Λ が有向集合であれば, ある $\lambda \in \Lambda$ とある $x_\lambda \in M_\lambda$ により, $x = f_{\lambda\infty}(x_\lambda)$ と表すことができる.

帰納系，帰納的極限の双対概念として，射影系，射影的極限が以下のように定義される．

定義 1.6.2. R は環，$(\Lambda, \leqq)$ は半順序集合とし，各 $\lambda \in \Lambda$ に対し，R-加群 M_λ が与えられているとする．さらに，$\lambda, \mu \in \Lambda$ が $\lambda \leqq \mu$ を満たす場合には R-準同型写像 $g_{\mu\lambda}: M_\mu \to M_\lambda$ が与えられていると仮定する．これが，次の条件 (1), (2) を満たすとき，$\{M_\lambda, g_{\mu\lambda}\}$ は**射影系 (逆系)** であるという．
 (1) $g_{\lambda\lambda}: M_\lambda \to M_\lambda$ は恒等写像である $(\forall \lambda \in \Lambda)$．
 (2) $\lambda, \mu, \nu \in \Lambda$ が $\lambda \leqq \mu \leqq \nu$ を満たせば，$g_{\nu\lambda} = g_{\mu\lambda} \circ g_{\nu\mu}$ が成り立つ．

上のような射影系 $\{M_\lambda, g_{\mu\lambda}\}$ に対し，その**射影的極限 (逆極限)** $\varprojlim_\lambda M_\lambda = \varprojlim M_\lambda$ を以下のように定義する．

$$\varprojlim M_\lambda = \left\{ (x_\lambda)_{\lambda \in \Lambda} \in \prod_{\lambda \in \Lambda} M_\lambda \ \middle|\ \lambda, \mu \in \Lambda, \lambda \leqq \mu \text{ ならば } x_\lambda = g_{\mu\lambda}(x_\mu) \right\}$$

また，包含写像 $\varprojlim M_\lambda \overset{\subset}{\longrightarrow} \prod_{\lambda \in \Lambda} M_\lambda$ と正射影 $\pi_\mu: \prod_{\lambda \in \Lambda} M_\lambda \twoheadrightarrow M_\mu$ を合成して得られる写像を $g_{\infty\mu}: \varprojlim M_\lambda \longrightarrow M_\mu$ と書く．

$x \in \varprojlim M_\lambda$ に対し $x_\lambda = g_{\infty\lambda}(x) \in M_\lambda$ $(\lambda \in \Lambda)$ とするとき，$x = \varprojlim x_\lambda$ と書き，x は Λ-列 $\{x_\lambda\}$ の**極限**であるという．

$\Lambda = \mathbb{N}$ や $\Lambda = \mathbb{N} \cup \{0\}$ の場合には，各 $n \in \Lambda$ に対し $g_{n+1,n}: M_{n+1} \to M_n$ を与えれば，それから自然に射影系が定まる．

帰納的極限，射影的極限の定義からわかるように，もし，添え字集合 Λ が無順序集合 (任意の $\lambda \neq \mu \in \Lambda$ が比較不可能である半順序集合) であれば，帰納的極限は直和に一致し，射影的極限は直積と一致する．この単純な事実は，極限の関手論的 (functorial な) 性質を考察するときの基本になる．

また，帰納系や射影系において，もし，各 M_λ が R-多元環で $f_{\lambda\mu}$ や $g_{\mu\lambda}$ が R-多元環の準同型写像であるならば，$\varinjlim M_\lambda$ も $\varprojlim M_\lambda$ も R-多元環になる．

実際，$1 = (1_\lambda)_{\lambda \in \Lambda} \in \varprojlim M_\lambda$ なので，$\varprojlim M_\lambda$ は $\prod_{\lambda \in \Lambda} M_\lambda$ の部分環になる．また，$f_{\lambda\infty}(1_\lambda) = f_{\mu\infty}(1_\mu)$ なので，これが $\varinjlim M_\lambda$ の単位元になり，$\varinjlim M_\lambda$ も環になる．

例 1.6.3. R は可換環，$\mathfrak{a}$ は R のイデアルとし，$\Lambda = \mathbb{N}$ を自然な順序で順序集合とする．$n \in \mathbb{N}$ に対し，$M_n = R/\mathfrak{a}^n$ とおく．$m \leqq n$ のとき $g_{nm}: R/\mathfrak{a}^n \to R/\mathfrak{a}^m$ は自然な全射とする．このとき，射影的極限 $\varprojlim_n R/\mathfrak{a}^n$ を $\widehat{R}$ などと書き，$\mathfrak{a}$ による R の**完備化**という．

特に，$R = \mathbb{Z}$ で $\mathfrak{a} = (p) = p\mathbb{Z}$ (p は素数) のとき，イデアル (p) による $\mathbb{Z}$ の完備化を $\mathbb{Z}_p$ と書き，$\mathbb{Z}_p$ を p-**進整数環**という．また，その分数体を

$$\mathbb{Q}_p = Q(\mathbb{Z}_p) = \left\{ \frac{x}{y} \;\middle|\; x, y \in \mathbb{Z}_p, y \neq 0 \right\}$$

と書き，p-**進数体**という．

命題 1.6.4. (I) $\{M_\lambda, f_{\lambda\mu}\}, \{M'_\lambda, f'_{\lambda\mu}\}$ は同じ半順序集合 Λ で添え字づけられた帰納系とし，各 $\lambda \in \Lambda$ に対し R-準同型写像 $h_\lambda: M_\lambda \to M'_\lambda$ が存在して，$\lambda \leqq \mu \ (\in \Lambda)$ ならば $h_\mu \circ f_{\lambda\mu} = f'_{\lambda\mu} \circ h_\lambda$ が成り立つと仮定する．すると，$h_\infty: \varinjlim M_\lambda \to \varinjlim M'_\lambda$ が一意的に存在して，任意の $\lambda \in \Lambda$ に対し $h_\infty \circ f'_{\lambda\infty} = f_{\lambda\infty} \circ h_\lambda$ が成り立つ．ただし，$f'_{\lambda\infty}: M'_\lambda \to \varinjlim M_\lambda$ は $f_{\lambda\infty}$ と同じように構成される写像とする．この h_∞ を $\{h_\lambda\}$ の**帰納的極限**といい，$h_\infty = \varinjlim h_\lambda$ と書く．

$$\begin{array}{ccc} M_\lambda & \xrightarrow{h_\lambda} & M'_\lambda \\ f_{\lambda\mu} \downarrow & & \downarrow f'_{\lambda\mu} \\ M_\mu & \xrightarrow{h_\mu} & M'_\mu \end{array} \qquad \begin{array}{ccc} M_\lambda & \xrightarrow{h_\lambda} & M'_\lambda \\ f_\lambda \downarrow & & \downarrow f'_\lambda \\ \varinjlim M_\lambda & \xrightarrow{h_\infty} & \varinjlim M_\lambda \end{array}$$

(II) $\{M_\lambda, g_{\mu\lambda}\}, \{M'_\lambda, g'_{\mu\lambda}\}$ は同じ半順序集合 Λ で添え字づけられた射影系とし，各 $\lambda \in \Lambda$ に対し R-準同型写像 $h_\lambda: M_\lambda \to M'_\lambda$ が存在して，$\lambda \leqq \mu \ (\in \Lambda)$ ならば $h_\lambda \circ g_{\mu\lambda} = g'_{\mu\lambda} \circ h_\mu$ が成り立つと仮定する．する

と，$h_\infty: \varprojlim M_\lambda \longrightarrow \varprojlim M'_\lambda$ が一意的に存在して，任意の $\lambda \in \Lambda$ に対し $g'_{\infty\lambda} \circ h_\infty = h_\lambda \circ g_{\infty\lambda}$ が成り立つ．ただし，$g'_{\infty\lambda}: \varprojlim M_\lambda \longrightarrow M'_\lambda$ は $g_{\infty\lambda}$ と同じように構成される写像とする．この h_∞ を $\{h_\lambda\}$ の**射影的極限**といい，$h_\infty = \varprojlim h_\lambda$ と書く．

$$\begin{array}{ccc} M_\mu & \xrightarrow{h_\mu} & M'_\mu \\ g_{\mu\lambda} \downarrow & & \downarrow g'_{\mu\lambda} \\ M_\lambda & \xrightarrow{h_\lambda} & M'_\lambda \end{array} \qquad \begin{array}{ccc} \varprojlim M_\lambda & \xrightarrow{h_\infty} & \varprojlim M'_\lambda \\ \downarrow g_\lambda & & \downarrow g'_\lambda \\ M_\lambda & \xrightarrow{h_\lambda} & M'_\lambda \end{array}$$

証明．(I) 定義 1.6.1 の記号を用いる．U, X, V と同様に，$\{M'_\lambda, f'_{\lambda\mu}\}$ から U', X', V' を構成する．h_λ 達から $h: U \to U'$ が構成される．このとき，$h^{-1}(X') \subset X$ が容易に確かめられるので，h から h_∞ が構成できる．

(II) の証明も同様である． □

注意 1.6.5． 上の命題は，M_λ か M'_λ が定数 L (任意の $\lambda \in \Lambda$ に対し $M_\lambda = L$ 等で，$f_{\lambda\mu}$ や $g_{\mu\lambda}$ は恒等写像) の場合にも，よく用いられる．

注意 1.6.6． 2 つの帰納的極限をとる順序は交換可能であり，2 つの射影的極限をとる順序も交換可能である．([Rot]p.49 Thm.2.21, p.56 Thm.2.26 参照．または，演習問題 1.9 を使えば簡単に証明できる．) しかし，帰納的極限と射影的極限をとる順序は必ずしも交換可能でない．例えば，帰納系 $\{M_\lambda\}$ と射影系 $\{N_\nu\}$ に対し，

$$\varinjlim_\lambda \varprojlim_\nu \mathrm{Hom}_R(N_\nu, M_\lambda) \cong \varprojlim_\nu \varinjlim_\lambda \mathrm{Hom}_R(N_\nu, M_\lambda)$$
$$\varinjlim_\lambda \varprojlim_\nu \mathrm{Hom}_R(M_\lambda, N_\nu) \cong \varprojlim_\nu \varinjlim_\lambda \mathrm{Hom}_R(M_\lambda, N_\nu)$$

は成立する (Hom については次節参照)．他方，$m, n \in \mathbb{N}$ に対し，

$$M_{mn} = \left(\sum_{i=-\infty}^{-m} \sum_{j=n}^{\infty} \mathbb{C} \cdot X^{i+j} \right) \cap \mathbb{C}[X] \subset \mathbb{C}[X, 1/X]$$

とすると，$\{M_{mn}\}$ は m については $\mathbb{N}$ を添え字集合とする射影系をなし，

n については帰納系をなす (写像はいずれも包含写像). このとき,
$$\varinjlim_n \varprojlim_m M_{mn} = \varinjlim_n 0 = 0$$
$$\varprojlim_m \varinjlim_n M_{mn} = \varprojlim_m \mathbb{C}[X] = \mathbb{C}[X]$$
となり, 両者は一致しない.

1.7. Hom

R が環, M, N が R-加群のとき, M から N への R-準同型写像全体の集合を
$$\operatorname{Hom}_R(M, N) = \{f : M \to N \mid f \text{ は } R\text{-準同型写像}\}$$
と書く. $f, g \in \operatorname{Hom}_R(M, N)$ に対し, 写像 $f + g : M \to N$ を, $(f+g)(x) = f(x) + g(x)$ $(x \in M)$ と定めると $f + g$ も R-準同型写像になり, $f+g \in \operatorname{Hom}_R(M, N)$ となる. また, 定数 $a \in R$ に対し, 写像 $af : M \to N$ を, $(af)(x) = a(f(x))$ $(x \in M)$ と定めると, af も R-準同型写像になり, $af \in \operatorname{Hom}_R(M, N)$ となる. このように, $\operatorname{Hom}_R(M, N)$ に和と R の作用 (スカラー倍) を定めると, $\operatorname{Hom}_R(M, N)$ も R-加群になる.

$\varphi : L \to M$ が R-準同型写像のとき, $h \in \operatorname{Hom}_R(M, N)$ に対し, $h \circ \varphi \in \operatorname{Hom}_R(L, N)$ を対応させる写像を,
$$\varphi^* : \operatorname{Hom}_R(M, N) \longrightarrow \operatorname{Hom}_R(L, N)$$
と書くことにする. また, $g \in \operatorname{Hom}_R(N, L)$ に対し, $\varphi \circ g \in \operatorname{Hom}_R(N, M)$ を対応させる写像を,
$$\varphi_* : \operatorname{Hom}_R(N, L) \longrightarrow \operatorname{Hom}_R(N, M)$$
と書く.

次の命題は, 定義からすぐわかる.

命題 1.7.1. R は環, L, M, N, A は R-加群で, $f : L \to M$, $g : M \to N$ は R-線形写像とする. すると次が成り立つ.
$$(g \circ f)^* = f^* \circ g^* : \operatorname{Hom}_R(N, A) \longrightarrow \operatorname{Hom}(L, A)$$
$$(g \circ f)_* = g_* \circ f_* : \operatorname{Hom}_R(A, L) \longrightarrow \operatorname{Hom}(A, N)$$

定理 1.7.2. R は環, M_λ $(\lambda \in \Lambda)$, N は R-加群とする. このとき次が成り立つ.

(1) $\mathrm{Hom}_R \left(\bigoplus_{\lambda \in \Lambda} M_\lambda, N \right) \cong \prod_{\lambda \in \Lambda} \mathrm{Hom}_R(M_\lambda, N)$

(2) $\mathrm{Hom}_R \left(N, \prod_{\lambda \in \Lambda} M_\lambda \right) \cong \prod_{\lambda \in \Lambda} \mathrm{Hom}_R(N, M_\lambda)$

(3) さらに, N が有限生成 R-加群ならば次が成り立つ.

$$\mathrm{Hom}_R \left(N, \bigoplus_{\lambda \in \Lambda} M_\lambda \right) \cong \bigoplus_{\lambda \in \Lambda} \mathrm{Hom}_R(N, M_\lambda)$$

証明. (1) $M = \bigoplus_{\lambda \in \Lambda} M_\lambda$ とし, $\iota_\lambda \colon M_\lambda \hookrightarrow M$ を埋入写像とする. $f = (f_\lambda)_{\lambda \in \Lambda} \in \prod_{\lambda \in \Lambda} \mathrm{Hom}_R(M_\lambda, N)$ と, $x = (x_\lambda)_{\lambda \in \Lambda} = x_{\lambda_1} + \cdots + x_{\lambda_r} \in M$ に対し, $\bigl(\varphi(f)\bigr)(x) = \sum_{\lambda \in \Lambda} f_\lambda(x_\lambda) = f_{\lambda_1}(x_{\lambda_1}) + \cdots + f_{\lambda_r}(x_{\lambda_r})$ によって,

$$\varphi \colon \prod_{\lambda \in \Lambda} \mathrm{Hom}_R(M_\lambda, N) \longrightarrow \mathrm{Hom}_R(M, N)$$

を定義する. 逆に, $h \in \mathrm{Hom}_R(M, N)$ に対し, $(h \circ \iota_\lambda)_{\lambda \in \Lambda} \in \prod_{\lambda \in \Lambda} \mathrm{Hom}_R(M_\lambda, N)$ を対応させる写像を ψ とすると, $\psi = \varphi^{-1}$ であるので, φ は同型写像である.

(3) M は上と同様とし, $\pi_\lambda \colon M \twoheadrightarrow M_\lambda$ を正射影とする. $y_1, \ldots, y_n$ を N の生成系とする. $f \in \mathrm{Hom}_R(N, M)$ に対し

$$\Lambda_j(f) = \{\lambda \in \Lambda \mid \pi_\lambda(f(y_j)) \neq 0\}, \quad \Lambda(f) = \Lambda_1(f) \cup \cdots \cup \Lambda_n(f)$$

とおく. $\Lambda(f)$ は有限集合である. したがって,

$$\psi \colon \mathrm{Hom}_R(N, M) \longrightarrow \bigoplus_{\lambda \in \Lambda} \mathrm{Hom}_R(N, M_\lambda)$$

を $\psi(f) = \sum_{\lambda \in \Lambda(f)} (\pi_\lambda \circ f) \in \bigoplus_{\lambda \in \Lambda} \mathrm{Hom}_R(N, M_\lambda)$ によって定義できる. 逆に, $f_{\lambda_1} + \cdots + f_{\lambda_m} \in \bigoplus_{\lambda \in \Lambda} \mathrm{Hom}_R(N, M_\lambda)$ に対し, $f(x) = f_{\lambda_1}(x) + \cdots + f_{\lambda_m}(x)$ で定まる $f \in \mathrm{Hom}_R \left(N, \bigoplus_{\lambda \in \Lambda} M_\lambda \right)$ を対応させる写像は ψ の逆写像であるので, ψ は同型写像である.

(2) も同様な方法で証明できる.　　　　　　　　　　　　　　□

注意 1.7.3. 上の証明の (1) のようにして, 自然な単射
$$\psi\colon \mathrm{Hom}_R\Bigl(\prod_{\lambda\in\Lambda} M_\lambda,\ N\Bigr) \hookrightarrow \prod_{\lambda\in\Lambda} \mathrm{Hom}_R(M_\lambda, N)$$
$$\varphi\colon \bigoplus_{\lambda\in\Lambda} \mathrm{Hom}_R(M_\lambda, N) \hookrightarrow \mathrm{Hom}_R\Bigl(\bigoplus_{\lambda\in\Lambda} M_\lambda,\ N\Bigr)$$
を定義することはできるが, Λ が無限集合の場合, ψ, φ は通常全射ではない.

定理 1.7.4. R は環で, L, M, N, A は R-加群とする.

(1) $L \xrightarrow{f} M \xrightarrow{g} N \longrightarrow 0$ が完全系列ならば,
$$0 \longrightarrow \mathrm{Hom}_R(N, A) \xrightarrow{g^*} \mathrm{Hom}_R(M, A) \xrightarrow{f^*} \mathrm{Hom}_R(L, A)$$
は完全系列である.

(2) $0 \longrightarrow L \xrightarrow{f} M \xrightarrow{g} N$ が完全系列ならば,
$$0 \longrightarrow \mathrm{Hom}_R(A, L) \xrightarrow{f_*} \mathrm{Hom}_R(A, M) \xrightarrow{g_*} \mathrm{Hom}_R(A, N)$$
は完全系列である.

証明. (1) g^* が単射であることを示す. $h \in \mathrm{Hom}_R(N, A)$ に対し, $g^*(h) = h\circ g = 0$ であると仮定する. $z \in N$ を勝手な元とするとき, $g(y) = z$ を満たす $y \in M$ が存在する. $h(y) = (h\circ g)(z) = 0$ だから, h は 0 写像である. したがって, $\mathrm{Ker}\, g^* = 0$ で, g^* は単射である.

$\mathrm{Im}\, g^* = \mathrm{Ker}\, f^*$ を示す. $f^* \circ g^* = (g\circ f)^* = 0^* = 0$ より, $\mathrm{Im}\, g^* \subset \mathrm{Ker}\, f^*$ である. 逆に, $h \in \mathrm{Ker}\, f^*$ をとる. 任意の $x \in L$ に対し, $h(f(x)) = 0$ である. $\mathrm{Im}\, f = \mathrm{Ker}\, g$ だから, $h(\mathrm{Ker}\, g) = 0$ である. したがって, $h\colon M \to A$ から, $\overline{h}\colon M/\mathrm{Ker}\, g \longrightarrow A$ が誘導されるが, $M/\mathrm{Ker}\, g \cong N$ なので, $\overline{h} \in \mathrm{Hom}_R(N, A)$ とみなせる. このとき, $h = \overline{h}\circ g$ が成り立つので, $\mathrm{Im}\, g^* = \mathrm{Ker}\, f^*$ である.

(2) f_* が単射であることを示す. $h \in \mathrm{Hom}_R(A, L)$ に対し, $f_*(h) = f\circ h = 0$ ならば, 任意の $x \in A$ に対し, $f(h(x)) = 0$ であるが, f は単射なので, $h(x) = 0$ で $h = 0$ となる.

$\mathrm{Im}\, f_* = \mathrm{Ker}\, g_*$ を示す．$g_* \circ f_* = (g \circ f)_* = 0$ より，$\mathrm{Im}\, f_* \subset \mathrm{Ker}\, g_*$ である．逆に，勝手な $h \in \mathrm{Ker}\, g_*$ をとる．任意の $a \in A$ に対し，$g(h(a)) = 0$ で，$h(a) \in \mathrm{Ker}\, g$ である．$\mathrm{Im}\, f = \mathrm{Ker}\, g$ より，ある $x \in L$ により，$h(a) = f(x)$ と書ける．f は単射なので，この x は a から一意的に定まる．そこで，$h'(a) = x$ によって，$h' \in \mathrm{Hom}_R(A, L)$ を定めることができ，$h = f_*(h')$ となる． □

注意 1.7.5. $0 \longrightarrow L \xrightarrow{f} M \xrightarrow{g} N \longrightarrow 0$ が完全系列であっても，

$$0 \longrightarrow \mathrm{Hom}_R(N, A) \xrightarrow{g^*} \mathrm{Hom}_R(M, A) \xrightarrow{f^*} \mathrm{Hom}_R(L, A) \longrightarrow 0 \quad \text{①}$$

$$0 \longrightarrow \mathrm{Hom}_R(A, L) \xrightarrow{f_*} \mathrm{Hom}_R(A, M) \xrightarrow{g_*} \mathrm{Hom}_R(A, N) \longrightarrow 0 \quad \text{②}$$

はいずれも完全系列であるとは**限らない**．例えば，$\mathbb{Z}$-加群の完全系列

$$0 \longrightarrow \mathbb{Z} \xrightarrow{f} \mathbb{Z} \xrightarrow{g} \mathbb{Z}/2\mathbb{Z} \longrightarrow 0 \quad (\text{ただし，} f(x) = 2x)$$

に対し，$A = \mathbb{Z}/2\mathbb{Z}$ とすると，①の f^* は全射でないし，②の g_* は全射でない．

命題 1.7.6. R は環，M は R-加群とする．このとき，次が成り立つ．

$$\mathrm{Hom}_R(R, M) \cong M$$

証明. $f \in \mathrm{Hom}_R(R, M)$ に対し $f(1) \in M$ を対応させ，逆に $x \in M$ に対し $f(a) = ax$ で定まる $f \in \mathrm{Hom}_R(R, M)$ を対応させればよい． □

定義 1.7.7. R は環，M は R-加群とする．ある自然数 $m, n \in \mathbb{N}$ と完全系列

$$R^{\oplus m} \xrightarrow{f} R^{\oplus n} \xrightarrow{g} M \longrightarrow 0 \qquad (*)$$

が存在するとき，M は**有限表示**であるという．

もう少し強く，M が有限生成 R-加群であって，M の任意の有限生成部分 R-加群 N と任意の全射 $\varphi \colon R^{\oplus k} \longrightarrow N$ $(k \in \mathbb{N})$ に対し，$\mathrm{Ker}\, \varphi$ が有限生成 R-加群であるとき，M は**連接** R-加群であるという．

上の完全系列 $(*)$ において，$K = \operatorname{Ker} g$ とすると，$f\colon R^{\oplus m} \to K$ は全射なので，K は有限生成であり，完全系列

$$0 \longrightarrow K \longrightarrow F \longrightarrow M \longrightarrow 0$$

(F はランク有限な自由 R-加群，K は有限生成 R-加群) を得る．逆に，このような完全系列が存在すれば，M は有限表示である．

もちろん，連接加群は有限表示であり，有限表示加群は有限生成である．

命題 1.7.8. R は Noether 環，M は有限生成 R-加群とすると，M は連接 R-加群であり，特に有限表示である．

証明． N を M の任意の有限生成部分 R-加群，$\varphi\colon R^{\oplus k} \twoheadrightarrow N$ を任意の全射とする．R は Noether 環なので，有限生成 R-加群 $R^{\oplus k}$ の部分 R-加群 $\operatorname{Ker} \varphi$ は有限生成 R-加群になる．したがって，M は連接である． □

定理 1.7.9. Λ は半順序集合，R は環，M_λ ($\lambda \in \Lambda$)，N は R-加群とする．

(1) $\{M_\lambda, f_{\lambda\mu}\}$ が帰納系ならば，次が成り立つ．

$$\operatorname{Hom}_R\left(\varinjlim M_\lambda, N\right) \cong \varprojlim \operatorname{Hom}_R(M_\lambda, N)$$

(2) $\{M_\lambda, g_{\mu\lambda}\}$ が射影系ならば，次が成り立つ．

$$\operatorname{Hom}_R\left(N, \varprojlim M_\lambda\right) \cong \varprojlim \operatorname{Hom}_R(N, M_\lambda)$$

(3) N が有限表示な R-加群で，$\{M_\lambda, f_{\lambda\mu}\}$ が帰納系ならば，次が成り立つ．

$$\operatorname{Hom}_R\left(N, \varinjlim M_\lambda\right) \cong \varinjlim \operatorname{Hom}_R(N, M_\lambda)$$

証明． (1) $M_\infty = \varinjlim M_\lambda$ とおく．各 $\lambda \in \Lambda$ に対し，$f_{\lambda\infty}\colon M_\lambda \to M_\infty$ が存在し，$\lambda \leqq \mu$ のとき，$f_{\lambda\infty} = f_{\mu\infty} \circ f_{\lambda\mu}$ を満たす．

$M_\lambda^* = \operatorname{Hom}_R(M_\lambda, N)$, $M_\infty^* = \operatorname{Hom}_R(M_\infty, N)$ とし，$\lambda \leqq \mu$ に対し $(f_{\lambda\mu})^*\colon M_\mu^* \to M_\lambda^*$ は $f_{\lambda\mu}$ から定まる双対的な写像とする．$\{M_{\lambda\mu}^*, (f_{\lambda\mu})^*\}$ は射影系である．

$(f_{\lambda\infty})^*: M_\infty^* \to M_\lambda^*$ は $f_{\lambda\infty}: M_\lambda \to M_\infty$ から定まる双対的な写像とする. この射影的極限として, $h = \varprojlim (f_{\lambda\infty})^*: M_\infty^* \longrightarrow \varprojlim M_\lambda^*$ が得られる.

他方, 射影的極限の定義から, 各 $\lambda \in \Lambda$ に対し $g_{\infty\lambda}: \varprojlim M_\lambda^* \longrightarrow M_\lambda^*$ が存在し, $\lambda \leqq \mu$ のとき $g_{\infty\lambda} = (f_{\lambda\mu})^* \circ g_{\infty\mu}$ を満たす. このとき, $(f_{\lambda\infty})^* = g_{\infty\lambda} \circ h$ が成り立つことは容易にわかる.

$\varphi \in M_\infty^*$, $h(\varphi) = 0$ とすると, 任意の $\lambda \in \Lambda$ に対し $(f_{\lambda\infty})^*(\varphi) = \varphi \circ f_{\lambda\infty} = 0$ なので, $\varphi = 0$ となる. したがって, h は単射である.

h が全射であることを示す. 任意の $y \in \varprojlim M_\lambda^*$ をとる. $\psi_\lambda = g_{\infty\lambda}(y) \in \mathrm{Hom}_R(M_\lambda, N)$ とおく. $x \in M_\infty$ はある $\lambda_1, \ldots, \lambda_r \in \Lambda$ により, $x = f_{\lambda_1\infty}(x_{\lambda_1}) + \cdots + f_{\lambda_r\infty}(x_{\lambda_r})$ と表せる. そこで, $\psi(x) = \psi_{\lambda_1}(x_{\lambda_1}) + \cdots + \psi_{\lambda_r}(x_{\lambda_r})$ として $\psi: M_\infty \to N$ を矛盾なく定義することができる. このとき, 容易にわかるように $h(\psi) = y$ となるので, h は同型写像である.

(2) も同じ要領で証明できる.

(3) $N = R^{\oplus n}$ の場合には,

$$\mathrm{Hom}_R\left(N, \varinjlim M_\lambda\right) \cong \left(\varinjlim M_\lambda\right)^{\oplus n}, \quad \mathrm{Hom}_R(N, M_\lambda) \cong M_\lambda^{\oplus n}$$

だから, 定理が成立する. 一般の有限表示 R-加群 N の場合を考える. (1) と同じ考え方で, R-準同型

$$h: \varinjlim \mathrm{Hom}_R(N, M_\lambda) \longrightarrow \mathrm{Hom}_R\left(N, \varinjlim M_\lambda\right)$$

が得られる. M は有限表示だから, 完全系列 $R^{\oplus m} \to R^{\oplus n} \to N \to 0$ が存在する. $M_\infty = \varinjlim M_\lambda$ として, 可換図式

$$\begin{array}{ccccccc} 0 \to \varinjlim \mathrm{Hom}_R(N, M_\lambda) & \to & \varinjlim \mathrm{Hom}_R(R^{\oplus n}, M_\lambda) & \to & \varinjlim \mathrm{Hom}_R(R^{\oplus m}, M_\lambda) \\ h \downarrow & & h_2 \downarrow & & \downarrow h_3 \\ 0 \to \mathrm{Hom}_R(N, M_\infty) & \to & \mathrm{Hom}_R(R^{\oplus n}, M_\infty) & \to & \mathrm{Hom}_R(R^{\oplus m}, M_\infty) \end{array}$$

が得られる. h_2, h_3 は同型写像なので, ファイブ・レンマより, h も同型写像である. □

1.8. 双対加群

定義 1.8.1. R は環，L, M は R-加群とする．$\mathrm{Hom}_R(M, R)$ を
$$M^\vee = \mathrm{Hom}_R(M, R)$$
と書き，M の**双対加群**とか双対 R-加群という．また，前節で定義した $\varphi^* \colon \mathrm{Hom}_R(M, R) \longrightarrow \mathrm{Hom}_R(L, R)$ を
$$\varphi^\vee \colon M^\vee \longrightarrow L^\vee$$
と書き，φ の**双対写像**という．

R が体で，M が n 次元 R-ベクトル空間 $M = R^{\oplus n}$ ならば，$M^\vee$ も n 次元 R-ベクトル空間となる．

実際，$e_1, \ldots, e_n$ が M の基底のとき，M の元は $a_1 e_1 + \cdots + a_n e_n$ ($a_1, \ldots, a_n \in R$) と書かれる．そこで，
$$f_i(a_1 e_1 + \cdots + a_n e_n) = a_i$$
として $f_i \in M^\vee = \mathrm{Hom}_R(M, R)$ と定めると，容易にわかるように $f_1, \ldots, f_n$ が $M^\vee$ の基底になる．この $f_1, \ldots, f_n$ を $e_1, \ldots, e_n$ の**双対基底**という．

このことは，R が体でない環の場合でも，M が $e_1, \ldots, e_n$ を基底とするランク n の自由加群 $M = \bigoplus_{i=1}^n R e_i$ の場合にはまったく同じで，上のように $f_1, \ldots, f_n$ を定めれば，$M^\vee$ は $f_1, \ldots, f_n$ を基底とするランク n の自由加群 $M^\vee = \bigoplus_{i=1}^n R f_i$ となる．

双対加群 $M^\vee$ の双対加群 $(M^\vee)^\vee$ を考えよう．しばらく，元 $c \in M$ を固定する．このとき，$f \in M^\vee = \mathrm{Hom}_R(M, R)$ に対し，$f(c) \in M$ を対応させる写像を $\varphi_c \colon M^\vee \to R$ ($\varphi_c(f) = f(c)$) とすると，$\varphi_c \in \mathrm{Hom}_R(M^\vee, R) = (M^\vee)^\vee$ となる．

命題 1.8.2. もし，M が自由 R-加群ならば，上のように $c \in M$ に $\varphi_c \in (M^\vee)^\vee$ を対応させる写像 $\iota \colon M \to (M^\vee)^\vee$ ($\iota(c) = \varphi_c$ は単射準同型写像である．特に，M がランクが有限の自由 R-加群ならば，ι は同型写像である．

証明.　$b, c \in M$ とし，$\varphi_b = \varphi_c$ であると仮定する．すると，任意の $f \in \mathrm{Hom}_R(M, R)$ に対し $f(b) = f(c)$ である．つまり，$f(b - c) = 0$ である．ところが，M は自由加群だから，もし $a \neq 0 \in M$ ならば，$f(a) \neq 0$ となるような $f \in \mathrm{Hom}_R(M, R)$ を，M の基底を利用して構成することができる．したがって，$b - c = 0$ で ι は単射である． $\square$

上の命題により，M がランクが有限の自由 R-加群の場合には，M と $\iota(M)$ を同一視して (同じものと考えて)，$M = \iota(M) = (M^\vee)^\vee$ と考えることができる．

M が自由加群でも，ランクが無限大の場合は ι は同型写像とは限らない．また，M が自由加群でないときの様子は次の例を考慮してもらうとよい．$R = \mathbb{Z}, M = \mathbb{Z}/n\mathbb{Z}$ ($n \geq 2$) とする．すると，準同型写像 $f: (\mathbb{Z}/n\mathbb{Z}) \to \mathbb{Z}$ はゼロ写像以外に存在せず，$M^\vee = 0$ となる．当然，$(M^\vee)^\vee = 0$ である．したがって，$\iota: M \to (M^\vee)^\vee$ は単射でない．

定義 1.8.3. 命題 1.8.2 の写像 $\iota: M \longrightarrow (M^\vee)^\vee$ が同型写像であるとき，M は **reflexive** であるという．

1.9.　テンソル積

非可換環論では，R-右加群 M と R-左加群 N に対しテンソル積 $M \otimes_R N$ を定義するのが正統らしいが，最近の応用場面では，以下のように 2 つの R-左加群 M, N に対して $M \otimes_R N$ を使う場面のほうが多いので，専門家の非難を排して，あえて邪道な定義を与える．

定義 1.9.1.　R を環，L, M を R-加群とする．直積集合 $L \times M$ を基底とする自由 R-加群

$$U = R^{\oplus L \times M} = \bigoplus_{(x,y) \in L \times M} R \cdot (x, y)$$

を考える．以下の U の部分集合 X, Y を考える．
$X = \{(ax_1 + bx_2, y) - a(x_1, y) - b(x_2, y) \mid x_1, x_2 \in L;\ y \in M;\ a, b \in R\}$
$Y = \{(x, ay_1 + by_2) - a(x, y_1) - b(x, y_2) \mid x \in L;\ y_1, y_2 \in M;\ a, b \in R\}$

1.9 テンソル積

$X \cup Y$ を含む最小の U の部分 R-加群を V とし,

$$L \otimes_R M = U/V$$

と定義し,これを L と M の R 上の**テンソル積**という. また, $(x,y) \in U$ の $U/V = L \otimes_R M$ における同値類を $x \otimes y$ と書く.

上の定義から,

$$L \otimes_R M = \left\{ \sum_{i=1}^{n} x_i \otimes y_i \;\middle|\; n \in \mathbb{N},\, x_i \in L,\, y_i \in M \right\}$$

であり, V が X, Y を含むので,以下の関係式が成り立つ.

$$(ax_1 + bx_2) \otimes y = a(x_1 \otimes y) + b(x_2 \otimes y)$$
$$x \otimes (ay_1 + by_2) = a(x \otimes y_1) + b(x \otimes y_2)$$
$$(\text{ただし},\ a, b \in R;\ x, x_1, x_2 \in L;\ y, y_1, y_2 \in M)$$

定義 1.9.2. R を環, L, M, U を R-加群とする. 写像 $f \colon L \times M \longrightarrow N$ が,

(1) 任意の $x_1, x_2 \in L;\ a_1, a_2 \in R;\ y \in M$ に対し,

$$f(a_1 x_1 + a_2 x_2, y) = a_1 f(x_1, y) + a_2 f(x_2, y)$$

(2) 任意の $x \in L;\ y_1, y_2 \in M;\ b_1, b_2 \in R$ に対し,

$$f(x, b_1 y_1 + b_2 y_2) = b_1 f(x, y_1) + b_2 f(x, y_2)$$

を満たすとき, f は**双線形写像**であるという.

定理 1.9.3. (普遍性による特徴づけ) R を環, L, M, U を R-加群, $f \colon L \times M \longrightarrow N$ は双線形写像とする. また, $\varphi \colon L \times M \longrightarrow L \otimes_R M$ は, $\varphi(x, y) = x \otimes y\ (x \in L, y \in M)$ で定まる写像とする. このとき, R-準同型写像 $g \colon L \otimes_R M \longrightarrow N$ で, $f = g \circ \varphi$ を満たすものが存在する.

$$\begin{array}{ccc} L \times M & \xrightarrow{f} & N \\ {\scriptstyle \iota}\downarrow & {\scriptstyle \Phi}\nearrow & \uparrow{\scriptstyle g} \\ U & \xrightarrow[\pi]{} & U/V = L \otimes_R M \end{array}$$

証明．定義 1.9.1 の記号を用いる．$(x, y) \in L \times N$ $(x \in L, y \in M)$ に対し，$(x, y) \in U$ を対応させる自然な単射を $\iota: L \times M \hookrightarrow U$ とする．また，$(x, y) \in U$ $(x \in L, y \in M)$ に対し，$\Phi(x, y) = f(x, y)$ と定め，これを線形に拡張することによって，$\Phi: U \longrightarrow N$ を定義する．このとき，$f = \Phi \circ \iota$ が成り立つ．

$\pi: U \to U/V = L \otimes_R M$ を自然な全射とする．f は定義 1.9.2(1) を満たすから，$f(X) = 0$ が成り立つ．同様に $f(Y) = 0$ で，V は $X \cup Y$ で生成されるから，$f(V) = 0$ である．したがって $V \subset \operatorname{Ker} \Phi$ で，これより，ある R-準同型写像 $g: L \otimes_R M \longrightarrow N$ で，$\Phi = g \circ \pi$ を満たすものが存在する．このとき，$f = \Phi \circ \iota = g \circ \pi \circ \iota = g \circ \varphi$ である． □

命題 1.9.4. R は環，L, M, L', M' は R-加群，$f: L \to L'$，$g: M \to M'$ は R-準同型写像とする．このとき，f と g の**テンソル積**

$$f \otimes g : (L \otimes_R M) \longrightarrow (L' \otimes_R M')$$

を $\sum_{i=1}^{n} x_i \otimes y_i$ $(x_i \in L, y_i \in M)$ に対し，

$$(f \otimes g)\left(\sum_{i=1}^{n} x_i \otimes y_i\right) = \sum_{i=1}^{n} f(x_i) \otimes g(y_i)$$

が成立するように矛盾なく定めることができる．

証明．L, M, U, V, X, Y の記号は定義 1.9.1 と同様とする．また，L', M' から同様の方法で，U', V', X', Y' を定める．U の生成元 (x, y) $(x \in L, y \in M)$ に対し，$\Phi(x, y) = \bigl(f(x), g(y)\bigr)$ とし，これを線形に拡張して，$\Phi: U \to U'$ を定める．Φ と自然な全射 $U' \to U'/V' = L' \otimes_R M'$ を合成して，$\varphi: U \longrightarrow L' \otimes_R M'$ を作る．

$\Phi(X) \subset X'$，$\Phi(Y) \subset Y'$ は容易にわかるから，$\Phi(V) \subset V'$ で，$V \subset \operatorname{Ker} \varphi$ となる．これより，φ から命題のような f が定義できる． □

命題 1.9.5. R は環，L, M, N は R-加群とすると，次が成り立つ．
(1)　$L \otimes_R M \cong M \otimes_R L$
(2)　$(L \otimes_R M) \otimes_R N \cong L \otimes_R (M \otimes_R N)$

証明は簡単なので省略する．定理 1.9.3 を使うと明解な証明が書ける．ただし，例えば，L が R-右加群で M が R-左加群というように，R の作用の方向が異なる場合は，(1) は修正を要する．

定理 1.9.6. R は環，M_λ ($\lambda \in \Lambda$), N は R-加群とする．このとき次が成り立つ．

(1) $\left(\bigoplus_{\lambda \in \Lambda} M_\lambda \right) \otimes_R N \cong \bigoplus_{\lambda \in \Lambda} (M_\lambda \otimes_R N)$

(2) さらに，N が有限表示ならば，次が成り立つ．

$$\left(\prod_{\lambda \in \Lambda} M_\lambda \right) \otimes_R N \cong \prod_{\lambda \in \Lambda} (M_\lambda \otimes_R N)$$

証明. (1) $M = \bigoplus_{\lambda \in \Lambda} M_\lambda$ とし，$\iota_\lambda \colon M_\lambda \hookrightarrow M$ を埋入写像，$\pi_\lambda \colon M \to M_\lambda$ を正射影とする．

$$(\pi_\lambda \otimes \mathrm{id}_N) \circ (\iota_\lambda \otimes \mathrm{id}_N) \colon (M_\lambda \otimes_R N) \longrightarrow (M \otimes_R N) \longrightarrow (M_\lambda \otimes_R N)$$

は恒等写像であるから，$\iota_\lambda \otimes \mathrm{id}_N$ は単射，$\pi_\lambda \otimes \mathrm{id}_N$ は全射である．これらの写像から，

$$\iota \colon \bigoplus_{\lambda \in \Lambda} (M_\lambda \otimes_R N) \longrightarrow M \otimes_R N$$

$$\pi \colon M \otimes_R N \longrightarrow \bigoplus_{\lambda \in \Lambda} (M_\lambda \otimes_R N)$$

を自然に定めると，$\pi \circ \iota$, $\iota \circ \pi$ は恒等写像になるので，これらは同型写像になる．

(2) まず，$N = R^{\oplus n}$ の場合には定理が成立することに注意する．一般の有限表示 R-加群 N の場合を考える．完全系列 $R^{\oplus m} \to R^{\oplus n} \to N \to 0$ ($\exists m, n \in \mathbb{N}$) が存在する．$M = \prod_{\lambda \in \Lambda} M_\lambda$，$\pi_\lambda \colon M \to M_\lambda$ を正射影として，写像の族 $\{\pi_\lambda \otimes \mathrm{id}_N\}_{\lambda \in \Lambda}$ より，R-準同型写像 $h_3 \colon M \otimes_R N \longrightarrow \prod_{\lambda \in \Lambda} (M_\lambda \otimes_R N)$

が得られる．また，可換図式

$$\begin{array}{ccccccc}
M \otimes_R R^{\oplus m} & \longrightarrow & M \otimes_R R^{\oplus n} & \longrightarrow & M \otimes_R N & \longrightarrow & 0 \\
{\scriptstyle h_1}\downarrow & & {\scriptstyle h_2}\downarrow & & \downarrow{\scriptstyle h_3} & & \\
\prod_{\lambda \in \Lambda}(M_\lambda \otimes_R R^{\oplus m}) & \longrightarrow & \prod_{\lambda \in \Lambda}(M_\lambda \otimes_R R^{\oplus n}) & \longrightarrow & \prod_{\lambda \in \Lambda}(M_\lambda \otimes_R N) & \longrightarrow & 0
\end{array}$$

が得られる．h_1, h_2 は同型写像なので，ファイブ・レンマより，h_3 も同型写像である． □

定理 1.9.7. (右半完全性) R は環，$L \xrightarrow{f} M \xrightarrow{g} N \longrightarrow 0$ は R-加群の完全系列，A は R-加群とすると，

$$(L \otimes_R A) \xrightarrow{f'} (M \otimes_R A) \xrightarrow{g'} (N \otimes_R A) \longrightarrow 0$$

(ただし，$f' = f \otimes \mathrm{id}_A, g' = g \otimes \mathrm{id}_A$) は完全系列である．($f$ が単射でも f' は単射とは限らない．)

証明．(1) g' が全射であることを示す．$N \otimes_R A$ の元は，$z' = \sum_i z_i \otimes a_i$ ($z_i \in N, a_i \in A$) という形をしている．g は全射だから，$g(y_i) = z_i$ を満たす $y_i \in M$ が存在する．このとき，$g'\left(\sum_i y_i \otimes a_i\right) = z'$ となる．

(2) $\mathrm{Im}\, f' = \mathrm{Ker}\, g'$ を示す．$g \circ f = 0$ より $g' \circ f' = (g \circ f) \otimes \mathrm{id}_A = 0$ であり，$\mathrm{Im}\, f' \subset \mathrm{Ker}\, g'$ である．

$Q = (M \otimes_R A)/\mathrm{Im}\, f'$ とし，$\pi\colon M \otimes_R A \twoheadrightarrow Q$ を自然な全射とする．$N \otimes_R A$ は $z \otimes a$ ($z \in N, a \in A$) という形の元で生成される．この z, a をしばらく固定する．

$g(y) = z$ となる $y \in M$ をとる．$g(y) = g(y') = z$ のとき，$y - y' \in \mathrm{Ker}\, g = \mathrm{Im}\, f$ なので，$y - y' = f(x)$ を満たす $x \in L$ が存在する．このとき，$f'(x \otimes a) = y \otimes a - y' \otimes a$ だから，$\pi(y \otimes a) = \pi(y' \otimes a)$ となる．そこで，$h\colon N \otimes_R A \longrightarrow Q$ を，$h(z \otimes a) = \pi(y \otimes a)$ で定まる写像を線形に拡張することによって定義できる．

h の定義から，$\pi = h \circ g'$ を満たす．すると，$\mathrm{Ker}\, g' \subset \mathrm{Ker}(h \circ g') = \mathrm{Ker}\, \pi = \mathrm{Im}\, f'$ となる． □

定理 1.9.8. R は環, L, M は R-加群で, L_0 は L の部分 R-加群, M_0 は M の部分 R-加群とする. 包含写像 $\iota_L: L_0 \hookrightarrow L$ に $\otimes_R M$ して作った写像 $\iota_L \otimes \mathrm{id}_M: (L_0 \otimes_R M) \longrightarrow (L \otimes_R M)$ (これは単射とは限らない) の像を
$$N_1 = \mathrm{Im}\left(\iota_L \otimes \mathrm{id}_M: (L_0 \otimes_R M) \longrightarrow (L \otimes_R M)\right)$$
とおく. 同様に, $\iota_M: M_0 \hookrightarrow M$ をとり,
$$N_2 = \mathrm{Im}\left(\mathrm{id}_L \otimes \iota_M: (L \otimes_R M_0) \longrightarrow (L \otimes_R M)\right)$$
とおく. このとき,
$$(L/L_0) \otimes_R (M/M_0) \cong (L \otimes_R M)/(N_1 + N_2)$$
が成り立つ.

証明. $0 \to L_0 \hookrightarrow L \twoheadrightarrow L/L_0 \to 0$ に $\otimes_R M$ すると, 完全系列
$$L_0 \otimes_R M \xrightarrow{f} L \otimes_R M \longrightarrow (L/L_0) \otimes_R M \longrightarrow 0$$
($f = \iota_L \otimes \mathrm{id}_M$) が得られるので,
$$L/L_0 \otimes_R M \cong (L \otimes_R M)/\mathrm{Im}\, f = (L \otimes_R M)/N_1$$
である.
$$N_2' = \mathrm{Im}\left(\mathrm{id}_{L/L_0} \otimes \iota_M : (L/L_0 \otimes_R M_0) \longrightarrow (L/L_0 \otimes_R M)\right)$$
とおく. 上の結果から,
$$\frac{L}{L_0} \otimes_R \frac{M}{M_0} \cong \frac{L/L_0 \otimes_R M}{N_2'} \cong \frac{(L \otimes_R M)/N_1}{N_2'}$$
である. 自然な全射
$$f: (L \otimes_R M) \twoheadrightarrow (L \otimes_R M)/N_1 \cong L/L_0 \otimes_R M$$
$$g: (L \otimes_R M)/N_1 \twoheadrightarrow \frac{(L \otimes_R M)/N_1}{N_2'} \cong L/L_0 \otimes_R M/M_0$$
を考える. $f(N_2) = N_2'$ だから, 命題 1.2.6(4) より,
$$f^{-1}(N_2') = N_2 + \mathrm{Ker}\, f = N_2 + N_1$$
が成り立つ. よって, $\mathrm{Ker}(g \circ f) = N_1 + N_2$ で,
$$L/L_0 \otimes_R M/M_0 \cong (L \otimes_R M)/(N_1 + N_2)$$
が成り立つ. □

例 1.9.9. $m, n \in \mathbb{N}$ で, m と n の最大公約数が d のとき,
$$(\mathbb{Z}/m\mathbb{Z}) \otimes_{\mathbb{Z}} (\mathbb{Z}/n\mathbb{Z}) \cong \mathbb{Z}/d\mathbb{Z}$$
である. これを使うと, $0 \longrightarrow L \xrightarrow{f} M \xrightarrow{g} N \longrightarrow 0$ が完全系列であっても, $0 \longrightarrow (L \otimes_R A) \xrightarrow{f'} (M \otimes_R A) \xrightarrow{g'} (N \otimes_R A) \longrightarrow 0$ が完全系列にならない例が構成できる. 例えば,
$$0 \longrightarrow \mathbb{Z} \xrightarrow{f} \mathbb{Z} \longrightarrow \mathbb{Z}/2\mathbb{Z} \longrightarrow 0 \quad (\text{ただし, } f(x) = 2x)$$
に $\otimes_{\mathbb{Z}}(\mathbb{Z}/2\mathbb{Z})$ すると, 完全系列 $\mathbb{Z}/2\mathbb{Z} \xrightarrow{f'} \mathbb{Z}/2\mathbb{Z} \longrightarrow \mathbb{Z}/2\mathbb{Z} \longrightarrow 0$ が得られるが, f' は 0 写像であって, 単射ではない.

定義 1.9.10. R は環, F は R-加群とする. R-加群の任意の完全系列 $0 \longrightarrow L \xrightarrow{f} M$ に対し,
$$0 \longrightarrow L \otimes_R F \xrightarrow{f'} M \otimes_R F \quad (f' = f \otimes \mathrm{id}_F)$$
が完全系列になるとき, F は R-**平坦** (flat) であるとか**平坦 R-加群**であるという.

命題 1.9.11. (1) R-自由加群は R-平坦である.
(2) F は平坦 R-加群, $\mathfrak{a}$ は R のイデアルとすると, $\mathfrak{a} \otimes_R F \cong \mathfrak{a}F$ が成り立つ.

証明. (1) $F \cong R^{\oplus \mu}$ のとき, 定理 1.9.6 より, $L \otimes_R F \cong L^{\oplus \mu}$ となる. これより, 完全系列 $0 \to L \to M$ に $\otimes_R F$ すると, 完全系列 $0 \longrightarrow L^{\oplus \mu} \longrightarrow M^{\oplus \mu}$ が得られる.

(2) 包含写像 $\mathfrak{a} \xrightarrow{\subset} R$ より, 下の可換図式が得られる.

$$\begin{array}{ccccc} 0 & \longrightarrow & \mathfrak{a} \otimes_R F & \longrightarrow & R \otimes_R F \\ & & f \downarrow & & \downarrow \cong \\ 0 & \longrightarrow & \mathfrak{a}F & \longrightarrow & F \end{array}$$

ここで, $f \colon \mathfrak{a} \otimes_R F \longrightarrow \mathfrak{a}F$ は, $f(a \otimes x) = ax$ $(a \in \mathfrak{a}, x \in F)$ で定まる全射である. 上の図式の可換性から, f は単射であり, 同型写像であることがわかる. □

上の命題の (2) の逆は，命題 6.2.6 で証明する．

定理 1.9.12. R は環，N は R-加群とする．
(1) R-加群の帰納系 $\{M_\lambda, f_{\lambda\mu}\}$ に対し，次が成り立つ．
$$\left(\varinjlim M_\lambda\right) \otimes_R N \cong \varinjlim(M_\lambda \otimes_R N)$$
(2) N は有限表示な R-加群，$\{M_\lambda, g_{\mu\lambda}\}$ は R-加群の射影系とすると次が成り立つ．
$$\left(\varprojlim M_\lambda\right) \otimes_R N \cong \varprojlim(M_\lambda \otimes_R N)$$

証明． (1) $M_\infty = \varinjlim M_\lambda$ とおく．各 $\lambda \in \Lambda$ に対し，$f_{\lambda\infty}: M_\lambda \to M_\infty$ が存在し，$\lambda \leqq \mu$ のとき，$f_{\lambda\infty} = f_{\mu\infty} \circ f_{\lambda\mu}$ を満たす．$M'_\lambda = M_\lambda \otimes_R N$, $f'_{\lambda\mu} = f_{\lambda\mu} \otimes \mathrm{id}_N : M'_\lambda \to M'_\mu$, $g_\lambda = f_{\lambda\infty} \otimes \mathrm{id}_N : M'_\lambda \longrightarrow M_\infty \otimes_R N$ とおくと，$\{M'_{\lambda\mu}, f'_{\lambda\mu}\}$ は帰納系で，$\varinjlim M'_\lambda = \varinjlim(M_\lambda \otimes_R N)$ である．命題 1.6.4 を用いると，g_λ 達より，$g: \varinjlim M'_\lambda \longrightarrow M_\infty \otimes_R N$ が構成できる．

他方，$M'_\infty = \varinjlim M'_\lambda$ とおく．各 $y \in N$ に対し，$h_y(a) = ay$ で定まる写像 $h_y: R \to N$ に M_λ をテンソルして，y 倍写像 $h_{y\lambda}: M_\lambda \longrightarrow M'_\lambda$ を得る．この帰納的極限として $h_{y\infty}: M_\infty \longrightarrow M'_\infty$ が構成される．

$(x, y) \in M_\infty \times N$ に対し，$h'(x, y) = h_{y\infty}(x) \in M'_\infty$ によって定義される写像 $h': M_\infty \times N \longrightarrow M'_\infty$ は，双線形写像である．すると，定理 1.9.3 より，$h: M_\infty \otimes_R N \longrightarrow M'_\infty$ が存在して，$h(x \times y) = h'(x, y)$ を満たす．

構成方法から，$h = g^{-1}$ であることは容易にわかる．

(2) の証明は，定理 1.9.6(2) の証明と同様である． □

例えば，R, S が環で，M, N が R-左加群，N が S-右加群の場合に，$\mathrm{Hom}_R(M, N)$ への S の作用を考える．この場合，$f \in \mathrm{Hom}_R(M, N)$ と $s \in S$ に対し，
$$(fs)(x) = (f(x))s \quad (x \in M)$$
として，$\mathrm{Hom}_R(M, N)$ に S-右加群の構造が定まる．このとき，$r \in R$ に対し，$(rf)s = r(fs)$ が成り立つ．

また，$M \otimes_R N$ についても，$s \in S$ の作用を

$$(x \otimes y)s = x \otimes (ys) \quad (x \in M, y \in N)$$

と定めることにより，$M \otimes_R N$ は S-右加群になる．そして，$\bigl(r(x \otimes y)\bigr)s = r\bigl((x \otimes y)s\bigr)$ が成り立つ．

M, N が R-左加群，M が S-右加群の場合には，

$$(fs)(x) = \bigl(f(xs)\bigr) \quad (x \in M)$$

として，$\mathrm{Hom}_R(M, N)$ は S-右加群になる．

その他の場合も同様に考える．

命題 1.9.13. R, S は環，L, M は R-左加群，M, N は S-右加群とする．

(1) このとき，次が成り立つ．

$$\mathrm{Hom}_R\bigl(L, \mathrm{Hom}_S(M, N)\bigr) \cong \mathrm{Hom}_S(L \otimes_R M, N)$$

特に，S が R-多元環ならば，次が成り立つ．

$$\mathrm{Hom}_R(L, N) \cong \mathrm{Hom}_S(L \otimes_R S, N)$$

(2) L または N がランク有限の自由 S-加群ならば，次が成り立つ．

$$\mathrm{Hom}_R(L, M) \otimes_S N \cong \mathrm{Hom}_R(L, M \otimes_S N)$$

証明. (1) $f \in \mathrm{Hom}_R\bigl(L, \mathrm{Hom}_S(M, N)\bigr)$ をとる．$a \in L$ に対し $f_a = f(a): M \to N$ とおく．$a \otimes b \in L \otimes_R M$ に対し $\varphi_f(a \otimes b) = f_a(b)$ とおく．これにより，矛盾なく $\varphi_f \in \mathrm{Hom}_S(L \otimes_R M, N)$ が定まることは容易に確認できる．$\varphi(f) = \varphi_f$ によって，$\varphi \colon \mathrm{Hom}_R\bigl(L, \mathrm{Hom}_S(M, N)\bigr) \longrightarrow \mathrm{Hom}_S(L \otimes_R M, N)$ を定める．

逆に，$g \in \mathrm{Hom}_S(L \otimes_R M, N)$ に対し $f_a(b) = g(a \otimes b)$ $(a \in L, b \in M)$ として $f_a \colon M \to N$ を定め，$f(a) = f_a$ により $f \in \mathrm{Hom}_R\bigl(L, \mathrm{Hom}_S(M, N)\bigr)$ を定める．この対応を $\psi \colon \mathrm{Hom}_S(L \otimes_R M, N) \longrightarrow \mathrm{Hom}_R\bigl(L, \mathrm{Hom}_S(M, N)\bigr)$ とおけば，$\psi = \varphi^{-1}$ であるので，φ は同型写像である．

(2) は定理 1.7.2 よりわかる． □

上の命題では便宜的に，L, M は R-左加群，M, N は S-右加群と仮定したが，この作用の方向は本質的ではない．$x \in M$ に $r \in R$ と $s \in S$ が作用するとき，$(rx)s = r(xs)$ が成り立つことが要請されるが，もし，非可換環 R と S が M に左から作用する場合には，一般には $r(sx)$ と $s(rx)$ が一致することが期待できない．そういうわずらわしさを回避するために，便宜的に作用の方向を分けたにすぎない．もし，$r(sx) = s(rx)$ が成り立つなら，M, N は S-左加群であっても一向に差し支えがない．

命題 1.9.14. R は環，L は有限表示 R-左加群，M, N は R-加群とすると，次が成り立つ．

$$L \otimes_R \mathrm{Hom}_R(M, N) \cong \mathrm{Hom}_R\bigl(\mathrm{Hom}_R(L, M), N\bigr)$$

証明． 表記を簡単にするため，R-加群 X に対し，

$$F(X) = X \otimes_R \mathrm{Hom}_R(M, N), \quad G(X) = \mathrm{Hom}_R\bigl(\mathrm{Hom}_R(X, M), N\bigr)$$

とおく．$\sum_i x_i \otimes f_i \in F(X) = X \otimes_R \mathrm{Hom}_R(M, N)$ に対し，

$$h(g) = \sum_i f_i(g(x_i)) \quad (g \in \mathrm{Hom}_R(X, M))$$

で定まる $h \in G(X) = \mathrm{Hom}_R\bigl(\mathrm{Hom}_R(X, M), N\bigr)$ を対応させることにより，R-準同型 $\varphi(X) \colon F(X) \longrightarrow G(X)$ が定義できる．

$X = R^{\oplus r}$ の場合，定理 1.7.2, 定理 1.9.6 より，

$$F(R) \cong \mathrm{Hom}_R(M, N)^{\oplus r} \cong G(R)$$

となるので，$\varphi(R^{\oplus m})$ は同型写像である．L は有限表示なので，完全系列 $R^{\oplus m} \to R^{\oplus n} \to L \to 0$ ($\exists m, n \in \mathbb{N}$) が存在する．この完全系列より次の可換図式が得られる．

$$\begin{array}{ccccccc} F(R^{\oplus m}) & \longrightarrow & F(R^{\oplus n}) & \longrightarrow & F(L) & \longrightarrow & 0 \\ {\scriptstyle \varphi(R^{\oplus m})}\downarrow & & {\scriptstyle \varphi(R^{\oplus n})}\downarrow & & {\scriptstyle \varphi(L)}\downarrow & & \\ G(R^{\oplus m}) & \longrightarrow & G(R^{\oplus n}) & \longrightarrow & G(L) & \longrightarrow & 0 \end{array}$$

定理 1.7.4, 定理 1.9.7 より横の 2 本の系列は完全である．$\varphi(R^{\oplus m}), \varphi(R^{\oplus n})$ は同型なので，ファイブ・レンマにより $\varphi(L)$ も同型である． □

命題 1.9.15. R は環, M は有限表示 R-加群, N は R-加群, S は R-多元環で R-平坦であるとする. すると, 次が成り立つ.

$$S \otimes_R \operatorname{Hom}_R(M, N) \cong \operatorname{Hom}_S(S \otimes_R M, S \otimes_R N)$$

証明. R-加群 X に対し,

$$F(X) = S \otimes_R \operatorname{Hom}_R(X, N), \quad G(X) = \operatorname{Hom}_S(S \otimes_R X, S \otimes_R N)$$

と書くことにする. $s \otimes f \in F(X) = S \otimes_R \operatorname{Hom}_R(X, N)$ に対し, $s \cdot (\operatorname{id}_S \otimes f) \colon S \otimes_R X \longrightarrow S \otimes_R N$ を対応させることによって, $\varphi_X \colon F(X) \to G(X)$ を定める. M は有限表示だから, $R^{\oplus m} \to R^{\otimes n} \to M \to 0$ という形の完全系列が存在する. これより可換図式

$$\begin{array}{ccccccc}
0 & \longrightarrow & F(M) & \longrightarrow & F(R^{\oplus n}) & \longrightarrow & F(R^{\oplus m}) \\
& & \varphi(M) \downarrow & & \varphi(R^{\oplus n}) \downarrow & & \downarrow \varphi(R^{\oplus m}) \\
0 & \longrightarrow & G(M) & \longrightarrow & G(R^{\oplus n}) & \longrightarrow & G(R^{\oplus m})
\end{array}$$

が得られ, この図式の上下の横の系列は完全である. $\varphi(R^{\oplus n})$, $\varphi(R^{\oplus m})$ は同型写像であるから, ファイブ・レンマより $\varphi(M)$ も同型写像である. □

演習問題 1.

1.1. R は可換環，$\mathfrak{a}$ は R のイデアルとする．このとき，
$$\operatorname{Hom}_R(\mathfrak{a}, R/\mathfrak{a}) = 0, \quad \operatorname{Hom}_R(R/\mathfrak{a}, \mathfrak{a}) = 0$$
であることを証明せよ．

1.2. k は体，$f: k^{\oplus n} \to k^{\oplus m}$ は k-準同型写像 (線形写像) で，f は行列 A で表現されるとする．このとき，f の双対写像 $f^\vee: k^{\oplus m} \to k^{\oplus n}$ は A の転置行列で表現されることを証明せよ．

1.3. R は環，$\mathfrak{a}, \mathfrak{b}$ は R のイデアルとする．このとき，次の同型を証明せよ．
$$(R/\mathfrak{a}) \otimes_R (R/\mathfrak{b}) \cong R/(\mathfrak{a} + \mathfrak{b})$$

1.4. R は環とする．このとき，次の多項式環の同型を証明せよ．
$$R[X_1, X_2, \ldots, X_m] \otimes_R R[Y_1, Y_2, \ldots, Y_n] \cong R[X_1, \ldots, X_m, Y_1, \ldots, Y_n]$$

1.5. R は環，M_λ $(\lambda \in \Lambda)$ は R-加群で，$M = \bigoplus_{\lambda \in \Lambda} M_\lambda$ とする．このとき，M が R-平坦であることと，すべての M_λ が平坦であることは，同値であることを証明せよ．

1.6. R は環とし，同じ半順序集合 Λ で添え字づけられた R-加群の帰納系 $\{M_\lambda, f_{\lambda\mu}\}$ と R-加群の射影系 $\{N_\lambda, g_{\mu\lambda}\}$ を考える．このとき，$\{\operatorname{Hom}_R(M_\lambda, N_\lambda)\}$ は Λ で添え字づけられた R-加群の射影系になることを示し，
$$\operatorname{Hom}_R\left(\varinjlim M_\lambda, \varprojlim N_\lambda\right) \cong \varprojlim \operatorname{Hom}_R(M_\lambda, N_\lambda)$$
が成り立つことを証明せよ．

1.7. p を素数とするとき，次を確かめよ．
$$\mathbb{Q} \otimes_\mathbb{Z} \left(\prod_{n \in \mathbb{N}} \mathbb{Z}/p^n \mathbb{Z}\right) \not\cong \prod_{n \in \mathbb{N}} \left(\mathbb{Q} \otimes_\mathbb{Z} \mathbb{N}/p^n \mathbb{Z}\right)$$

1.8. R は環, M_λ ($\lambda \in \Lambda$) は R-加群, $S \subset R$ は積閉集合とする. このとき, 自然な単射
$$S^{-1}\Big(\prod_{\lambda \in \Lambda} M_\lambda\Big) \longrightarrow \prod_{\lambda \in \Lambda} S^{-1}M_\lambda$$
が存在することを証明せよ.

これが同型でない例を構成しよう. $R = \mathbb{Z}$, $\Lambda = \mathbb{N}$, $M_n = \mathbb{Z}$, $S = \mathbb{Z} - \{0\}$ とし, $x_n = \dfrac{1}{2^n} \in S^{-1}M_n$ とおいて, $(x_n)_{n \in \mathbb{N}} \in \prod_{n \in \mathbb{N}} S^{-1}M_n$ をとる. しかし, これに対応する $S^{-1}\Big(\prod_{n \in \mathbb{N}} M_n\Big)$ の元は存在しないことを確かめよ.

1.9. (1) R は環, L は R-加群, $\{M_\lambda, f_{\lambda\mu}\}$ は半順序集合 Λ で添え字づけられた R-加群の帰納系とし, $f_{\mu\infty} \colon M_\mu \longrightarrow \varinjlim M_\lambda$ は定義 1.6.1 で述べたような R-準同型とする. いま, 各 $\lambda \in \Lambda$ に対し R-準同型 $h_\lambda \colon M_\lambda \to L$ が与えられていて, $\lambda \leqq \mu$ ($\in \Lambda$) ならば $h_\lambda = h_\mu \circ f_{\lambda\mu}$ が成り立つと仮定する. すると, R-準同系 $\varphi \colon \varinjlim M_\lambda \longrightarrow L$ で, 任意の $\lambda \in \Lambda$ に対し $h_\lambda = \varphi \circ f_{\lambda\infty}$ を満たすものがただ 1 つ存在することを証明せよ.

(2) 双対的に, $\{M_\lambda, g_{\mu\lambda}\}$ は半順序集合 Λ で添え字づけられた R-加群の射影系とし, $g_{\infty\mu} \colon \varprojlim M_\lambda \longrightarrow M_\mu$ は定義 1.6.2 で述べたような R-準同型とする. いま, 各 $\lambda \in \Lambda$ に対し R-準同型 $h_\lambda \colon L \to M_\lambda$ が与えられていて, $\lambda \leqq \mu$ ($\in \Lambda$) ならば $h_\lambda = g_{\mu\lambda} \circ h_\mu$ が成り立つと仮定する. すると, R-準同系 $\varphi \colon L \longrightarrow \varprojlim M_\lambda$ で, 任意の $\lambda \in \Lambda$ に対し $h_\lambda = g_{\infty\lambda} \circ \varphi$ を満たすものがただ 1 つ存在することを証明せよ.

1.10. R は環, Λ は集合で, 各 $\lambda \in \Lambda$ に対し R-加群の完全系列
$$0 \longrightarrow L_\lambda \longrightarrow M_\lambda \longrightarrow N_\lambda \longrightarrow 0$$
が与えられているとする. このとき,
$$0 \longrightarrow \bigoplus_{\lambda \in \Lambda} L_\lambda \longrightarrow \bigoplus_{\lambda \in \Lambda} M_\lambda \longrightarrow \bigoplus_{\lambda \in \Lambda} N_\lambda \longrightarrow 0 \qquad ①$$
$$0 \longrightarrow \prod_{\lambda \in \Lambda} L_\lambda \longrightarrow \prod_{\lambda \in \Lambda} M_\lambda \longrightarrow \prod_{\lambda \in \Lambda} N_\lambda \longrightarrow 0 \qquad ②$$

も完全系列であることを証明せよ．ただし，層の圏では ② は完全とは限らない．

1.11. R を環とする．任意の R-加群 M は，ある有限生成 R-加群の帰納系の帰納的極限として表せることを証明せよ．

1.12. Λ は有向集合とする．$\Xi \subset \Lambda$ が**共終**であるとは，任意の $\lambda \in \Lambda$ に対し，$\lambda \leqq \mu$ となるような $\mu \in \Xi$ が存在することをいう．

さて，R は環，$\{M_\lambda, f_{\lambda\mu}\}$ は Λ で添え字づけられた R-加群の帰納系とする．このとき，添え字 λ, μ の範囲を Ξ の元に制限することにより，その部分帰納系が得られる．このとき，

$$\varinjlim_\Lambda M_\lambda \cong \varinjlim_\Xi M_\lambda$$

であることを証明せよ．また，射影的極限についても同様であることを証明せよ．

第 2 章

複体の (コ) ホモロジー

ホモロジー，コホモロジーは群・環・体や位相空間と同じように，数学のいろいろな分野で様々な形で登場するので，ある程度一般的・抽象的に説明を始めざるをえない．ホモロジー，コホモロジーがどのように使われているかの説明は，例えば拙編著 [安藤 2] を参照してもらうことにして，早速，抽象的な定義からはじめる．

2.1. 複体の定義

以下，本章では，断らない限り R は環とし，「加群」という語は「R-加群」,「複体」という語は「R-複体」を意味するものとする．

定義 2.1.1. R を環とし，各整数 n に対し R-加群 C^n が与えられているとする．さらに，各整数 n に対し R-準同型写像 $d^n: C^n \to C^{n+1}$ が与えられていて，任意の n に対して $d^{n-1}: C^{n-1} \to C^n$ と $d^n: C^n \to C^{n+1}$ の合成写像 $d^n \circ d^{n-1}: C^{n-1} \to C^{n+1}$ はゼロ写像 $d^n \circ d^{n-1} = 0$ である，つまり，任意の $x \in C^{n-1}$ に対し $d^n(d^{n-1}(x)) = 0$ であると仮定する．このとき，加群 C^n と写像 d^n の集まり $C = \{C^n, d^n\}$ を $(R\text{-})$ **コホモロジー複体**とか，**コ複体**とか，単に**複体**という．d^n を書くのを省略して「$\{C^n\}$ を複体とする」などと書くことも多い．また，必要に応じて，複体 C を $C^\bullet$ とか C^* と表して，添え字の位置を強調する場合がしばしばある．

d^n を $(n$ 次の) **微分**とか $(n$ 次の) **境界作用素**などとよぶ. C^n を C の n **次成分**という. 多様体論では, 幾何学的な複体と区別するため, 上の意味での複体を**鎖複体**とよぶことが多い.

ある $n_0 \in \mathbb{Z}$ が存在して, $n < n_0$ を満たす任意の整数 n に対して $C^n = 0$ であるとき, C は**下に有界**であるという. また, ある $n_1 \in \mathbb{Z}$ が存在し, 任意の $n > n_1$ に対し $C^n = 0$ のとき, C は**上に有界**であるという. 下に有界かつ上に有界であるとき**有界**であるという. 本書では, 特に断らない限り, **コホモロジー複体は下に有界である**と仮定する.

定義 2.1.2. R を環とし, 各整数 n に対し R-加群 C_n が与えられているとする. さらに, 各整数 n に対し R-準同型写像 $d_n \colon C_n \to C_{n-1}$ が与えられていて, 任意の n に対して, $C_{n+1} \xrightarrow{d_{n+1}} C_n$ と $C_n \xrightarrow{d_n} C_{n-1}$ の合成写像について, $d_n \circ d_{n+1} = 0$ が成り立つとき, $C = \{C_n, d_n\}$ を $(R\text{-})$ **ホモロジー複体**とか, 単に $(R\text{-})$ **複体**という. C_n を C の n **次成分**という. また, 必要に応じて, 複体 C を $C_\bullet$ とか C_* と書く. 本書では, 特に断らない限り, **ホモロジー複体は下に有界** $(\exists n_0 \in \mathbb{Z}, \forall n < n_0, C_n = 0)$ であると仮定する.

通常, 添え字を上に付けて $\{C^n, d^n\}$ と書いたらコホモロジー複体を表し, 添え字を下に付けて $\{C_n, d_n\}$ と書いたらホモロジー複体を表すので, 両者をいずれも「複体」とよんでも混乱することはまずない. ホモロジーとコホモロジーは互いに双対概念である.

実際の場面で複体が登場する場合には, 次元などある意味を持った自然数 N が与えられていて, C^n は $0 \leq n \leq N$ を満たす整数に対して, d^n は $0 \leq n < N$ を満たす整数に対してのみ定義されている場合が多い. このような場合は, $n < 0$ や $n > N$ に対しては形式的に $C^n = 0$ とおき, $n < 0$ や $n \geq N$ の場合の微分 d^n はすべてゼロ写像として, 定義されていない部分を埋める. そうすると, 上の定義の意味での複体になる. このように, C^n や d^n がある一定の範囲でしか定義されていない場合には, その範囲外の n については $C^n = 0, d^n = 0$ であると約束する. このことは, ホモロ

ジー複体に対しても同じである．

定義 2.1.3. （双対複体）(I) $C = \{C_n, d_n\}$ が R-ホモロジー複体であるとき，$C^n = C_n^\vee = \mathrm{Hom}_R(C_n, R)$, $d^n = d_{n+1}^\vee$ とおくと，命題 1.7.1 から，$d^n \circ d^{n-1} = (d_{n+1}^\vee) \circ (d_n^\vee) = (d_n \circ d_{n+1})^\vee = 0^\vee = 0$ が成り立つ．したがって，$C^\vee = \{C^n, d^n\}$ はコホモロジー複体になる．$C^\vee$ を C の**双対複体**という．

(II) $C = \{C^n, d^n\}$ が R-コホモロジー複体であるとき，$C_n = (C^n)^\vee$, $d_n = (d^{n-1})^\vee$ とおくと，上と同様に，$C^\vee = \{C_n, d_n\}$ はホモロジー複体になる．これを C の**双対複体**という．

なお双対複体ともとの複体の (コ) ホモロジーの関係は複雑で，後に定理 6.3.6 でその部分的解答を説明する．なお，演習問題 2.3 も参考にせよ．

2.2. ホモロジー・コホモロジー

定義 2.2.1. $C = \{C^n, d^n\}$ は上のようなコホモロジー複体であるとする．$d^n \circ d^{n-1} = 0$ であることは，$\mathrm{Im}\, d^{n-1} \subset \mathrm{Ker}\, d^n \subset C^n$ と同値であることに注意しよう．このとき，各整数 n に対し，

$$H^n(C) = \mathrm{Ker}\, d^n / \mathrm{Im}\, d^{n-1} = \frac{\mathrm{Ker}\left(d^n \colon C^n \to C^{n+1}\right)}{\mathrm{Im}\left(d^{n-1} \colon C^{n-1} \to C^n\right)}$$

と定義し，$H^n(C)$ を複体 C の n 次**コホモロジー** (群) という．また，

$$B^n(C) = \mathrm{Im}\, d^{n-1}$$
$$Z^n(C) = \mathrm{Ker}\, d^n$$

と書き，$Z^n(C)$ またはその元を n 次 (元) の **(コ) 輪体** (cocycle), $B^n(C)$ またはその元を n 次 (元) の **(コ) 境界** (coboundary) という．$H^n(C), B^n(C), Z^n(C)$ を $H^n(C^\bullet), B^n(C^\bullet), Z^n(C^\bullet)$ と書くことも多く，後に登場する 2 重複体など C が 2 個以上の添え字を持つ場合には，この書き方をしないと混乱する．

同様に，$C = \{C_n, d_n\}$ が定義 2.1.2 のようなホモロジー複体であるとき，
$$H_n(C) = \operatorname{Ker} d_n / \operatorname{Im} d_{n+1} = \frac{\operatorname{Ker}(d_n \colon C_n \to C_{n-1})}{\operatorname{Im}(d_{n+1} \colon C_{n+1} \to C_n)}$$
を C の n 次ホモロジー (群) という．また，
$$B_n(C) = \operatorname{Im} d_{n+1}$$
$$Z_n(C) = \operatorname{Ker} d_n$$
と書き，$Z_n(C)$ またはその元を n 次の**輪体** (cycle)，$B_n(C)$ またはその元を n 次の**境界** (boundary) という．$H_n(C), B_n(C), Z_n(C)$ を $H_n(C_\bullet)$, $B_n(C_\bullet), Z_n(C_\bullet)$ と書くことも多い．

これらの用語は，多様体のホモロジーで使われた幾何学的用語の転用であり，他の場面では名が体を表すとは限らない．

簡単な事実だが，次のことに注意しておこう．

命題 2.2.2. コホモロジー複体 C において，$C^r = 0$ となるような整数 r に対しては $H^r(C) = 0$ である．また，ホモロジー複体 C において，$C_r = 0$ となるような整数 r に対しては $H_r(C) = 0$ である．

2.3. 複体の例

複体は，代数・幾何・解析の様々なところで登場するが，始めて (コ) ホモロジーを勉強する人達のために，幾何学に登場する簡単な複体の例を 2 つ紹介する．

例 2.3.1. (多面体のホモロジー) 中学・高校で習った意味での空間内の多面体を考える．ただし，多面体のすべての面は凸多角形であると仮定する．この多面体の頂点全体の集合を $\Delta_0 = \{p_1, \ldots, p_l\}$，辺全体の集合を $\Delta_1 = \{\ell_1, \ldots, \ell_m\}$，面全体の集合を $\Delta_2 = \{s_1, \ldots, s_n\}$ とする．

ここで，各辺には向きを定め固定しておく．例えば，頂点 P から Q へ向かう辺を $\ell = PQ$ とした場合，逆向きに頂点 Q から P へ向かう有向線

分を $-\ell = QP$ とする．ここで，$P, Q \in \Delta_1$ である．また，各面は多面体の外側を表，内側を裏として表裏を定めておく．

R を固定された環とし，頂点 $p_1, \ldots, p_l$ を基底とするランク l の自由 R-加群を
$$C_0 = \bigoplus_{i=1}^{l} Rp_i = \{a_1 p_1 + \cdots + a_l p_l \mid a_1, \ldots, a_l \in R\}$$
とする．同様に，$C_1 = \bigoplus_{i=1}^{m} R\ell_i$, $C_2 = \bigoplus_{i=1}^{n} Rs_i$ とおく．これらは，ランク m, n の自由 R-加群である．

さて，辺 $\ell = PQ \in C_1$ に対し，$d_1(\ell) = P - Q \in C_1$ と定める．$-\ell = QP \in C_1$ に対しては，$d_1(-\ell) = Q - P = -d_1(\ell)$ となるので，つじつまが合う．$x = a_1 \ell_1 + \cdots + a_m \ell_m \in C_1$ に対しては，$d_1(x) = a_1 d_1(\ell_1) + \cdots + a_m d_1(\ell_m) \in C_0$ と定めることにより R-準同型写像 $d_1 : C_1 \to C_0$ が定まる．

次に，r 角形の面 $s = Q_1 Q_2 \cdots Q_r$ を考える．ただし，頂点は s の表側から見て反時計回りに並んでいるとする．各辺 $Q_i Q_{i+1}$ あるいは $Q_r Q_1$ はいずれかの ℓ_j または $-\ell_j$ と一致している．したがって，
$$d_2(s) = Q_1 Q_2 + Q_2 Q_3 + \cdots + Q_{r-1} Q_r + Q_r Q_1$$
とおけば，$d_2(s) \in C_1$ となる．また，
$$\begin{aligned} d_1(d_2(s)) &= d_1(Q_1 Q_2) + d_1(Q_2 Q_3) + \cdots + d_1(Q_{r-1} Q_r) + d_1(Q_r Q_1) \\ &= (Q_2 - Q_1) + (Q_3 - Q_2) + \cdots + (Q_r - Q_{r-1}) + (Q_1 - Q_r) \\ &= 0 \end{aligned}$$
が成り立つ．前と同様に，$y = a_1 s_1 + \cdots + a_n s_n \in C_1$ に対しては，$d_2(y) = a_1 d_2(s_1) + \cdots + a_n d_2(\ell_n) \in C_1$ と定めることにより R-準同型写像 $d_1 : C_2 \to C_1$ が定まる．

各 s_i について $d_1(d_2(s_i)) = 0$ だから，任意の $y \in C_2$ に対し $d_1(d_2(y)) = 0$ である．

$n < 0$ および $n > 2$ の場合は $C_n = 0$ とし，$n \leqq 0$ および $n > 2$ の場合 $d_n : C_n \to C_{n-1}$ はゼロ写像とおけば，$C = \{C_n, d_n\}$ はホモロジー複体になる．

この複体のホモロジーのうち，$H_0(C)$ と $H_2(C)$ はすぐ計算できる．$d_0: C_0 \to C_{-1}$ はゼロ写像だから $\operatorname{Ker} d_0 = C_0$ である．また，

$$\operatorname{Im} d_1 = \left\{ \sum_{i=1}^{l} a_i p_i \ \bigg| \ \sum_{i=1}^{l} a_i = 0 \right\}$$

であるので，

$$H_0(C) = \frac{\operatorname{Ker} d_0}{\operatorname{Im} d_1} \cong R$$

である．同様に，$\operatorname{Im} d_3 = 0$ だから，

$$H_2(C) = \frac{\operatorname{Ker} d_2}{\operatorname{Im} d_3} = \operatorname{Ker} d_2 = \{ a(s_1 + \cdots + s_n) \mid a \in R \} \cong R$$

である．なお，$n < 0$ または $n > 2$ のときは命題 2.2.2 より $H_n(C) = 0$ である．

$H_1(C)$ は多面体の種類によりいろいろ変わってくる．練習問題として，四面体の場合には $H_1(C) = 0$ であることを計算して確かめてみよ．一般に，凸多面体の場合は必ず $H_1(C) = 0$ である．ところが，トーラスに同相な多面体では，$H_1(C) \cong R^{\oplus 2} = R \oplus R$ となるのである．

$$e = l - m + n = (頂点の個数) - (辺の個数) + (面の個数)$$

を多面体のオイラー数というが，一般には，$H_1(C) = R^{\oplus (2-e)}$ が成り立つ．これが，ホモロジーの歴史的起源である．

例 2.3.2. (ド・ラーム-コホモロジーのやさしい例) $\mathbb{R}^2$ の座標系を慣例のとおり (x, y) で表し，U は $\mathbb{R}^2$ 内の領域 (連結な開集合) とする．この例では，$R = \mathbb{R}$ とする．U 上の無限回微分可能な関数全体の集合を C^0 とする．次に，

$$C^1 = \{ g(x,y)\, dx + h(x,y)\, dy \mid g, h は U 上の無限回微分可能関数 \}$$

とおく．C^1 の元は U 上の C^∞ 級 1 次微分形式とよばれる．一般に，$f = f(x,y) \in C^0$ に対し，

$$d^0(f) = df = \frac{\partial f}{\partial x} dx + \frac{\partial f}{\partial y} dy$$

と定め，$d^0: C^0 \to C^1$ を定義する．微積分学では $d^0(f)$ を全微分といい，多様体論では外微分という．

2次微分形式 $f(x, y) \, dx \wedge dy$ の定義は詳しく述べないが，まったく馴染みのない方は便宜的に以下のように理解されたい．「$dx \wedge dy$ というのは重積分で現れる $dx \, dy$ とほぼ同じものであるが，dx と dy の順序を交換したとき，$dy \wedge dx = -dx \wedge dy$ という法則が成り立つと約束する．これが，$dy \, dx = dx \, dy$ との唯一の違いである．」とにかく，

$$C^2 = \{ f(x, y) \, dx \wedge dy \mid f \text{ は } U \text{ 上の無限回微分可能関数} \}$$

とおく．そして，$d^1: C^1 \to C^2$ を，

$$d^1(g \, dx + h \, dy) = \left(\frac{\partial h}{\partial x} - \frac{\partial g}{\partial y} \right) dx \wedge dy$$

と約束する．重積分と線積分に関する平面上のガウスの公式をご存知の方は，上の定義の意味がよく理解できると思う．つまり，領域 U の境界を C とし，U の内部をつねに左側に見ながら進む向きを C の正の方向として C に向きを定めれば，

$$\int_C (g(x, y) dx + h(x, y) dy) = \int_U d(g \, dx + h \, dy) = \int_U \left(\frac{\partial h}{\partial x} - \frac{\partial g}{\partial y} \right) dx \, dy$$

が成り立つ．さて，f が無限回微分可能ならば，

$$d^1(d^0(f)) = d^1 \left(\frac{\partial f}{\partial x} dx + \frac{\partial f}{\partial y} dy \right) = \left(\frac{\partial^2 f}{\partial x \partial y} - \frac{\partial^2 f}{\partial y \partial x} \right) dx \wedge dy = 0$$

となる．上の範囲外の C^n は 0，d^n はゼロ写像とすれば，$C = \{C^n, d^n\}$ はコホモロジー複体になる．

コホモロジー $H^n(C)$ を考えよう．$n < 0$ または $n > 2$ のときは $H^n(C) = 0$ である．$\operatorname{Im} d^{-1} = 0$ で，

$$f(x, y) \in \operatorname{Ker} d^0 \iff \frac{\partial f}{\partial x} = \frac{\partial f}{\partial y} = 0 \iff f(x, y) \text{ は定数関数}$$

なので，$H^0(C) = \operatorname{Ker} d^0 \cong \mathbb{R}$ である．$H^1(C)$ と $H^2(C)$ はちょっと難しいのでここでは省略するが，いずれにせよ，U の形状が関係するのである．

2.4. 次数付き加群

コホモロジー複体 $\{C^n, d^n\}$ が与えられたとき,直和 $C = \bigoplus_{n=-\infty}^{\infty} C^n$ を考える.微分 $d^n: C^n \to C^{n+1}$ 達から定まる写像を $d: C \to C$ とする.この d を $d = \bigoplus_{n=-\infty}^{\infty} d^n$ と書く.$d^n \circ d^{n-1} = 0$ だから,$d \circ d = 0$ が成り立つ.この現象を一般化して考える.

定義 2.4.1. R は環,C は R-加群で $d: C \to C$ は R-準同型写像で,$d \circ d = 0$ を満たすとする.このとき,C と d の組 (C, d) を**微分を持つ R-加群**という.微分を持つ R-加群 (C, d) に対し,

$$B(C) = \operatorname{Im} d, \quad Z(C) = \operatorname{Ker} d, \quad H(C) = Z(C)/B(C)$$

と書き,それぞれ,**境界**,**輪体**,**ホモロジー**という.

定義 2.4.2. R は環とし,C は R-加群とする.各整数 n に対し,C の部分 R-加群 C^n が与えられていて,$m \neq n$ のとき $C^m \cap C^n = 0$ であって,$C = \bigoplus_{n=-\infty}^{\infty} C^n$ が成り立つとき,C は**次数付き加群** (graded module) であるという.C を $C^\bullet$ とか C^* のような記号で表すことも多い.

今,k を固定された整数とする.さらに,別の次数付き加群 $B = \bigoplus_{n=-\infty}^{\infty} B^n$ と,R-準同型写像 $f: B \to C$ が与えられていて,任意の整数 n に対し,$f(B^n) \subset C^{n+k}$ が成り立つとき,$f: B \to C$ は k **次の準同型写像**であるという.このとき,$f^n = f|_{B^n}: B^n \to C^{n+k}$ として f^n を定める.0 次の準同型写像を単に**準同型写像**という.

また,$A^n = C^{n+k}$ として次数付き加群 $A = \bigoplus_{n=-\infty}^{\infty} A^n$ を作るとき,

$$A = C(k)$$

と書き,$C(k)$ は C の**次数を k だけシフトして得られる次数付き加群**という.

次数付き加群 $C = \bigoplus_{n=-\infty}^{\infty} C^n$ と，1次の準同型写像 $d\colon C \to C$ が与えられ，$d \circ d$ を満たすとき，d の定義域を C^n に，終域を C^{n+1} に制限した写像を $d^n\colon C^n \to C^{n+1}$ とすれば，コホモロジー複体 $\{C^n, d^n\}$ が得られる．このような対応で，コホモロジー複体 $\{C^n, d^n\}$ は，次数付き加群 $C = \bigoplus_{n=-\infty}^{\infty} C^n$ と，1次の準同型写像 $d\colon C \to C$ で $d \circ d = 0$ を満たすものの組 (C, d) と同一視することができる．このとき，

$$H(C) = \bigoplus_{n=-\infty}^{\infty} H^n(C)$$

とすると，$H(C)$ も次数付き加群になる．

定義 2.4.3. p は整数とする．次数付き加群 C と，p 次の準同型写像 $d\colon C \to C$ で，$d \circ d = 0$ を満たすものの組 (C, d) を p **次の微分を持つ次数つき加群**という．このとき，$d^n = d|_{C^n}\colon C^n \to C^{n+p}$ とおき，

$$B^n(C) = \operatorname{Im} d^{n-p}, \quad Z^n(C) = \operatorname{Ker} d^n, \quad H^n(C) = Z^n(C)/B^n(C)$$

とおけば，

$$B(C) = \bigoplus_{n=-\infty}^{\infty} B^n(C), \quad Z(C) = \bigoplus_{n=-\infty}^{\infty} Z^n(C), \quad H(C) = \bigoplus_{n=-\infty}^{\infty} H^n(C)$$

となる．

さらに，(B, d') が p 次の微分を持つ次数付き加群のとき，次数付き加群としての準同型写像 $f\colon B \to C$ が，$f \circ d' = d \circ f$ を満たすとき，f は**微分を持つ次数付き加群の準同型写像**であるという．

上で説明したように，コホモロジー複体 $\{C^n, d^n\}$ は，1次の微分 $d = \bigoplus_{n=-\infty}^{\infty} d^n$ を持つ次数付き加群 $C = \bigoplus_{n=-\infty}^{\infty} C^n$ と同一視することができる．

同様に，ホモロジー複体 $\{C_n, d_n\}$ は，(-1) の微分 $d = \bigoplus_{n=-\infty}^{\infty} d_n$ を持つ次数付き加群 $C = \bigoplus_{n=-\infty}^{\infty} C_n$ と同一視することができる．

いろいろな議論や証明を考えるとき，$d^n: C^n \to C^{n+p}$ を個別に考えるより $d: C \to C$ を考えるほうが明解なことがある．さらに，上の考え方は形式的な言い換え以上の意味を持つ場合もある．

例えば，コホモロジー複体 $\{C^n, d^n\}$ から得られる次数付き加群 $C = \bigoplus_{n=-\infty}^{\infty} C^n$ で，(可換とは限らない) 次数付き環の構造を持つものが登場する．

一般に，次付き加群 $C = \bigoplus_{n=-\infty}^{\infty} C^n$ が環の構造を持ち，
$$x \in C^m, y \in C^n \text{ ならば } xy \in C^{m+n}$$
が成り立つとき，C は**次数つき環**であるという．

例えば，例 2.3.2 で述べたド・ラーム型のコホモロジー複体の場合も，∧ を積とする非可換環の構造を持つ．

定義 2.4.4. (部分加群・剰余加群) (C, d_C) は p 次の微分を持つ次数付き加群とし，$C = \bigoplus_{n=-\infty}^{\infty} C^n$ と表示しておく．C^n と添え字を上に付けているが，ホモロジー加群の場合も含めて考えている．各 C^n は R-加群とする．

各整数 n に対し部分 R-加群 $B^n \subset C^n$ が与えられていて，$d_C(B^n) \subset B^{n+p}$ が成り立つとき，$B = \bigoplus_{n=-\infty}^{\infty} B^n$ を C の**部分加群**という．$d_C^n: C^n \to C^{n+p}$ の定義域を B^n，終域を B^{n+p} に制限した写像を $d_B^n: B^n \to B^{n+p}$ とし，$d_B = \bigoplus_{n=-\infty}^{\infty} d_B^n$ とすれば，(B, d_B) も p 次の微分を持つ次数付き加群になる．

このとき，$Q^n = C^n/B^n$ とおくと，$d_C^n: C^n \to C^{n+p}$ から自然に $d_Q^n: Q^n \to Q^{n+p}$ が誘導され，$Q = \bigoplus_{n=-\infty}^{\infty} Q^n, d_Q = \bigoplus_{n=-\infty}^{\infty} d_Q^n$ とおけば，(Q, d_Q) も p 次の微分を持つ次数付き加群になる．このとき，$Q = C/B$ と書き，C を B で割った**剰余加群**という．

このとき，自然な全射 $\pi^n: C^n \twoheadrightarrow Q^n$ から導かれる $\pi: C \to Q$ は，微分を持つ次数加群としての 0 次の準同型写像になる．

定義 2.4.5. (複体の準同型写像) (コ) ホモロジー複体 B, C に対し，

$f\colon B \to C$ が**複体の準同型写像**であるとは，B, C を微分を持つ次数付き加群と同一視したとき，$f\colon B \to C$ が微分を持つ次数付き加群の (特に断らない限り 0 次の) 準同型写像であることをいう．

複体の 0 次の準同型写像 $f\colon B \to C$ は，以下のようにその (コ) ホモジーの間の準同型写像を誘導する．

$B = \{B^n, d_B^n\}$, $C = \{C^n, d_C^n\}$ がコホモロジー複体の場合を考える．$f^n\colon B^n \to C^n$ について，$x \in \operatorname{Ker} d_B^n$ ならば，$d_C^n(f^n(x)) = f^{n+1}(d_B^n(x)) = f^{n+1}(0) = 0$ だから，
$$f^n(\operatorname{Ker} d_B^n) \subset \operatorname{Ker} d_C^n$$
である．f^n と自然な全射 $\operatorname{Ker} d_C^n \twoheadrightarrow \operatorname{Ker} d_C^n / \operatorname{Im} d_C^{n-1} = H^n(C)$ を合成して $\widetilde{f^n}\colon \operatorname{Ker} d_B^n \to H^n(C)$ を作る．
$$\begin{aligned}\operatorname{Ker}\widetilde{f^n} &= (f^n)^{-1}(\operatorname{Im} d_C^{n-1}) = d_B^{n-1}((f^{n-1})^{-1}(C^{n-1}))\\ &\subset d_B^{n-1}(B^{n-1}) = \operatorname{Im} d_B^{n-1}\end{aligned}$$
だから，$\widetilde{f^n}$ から自然に
$$\overline{f^n}\colon H^n(B) \longrightarrow H^n(C)$$
が誘導される．

B, C がコホモロジー複体の場合も同様に，0 次の準同型写像 $f\colon B \to C$ から
$$\overline{f_n}\colon H_n(B) \longrightarrow H_n(C)$$
が誘導される．

なお，$f\colon B \to C$ が次数付き加群の p 次の準同型写像の場合には，
$$\overline{f^n}\colon H^n(B) \longrightarrow H^{n+p}(C)$$
が誘導される．

2.5. ホモトープ

定義 2.5.1. (B, d_B), (C, d_C) は p 次の微分を持つ次数付き加群，$f\colon B \to C$, $g\colon B \to C$ は 0 次の準同型写像とする．もし，$(-p)$ 次の準同型

写像 $s\colon B \to C$ が存在し，$d_C \circ s + s \circ d_B = f - g$ が成り立つとき，詳しく書けば，
$$d_C^{n-p} \circ s^n + s^{n+p} \circ d_B^n = f^n - g^n \quad (\forall n \in \mathbb{Z})$$
が成り立つとき，f と g は**ホモトープ**であるといい，s をその**ホモトピー**という．

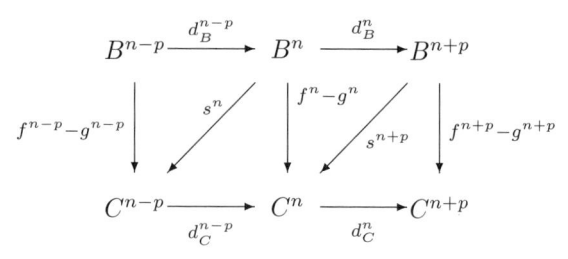

$$\begin{CD} B^{n-p} @>{d_B^{n-p}}>> B^n @>{d_B^n}>> B^{n+p} \\ @VV{f^{n-p}-g^{n-p}}V @VV{f^n-g^n}V @VV{f^{n+p}-g^{n+p}}V \\ C^{n-p} @>>{d_C^{n-p}}> C^n @>>{d_C^n}> C^{n+p} \end{CD}$$

定理 2.5.2. (I) $(B, d_B), (C, d_C)$ はコホモロジー複体で，$f\colon B \to C$ と $g\colon B \to C$ がホモトープならば，それらから誘導されるコホモロジーの間の準同型写像は一致して，
$$\overline{f^n} = \overline{g^n} \colon H^n(B) \longrightarrow H^n(C)$$
となる．

(II) $(B, d_B), (C, d_C)$ はホモロジー複体で，$f\colon B \to C, g\colon B \to C$ がホモトープならば，それらから誘導されるホモロジーの間の準同型写像は一致して，
$$\overline{f_n} = \overline{g_n} \colon H_n(B) \longrightarrow H_n(C)$$
となる．

証明． (I) $x \in \operatorname{Ker} d_B^n$ をとるとき，
$$f^n(x) - g^n(x) = d_C^{n-1}(s^n(x)) + s^{n+1}(d_B^n(x)) = d_C^{n-1}(s^n(x)) \in \operatorname{Im} d_C^{n-1}$$
だから，$\widetilde{f^n}, \widetilde{g^n} \colon \operatorname{Ker} d_B^n \to H^n(C)$ は，$\widetilde{f^n}(x) - \widetilde{g^n}(x) = 0$ を満たす．したがって，$\overline{f^n} = \overline{g^n}$ が成り立つ．

(II) も同様にして証明される． □

2.6. 複体の完全系列

p 次の微分を持つ次数付き加群 $(B, d_B), (C, d_C)$ と，q 次の準同型写像 $f: B \to C$ を考える．このとき，$f(B^n) \subset C^{n+q}, f^{n+p} \circ d_B^n = d_C^{n+q} \circ f^n$ が成り立っている．

普通の意味での $\operatorname{Ker} f$ は，自動的に B の (微分を持つ次数付き加群としての) 部分加群になっていて，$\operatorname{Im} f$ は C の (微分を持つ次数付き加群としての) 部分加群になっている．前項で述べたように，$\operatorname{Coker} f = C/\operatorname{Im} f$ は微分を持つ次数付き加群の構造を持つ．

次数付き加群でも $\operatorname{Coim} f = B/\operatorname{Ker} f$ と定義する．通常の加群では $\operatorname{Coim} f \cong \operatorname{Im} f$ であったが，次数付き加群では，加群の準同型定理から構成される加群の同型写像 $\overline{f}: B/\operatorname{Ker} f \longrightarrow \operatorname{Im} f$ は，次数付き加群としては q 次の準同型写像である．そのために，$\operatorname{Coim} f = B/\operatorname{Ker} f$ と $\operatorname{Im} f$ は次数が q ずれ，以下の同型が成り立つ．

$$\operatorname{Coim} f = B/\operatorname{Ker} f \cong (\operatorname{Im} f)(-q)$$

命題 2.6.1. (1) コホモロジー複体 $C = \{C^n, d^n\}$ に対し，以下の完全系列が存在する．

$$0 \longrightarrow H^n(C) \longrightarrow \operatorname{Coker} d^{n-1} \xrightarrow{\widetilde{d^n}} \operatorname{Ker} d^{n+1} \longrightarrow H^{n+1}(C) \longrightarrow 0 \quad (*)$$

(2) ホモロジー複体 $C = \{C_n, d_n\}$ に対し，以下の完全系列が存在する．

$$0 \longrightarrow H_n(C) \longrightarrow \operatorname{Coker} d_{n+1} \xrightarrow{\widetilde{d_n}} \operatorname{Ker} d_{n-1} \longrightarrow H_{n-1}(C) \longrightarrow 0$$

証明． $\overline{d^n}: \operatorname{Coker} d^{n-1} \to \operatorname{Im} d^n$ を $d^n: C^n \to C^{n+1}$ から誘導される自然な全射とする．$\overline{d^n}$ と包含写像 $\operatorname{Im} d^n \xhookrightarrow{} \operatorname{Ker} d^{n+1}$ の合成写像を $\widetilde{d^n}: \operatorname{Coker} d^{n-1} \longrightarrow \operatorname{Ker} d^{n+1}$ とおく．すると，

$$\operatorname{Ker} \widetilde{d^n} = \operatorname{Ker} \overline{d^n} = \operatorname{Ker} d^n/\operatorname{Im} d^{n-1} = H^n(C),$$
$$\operatorname{Coker} \widetilde{d^n} = \operatorname{Ker} d^{n+1}/\operatorname{Im} \widetilde{d^n} = \operatorname{Ker} d^{n+1}/\operatorname{Im} d^n = H^{n+1}(C)$$

である．したがって，完全系列 $(*)$ が得られる．

(2) も同様である． □

定理 2.6.2. (I) $(A, d_A), (B, d_B), (C, d_C)$ はコホモロジー複体で，
$$0 \longrightarrow A \xrightarrow{f} B \xrightarrow{g} C \longrightarrow 0$$
は 0 次の準同型の完全系列とする．このとき，次の完全系列が存在する．

$$\cdots \longrightarrow H^{n-1}(A) \longrightarrow H^{n-1}(B) \longrightarrow H^{n-1}(C)$$
$$\longrightarrow H^n(A) \longrightarrow H^n(B) \longrightarrow H^n(C)$$
$$\longrightarrow H^{n+1}(A) \longrightarrow H^{n+1}(B) \longrightarrow H^{n+1}(C) \longrightarrow \cdots$$

これを，**コホモロジー完全系列**という．

(II) $(A, d_A), (B, d_B), (C, d_C)$ はホモロジー複体で，
$$0 \longrightarrow A \xrightarrow{f} B \xrightarrow{g} C \longrightarrow 0$$
はホモロジー複体の完全系列とする．このとき，次の完全系列が存在する．

$$\cdots \longrightarrow H_{n+1}(A) \longrightarrow H_{n+1}(B) \longrightarrow H_{n+1}(C)$$
$$\longrightarrow H_n(A) \longrightarrow H_n(B) \longrightarrow H_n(C)$$
$$\longrightarrow H_{n-1}(A) \longrightarrow H_{n-1}(B) \longrightarrow H_{n-1}(C) \longrightarrow \cdots$$

これを，**ホモロジー完全系列**という．

証明． (I) 仮定から，次の可換図式がある．

$$\begin{array}{ccccccccc} 0 & \longrightarrow & A^n & \xrightarrow{f^n} & B^n & \xrightarrow{g^n} & C^n & \longrightarrow & 0 \\ & & d_A^n \downarrow & & \downarrow d_B^n & & \downarrow d_C^n & & \\ 0 & \longrightarrow & A^{n+1} & \xrightarrow{f^{n+1}} & B^{n+1} & \xrightarrow{g^{n+1}} & C^{n+1} & \longrightarrow & 0 \end{array}$$

上の可換図式から，次の可換図式が得られる．

$$\begin{array}{ccccccc} \operatorname{Coker} d_A^{n-1} & \longrightarrow & \operatorname{Coker} d_B^{n-1} & \longrightarrow & \operatorname{Coker} d_C^{n-1} & \longrightarrow & 0 \\ \widetilde{d_A^n} \downarrow & & \downarrow \widetilde{d_B^n} & & \downarrow \widetilde{d_C^n} & & \\ 0 \longrightarrow \operatorname{Ker} d_A^{n+1} & \longrightarrow & \operatorname{Ker} d_B^{n+1} & \longrightarrow & \operatorname{Ker} d_C^{n+1} & & \end{array}$$

これに，蛇の補題と命題 2.6.1 を用いれば，完全系列

$$H^n(A) \to H^n(B) \to H^n(C) \to H^{n+1}(A) \to H^{n+1}(B) \to H^{n+1}(C)$$

が得られる．

(II) も同様である． □

演習問題 2.

2.1. コホモロジー複体 C を 1 次の微分を持つ次数付き加群と考えたとき，次数付き加群として $B(C) \subset Z(C) \subset C$ であり，ホモロジー群はその商加群 $H(C) = Z(C)/B(C)$ と考えられる．このとき，$H(C)$ に誘導される微分は 0-写像であることを確かめよ．

逆に，C の微分が 0-写像ならば，$H(C) = C$ であることを確かめよ．

2.2. $R = \mathbb{Z}$ とし，以下のように $\mathbb{Z}$-コホモロジー複体 $C^\bullet$ を定める．
$$C^0 = \mathbb{Z}^{\oplus 2},\ C^1 = \mathbb{Z}^{\oplus 3},\ C^2 = \mathbb{Z}^{\oplus 2}$$
$$n < 0\ \text{または}\ n > 2\ \text{のとき}\ C^n = 0$$
また，$d^0 \colon C^0 \to C^1$, $d^1 \colon C^1 \to C^2$ はそれぞれ次の行列 A, B で定まる写像とする．
$$A = \begin{pmatrix} 2 & 1 \\ 0 & 3 \\ 0 & -1 \end{pmatrix}, \quad B = \begin{pmatrix} 0 & 1 & 3 \\ 0 & -2 & -6 \end{pmatrix}$$
このとき，$H_1(C) \cong \mathbb{Z}/2\mathbb{Z}$, $H_2(C) \cong \mathbb{Z}$, $n \neq 1, 2$ のとき $H_n(C) = 0$ であることを確かめよ．

2.3. $R = \mathbb{Z}$ とし，以下のように $\mathbb{Z}$-コホモロジー複体 $C^\bullet$ を定める．
$$C^0 = \mathbb{Z},\ C^1 = \mathbb{Z} \oplus \mathbb{Z}/4\mathbb{Z},\ C^2 = \mathbb{Z}/2\mathbb{Z}$$
$$n < 0\ \text{または}\ n > 2\ \text{のとき}\ C^n = 0$$
$$d^0(x) = (3x, 0) \in \mathbb{Z} \oplus \mathbb{Z}/4\mathbb{Z}$$
$$d^1(x, y) = \overline{y}$$
また，$C_\bullet$ を $C^\bullet$ の双対複体とする．このとき，
$$H^1(C^\bullet) \cong \mathbb{Z}/3\mathbb{Z} \oplus \mathbb{Z}/2\mathbb{Z}, \quad H_1(C_\bullet) \cong \mathbb{Z}/3\mathbb{Z}$$
であることを確かめよ．

2.4. C は微分 d を持つ次数付き加群とし，$Z'(C) = \operatorname{Coker} d$, $B'(C) = \operatorname{Coim} d$ とすると，次の完全系列が存在することを証明せよ．
$$0 \longrightarrow B(C) \longrightarrow Z(C) \longrightarrow Z'(C) \longrightarrow B'(C) \longrightarrow 0$$

2.5. C_λ ($\lambda \in \Lambda$) は同じ次数の微分を持つ R-複体とする．このとき，
$$H\Big(\bigoplus_{\lambda \in \Lambda} C_\lambda\Big) \cong \bigoplus_{\lambda \in \Lambda} H(C_\lambda), \quad H\Big(\prod_{\lambda \in \Lambda} C_\lambda\Big) \cong \prod_{\lambda \in \Lambda} H(C_\lambda)$$
が成り立つことを証明せよ．また，上の式で，H を $B, Z,$ におきかえた式も成立することを確かめよ．

2.6. $\{A_\lambda, f_{\lambda\mu}\}, \{B_\lambda, g_{\lambda\mu}\}, \{C_\lambda, h_{\lambda\mu}\}$ は半順序集合 Λ で添え字づけられた R-複体の帰納系で，各 $\lambda \in \Lambda$ に対し複体の完全系列
$$A_\lambda \xrightarrow{\varphi_\lambda} B_\lambda \xrightarrow{\psi_\lambda} C_\lambda$$
が与えられていて，$\varphi_\lambda, \psi_\lambda$ は 0 次の準同型で，$\lambda \leqq \mu$ のとき，
$$g_{\lambda\mu} \circ \varphi_\lambda = \varphi_\mu \circ f_{\lambda\mu}, \quad h_{\lambda\mu} \circ \psi_\lambda = \psi_\mu \circ g_{\lambda\mu} \qquad (*)$$
が成り立つと仮定する．このとき，
$$\varinjlim A_\lambda \xrightarrow{\varphi_\infty} \varinjlim B_\lambda \xrightarrow{\psi_\infty} \varinjlim C_\lambda$$
は完全系列であることを証明せよ．ここで，$\varphi_\infty = \varinjlim \varphi_\lambda, \psi_\infty = \varinjlim \psi_\lambda$ である．

（解答は，[Rot] p.46 定理 2.18, [EJ] p.32 定理 1.5.6 などを見よ.）

2.7. 上の演習問題の双対を考える．$\{A_\lambda, f_{\lambda\mu}\}, \{B_\lambda, g_{\lambda\mu}\}, \{C_\lambda, h_{\lambda\mu}\}$ は半順序集合 Λ で添え字づけられた R-複体の射影で，各 $\lambda \in \Lambda$ に対し複体の完全系列
$$0 \longrightarrow A_\lambda \xrightarrow{\varphi_\lambda} B_\lambda \xrightarrow{\psi_\lambda} C_\lambda \longrightarrow 0$$
が与えられていて，上の演習問題の仮定と同じような可換性を満たすとする．すると，
$$0 \longrightarrow \varprojlim A_\lambda \xrightarrow{\varphi_\infty} \varprojlim B_\lambda \xrightarrow{\psi_\infty} \varprojlim C_\lambda$$
は完全系列になることを証明せよ．また，ψ_∞ が全射にならない例を考えよ．

（解答は，[EJ] p.34 定理 1.5.13 などを見よ.）

2.8. R は可換環, S は R-多元環 (非可換でもよい) とする.
$$C_n(S) = \underbrace{S \otimes_R S \otimes_R \cdots \otimes_R S}_{n+2 \text{ 個}}$$
とし, $d_n\colon C_n(S) \longrightarrow C_{n-1}(S)$ を,
$$d_n(x_0 \otimes \cdots \otimes x_{n+1}) = \sum_{i=0}^{n}(-1)^i x_0 \otimes \cdots \otimes (x_i x_{i+1}) \otimes \cdots \otimes x_{n+1}$$
で定める. また, $s_n\colon C_n(S) \longrightarrow C_{n+1}(S)$ を,
$$s_n(x_0 \otimes \cdots \otimes x_{n+1}) = 1 \otimes x_0 \otimes \cdots \otimes x_{n+1}$$
で定める. まず,
$$d_{n+1} \circ s_n + s_{n-1} \circ d_n = \mathrm{id}_{C_n(S)}, \quad d_n \circ d_{n+1} = 0$$
を確認せよ. さて, $A = C_0(S) = S \otimes_R S$ とし, $a \otimes b \in S$ の $C_n(S)$ への作用を,
$$(a \otimes b)(x_0 \otimes \cdots \otimes x_{n+1}) = ax_0 \otimes x_1 \otimes \cdots \otimes x_n \otimes x_{n+1}b$$
で定める. このとき, d_n, s_n は A-準同型であることを確認せよ. さらに, $C_n(S)$ は A-加群として,
$$[x_1, \ldots, x_n] := 1 \otimes x_1 \otimes \cdots \otimes x_n \otimes 1$$
という形の元全体の集合で生成されることを確かめよ.

(この複体の詳細は, [服部・中山] 第 5 章 18 節を参照せよ.)

第 3 章

射影的加群と移入的加群

3.1. 射影的加群と移入的加群の定義

まず，抽象的な定義から始める．

定義 3.1.1. R を環とする．R-加群 P が**射影的**であるとは，R-加群の任意の完全系列 $L \xrightarrow{f} M \longrightarrow 0$ と R-準同型写像 $g\colon P \to M$ に対し，ある R-準同型写像 $h\colon P \to L$ が存在して，$g = f \circ h$ が成り立つことをいう．

双対的に，R-加群 I が**移入的** (あるいは**単射的**, **入射的**) であるとは，R-加群の任意の完全系列 $0 \longrightarrow L \xrightarrow{f} M$ と R-準同型写像 $g\colon L \to I$ に対し，ある R-準同型写像 $h\colon M \to I$ が存在して，$g = h \circ f$ が成り立つことをいう．

命題 3.1.2. R は環，Λ は集合とする．
(1) P_λ $(\lambda \in \Lambda)$ が R-加群のとき，$P = \bigoplus_{\lambda \in \Lambda} P_\lambda$ が射影的であるための必要十分条件は，すべての P_λ が射影的であることである．
(2) I_λ $(\lambda \in \Lambda)$ が R-加群のとき，$I = \prod_{\lambda \in \Lambda} I_\lambda$ が移入的であるための必要十分条件は，すべての I_λ が移入的であることである．

証明. (1) $\iota_\lambda: P_\lambda \hookrightarrow P$ を埋入写像,$\pi_\lambda: P \twoheadrightarrow P_\lambda$ を正射影とする.また,$f: L \twoheadrightarrow M$ を勝手な全射とする.

P が射影的ならば,$g_\lambda: P_\lambda \to M$ が与えられたとき,$g = g_\lambda \circ \pi_\lambda: P \to M$ に対し,$g = f \circ h$ を満たす $h: P \to L$ が存在するので,$h_\lambda = h \circ \iota_\lambda$ とおけば

$$g_\lambda = g \circ \iota_\lambda = f \circ h \circ \iota_\lambda = f \circ h_\lambda$$

が成り立つので,P_λ は射影的である.

逆に,すべての P_λ が射影的ならば,$g: P \to M$ が与えられたとき,$\iota_\lambda \circ g = h_\lambda \circ f$ を満たす $h_\lambda: P_\lambda \to L$ が存在するので,$h = \bigoplus_{\lambda \in \Lambda} h_\lambda: P \to L$ とおけば,$g = h \circ f$ が成り立ち,P は射影的である.

(2) は (1) の双対として証明できる. □

注意 3.1.3. 上の命題で $\bigoplus$ と $\prod$ を逆にした命題について,
(1) $P = \prod_{\lambda \in \Lambda} P_\lambda$ が射影的ならば各 P_λ も射影的である.
(2) $I = \bigoplus_{\lambda \in \Lambda} I_\lambda$ が移入的ならば各 I_λ も移入的である.

は成立するが,その逆は成立しない.ただし,命題 3.3.13 参照.

注意 3.1.4. R は射影的 R-加群であるが,移入的 R-加群であるとは限らない.

$P = R$ が射影的 R-加群であることの証明は簡単で,定義 3.1.1 の図式において,$g(1) = x \in M$ とするとき,$f(y) = x$ を満たす $y \in L$ を 1 つ固定し,$a \in R$ に対し $h(a) = ay$ として $h: R \to L$ を定めればよい.

他方,例えば,$\mathbb{Z}$ が移入的 $\mathbb{Z}$-加群でないことは,定義 3.1.1 において $L = \mathbb{Z}$, $M = \mathbb{Q}$ としてみるとわかる.

命題 3.1.5. R は環とする.
(1) P が射影的 R-加群ならば,R-加群の任意の完全系列

$$\cdots \to M_{n-1} \xrightarrow{f^{n-1}} M_n \xrightarrow{f^n} M_{n+1} \cdots \to$$

に対し，
$$\cdots \to \mathrm{Hom}_R(P, M_{n-1}) \xrightarrow{f_*^{n-1}} \mathrm{Hom}_R(P, M_n) \xrightarrow{f_*^n} \mathrm{Hom}_R(P, M_{n+1}) \to \cdots$$
は完全系列である．

(2) I が移入的 R-加群ならば，R-加群の任意の完全系列
$$\cdots \to M_{n-1} \xrightarrow{f_{n-1}} M_n \xrightarrow{f_n} M_{n+1} \cdots \to$$
に対し，
$$\cdots \to \mathrm{Hom}_R(M_{n+1}, I) \xrightarrow{f_n^*} \mathrm{Hom}_R(M_n, I) \xrightarrow{f_{n-1}^*} \mathrm{Hom}_R(M_{n-1}, I) \to \cdots$$
は完全系列である．

証明．短完全系列 $0 \longrightarrow \mathrm{Ker}\, f_n \to M_n \to \mathrm{Im}\, f_n \to 0$ に対して，上の (1), (2) の結論が成立することは，射影的加群，移入的加群の定義と定理 1.7.4 よりすぐわかる．あとは，系 1.2.3 の証明の考え方を用いれば，上の結論が得られる． □

3.2. 射影的加群

定理 3.2.1. R は環とする．
(1) 自由 R-加群は射影的である．
(2) 任意の R-加群 M に対し，ある射影的 R-加群 P と全射準同型写像 $f \colon P \twoheadrightarrow M$ が存在する．ここで，P は自由 R-加群として選ぶことができる．また，もし M が有限生成 R-加群ならば，P を有限生成自由 R-加群であるように選ぶことができる．
(3) 射影的 R-加群はある自由 R-加群の直和因子である．逆に，自由 R-加群の直和因子は射影的 R-加群である．

証明．(1) 注意 3.1.4 で説明したように R は射影的 R-加群なので，命題 3.1.2 により，R-自由加群は射影的である．

(2) M の生成系 E を 1 つ選ぶ．(M が有限生成ならば，E は有限集合として選べる．) E を基底とする自由 R-加群を $P = R^{\oplus E}$ とすれば，P は

射影的である．$f\colon P \to M$ を，$e \in E$ に対し $f(e) = e \in E$ と定め，これを R-準同型写像として延長すれば，f は全射である．

(3) M が射影加群のとき，(2) の証明のように自由加群 P と $f\colon P \to M$ を作る．M は射影的なので，$f \circ g = \mathrm{id}_M$ を満たす単射 $g\colon M \hookrightarrow P$ が存在し，M は自由加群 P の直和因子となる．

$$\begin{array}{c} M \\ {}^g\swarrow \quad \downarrow \mathrm{id}_M \\ P \xrightarrow{f} M \longrightarrow 0 \end{array}$$

逆に，自由加群は射影的であり，命題 3.1.2 により，その直和因子も射影的である． □

命題 3.2.2. R は環，P は R-加群とする．P が射影的であるための必要十分条件は，R-加群の任意の完全系列

$$0 \longrightarrow L \xrightarrow{f} M \xrightarrow{g} P \longrightarrow 0$$

が split することである．

証明. P が射影的なとき，$M \xrightarrow{g} P \longrightarrow 0$ と $\mathrm{id}_P \colon P \to P$ に対し射影的加群の定義を適用すると，ある $h\colon P \to M$ が存在して，$g \circ h = \mathrm{id}_P$ を満たす．したがって，$0 \to L \to M \to P \to 0$ は split する．

逆に，任意の $0 \to L \to M \to P \to 0$ が split するならば，$M = R^{\oplus P}$，$g\colon M \to P$ を自然な全射，$L = \mathrm{Ker}\, g$ として考えると，P は自由加群 M の直和因子なので，P は射影的である． □

定義 3.2.3. R を環，M を R-加群とする．$0 \neq x \in M$ で，R のある非零因子 $a \in R$ によって $ax = 0$ となる元 x は **torsion 元**であるという．（0 も torsion 元に含める場合もある．）R が可換環のとき，

$$M_{\mathrm{tor}} = \{x \in M \mid x \text{ は torsion 元}\} \cup \{0\}$$

は M の部分 R-加群になるが，これを M の**ねじれ部分** (torsion part) という．また，$M_{\mathrm{free}} = M/M_{\mathrm{tor}}$ を M の**自由部分** (free part) という．$M_{\mathrm{tor}} = \{0\}$

のとき，M は torsion free であるといい，$M_{\text{tor}} = M$ のとき，M はねじれ加群 (torsion module) であるという．

命題 3.2.4. R は可換環とする．各 $\lambda \in \Lambda$ に対し M_λ がねじれ R-加群のとき，$M = \bigoplus_{\lambda \in \Lambda} M_\lambda$ はねじれ加群である．また，Λ が半順序集合で，$\{M_\lambda\}$ が帰納系のとき，各 M_λ がねじれ加群ならば，帰納的極限 $\varinjlim M_\lambda$ もねじれ加群である．

証明. M の元 x は，$x = x_{\lambda_1} + \cdots + x_{\lambda_n}$ $(x_{\lambda_i} \in M_{\lambda_i})$ という形に書ける．x_{λ_i} は torsion 元だから，ある非零因子 $a_i \in R$ が存在して $a_i x_{\lambda_i} = 0$ を満たす．そこで，$a = a_1 a_2 \cdots a_n$ とおけば，$a \in R$ は非零因子で $ax = 0$ を満たす．したがって，M はねじれ加群である．

また，$\varinjlim M_\lambda$ は M の商加群だから，ねじれ加群である． □

注意 3.2.5. 各 M_λ がねじれ加群でも，$\prod_{\lambda \in \Lambda} M_\lambda$ はねじれ加群であるとは限らない．

例えば，$R = \mathbb{Z}$, $\Lambda = \mathbb{N} \ni n$ に対し $M_n = \mathbb{Z}/n\mathbb{Z}$ とするとき，自然な全射 $\mathbb{Z} \twoheadrightarrow \mathbb{Z}/n\mathbb{Z}$ を並べて得られる写像 $\mathbb{Z} \longrightarrow \prod_{n \in \mathbb{N}} \mathbb{Z}/n\mathbb{Z}$ は単射であるので，$\prod_{n \in \mathbb{N}} \mathbb{Z}/n\mathbb{Z}$ はねじれ加群ではない．

命題 3.2.6. 射影的加群 P は torsion 元を持たない．

証明. 自由加群は torsion 元を持たず，射影的加群はある自由加群の部分加群なので torsin 元を持たない． □

ここから本節末までの説明は，やや専門的なので，ある程度 (可換) 環論の知識のある方のみ読んでほしい．

定義 3.2.7. R は可換環，M は R-加群とする．$a \in R$ に対し，
$$S = \{a^n \in R \mid n \in \mathbb{N}\}$$

は積閉集合であるので，定義 1.3.1 のように，
$$R[1/a] = R[a^{-1}] := S^{-1}R \cong R[X]/(aX-1)$$
$$M[1/a] = M[a^{-1}] := S^{-1}M \cong R[a^{-1}] \otimes_R M$$
と定義する．
$$\frac{x}{a^n} = \frac{y}{a^m} \iff \exists k \in \mathbb{N},\ a^{k+n}y = a^{k+m}x$$
であることに注意する．

$a_1 + \cdots + a_n = 1$ を満たすようなある有限個の元 $a_1, \ldots, a_n \in R$ が存在し，各 $i = 1, \ldots, n$ に対し $M[a_i^{-1}]$ が自由 $R[a_i^{-1}]$-加群になるとき，M は**局所自由 R-加群**であるという．

定理 3.2.8. (Irving Kaplansky の深度定理) 局所可換環 $(R, \mathfrak{m})$ 上の有限生成射影的加群 P は自由加群である．

証明. $x_1, \ldots, x_n \in P$ を，その $\mathfrak{m}$ を法とする同値類が $R/\mathfrak{m}$-ベクトル空間 $P/\mathfrak{m}P$ の基底になるようにとる．$P = \mathfrak{m}P + Rx_1 + \cdots + Rx_n$ だから，中山の補題により，$x_1, \ldots, x_n$ は P の生成系になる．$f\colon R^{\oplus n} \to P$ を $f(a_1, \ldots, a_n) = a_1 x_1 + \cdots + a_n x_n$ で定める．P は射影的なので，$f \circ g = \mathrm{id}_P$ を満たす $g\colon P \to R^{\oplus n}$ が存在する．つまり，$R^{\oplus n} = g(P) \oplus \mathrm{Ker}\, f$ である．$P/\mathfrak{m}P \cong R^{\oplus n}/\mathfrak{m}R^{\oplus n} = (R/\mathfrak{m}R)^{\oplus n}$ より，$\mathrm{Ker}\, f \subset \mathfrak{m}P$ である．したがって，$R^{\oplus n} = g(P) + \mathfrak{m}R^{\oplus n}$ であり，中山の補題により $R^{\oplus n} = g(P) \cong P$ となる． □

定理 3.2.9. R は Noether 可換環で，M は有限生成 R-加群とする．このとき，M が局所自由 R-加群であるための必要十分条件は，R の任意の極大イデアル $\mathfrak{m}$ に対し，$M_\mathfrak{m} = R_\mathfrak{m} \otimes_R M$ が自由 $R_\mathfrak{m}$-加群になることである．

証明. (必要) M は局所自由 R-加群で，$\mathfrak{m}$ は R の極大イデアルとする．$a_1, \ldots, a_n \in R$ を定義 3.2.7 のようにとる．$a_1 + \cdots + a_n = 1 \notin \mathfrak{m}$ だから，ある i を選ぶと $a_i \notin \mathfrak{m}$ となる．このとき，自然な写像 $f\colon R[a_i^{-1}] \to R_\mathfrak{m}$, $g\colon M[a_i^{-1}] \to M_\mathfrak{m}$ ($g = f \otimes \mathrm{id}_{R_\mathfrak{m}}$) が存在する．$M[a_i^{-1}]$ は有限生成自由

$R[a_i^{-1}]$-加群なので,
$$M[a_i^{-1}] = \bigoplus_{k=1}^{r} R[a_i^{-1}]e_k \quad (e_k \in M[a_i^{-1}])$$
と書ける. この式の両辺に $R_\mathfrak{m} \otimes_{R[a_i^{-1}]}$ すると,
$$M_\mathfrak{m} = \bigoplus_{k=1}^{r} R_\mathfrak{m} g(e_k)$$
となり, $M_\mathfrak{m}$ は自由 $R_\mathfrak{m}$-加群になる.

(十分) $M_\mathfrak{m} = \bigoplus_{k=1}^{r} R_\mathfrak{m} \dfrac{m_i}{d}$ ($m_i \in M$, $d \in R - \mathfrak{m}$) と書けたとする. $h: R[d^{-1}]^{\oplus r} \longrightarrow M[d^{-1}]$ を, $h(x_1,\ldots, x_r) = \sum_{k=1}^{r} \dfrac{x_i m_i}{d}$ で定め, $L = \mathrm{Ker}\, h$, $N = \mathrm{Coker}\, h$ とおく. L, N は有限生成 $R[d^{-1}]$-加群である. h に $R_\mathfrak{m} \otimes_{R[d^{-1}]}$ すると同型写像になるから, $L_\mathfrak{m} = R_\mathfrak{m} \otimes_{R[d^{-1}]} L = 0$, $N_\mathfrak{m} = 0$ である. つまり, 任意の $x \in L$ に対し, ある $a_x \in R - \mathfrak{m}$ をとると, $a_x x = 0$ である. L は有限生成 R-加群だから, $L = \sum_{i=1}^{l} R[d^{-1}]x_i$ ($x_i \in L$) として, $a = a_{x_1} a_{x_2} \cdots a_{x_l} \in R - \mathfrak{m}$ とすれば, 任意の $x \in L$ に対し $ax = 0$ となる. つまり, $aL = 0$ となる. 同様に, $bN = 0$ を満たす $b \in R - \mathfrak{m}$ が存在する. $c_\mathfrak{m} = abd$ とおけば, h を自然に拡張して得られる写像 $\tilde{h}: R[c_\mathfrak{m}^{-1}]^{\oplus r} \longrightarrow M[c_\mathfrak{m}^{-1}]$ は同型写像になる.
$$\{c_\mathfrak{m} \mid \mathfrak{m} \text{ は } R \text{ の極大イデアル}\}$$
によって生成されるイデアルを $\mathfrak{a}$ とする. $c_\mathfrak{m} \notin \mathfrak{m}$ だから, $\mathfrak{a}$ を含む極大イデアルは存在せず, $\mathfrak{a} = R$ となる. したがって, ある有限個の $c_{\mathfrak{m}_i}$ を選ぶと, $r_1 c_{\mathfrak{m}_1} + \cdots + r_n c_{\mathfrak{m}_n} = 1$ ($\exists r_1,\ldots, r_n \in R$) となる. $a_i = r_i c_{\mathfrak{m}_i}$ とおけば, 上の考察から $M[a_i^{-1}]$ は自由 $R[a_i^{-1}]$-加群になる. □

補題 3.2.10. R は環, $0 \longrightarrow K \overset{\iota}{\longrightarrow} F \overset{\pi}{\longrightarrow} P \longrightarrow 0$ は R-加群の完全系列で, F は自由 R-加群, P は平坦 R-加群であるとし, $x_1,\ldots, x_m \in K$ とする. このとき, ある R-準同型 $h: F \to K$ で, $h(\iota(x_1)) = x_1,\ldots, h(\iota(x_m)) = x_m$ を満たすものが存在する.

証明. m に関する帰納法で証明する.ι を通して $K \subset F$ と考える.E を F の基底とする.

Step 1. $m = 1$ の場合を証明する.$x = x_1$ とする.
$$x = a_1 e_1 + \cdots + a_n e_n \quad (e_i \in E)$$
を満たす $a_i \in R$ が一意的に存在する.$\mathfrak{a} = Ra_1 + \cdots + Ra_n$ とおく.F, P は R-平坦だから,$\mathfrak{a} \otimes_R F \cong \mathfrak{a}F$, $\mathfrak{a} \otimes_R P \cong \mathfrak{a}P$ が成り立つ.したがって,完全系列
$$\mathfrak{a} \otimes_R K \xrightarrow{f} \mathfrak{a}F \xrightarrow{g} \mathfrak{a}P \longrightarrow 0$$
が得られる.ここで,$\operatorname{Ker} g = \operatorname{Im} f = \mathfrak{a}K$ である.$x \in \mathfrak{a}F$ で $g(x) = 0$ だから,$x \in \mathfrak{a}K$ である.したがって,$x = b_1 z_1 + \cdots + b_l z_l$ $(\exists b_j \in \mathfrak{a}, \exists z_j \in K)$ と書ける.ここで,$b_j = c_{j1}a_1 + \cdots + c_{jn}a_n$ $(\exists c_{jk} \in R)$ と表せる.
$$x = a_1 \sum_{j=1}^{l} c_{j1}z_j + \cdots + a_n \sum_{j=1}^{l} c_{jn}z_j = a_1 e_1 + \cdots + a_n e_n$$
である.そこで,$e \in E - \{e_1, \ldots, e_n\}$ のとき $h(e) = 0$,
$$h(\alpha_1 e_1 + \cdots + \alpha_n e_n) = \alpha_1 \sum_{j=l}^{l} c_{j1}z_j + \cdots + \alpha_n \sum_{j=1}^{l} c_{jn}z_j$$
$(\alpha_i \in R)$ によって $h: F \to K$ を定めると,$h(x) = x$ が成り立つ.

Step 2. $m \geqq 2$ の場合を考える.

上の結果から,$h_m(x_m) = x_m$ を満たす $h_m: F \to K$ が存在する.いま,
$$y_1 = x_1 - h_m(x_1), \ldots, y_{m-1} = x_{m-1} - h_m(x_{m-1})$$
とおく.帰納法の仮定から,$h'(y_1) = y_1, \ldots, h'(y_{m-1}) = y_{m-1}$ を満たす $h': F \to K$ が存在する.
$$h = h' + h_m - h' \circ \iota \circ h_m$$
とおく.すると,$i \leqq m-1$ に対し,$h'(x_i - y_i) = h'(x_i) - h'(y_i) = h'(x_i) - y_i$ より,
$$h(x_i) = h'(x_i) + (x_i - y_i) - h'(x_i - y_i) = x_i$$
が成立する.また,$h(x_m) = h'(x_m) + x_m - h'(x_m) = x_m$ であるので,この h が求めるものである. □

定理 3.2.11. R が環で，M が R-加群のとき，以下の条件 (1)〜(3) について，(1) $\Longrightarrow$ (2) が成立する．また，M が有限表示 R-加群ならば，(2) $\Longrightarrow$ (1) が成立する．特に，R が Noether 環で M が有限生成 R-加群ならば，(1) と (2) は同値である．さらに，R が Noether 可換環で M が有限生成 R-加群ならば，次の (1)〜(3) は同値である．

(1) M は射影的 R-加群である．
(2) M は平坦な R-加群である．
(3) M は局所自由 R-加群である．

証明． (1) $\Longrightarrow$ (2)．射影的加群 P はある自由加群 F の直和因子で，$F = P \oplus Q$ と書ける．R-加群の完全系列 $0 \to A \to B$ に対し，$0 \longrightarrow A \otimes_R F \longrightarrow B \otimes_R F$ は完全なので，$0 \longrightarrow A \otimes_R P \longrightarrow B \otimes_R P$ も完全である．

(2) $\Longrightarrow$ (1)．M は R-平坦な有限表示 R-加群であると仮定する．R 加群の完全系列
$$0 \longrightarrow K \xrightarrow{\iota} F \xrightarrow{\pi} M \longrightarrow 0 \qquad (*)$$
で，F が有限生成自由 R-加群，K が有限生成 R-加群であるようなものが存在する．

K の生成系 $x_1, \ldots, x_m$ をとる．前補題より，ある R-準同型 $h\colon F \to K$ が存在し，$h(x_1) = x_1, \ldots, h(x_m) = x_m$ を満たす．すなわち，$(*)$ は split する．したがって，M は R-自由加群 F の直和因子と同型であり，射影的である．

(1) $\Longrightarrow$ (3)．M が射影的なとき，M は自由加群 F の直和因子である．Noether 可換環 R の極大イデアル $\mathfrak{m}$ に対し，$M_\mathfrak{m}$ は自由 $R_\mathfrak{m}$-加群 $F_\mathfrak{m}$ の直和因子であり，射影的 $R_\mathfrak{m}$-加群である．定理 3.2.9 より，$M_\mathfrak{m}$ は自由 $R_\mathfrak{m}$-加群であり，M は局所自由 R-加群である．

(3) $\Longrightarrow$ (2)．M は有限生成局所自由 R-加群で，$0 \longrightarrow A \xrightarrow{f} B$ は R-加群の完全系列とし，$K = \mathrm{Ker}\,(A \otimes_R M \longrightarrow B \otimes_R M)$ とおく．$a_1, \ldots, a_n \in R$ を定義 3.2.7 のようにとる．
$$0 \longrightarrow A[a_i^{-1}] \longrightarrow B[a_i^{-1}]$$

は $R[a_i^{-1}]$-加群の完全系列で,自由加群は平坦だから,

$$0 \longrightarrow A[a_i^{-1}] \otimes_{R[a_i^{-1}]} M[a_i^{-1}] \longrightarrow B[a_i^{-1}] \otimes_{R[a_i^{-1}]} M[a_i^{-1}]$$

は完全である.

$$A[a_i^{-1}] \otimes_{R[a_i^{-1}]} M[a_i^{-1}] \cong (A \otimes_R M)[a_i^{-1}] \cong R[a_i^{-1}] \otimes_R (A \otimes_R M)$$

だから,$R[a_i^{-1}] \otimes_R K = 0$ である.ここで,少なくとも 1 つの a_i は R の非零因子だから,$K = 0$ となる.したがって,M は平坦である. □

定義 3.2.12. R は可換環とする.全商環 $Q(R)$ の部分 R-加群 J を R の**分数イデアル**という.R のイデアル $\mathfrak{a}$ に対し,

$$\mathfrak{a}J := \left\{ \sum_{i=1}^n a_i x_i \;\middle|\; n \in \mathbb{N}, a_i \in \mathfrak{a}, x_i \in J \right\} = R$$

が成立するような分数イデアル J が存在するとき,$\mathfrak{a}$ は**可逆**であるという.

命題 3.2.13. R は可換環,$\mathfrak{a} \subset R$ はイデアルとする.
(1) $\mathfrak{a}$ が可逆イデアルならば,$\mathfrak{a}$ は射影的 R-加群である.
(2) $\mathfrak{a}$ が射影的 R-加群で,かつ,$\mathfrak{a}$ が R の非零因子ばかりからなる生成系を持てば,$\mathfrak{a}$ は可逆イデアルである.

証明. (1) $\mathfrak{a}$ は可逆イデアルとする.$\mathfrak{a}J = R$ を満たす分数イデアル $J \subset Q(R)$ と,$\sum_{i=1}^n a_i x_i = 1$ を満たす $a_i \in \mathfrak{a}, x_i \in J$ をとる.$e_1, \ldots, e_n$ を $R^{\oplus n}$ の標準基底とし,$f: \mathfrak{a} \to R^{\oplus n}$ を $f(c) = (cx_1 e_1, \ldots, cx_n e_n)$ で定め,$g: R^{\oplus n} \to \mathfrak{a}$ を $g(c_1, \ldots, c_n) = a_1 c_1 + \cdots + a_n c_n$ で定める.すると,f は単射,g は全射で,$g \circ f = \mathrm{id}_\mathfrak{a}$ だから,$\mathfrak{a}$ は $R^{\oplus n}$ の直和因子となり,射影的になる.

(2) $\mathfrak{a}$ は射影的 R-加群であるとする.すると,$\mathfrak{a}$ はある自由 R-加群 $R^{\oplus \Lambda}$ (Λ はある集合) の直和因子である.$f: \mathfrak{a} \xhookrightarrow{\subset} R^{\oplus \Lambda}$ を埋入写像,$g: R^{\oplus \Lambda} \twoheadrightarrow \mathfrak{a}$ を正射影,$\pi_\lambda: R^{\oplus \Lambda} \longrightarrow R$ を λ-成分への正射影とする.また,$R^{\oplus \Lambda}$ の標準基底 $\{e_\lambda\}_{\lambda \in \Lambda}$ をとり,$a_\lambda = g(e_\lambda)$ とおく.$c, c' \in \mathfrak{a}$ が非零因子のとき,$c\pi_\lambda(f(c')) = \pi_\lambda(f(cc')) = c'\pi_\lambda(f(c))$ だから,$b_\lambda = \pi_\lambda(f(c))/c = $

$\pi_\lambda(f(c'))/c' \in Q(R)$ を非零因子 $c \in \mathfrak{a}$ の選び方に依存せずに定義することができる．このとき，$b_\lambda \neq 0$ となる λ は有限個である．それを，$\lambda_1, \ldots, \lambda_m$ とする．$\mathfrak{a}$ は非零因子で生成されるから，任意の $c \in \mathfrak{a}$ に対し $\pi_\lambda(f(c)) = b_\lambda c \in R$ が成立する．したがって，$a_{\lambda_1} b_{\lambda_1} + \cdots + a_{\lambda_m} b_{\lambda_m} = 1$ が成り立つ．そこで，$J = Rb_{\lambda_1} + \cdots + Rb_{\lambda_m} \subset Q(R)$ とおけば，$\mathfrak{a}J = R$ となる． □

定理 3.2.14. (Lazard, Govorov) R-加群 M が平坦であれば，M はある有限生成自由 R-加群の帰納系の帰納的極限になる．

証明． $F = R^{\oplus M \times \mathbb{N}}$ とし，その標準基底に属する元 (x, n) ($x \in M$, $n \in \mathbb{N}$) に対し，$\pi(x, n) = x$ とおき，これを線形に拡張して R-準同型 $\pi: F \twoheadrightarrow M$ を定める．

$M \times \mathbb{N}$ の有限部分集合 $L = \{e_1 = (x_1, n_1), \ldots, e_l = (x_l, n_l)\}$ に対し，$F_L = Re_1 \oplus \cdots \oplus Re_l \subset F$ とする．

$M \times \mathbb{N}$ の有限部分集合 L と，$F_L \cap \mathrm{Ker}\,\pi$ の有限生成部分 R-加群 K の組 (L, K) 全体の集合を Λ とする．そして，

$$(L, K) \leqq (L', K') \iff L \subset L' \text{ かつ } K \subset K'$$

と順序を定めて，Λ を半順序集合にする．$\lambda = (L, K) \in \Lambda$ に対し，$P_\lambda = F_L/K$ とおく．$\lambda = (L, K) \leqq \mu = (L', K') \in \Lambda$ のとき，$f_{\lambda\mu}: P_\lambda \to P_\mu$ が包含写像 $F_L \subset F_{L'}$, $K \subset K'$ から自然に構成できる．すると，$\{P_\lambda, f_{\lambda\mu}\}$ は Λ を添え字集合とする帰納系になる．$P_\infty = \varinjlim P_\lambda$ とおく．$F_L \xhookrightarrow{\subset} F \xrightarrow{\pi} M$ から，R-準同型 $p_\lambda: P_\lambda \to M$ が誘導される．

$$p := \varinjlim p_\lambda : P_\infty \longrightarrow M$$

とおく．p が同型であることを示す．勝手な $x \in M$ をとるとき，$L = \{(x, 1)\}$ であるような p_λ の像に x は含まれるので，p は全射である．p が単射であることを示す．勝手な $z \in \mathrm{Ker}\,p$ をとる．Λ は有向集合であるので，ある $\lambda = (L, K) \in \Lambda$ とある $z_\lambda \in P_\lambda$ により，$z = f_{\lambda\infty}(z_\lambda)$ と表すことができる．$\pi(z_\lambda) = p(z) = 0$ だから，$\mu = (L', K') \in \Lambda$ を十分大きく選べば，

$z_\lambda \in K'$ となるようにできる. したがって, $z = 0$ であり, p は同型写像である. そこで, 以下, $P_\infty = M$, $f_{\lambda\infty} = p_\lambda$ と考える.

$$\Lambda_0 = \{\lambda \in \Lambda \mid P_\lambda \text{ は有限生成自由 } R\text{-加群}\}$$

とおく. 任意の $\lambda \in \Lambda$ に対し, $\lambda \leq \mu$ となるような $\mu \in \Lambda_0$ が存在することを示せば, M は Λ_0 を添え字集合とする有限生成自由 R-加群の帰納系 $\{P_\lambda, f_{\lambda\mu}\}$ の帰納的極限になるので, 証明が完了する.

$\lambda = (L, K) \in \Lambda$ をとる. $L = \{e_1 = (x_1, n_1), \ldots, e_l = (x_l, n_l)\}$ とし, e_i の K を法とする同値類を $\overline{e_i} \in P_\lambda = F_L/K$ とすると, L は F_L の基底だから, $\{\overline{e_1}, \ldots, \overline{e_l}\}$ は $P_\lambda = F_L/K$ の生成系になる. 有限生成 R-加群 K の生成系を $y_1, \ldots, y_r$ とし, $y_i = a_{i1}e_1 + \cdots + a_{il}e_l$ ($\exists a_{ij} \in R$) と表示する. 完全系列 $0 \to \operatorname{Ker}\pi \xrightarrow{\iota} F \xrightarrow{\pi} M \to 0$ に補題 3.2.10 を適用すると, ある R-準同型 $h\colon F \to \operatorname{Ker}\pi$ で $h(y_i) = y_i$ ($\forall i = 1, \ldots, r$) を満たすものが存在する. 必要なら F の基底から有限個の $e_{l+1}, \ldots, e_m$ を追加して, $e_j - h(e_j) = b_{j1}e_1 + \cdots + b_{jm}e_m$ ($\exists b_{jk} \in R$) と表示することができる.

$$0 = y_i - h(y_i) = \sum_{j=1}^{l} a_{ij}(e_j - h(e_j)) = \sum_{k=1}^{m}\sum_{j=1}^{l} a_{ij}b_{jk}e_k$$

なので, $a_{i1}b_{1k} + \cdots + a_{il}b_{lk} = 0$ である. よって, $g(\overline{e_j}) = b_{j1}e_1 + \cdots + b_{jm}e_m$ によって, $g\colon P_\lambda \longrightarrow R^{\oplus m} = Re_1 \oplus \cdots \oplus Re_m$ を矛盾なく定義できる.

$e_i = (x_i, n_i)$ ($i = 1, \ldots, m$) のとき, $n'_1, \ldots, n'_m \in \mathbb{N} - \{n_1, \ldots, n_l\}$ を相異なる自然数とし,

$$L' = L \cup \{e'_1 = (x_1, n'_1), \ldots, e'_m = (x_m, n'_m)\}$$

とおく. $\psi\colon F_{L'} \to R^{\oplus m}$ を, $\psi(e'_j) = e_j$, $\psi(e_j) = g(\overline{e_j})$ で定める.

$K' = \operatorname{Ker}\psi$ とおく. $0 \to K' \to F_{L'} \to R^{\oplus m} \to 0$ は命題 3.2.2 より split する. K' は $F_{L'}$ の像になるから有限生成である. $\lambda' = (L', K') \in \Lambda$ とおく. $P_{\lambda'} := F_{L'}/K' \cong R^{\oplus m}$ なので, $\lambda' \in \Lambda_0$ である. $a_{i1}b_{1k} + \cdots + a_{il}b_{lk} = 0$ より $\psi(y_i) = 0$ である. よって, $\psi(K) = 0$ で, $K \subset K'$ がわかり, $\lambda \leq \lambda'$ が得られる. □

逆に，平坦加群の帰納系の帰納的極限は平坦である (命題 6.2.8). 上の定理は，射影的加群の帰納系の帰納的極限は必ずしも射影的でないことの証明にもなっている．

以下，射影的加群に関して，しばしば利用される定理を列挙しておく．ただし，やや専門的なので，証明は割愛する．

参考 3.2.15. (Bass) $J(R)$ を R の Jacobson 根基 (R のすべての極大イデアルの共通部分) とし，$R/J(R)$ は (左)Noether 環であると仮定する．M は R 上無限個の元で生成される R-加群で，R のどんな両側イデアル $\mathfrak{a} \neq R$ に対しても，$M/\mathfrak{a}M$ は R 上有限個の元で生成できないと仮定する．このとき，もし，M が射影的 R-加群であるならば，M は R-自由加群である．

証明は，Hyman Bass, Big projective modules are free, Illinois J. Math. 7 (1963), p.24-31, を参照せよ．

参考 3.2.16. (Bass) k は体，$R = k[X_1,\ldots, X_n]$ (n 変数多項式環) とする．M が射影的 R-加群で，$\mathrm{rank}_R M > n$ ($\mathrm{rank}_R M = \infty$ の場合を含む) であれば，M は R-自由加群である．

証明は，Hyman Bass, K-theory and stable algebra, Publ. Math. I. H. E. S. 22 (1964), p.5-60 を参照せよ．

参考 3.2.17. (Quillen-Suslin) k は体または単項イデアル整域，$R = k[X_1,\ldots, X_n]$ (n 変数多項式環) とする．M が有限生成射影的 R-加群ならば，M は R-自由加群である．

証明は，[Rot]p.144〜149, Thm.4.59〜4.62 を見よ．

3.3. 移入的加群

定理 3.3.1. (Baer の補題) R は環とする．R-加群 I が移入的であるための必要十分条件は，R の任意のイデアル $\mathfrak{a} \neq (0)$ と，任意の R-準同型写像 $\varphi: \mathfrak{a} \to I$ に対し，φ の延長 $\overline{\varphi}: R \to I$ (つまり，$\overline{\varphi}|_{\mathfrak{a}} = \varphi$ を満たす R-準同型写像) が存在することである．

証明. 必要条件であることは自明である．十分条件であることを示す．$0 \to L \xrightarrow{f} M$ は R-加群の完全系列，$g: L \to I$ を準同型写像とする．$f(L) \subset M_1 \subset M$ を満たす R-加群 M_1 と，$h_1 \circ f = g$ を満たす準同型写像 $h_1: M_1 \to I$ の組 (M_1, h_1) 全体の集合 $\mathfrak{M}$ を考える．

$$0 \longrightarrow L \xrightarrow{f} M_1 \xrightarrow{\subset} M$$
$$ \downarrow g \swarrow h_1$$
$$ I$$

$(f(L), g \circ (f|_{f(L)}^{-1})) \in \mathfrak{M}$ なので，$\mathfrak{M} \neq \phi$ である．$(M_1, h_1), (M_2, h_2) \in \mathfrak{M}$ は，$M_1 \subset M_2$ かつ $h_2|_{M_1} = h_1$ を満たすとき，$(M_1, h_1) \leqq (M_2, h_2)$ であるとして $\mathfrak{M}$ に順序を定めると，容易にわかるように $\mathfrak{M}$ は帰納的順序集合になる．Zorn の補題により，$\mathfrak{M}$ には極大元 (M_0, h_0) が存在する．

$M = M_0$ を示そう．勝手な $x_0 \in M$ をとり固定する．

$$\mathfrak{a} = \{a \in R \mid ax_0 \in M_0\}$$

は R のイデアルになるか，$\mathfrak{a} = R$ となり，いずれの場合も $\varphi(a) = h_0(ax_0)$ で定義される準同型写像 $\varphi: \mathfrak{a} \to I$ は，延長 $\overline{\varphi}: R \to I$ を持つ．($\mathfrak{a} = 0$ の場合は，$\overline{\varphi} = 0$ でよい．) $a \in \mathfrak{a}$ のとき $h_0(ax_0) = \varphi(a) = \overline{\varphi}(a)$ であることに注意する．

$\overline{M_0} = M_0 + Rx_0 \subset M$ とし，$\overline{h_0}: \overline{M_0} \to I$ を，$x + ax_0 \in M_0 + Rx_0$ ($x \in M_0$) に対し $\overline{h_0}(x + ax_0) = h_0(x) + \overline{\varphi}(a)$ により定義する．$x + ax_0 = y + bx_0$ ($y \in M_0, b \in R$) のとき，$(a-b)x_0 = y - x \in M$ だから，

$$\overline{h_0}(ax_0) - \overline{h_0}(bx_0) = \overline{\varphi}(a-b) = \varphi(a-b)$$
$$= h_0((a-b)x_0) = h_0(y-x) = h_0(y) - h_0(x)$$

が成り立ち，矛盾なく $\overline{h_0}$ は定義されている．

$(M_0, h_0) \leqq (\overline{M_0}, \overline{h_0})$ だから，(M_0, h_0) の極大性により，$M_0 = \overline{M_0}$ であり，$x_0 \in M_0$ となる．したがって，$M = M_0$ である．□

系 3.3.2. k が体のとき，任意の k-ベクトル空間は，移入的 k-加群である．

定義 3.3.3. R は環, M は R-加群とする. M の元 $x \in M$ が**分割可能** (除法可能, divisible) であるとは, R の任意の非零因子 a に対し, $x = ay$ を満たす $y \in M$ が存在することをいう. また, M の任意の元が分割可能であるとき, M は**分割可能** R-加群であるという.

例 3.3.4. R が可換環のとき, 全商環 $Q(R)$ は分割可能 R-加群である. また, F が自由 R-加群のとき, $Q(R) \otimes_R F$ は分割可能 R-加群である.

定義 3.3.5. R が可換整域で, R の (0) 以外の任意のイデアルが可逆であるとき, R は **Dedekind 環**であるという.

参考 3.3.6. R が Dedekind 環であることと, R が Krull 次元 1 の Noether 正規可換整域であることは同値である ([松村]p.100 定理 11.6, [永田]p.97〜100 参照). 特に, 単項イデアル整域 (PID) は Dedekind 環である. また, $\mathbb{Z}$ や $\mathbb{Z}$ の整拡大は Dedekind 環である.

単項イデアル整域 R が Dedekind 環であることの証明は簡単である.

R が単項イデアル (可換) 整域ならば, (0) でないイデアル $\mathfrak{a}$ は単項イデアル $\mathfrak{a} = (a) = aR$ であり,

$$J = \left\{ \frac{x}{a} \in Q(R) \ \middle| \ x \in R \right\}$$

とおけば $\mathfrak{a}J = R$ となるので, R は Dedekind 環である.

定理 3.3.7. R は環とする.
(1) I が移入的 R-加群ならば, I は分割可能である.
(2) R が Dedekind 環ならば, 分割可能 R-加群は移入的である.

証明. (1) I は移入的とし, 勝手な $x \in I$ と非零因子 $c \in R$ をとり, 単項イデアル cR を考える. 任意の $b \in cR$ に対し, $b = ca$ を満たす $a \in R$ がただ 1 つだけ存在するので, $g(b) = ax$ として $g \colon cR \to I$ を定義する. 特に, $g(c) = x$ である. また, $f \colon cR \longrightarrow R$ は包含写像とする.

$$\begin{array}{ccc} 0 \longrightarrow cR & \xrightarrow{f} & R \\ {\scriptstyle g}\downarrow & \swarrow {\scriptstyle h} & \\ I & & \end{array}$$

I は移入的だから，$g = h \circ f$ を満たす $h: R \to I$ が存在する．$y = h(1) \in I$ とおけば，$cy = ch(1) = h(c) = h(f(c)) = g(c) = x$ が成り立ち，I は分割可能である．

(2) M は分割可能 R-加群で，$\mathfrak{a} \neq (0)$ は R のイデアル，$f: \mathfrak{a} \to M$ は R-準同型写像とする．$\mathfrak{a}J = R$ を満たす分数イデアル $J \subset Q(R)$ をとる．$\mathfrak{a}J = R$ より，ある $n \in \mathbb{N}$ と，ある $a_1,\ldots, a_n \in \mathfrak{a}, b_1,\ldots, b_n \in J$ が存在して，$\sum_{i=1}^{n} a_i b_i = 1$ を満たす．M は分割可能だから，$f(a_i) = a_i x_i$ を満たす $x_i \in M$ が存在する．$a \in \mathfrak{a}$ に対し，$ab_i \in R, a_i b_i \in R$ だから，

$$f(a) = f\left(a \sum_{i=1}^{n} a_i b_i\right) = \sum_{i=1}^{n} ab_i f(a_i) = a \sum_{i=1}^{n} b_i a_i x_i$$

であり，$c = \sum_{i=1}^{n} b_i a_i x_i \in M$ とおけば，$f(a) = ac$ となる．そこで，$\overline{f}: R \to M$ を $\overline{f}(a') = a'c$ で定めれば，$\overline{f}|_{\mathfrak{a}} = f$ が成り立つ．Baer の補題により，M は移入的である．□

定理 3.3.8. R は可換整域で，M は torsion 元を持たない R-加群とする．このとき，M が移入的であるための必要十分条件は，M が分割可能なことである．

証明．移入的加群が分割可能であることは，前定理で示した．いま，M は分割可能であると仮定する．$\mathfrak{a} \subset R$ は (0) でないイデアル，$g: \mathfrak{a} \to M$ は R-準同型写像とする．

$$\begin{array}{ccc} 0 \longrightarrow & \mathfrak{a} & \stackrel{\subset}{\longrightarrow} R \\ & {\scriptstyle g}\downarrow & \swarrow{\scriptstyle h} \\ & M & \end{array}$$

M は分割可能だから，各 $0 \neq a \in \mathfrak{a}$ に対し，$g(a) = ax_a$ を満たす $x_a \in M$ が存在する．M は torsion 元を持たないから，$ax_a = ax'_a$ ならば $x_a = x'_a$ であり，この x_a は a に対して一意的に定まる．また，$0 \neq b \in \mathfrak{a}$ に対し，

$$abx_b = ag(b) = g(ab) = bg(a) = bax_a = abx_a$$

だから, $x_a = x_b$ である. この $0 \neq a \in \mathfrak{a}$ に依存しない x_a を x_0 とおけば, $g(a) = ax_0$ ($\forall a \in \mathfrak{a}$) である. そこで, $h: R \to M$ を $h(a) = ax_0$ ($\forall a \in R$) で定めれば, $h|_{\mathfrak{a}} = g$ であり, Baer の補題により M は移入的である. □

上の 2 つの定理により, いくつかの移入的加群の例を与えることができる.

例 3.3.9. (1) $\mathbb{Q}$, $\mathbb{Q}/\mathbb{Z}$ は移入的 $\mathbb{Z}$-加群である.
(2) R が可換整域で, K が R を含む可換体のとき, K は移入的 R-加群である. 特に, $Q(R)$ は移入的 R-加群である. ただし, $Q(R)/R$ は移入的とは限らない. しかし, R が Dedekind 環ならば, $Q(R)/R$ は分割可能だから移入的である.

命題 3.3.10. R, S は環とする.
(1) M が分割可能 $\mathbb{Z}$-加群ならば, $\mathrm{Hom}_{\mathbb{Z}}(R, M)$ は移入的 R-加群である.
(2) (Injective producing lemma) P は R-平坦左加群かつ S-右加群, M は移入的 S-加群であると仮定する. すると, $\mathrm{Hom}_S(P, M)$ は移入的 R-加群である.
(3) $\varphi: R \to S$ は環準同型で, S は平坦 R-加群であるとする. このとき, もし M が移入的 S-加群加群ならば, M は移入的 R-加群である.
(4) $\varphi: S \to R$ は環準同型とする. もし, M が移入的 S-加群ならば, $\mathrm{Hom}_S(R, M)$ は移入的 R-加群である.
(5) k は体, R は k-多元環, P は射影的 R-加群, V は k-ベクトル空間とする. すると, $\mathrm{Hom}_k(P, V)$ は移入的 R-加群である.

証明. (1) $E = \mathrm{Hom}_{\mathbb{Z}}(R, M)$ とおく. $a \in R, \varphi \in E$ に対し, $f_{a,\varphi}: R \to M$ を $f_{a,\varphi}(r) = \varphi(ar)$ ($r \in R$) と定めて $a\varphi = f_{a,\varphi}$ とおけば, E は R-加群の構造を持つ.

$$0 \longrightarrow A \xrightarrow{f} B$$
$$\downarrow{g}$$
$$E$$

E が移入的 R-加群であることを示そう．R-加群の完全系列 $0 \longrightarrow A \xrightarrow{f} B$ と R-準同型写像 $g\colon A \to E$ が与えられたとする．

命題 1.9.13(1) より自然な同型写像を通して

$$\mathrm{Hom}_R(A, E) \cong \mathrm{Hom}_R(A \otimes_{\mathbb{Z}} R, M) \cong \mathrm{Hom}_{\mathbb{Z}}(A, M)$$

が成り立つ．$f\colon A \to B$ が単射で，M が移入的 $\mathbb{Z}$-加群であるので，

$$\mathrm{Hom}_R(B, E) = \mathrm{Hom}_{\mathbb{Z}}(B, M) \xrightarrow{f^*} \mathrm{Hom}_{\mathbb{Z}}(A, M) = \mathrm{Hom}_R(A, E)$$

は全射である．したがって，ある R-準同型写像 $h\colon B \to E$ が存在して，$g = h \circ f$ が成り立つ．

(2) の証明も (1) と同様である．$E = \mathrm{Hom}_S(P, M)$ とおく．R-加群の完全系列 $0 \longrightarrow A \xrightarrow{f} B$ と R-準同型写像 $g\colon A \to E$ が与えられたとする．P は R-平坦だから，$0 \longrightarrow A \otimes_R P \longrightarrow B \otimes_R P$ は R-加群の完全系列で，これは S-加群としても完全系列である．M は移入的 S-加群であるので，

$$\mathrm{Hom}_S(B \otimes_R P, M) \longrightarrow \mathrm{Hom}_S(A \otimes_R P, M) \longrightarrow 0$$

は S-加群の完全系列である．

$$\mathrm{Hom}_R(A, E) \cong \mathrm{Hom}_S(A \otimes_R P, M)$$

等に注意すると，$\mathrm{Hom}_R(B, E) \xrightarrow{f^*} \mathrm{Hom}_R(A, E)$ は全射であることがわかるので，E は移入的 R-加群である．

(3) $P = R$ とおいて (2) を適用すると，$M \cong \mathrm{Hom}_S(S, M)$ は移入的 R-加群である．

(4) $P = R$ とおいて (2) を用いればよい．

(5) $S = k$ とおいて (2) を用いる．ここで，系 3.3.2 より，V は移入的 k-加群である． $\square$

定理 3.3.11. (Baer の定理) R は環，M は R-加群とする．このとき，M を部分 R-加群とするような移入的 R-加群 E が存在する．

証明． まず，$R = \mathbb{Z}$ の場合を考える．$M = F/G$ (F は自由 $\mathbb{Z}$-加群で，G は F の部分 $\mathbb{Z}$-加群) と表すことができる．$F' = \mathbb{Q} \otimes_{\mathbb{Z}} F$ は分割可能で

ある.自然に $F \subset F'$ と考え,$E_\mathbb{Z} = F'/G$ とおけば,$E_\mathbb{Z}$ は分割可能なので移入的 $\mathbb{Z}$-加群である.

一般の環 R の場合を考える.M を $\mathbb{Z}$-加群と考えて,上のように $E_\mathbb{Z}$ を作る.$E = \mathrm{Hom}_\mathbb{Z}(R, E_\mathbb{Z})$ とおくと,上の補題から,E は移入的 R-加群である.

また,$m \in M$ に対し $f_m(r) = rm$ $(r \in R)$ で定まる $f_m \in \mathrm{Hom}_\mathbb{Z}(R, M)$ を対応させる写像は単射であるから,この対応により $M \subset \mathrm{Hom}_\mathbb{Z}(R, M) \subset \mathrm{Hom}_\mathbb{Z}(R, E_\mathbb{Z}) = E$ と考えることができる. □

命題 3.3.12. R は環,I は R-加群とする.

I が移入的であるための必要十分条件は,R-加群の任意の完全系列
$$0 \longrightarrow I \xrightarrow{f} M \xrightarrow{g} N \longrightarrow 0$$
が split することである.

証明. I が移入的なとき,$0 \longrightarrow I \xrightarrow{f} M$ と $\mathrm{id}_I \colon I \to I$ に対し移入的加群の定義を適用すると,ある $h \colon M \to I$ が存在して,$h \circ f = \mathrm{id}_I$ を満たす.したがって,$0 \to I \to M \to N \to 0$ は split する.

逆に,任意の $0 \to I \to M \to N \to 0$ が split するならば,M を移入的加群に選べば,I は移入的加群の直和因子なので,命題 3.1.2(2) により,I も移入的である. □

命題 3.3.13. R は Noether 環,I_λ $(\lambda \in \Lambda)$ は移入的 R-加群とする.すると,$I = \bigoplus_{\lambda \in \Lambda} I_\lambda$ も移入的 R-加群である.

また,Λ が有向集合で,$\{I_\lambda, f_{\lambda\mu}\}$ が Λ で添え字づけられた移入的 R-加群の帰納系であれば,帰納的極限 $I_\infty = \varinjlim I_\lambda$ も移入的 R-加群である.

証明. (前半) R のイデアル $\mathfrak{a} = (a_1, \ldots, a_n) \neq (0)$ と,R-準同型写像 $f \colon \mathfrak{a} \to I$ をとる.f の延長 $\overline{f} \colon R \to I$ が存在することを証明すればよい.

$\pi_\lambda \colon I \to I_\lambda$ を正射影,$f_\lambda = \pi_\lambda \circ f \colon \mathfrak{a} \longrightarrow I_\lambda$ とし,その延長 $\overline{f_\lambda} \colon R \to I_\lambda$ をとる.

$$\Lambda' = \{\lambda \in \Lambda \mid \text{ある } 1 \leqq i \leqq n \text{ に対し } \pi_\lambda(f(a_i)) \neq 0\}$$

は有限集合である．また，$\lambda \notin \Lambda'$ のとき $f_\lambda = 0$ であるので，$\overline{f_\lambda} = 0$ である．したがって，$\overline{f} = \sum_{\lambda \in \Lambda'} \overline{f_\lambda}$ が求める f の延長を与える．

(後半) R のイデアル $\mathfrak{a} = (a_1,\ldots, a_n) \neq (0)$ と，R-準同型写像 $g\colon \mathfrak{a} \to I_\infty$ をとる．f の延長 $\overline{g}\colon R \to I_\infty$ が存在することを証明すればよい．

$f_{\lambda\infty}\colon I_\lambda \to I_\infty$ を定義 1.6.1 で述べた写像とする．各 $i = 1,\ldots, n$ に対し，$g(a_i) \in f_{\lambda_i, \infty}(I_{\lambda_i})$ を満たす λ_i が存在する．Λ は有向集合だから，ある $\lambda_0 \in \Lambda$ で，任意の $i = 1,\ldots, n$ に対し $\lambda_0 \geqq \lambda_i$ を満たすものが存在する．そこで，$f_{\lambda_0,\infty}(x_i) = g(a_i)$ を満たす $x_i \in I_{\lambda_0}$ をとり，$M = Rx_1 + \cdots + Rx_n \subset I_{\lambda_0}$ とおく．$K = \mathrm{Ker}\left(f_{\lambda_0,\infty}\colon M \twoheadrightarrow g(\mathfrak{a})\right)$ とし，完全系列 $0 \to K \to M \to g(\mathfrak{a}) \to 0$ を考える．K は有限生成である．$f_{\lambda_0,\infty}(K) = 0$ であるので，ある $\mu \geqq \lambda_0 \in \Lambda$ をとると，$f_{\lambda_0,\mu}(K) = 0$ となる．そこで，$M' = f_{\lambda_0,\mu}(M)$ とおけば，$M' \cong g(\mathfrak{a})$ となる．I_μ は移入的なので，$g\colon \mathfrak{a} \twoheadrightarrow g(\mathfrak{a}) \cong M' \subset I_\mu$ は，$G\colon R \to I_\mu$ に延長できる．このとき，$\overline{g} = f_{\mu\infty} \circ G\colon R \to I_\infty$ は g の延長を与えるので，I_∞ は移入的である．

なお，(後半) を証明すれば，実は，(前半) の証明は必要ない．というのは，(前半) の場合，Λ を適当に整列化して，

$$J_\lambda = \bigoplus_{\Lambda \ni \nu \leqq \lambda} I_\nu$$

とおけば，$\{J_\lambda\}$ は包含写像について帰納系になり，その帰納的極限は $I = \bigoplus_{\lambda \in \Lambda} I_\lambda$ と一致するからである． □

上の命題の逆として，R 上の任意の (高々可算個の) 移入的加群の直和が移入的になるのは R が Noether 環の場合に限ることが知られている (例えば，[Lam] p.80〜81 Theorem 3.46 を参照)．なお，移入的加群の射影的極限については演習問題 3.6 を参照せよ．射影的加群の移入的極限については定理 3.2.14 の直後に述べたとおりであり，注意 3.1.3 で述べた理由から，射影的加群の射影的極限は射影的とは限らない．

参考 3.3.14. 環 R に対し $R^* = \mathrm{Hom}_\mathbb{Z}(R, \mathbb{Q}/\mathbb{Z})$ は移入的 R-加群である (命題 3.3.10)．また，R^* 何個か (無限個でもよい) の直積は，移入的 R-

加群である.なお,R^* の直積と同型である R-加群は **cofree** であるとよばれる.この話題については,[河田]p.41〜46 に詳しく解説されているので,興味のある方はそちらを参照してほしい.

3.4. 移入閉包

定義 3.4.1. R-加群 $L \subset M$ に対し,M が L の**本質的拡大** (essential extension) であるとは,M の任意の部分 R-加群 $N \neq 0$ に対し,$L \cap N \neq 0$ が成り立つことをいう.

定理 3.4.2. R は環,M は R-加群とする.このとき次の条件 (1), (2) を満たす R-加群 E が同型を除き一意的に存在する.
 (1) E は M を部分 R-加群とする移入的 R-加群である.
 (2) E は M の本質的拡大である.
この E を M の**移入閉包** (injective envelope, injective hull) とか**入射包絡**といい,
$$E = E_R(M)$$
という記号で表す.さらに,この E は次の (3), (4) を満たす.
 (3) $M \subset I \subsetneq E$ を満たす移入的 R-加群 I は存在しない.
 (4) 任意の移入的 R-加群 I と単射準同型写像 $g: M \hookrightarrow I$ が与えられたとき,単射準同型写像 $h: E \hookrightarrow I$ が存在して,$h|_M = g$ を満たす.
逆に,(1) と (3),あるいは (1) と (4) を満たす E は M の移入閉包である.

証明. Step 1. (1) と (2) を満たす E の存在を証明する.
 M を含む移入的 R-加群 J を 1 つとり固定する.
$$\mathcal{E} = \{B \mid B \text{ は } J \text{ の部分 } R\text{-加群で,} B \text{ は } M \text{ の本質的拡大}\}$$
とおき,包含関係について $\mathcal{E}$ を (半) 順序集合と考える.$\mathcal{L}$ が $\mathcal{E}$ の全順序部分集合のとき,$\bigcup_{B \in \mathcal{L}} B$ も $\mathcal{E}$ に属し,これが $\mathcal{L}$ の上限を与える.したがって,$\mathcal{E}$ は帰納的順序集合である.Zorn の補題により,$\mathcal{E}$ には極大元 E が存在する.

E は移入的 R-加群であることを示す.
$$\mathbf{N} = \{C \mid C \text{ は } J \text{ の部分 } R\text{-加群で, } C \cap E = 0\}$$
は空でない帰納的順序集合なので, $\mathbf{N}$ には極大元 N が存在する. 自然な全射 $\pi: J \to J/N$ の定義域を E に制限した写像を $f = \pi|_E : E \longrightarrow J/N$ とすると, $\operatorname{Ker} f = \operatorname{Ker} \pi \cap E = N \cap E = 0$ なので, f は単射である. J は移入的だから, $0 \to E \xrightarrow{f} J/N$ と包含写像 $\iota: E \to J$ に対して, ある $h: J/N \hookrightarrow J$ が存在して $\iota = h \circ f$ を満たす.

ここで, h は単射である. 実際, $\operatorname{Ker} h \neq 0$ と仮定すると, $C/N = \operatorname{Ker} h$ となる $C \supsetneq N$ が存在し, $C \cap E = 0$ なので N の極大性に矛盾する. つまり, J/N は J の直和因子で, $J = N \oplus (J/N)$ とみなせる. このとき, $E \subset J/N$ である.

任意の部分 R-加群 $0 \neq C/N \subset J/N$ をとると, $C \supsetneq N$ であるから, N の極大性により $C \cap E \neq 0$ でなければならない. したがって, J/N は E の本質的拡大である. すると, E の極大性から $E = J/N$ となる. 命題 3.1.2(2) より, E は移入的 R-加群である.

Step 2. (1), (2) $\implies$ (4) を示す. (1), (2) を満たす E をとる. 移入的 R-加群 I と単射準同型写像 $g: M \hookrightarrow I$ が与えられたとする.

I は移入的だから, 包含写像 $0 \to M \xrightarrow{i} E$ に対して, ある $h: E \to I$ で $g = h \circ i = h|_M$ を満たすものが存在する. $M \cap \operatorname{Ker} h = M \cap \operatorname{Ker} g = 0$ で E は M の本質的拡大であるので, $\operatorname{Ker} h = 0$ でなければならない.

Step 3. (1), (4) $\implies$ (3) を示す. E は (1), (4) を満たすと仮定する. $M \subset I \subsetneq E$ を満たす移入的 R-加群 I が存在したとする. (4) より, $h|_M = \operatorname{id}_M$ を満たす単射 $h: E \hookrightarrow I$ が存在する. M を固定する適当な I の自己同型写像を h に合成することにより, $h|_I = \operatorname{id}_I$ と仮定してよい. すると, $E = I \oplus \operatorname{Ker} h$ である. $\operatorname{Ker} h = 0$ なので, $E = I$ となり矛盾する.

Step 4. (1), (3) $\implies$ (2) を示す. E は (1), (3) を満たすとする. $M \subset I \subset E$ を満たす M の本質的拡大 I の中で極大なものをとると, Step 1 で示したように I は移入的になる. E が M の本質的拡大でなければ $I \subsetneq E$ であるので (3) と矛盾する.

Step 5. E' が M の移入閉包ならば，同型写像 $f: E \to E'$ が存在することを示す．

E' は移入的だから，単射 $g: E \hookrightarrow E'$ で包含写像と可換なものが存在する．g は単射だから $g(E)$ も移入的である．すると (4) より，$g(E) = E'$ でなければならない．したがって，g は同型写像である． □

注意 3.4.3. R-加群 P の部分 R-加群 N が superfluous であるとは，$L + N = P$ を満たす P の部分 R-加群 L は $L = P$ 以外に存在しないことをいう．P が射影的 R-加群，$f: P \twoheadrightarrow M$ が全射で，Ker f が superfluous であるとき，$f: P \to M$ は M の **projective cover** (射影被覆) であるという．これは，移入閉包の双対概念である．しかし，R-加群 M の projective cover は存在するとは限らない．例えば，$R = \mathbb{Z}$, $M = \mathbb{Z}/5\mathbb{Z} = \mathbb{F}_5$ の場合，自然な全射 $f: P = \mathbb{Z} \twoheadrightarrow \mathbb{Z}/5\mathbb{Z}$ は projective cover の候補であると期待できる．しかし，自然な全射 $g: Q = 2\mathbb{Z} \twoheadrightarrow \mathbb{Z}/5\mathbb{Z}$ に対し，$g = f \circ h$ を満たす全射 $h: 2\mathbb{Z} \twoheadrightarrow \mathbb{Z}$ は存在しないから，P の最小性は成立せず，projective cover が「同型を除いて一意的」に存在するとは言えない．任意の R-加群に対し projective cover が存在するような環を，完全環というが，応用に乏しいので本書では扱わない．そのかわりに，定義 7.1.8 を見よ．

例 3.4.4. (1) R が可換整域ならば，$E_R(R) \cong Q(R)$ である．
(2) p が素数で e が自然数のとき，$\mathbb{Z}$-加群 $\mathbb{Z}/p^e\mathbb{Z}$ について，

$$E_\mathbb{Z}(\mathbb{Z}/p^e\mathbb{Z}) \cong \mathbb{Z}[p^{-1}]/p^e\mathbb{Z}$$

注意 3.4.5. $f: M \to N$ が R-準同型写像のとき，$E_R(N)$ は移入的だから，f の延長 $\overline{f}: E_R(M) \longrightarrow E_R(N)$ が存在する．しかし，$\overline{f}$ は一意的とは限らない．

例えば，$R = \mathbb{Z}$, $M = N = \mathbb{Z}/p\mathbb{Z}$ (p は素数) のとき，ゼロ写像 $f = 0: \mathbb{Z}/p\mathbb{Z} \longrightarrow \mathbb{Z}/p\mathbb{Z}$ の延長を考える．$E_R(\mathbb{Z}/p\mathbb{Z}) = \mathbb{Z}[1/p]/p\mathbb{Z}$ で，p 倍写像 $\overline{f}: \mathbb{Z}[1/p]/p\mathbb{Z} \longrightarrow \mathbb{Z}[1/p]/p\mathbb{Z}$ ($\overline{f}(x) = px$) は $\mathbb{Z}/p\mathbb{Z}$ に制限するとゼロ写像になる．この $\overline{f}$ は $f = 0$ の延長であるが，ゼロ写像 $0: \mathbb{Z}[1/p]/p\mathbb{Z} \longrightarrow \mathbb{Z}[1/p]/p\mathbb{Z}$ も $f = 0$ の延長であるので，f の延長は一意的でない．

定理 3.4.6. R は環, M_λ ($\lambda \in \Lambda$) は R-加群とすると, 以下が成り立つ.

(1) $E_R\bigl(\prod_{\lambda \in \Lambda} M_\lambda\bigr) \cong \prod_{\lambda \in \Lambda} E_R(M_\lambda)$.

(2) R が Noether 環ならば, $E_R\bigl(\bigoplus_{\lambda \in \Lambda} M_\lambda\bigr) \cong \bigoplus_{\lambda \in \Lambda} E_R(M_\lambda)$.

証明. $M = \prod_{\lambda \in \Lambda} M_\lambda$, $E = \prod_{\lambda \in \Lambda} E_R(M_\lambda)$ とおく. $E_R(M_\lambda)$ は移入的だから, $f_\lambda: M \xrightarrow{\pi_\lambda} M_\lambda \overset{\subset}{\longrightarrow} E_R(M_\lambda)$ は $\overline{f_\lambda}: E_R(M) \to E_R(M_\lambda)$ に延長できる. また定理 3.4.2 より, 包含写像 $\iota_\lambda: M_\lambda \overset{\subset}{\longrightarrow} M$ から単射 $\overline{\iota_\lambda}: E_R(M_\lambda) \longrightarrow E_R(M)$ が得られる. $\overline{f_\lambda} \circ \overline{\iota_\lambda}: E_R(M_\lambda) \longrightarrow E_R(M_\lambda)$ は包含写像 $M_\lambda \overset{\subset}{\longrightarrow} E_R(M_\lambda)$ の延長だから, 定理 3.4.2 より単射であり, $\overline{f_\lambda} \circ \overline{\iota_\lambda}(E_R(M_\lambda))$ は $E_R(M_\lambda)$ の移入的部分 R-加群だから, 定理 3.4.2 より, $\overline{f_\lambda} \circ \overline{\iota_\lambda}(E_R(M_\lambda)) = E_R(M_\lambda)$ となる. したがって, $\overline{f_\lambda}$ は全射である. $\widetilde{\pi_\lambda}: E \to E_R(M_\lambda)$ を正射影とすると, 定理 1.5.1 より, $g: E_R(M) \to E$ がただ 1 つ存在して, $\overline{f_\lambda} = \widetilde{\pi_\lambda} \circ g$ を満たす. 各 $\overline{f_\lambda}$ が全射なので, 容易にわかるように g も全射である. また, g は包含写像 $M \to E$ の延長で E は移入的なので, 定理 3.4.2 より g は単射である. したがって, g は同型写像である.

(2) $M = \bigoplus_{\lambda \in \Lambda} M_\lambda$, $E = \bigoplus_{\lambda \in \Lambda} E_R(M_\lambda)$ とおく. 上と同様な論法で, $\iota_\lambda: M_\lambda \overset{\subset}{\longrightarrow} M$ の延長である単射 $\overline{\iota_\lambda}: E_R(M_\lambda) \longrightarrow E_R(M)$ が存在することが証明できる. すると, 定理 1.5.1 より, $g: E \to E_R(M)$ がただ 1 つ存在して, 自然な可換条件を満たし, g は単射になる. 命題 3.3.13 より E は移入的なので, 定理 3.4.2 より $g(E) = E_R(M)$ で, g は同型写像である. □

3.5. 射影分解・移入分解

定義 3.5.1. R は環, M は R-加群とする.

$$\cdots \to P_3 \xrightarrow{\delta_3} P_2 \xrightarrow{\delta_2} P_1 \xrightarrow{\delta_1} P_0 \xrightarrow{\varepsilon} M \longrightarrow 0 \tag{1}$$

が R-加群の完全系列で, 各 P_i が射影的 R-加群のとき, (1) を M の**射影 (的) 分解** (projective resolution) という. さらに, (1) において, すべての

P_i が自由 R-加群のとき,(1) を M の**自由分解** (free resolution) という.自由分解は射影分解である.もし,すべての P_i がランク有限の自由 R-加群のとき,(1) を**ランク有限な自由分解** (finite free resolution) という.

(1) において,$P_n \neq 0$ かつ任意の $i > n$ に対し $P_i = 0$ となるような非負整数 n が存在するとき,(1) の**長さ**は n であるという.もし,$P_{n+1} = 0$ となる n が存在すれば,

$$P'_i = \begin{cases} P_i & (i \leq n \text{ のとき}) \\ 0 & (i \geq n+1 \text{ のとき}) \end{cases}$$

とおけば $\cdots \to P'_2 \to P'_1 \to P'_0 \to M \to 0$ も M の射影分解 (または自由分解) を与えることに注意する.したがって,$P_{n+1} = 0$ ならば,長さ n 以下の M の射影分解が存在する.

定義 3.5.2. R は環 M は R-加群とする.

$$0 \longrightarrow M \xrightarrow{\varepsilon} I^0 \xrightarrow{\delta^0} I^1 \xrightarrow{\delta^1} I^2 \xrightarrow{\delta^2} I^3 \to \cdots \qquad (2)$$

が R-加群の完全系列で,各 I^i が移入的 R-加群のとき,(2) を M の**移入 (的) 分解**とか**単射的分解**とか**入射 (的) 分解**という.(2) において,$I^n \neq 0$ かつ任意の $i > n$ に対し $I^i = 0$ となるような非負整数 n が存在するとき,(2) の**長さ**は n であるという.もし,$I^{n+1} = 0$ となる n が存在すれば,

$$J^i = \begin{cases} I^i & (i \leq n \text{ のとき}) \\ 0 & (i \geq n+1 \text{ のとき}) \end{cases}$$

とおけば $0 \to M \to J^0 \to J^1 \to J^2 \to \cdots$ も M の移入分解である.したがって,$I^{n+1} = 0$ ならば,長さ n 以下の M の移入分解が存在する.

定理 3.5.3. (I) 任意の R-加群 M に対し,M の自由分解

$$\cdots \to P_3 \xrightarrow{\delta_3} P_2 \xrightarrow{\delta_2} P_1 \xrightarrow{\delta_1} P_0 \xrightarrow{\varepsilon} M \longrightarrow 0$$

が存在する.したがって,M の射影分解が存在する.さらに,R が Noether 環で,M が有限生成 R-加群ならば,各 P_n はランクが有限な自由加群として選ぶことができる.

(II) M は R-加群とする．いま，
$$E^0 = E_R(M), \quad E^1 = E_R(E^0/M)$$
$$d^0 \colon E^0 \longrightarrow E^1 \text{ は自然な写像}$$
とし，帰納的に，
$$E^{n+2} = E_R(\operatorname{Coker} d^n)$$
$$d^{n+1} \colon E^{n+1} \longrightarrow E^{n+2} \text{ は自然な写像}$$
と定める．このように定めた E^n を
$$E_R^n(M)$$
と書く．このとき，
$$0 \longrightarrow M \overset{\subset}{\longrightarrow} E^0 \overset{d^0}{\longrightarrow} E^1 \overset{d^1}{\longrightarrow} E^2 \to \cdots$$
は M の移入分解であるが，これを M の**最小移入分解**とか**極小移入分解**という（「極小」移入分解とよぶ人が多いが，これは次の意味で「最小」なので，「最小」移入分解とよぶほうが適切だと思う）．つまり，勝手な移入分解 $0 \to M \xrightarrow{\varepsilon'} I^0 \xrightarrow{\delta^0} I^1 \xrightarrow{\delta^1} I^2 \to \cdots$ に対し，単射 $f^n \colon E^n \to I^n$ が存在し，次の図式が可換になる．

$$\begin{array}{ccccccccc}
0 & \longrightarrow & M & \xrightarrow{\varepsilon} & E^0 & \xrightarrow{d^0} & E^1 & \xrightarrow{d^1} & E^2 & \to \cdots \\
& & \operatorname{id}_M \downarrow & & \downarrow f^0 & & \downarrow f^1 & & \downarrow f^2 & \\
0 & \longrightarrow & M & \xrightarrow{\varepsilon'} & I^0 & \xrightarrow{\delta^0} & I^1 & \xrightarrow{\delta^1} & I^2 & \to \cdots
\end{array}$$

証明． (I) 定理 3.2.1 より $P_0 \xrightarrow{\varepsilon} M \to 0$ が完全系列になるような自由 R-加群 P_0 が存在する．再び定理 3.2.1 より $P_1 \xrightarrow{\delta_1} \operatorname{Ker} \varepsilon \to 0$ が完全系列になるような自由 R-加群 P_1 が存在する．以下同様に，$P_{i+1} \xrightarrow{f_{i+1}} \operatorname{Ker} \delta_i \to 0$ が完全系列になるような自由 R-加群 P_{i+1} が存在する．これらをつなげば，自由分解 (1) が得られる．

なお，M が有限生成 R-加群の場合には，P_0 をランク有限の自由 R-加群に選ぶことができ，R が Noether 環ならば $\operatorname{Ker} \varepsilon$ も有限生成 R-加群になる．

(II) $E^0 = E_R(M)$ の定義と性質から，単射 $f^0: E^0 \to I^0$ が存在し，$f^0(E^0)$ は I^0 の直和因子になる．したがって，$\mathrm{Coker}\, d^0$ は $\mathrm{Coker}\, \delta^0$ の直和因子になる．この議論を繰り返せば結論を得る． □

参考 3.5.4. R-加群の圏ではなく，可換環の層 $\mathcal{O}_X$ 上の加群層の圏で考えると，$\mathcal{O}_X$-加群層の移入分解は存在するが，射影分解は存在するとは限らない．Noether 環の層の上の連接層の圏においては移入分解は通常存在しない．

以下に移入分解の初歩的な例を示す．

例 3.5.5.
(1) $0 \longrightarrow \mathbb{Z} \longrightarrow \mathbb{Q} \longrightarrow \mathbb{Q}/\mathbb{Z} \longrightarrow 0$ は $\mathbb{Z}$-加群 $\mathbb{Z}$ の最小移入分解である．
(2) $0 \longrightarrow \mathbb{Z}/n\mathbb{Z} \longrightarrow \mathbb{Q}/n\mathbb{Z} \longrightarrow \mathbb{Q}/\mathbb{Z} \longrightarrow 0$ は $\mathbb{Z}$-加群 $\mathbb{Z}/n\mathbb{Z}$ の移入分解であるが最小ではない．$n = p_1^{e_1} \cdots p_r^{e_r}$ と素因数分解できるとき，$\mathbb{Z}/n\mathbb{Z} \cong \bigoplus_{i=1}^{r} \mathbb{Z}/p_i^{e_i}\mathbb{Z}$ の最小移入分解は，

$$0 \longrightarrow \bigoplus_{i=1}^{r} \frac{\mathbb{Z}}{p_i^{e_i}\mathbb{Z}} \longrightarrow \bigoplus_{i=1}^{r} \frac{\mathbb{Z}[1/p_i]}{p_i^{e_i}\mathbb{Z}} \longrightarrow \bigoplus_{i=1}^{r} \frac{\mathbb{Z}[1/p_i]}{\mathbb{Z}} \longrightarrow 0$$

で与えられる．
(3) k が体のとき，$0 \longrightarrow k[X] \longrightarrow k(X) \longrightarrow k(X)/k[X] \longrightarrow 0$ は $k[X]$-加群 $k[X]$ の最小移入分解である．

$n \geqq 2$ のとき，多項式環 $S = k[X_1, \ldots, X_n]$ の移入分解は，上の例のように簡明ではなく，$R = S/\mathfrak{a}$ ($\mathfrak{a}$ は S のイデアル) の移入分解は，代数幾何の本質に関する奥の深いものである．

M が $\mathbb{Z}$-加群のとき，$I^0 = E_\mathbb{Z}(M)$, $I^1 = I^0/M$ とおく．定理 3.3.7 より I^1 は移入的であり，$0 \to M \to I^0 \to I^1 \to 0$ は長さ 1 以下の移入分解である．したがって，$\mathbb{Z}$-加群は長さ 1 以下の移入分解を持つ．このような現象を記述するのには，次の概念が有用である．

定義 3.5.6. R-加群 M に対し，長さ有限な射影分解が存在するとき，そのようなすべての射影分解に対し，その長さの最小値 n を M の**射影 (的) 次元**といい，

$$\operatorname{proj\,dim}_R M = n \quad \text{または単に} \quad \operatorname{proj\,dim} M = n$$

と書く．長さ有限な射影分解が存在しないとき，$\operatorname{proj\,dim} M = \infty$ と約束する．また，$\operatorname{proj\,dim} 0 = -1$ と約束する．

同様に，M の移入分解の長さの最小値 n を M の**移入 (的) 次元**とか**単射的次元**といい，$\operatorname{inj\,dim}_R M$ と書く．$\operatorname{inj\,dim}_R M$ は次のように最小移入分解を用いて定義してもよい．

$$\operatorname{inj\,dim}_R M = \sup \left\{ n \in \mathbb{Z} \mid E_R^n(M) \neq 0 \right\}$$

(ただし，例外として，$\operatorname{inj\,dim}_R 0 = -1$ と約束する.)

定義から容易にわかるように，$M \neq 0$ に対し，$\operatorname{proj\,dim} M = 0$ であることは M が射影的であることと同値であり，$\operatorname{inj\,dim} M = 0$ であることは M が移入的であることと同値である．上で述べたように，M が $\mathbb{Z}$-加群ならば，$\operatorname{inj\,dim}_{\mathbb{Z}} M \leqq 1$ である．なお，長さが $\operatorname{proj\,dim} M$ に一致するような M の自由分解は，必ずしも存在しないことに注意せよ．

定理 3.5.7. R は環，L, M は R-加群で，$f: L \to M$ は R-準同型写像，

$$0 \longrightarrow L \xrightarrow{\varepsilon_L} I^0 \xrightarrow{\delta^0} I^1 \xrightarrow{\delta^1} I^2 \xrightarrow{\delta^2} I^3 \to \cdots$$
$$0 \longrightarrow M \xrightarrow{\varepsilon_M} J^0 \xrightarrow{d^0} J^1 \xrightarrow{d^1} J^2 \xrightarrow{d^2} J^3 \to \cdots$$

が L, M の移入分解ならば，下の図式が可換になるようなコホモロジー複体の準同型写像 $F: I \to J$ が，ホモトープを除いて一意的に存在する．

$$\begin{array}{ccccccccccc} 0 & \longrightarrow & L & \xrightarrow{\varepsilon_L} & I^0 & \xrightarrow{\delta^0} & I^1 & \xrightarrow{\delta^1} & I^2 & \xrightarrow{\delta^2} & I^3 & \to \cdots \\ & & f \downarrow & & \downarrow F^0 & & \downarrow F^1 & & \downarrow F^2 & & \downarrow F^3 & \\ 0 & \longrightarrow & M & \xrightarrow{\varepsilon_M} & J^0 & \xrightarrow{d^0} & J^1 & \xrightarrow{d^1} & J^2 & \xrightarrow{d^2} & J^3 & \to \cdots \end{array}$$

証明．(F の存在) J^0 は移入的だから，$0 \to L \to I^0$ と $(\varepsilon_M \circ f): L \to J^0$ に対し，$\varepsilon_M \circ f = F^0 \circ \varepsilon_L$ を満たす $F^0: I^0 \to J^0$ が存在する．

同様に，J^{n+1} は移入的だから，$0 \to I^n/\operatorname{Ker}\delta^n \xrightarrow{\overline{\delta^n}} I^{n+1}$ と
$$g^n \colon \frac{I^n}{\operatorname{Ker}\delta^n} = \frac{I^n}{\operatorname{Im}\delta^{n-1}} \longrightarrow \frac{J^n}{\operatorname{Im}(F^n \circ \delta^{n-1})}$$
$$= \frac{J^n}{\operatorname{Im}(d^{n-1} \circ F^{n-1})} \twoheadrightarrow \frac{J^n}{\operatorname{Im} d^{n-1}} = \frac{J^n}{\operatorname{Ker} d^n} \hookrightarrow J^{n+1}$$
(ただし，$\delta^{-1} = \varepsilon_L, d^{-1} = \varepsilon_M, F^{-1} = f$ とおく) に対し，$F^{n+1} \circ \overline{\delta^n} = g^n$ を満たす $F^{n+1} \colon I^{n+1} \to J^{n+1}$ が存在する．

(F の一意性) $G = \{G^n\}$ も $F = \{F^n\}$ と同じ条件を満たすと仮定する．ホモトピー $s \colon I \to J$ を構成する．
$$(F^0 - G^0) \circ \varepsilon_L = F^0 \circ \varepsilon_L - G^0 \circ \varepsilon_L = \varepsilon_M \circ f - \varepsilon_M \circ f = 0$$
で，$\operatorname{Im}\varepsilon_L = \operatorname{Ker}\delta^0$ なので，$(F^0-G^0) \colon I^0 \to J^0$ から $\overline{F^0 - G^0} \colon I^0/\operatorname{Ker}\delta^0 \longrightarrow J^0$ が誘導され，これと $0 \to I^0/\operatorname{Ker}\delta^0 \xrightarrow{\overline{\delta^0}} I^1$ より，J^0 は移入的なので，$s^1 \circ \overline{\delta^0} = \overline{F^0 - G^0}$ を満たす $s^1 \colon I^1 \to J^0$ が存在する．形式的に $s^0 \colon I^0 \to M$ をゼロ写像とすれば，この s^1 はホモトピーの条件
$$F^0 - G^0 = s^1 \circ \delta^0 = \varepsilon_M \circ s^0 + s^1 \circ \delta^0$$
を満たす．

$$\begin{array}{ccc} I^{n-1} & \xrightarrow{\delta^{n-1}} & I^n \\ {\scriptstyle F^{n-1}-G^{n-1}}\downarrow & {\scriptstyle s^n}\swarrow & \downarrow{\scriptstyle F^n-G^n} \\ J^{n-1} & \xrightarrow[d^{n-1}]{} & J^n \end{array}$$

以下帰納的に，ホモトピー $s^n \colon I^n \to J^{n-1}$ まで構成できたときを考える．
$$(F^n - G^n - d^{n-1} \circ s^n) \circ \delta^{n-1}$$
$$= d^{n-1} \circ (F^{n-1} - G^{n-1}) - d^{n-1} \circ s^n \circ \delta^{n-1}$$
$$= d^{n-1} \circ d^{n-2} \circ s^{n-1} = 0$$
なので，$0 \longrightarrow I^n/\operatorname{Ker}\delta^n \longrightarrow I^{n+1}$ と $\overline{(F^n - G^n - d^{n-1} \circ s^n)} \colon I^n/\operatorname{Ker}\delta^n \longrightarrow J^n$ について上と同様な議論をすると，ある $s^{n+1} \colon I^{n+1} \to J^n$ が存在して，
$$F^n - G^n = d^{n-1} \circ s^n + s^{n+1} \circ \delta^n$$
を満たす． □

この定理の双対として，次の定理が成立することがわかる．

定理 3.5.8. R は環，L, M は R-加群で，$f: L \to M$ は R-準同型写像，
$$\cdots \to P_3 \xrightarrow{\delta_3} P_2 \xrightarrow{\delta_2} P_1 \xrightarrow{\delta_1} P_0 \xrightarrow{\varepsilon_L} L \to 0$$
$$\cdots \to Q_3 \xrightarrow{d_3} Q_2 \xrightarrow{d_2} Q_1 \xrightarrow{d_1} Q_0 \xrightarrow{\varepsilon_M} M \to 0$$
が L, M の射影分解ならば，下の図式が可換になるようなホモロジー複体の準同型写像 $F: P \to Q$ が，ホモトープを除いて一意的に存在する．

$$\begin{array}{ccccccccccc} \cdots \to & P_3 & \xrightarrow{\delta_3} & P_2 & \xrightarrow{\delta_2} & P_1 & \xrightarrow{\delta_1} & P_0 & \xrightarrow{\varepsilon_L} & L & \to 0 \\ & \downarrow F_3 & & \downarrow F_2 & & \downarrow F_1 & & \downarrow F_0 & & \downarrow f & \\ \cdots \to & Q_3 & \xrightarrow{d_3} & Q_2 & \xrightarrow{d_2} & Q_1 & \xrightarrow{d_1} & Q_0 & \xrightarrow{\varepsilon_M} & M & \to 0 \end{array}$$

3.6. 複体の射影分解・移入分解

定理 3.6.1. R は環，$0 \longrightarrow L \xrightarrow{f} M \xrightarrow{g} N \longrightarrow 0$ は R-加群の完全系列，
$$0 \longrightarrow L \xrightarrow{\varepsilon_L} I_L^0 \xrightarrow{\delta_L^0} I_L^1 \xrightarrow{\delta_L^1} I_L^2 \xrightarrow{\delta_L^2} \cdots$$
$$0 \longrightarrow N \xrightarrow{\varepsilon_N} I_N^0 \xrightarrow{\delta_N^0} I_N^1 \xrightarrow{\delta_N^1} I_N^2 \xrightarrow{\delta_N^2} \cdots$$
はそれぞれ L, N の任意の移入分解とする．このとき，$I_M^n = I_L^n \oplus I_N^n$ とおけば，次のような可換図式が存在し，$I_M^\bullet$ が M の移入分解を与える．

$$\begin{array}{ccccccccc} & & 0 & & 0 & & 0 & & \\ & & \downarrow & & \downarrow & & \downarrow & & \\ 0 & \longrightarrow & L & \xrightarrow{f} & M & \xrightarrow{g} & N & \longrightarrow & 0 \\ & & \varepsilon_L \downarrow & & \downarrow \varepsilon_M & & \downarrow \varepsilon_N & & \\ 0 & \longrightarrow & I_L^0 & \xrightarrow{F^0} & I_M^0 & \xrightarrow{G^0} & I_N^0 & \longrightarrow & 0 \\ & & \delta_L^0 \downarrow & & \downarrow \delta_M^0 & & \downarrow \delta_N^0 & & \\ 0 & \longrightarrow & I_L^1 & \xrightarrow{F^1} & I_M^1 & \xrightarrow{G^1} & I_N^1 & \longrightarrow & 0 \\ & & \delta_L^1 \downarrow & & \downarrow \delta_M^1 & & \downarrow \delta_N^1 & & \\ 0 & \longrightarrow & I_L^2 & \xrightarrow{F^2} & I_M^2 & \xrightarrow{G^2} & I_N^2 & \longrightarrow & 0 \\ & & \delta_L^2 \downarrow & & \downarrow \delta_M^2 & & \downarrow \delta_N^2 & & \\ & & \vdots & & \vdots & & \vdots & & \end{array}$$

ここで，横の系列はすべて完全系列であり，各 $0 \to I_L^n \to I_M^n \to I_N^n \to 0$ は split する．この可換図式を，$0 \to L \to M \to N \to 0$ の**移入分解**という．

証明. I_L^0 は移入的だから，ある $h\colon M \to I_L^0$ が存在し，$\varepsilon_L = h \circ f$ を満たす．そこで，$\varepsilon_M = h \oplus (\varepsilon_N \circ g)\colon M \longrightarrow I_M^0 = I_L^0 \oplus I_N^0$ が定義でき，下の図式を可換にする．蛇の補題より，ε_M は単射である．

$$\begin{array}{ccccccccc} 0 & \longrightarrow & L & \xrightarrow{f} & M & \xrightarrow{g} & N & \longrightarrow & 0 \\ & & \varepsilon_L \downarrow & & \downarrow \varepsilon_M & & \downarrow \varepsilon_N & & \\ 0 & \longrightarrow & I_L^0 & \xrightarrow{F^0} & I_M^0 & \xrightarrow{G^0} & I_N^0 & \longrightarrow & 0 \end{array}$$

以下同様に，$0 \to I_L^n \to I_M^n \to I_N^n \to 0$ まで構成できたとき，$\operatorname{Coker}\delta_L^{n-1}$, $\operatorname{Coker}\delta_M^{n-1}$, $\operatorname{Coker}\delta_N^{n-1}$ (ただし，$\delta_L^{-1} = \varepsilon_L$ 等) を L, M, N とし，上で ε_M を構成したように δ_M^{n+1} を構成すれば，I^{n+1} の行までの可換性が得られる． □

定理 3.6.2. (Horseshoe) R は環，$0 \to L \to M \to N \to 0$ は R-加群の完全系列，

$$\cdots \xrightarrow{\delta_3^L} P_2^L \xrightarrow{\delta_2^L} P_1^L \xrightarrow{\delta_1^L} P_0^L \xrightarrow{\varepsilon^L} L \longrightarrow 0$$
$$\cdots \xrightarrow{\delta_3^N} P_2^N \xrightarrow{\delta_2^N} P_1^N \xrightarrow{\delta_1^N} P_0^N \xrightarrow{\varepsilon^N} N \longrightarrow 0$$

は，L, N の任意の射影分解とする．このとき，$P_n^M = P_n^L \oplus P_n^N$ とおけば，次のような可換図式が存在し，$P_\bullet^M$ が M の射影分解を与える．

$$\begin{array}{ccccccccc} & & \vdots & & \vdots & & \vdots & & \\ & & \delta_3^L \downarrow & & \downarrow \delta_3^M & & \downarrow \delta_3^N & & \\ 0 & \longrightarrow & P_2^L & \xrightarrow{F_2} & P_2^M & \xrightarrow{G_2} & P_2^N & \longrightarrow & 0 \\ & & \delta_2^L \downarrow & & \downarrow \delta_2^M & & \downarrow \delta_2^N & & \\ 0 & \longrightarrow & P_1^L & \xrightarrow{F_1} & P_1^M & \xrightarrow{G_1} & P_1^N & \longrightarrow & 0 \\ & & \delta_1^L \downarrow & & \downarrow \delta_1^M & & \downarrow \delta_1^N & & \\ 0 & \longrightarrow & P_0^L & \xrightarrow{F_0} & P_0^M & \xrightarrow{G_0} & P_0^N & \longrightarrow & 0 \\ & & \varepsilon^L \downarrow & & \downarrow \varepsilon^M & & \downarrow \varepsilon^N & & \\ 0 & \longrightarrow & L & \xrightarrow{f} & M & \xrightarrow{g} & N & \longrightarrow & 0 \\ & & \downarrow & & \downarrow & & \downarrow & & \\ & & 0 & & 0 & & 0 & & \end{array}$$

ここで，横の系列はすべて完全系列であり，各 $0 \to P_n^L \to P_n^M \to P_n^N \to 0$ は split する．この可換図式を，$0 \to L \to M \to N \to 0$ の**射影分解**という．

証明．まず，$g \circ h = \varepsilon^N$ を満たすような $h \colon P_0^N \to M$ が存在するので，上の図式が可換になるような $\varepsilon^M \colon P_0^L \oplus P_0^N \longrightarrow M$ の存在が導かれる．以下同様である． □

命題 3.6.3. $\cdots \to C^{n-1} \xrightarrow{d^{n-1}} C^n \xrightarrow{d^n} C^{n+1} \to \cdots$ を R-コホモロジー複体とする．このとき，以下の条件 (1)〜(3) を満たす移入分解
$$0 \longrightarrow C^n \xrightarrow{\varepsilon_n} I_n^0 \xrightarrow{\delta_n^0} I_n^1 \xrightarrow{\delta_n^1} I_n^2 \to \cdots$$
が存在する．

(1) 次の可換図式が存在する．

$$
\begin{array}{ccccccccc}
& & 0 & & 0 & & 0 & & \\
& & \downarrow & & \downarrow & & \downarrow & & \\
\cdots \to & C^{n-1} & \xrightarrow{d^{n-1}} & C^n & \xrightarrow{d^n} & C^{n+1} & \to \cdots \\
& \varepsilon_{n-1} \downarrow & & \downarrow \varepsilon_n & & \downarrow \varepsilon_{n+1} & & \\
\cdots \to & I_{n-1}^0 & \xrightarrow{d_{n-1}^0} & I_n^0 & \xrightarrow{d_n^0} & I_{n+1}^0 & \to \cdots \\
& \delta_{n-1}^0 \downarrow & & \downarrow \delta_n^0 & & \downarrow \delta_{n+1}^0 & & \\
\cdots \to & I_{n-1}^1 & \xrightarrow{d_{n-1}^1} & I_n^1 & \xrightarrow{d_n^1} & I_{n+1}^1 & \cdots \to \\
& \delta_{n-1}^1 \downarrow & & \downarrow \delta_n^1 & & \downarrow \delta_{n+1}^1 & & \\
\longrightarrow & I_{n-1}^2 & \xrightarrow{d_{n-1}^2} & I_n^2 & \xrightarrow{d_n^2} & I_{n+1}^2 & \to \cdots \\
& \delta_{n-1}^2 \downarrow & & \downarrow \delta_n^2 & & \downarrow \delta_{n+1}^2 & & \\
& \vdots & & \vdots & & \vdots & &
\end{array}
$$

ここで，縦の系列はすべて完全系列である．

(2) $K_n^i = \operatorname{Ker} d_n^i$, $J_n^i = \operatorname{Im} d_{n-1}^i$ とおくと，
$$0 \longrightarrow Z^n(C) \xrightarrow{\varepsilon_n} K_n^0 \xrightarrow{\delta_n^0} K_n^1 \xrightarrow{\delta_n^1} K_n^2 \to \cdots$$
$$0 \longrightarrow B^n(C) \xrightarrow{\varepsilon_n} J_n^0 \xrightarrow{\delta_n^0} J_n^1 \xrightarrow{\delta_n^1} J_n^2 \to \cdots$$
$$0 \longrightarrow H^n(C) \longrightarrow K_n^0/J_n^0 \longrightarrow K_n^1/J_n^1 \longrightarrow K_n^2/J_n^2 \to \cdots$$

はいずれも移入分解になる.

(3) $C^n = 0$ であるような n に対しては,$I_n^m = 0$ $(\forall m)$ であり,$\operatorname{Im} d^{n-1} = \operatorname{Ker} d^n$ が成り立つような n に対しては,$J_n^m = K_n^m$ $(\forall m)$ が成り立つ.

この図式を複体 $C = \{C^n, d^n\}$ の**移入分解**とか,**右 Cartan-Eilenberg 分解**という.

証明.任意の $i < m$ に対し $C^i = 0$ で,$C^m \neq 0$ となる m をとる.完全系列 $0 \to \operatorname{Ker} d^m \to C^m \to \operatorname{Im} d^m \to 0$ に対し,定理 3.6.1 を適用して,$Z^m(C) = H^m(C) = \operatorname{Ker} d^m$,$C^m$,$B^{m+1}(C) = \operatorname{Im} d^m$ の移入分解 $K_m^\bullet$, $I_m^\bullet$, $J_{m+1}^\bullet$ を構成する.完全系列 $0 \to \operatorname{Im} d^m \to \operatorname{Ker} d^{m+1} \to H^{m+1}(C) \to 0$ に定理 3.6.1 を適用して,$Z^{m+1}(C) = \operatorname{Ker} d^{m+1}$ と $H^{m+1}(C)$ の移入分解 $K_{m+1}^\bullet$, $L_{m+1}^\bullet$ を構成すると,$K_{m+1}^\bullet / J_{m+1}^\bullet = L_{m+1}^\bullet$ となる.ただし,$\operatorname{Im} d^m = \operatorname{Ker} d^{m+1}$ の場合は,$K_{m+1}^i = J_{m+1}^i$ とする.

$$
\begin{array}{ccccccc}
0 & & 0 & & 0 & & 0 \\
\downarrow & & \downarrow & & \downarrow & & \downarrow \\
C^{n-1} & \twoheadrightarrow & \operatorname{Im} d^{n-1} & \overset{\subset}{\to} & \operatorname{Ker} d^n & \overset{\subset}{\to} & C^n \\
{\scriptstyle \varepsilon_{n-1}}\downarrow & & \downarrow{\scriptstyle \varepsilon_n} & & \downarrow{\scriptstyle \varepsilon_n} & & \downarrow{\scriptstyle \varepsilon_n} \\
I_{n-1}^0 & \to & J_n^0 & \overset{\subset}{\to} & K_n^0 & \overset{\subset}{\to} & I_n^0 \\
{\scriptstyle \delta_{n-1}^0}\downarrow & & \downarrow{\scriptstyle \delta_n^0} & & \downarrow{\scriptstyle \delta_n^0} & & \downarrow{\scriptstyle \delta_n^0} \\
I_{n-1}^1 & \to & J_n^1 & \overset{\subset}{\to} & K_n^1 & \overset{\subset}{\to} & I_n^1 \\
{\scriptstyle \delta_{n-1}^1}\downarrow & & \downarrow{\scriptstyle \delta_n^1} & & \downarrow{\scriptstyle \delta_n^1} & & \downarrow{\scriptstyle \delta_n^1} \\
I_{n-1}^2 & \to & J_n^2 & \overset{\subset}{\to} & K_n^2 & \overset{\subset}{\to} & I_n^2 \\
{\scriptstyle \delta_{n-1}^2}\downarrow & & \downarrow{\scriptstyle \delta_n^2} & & \downarrow{\scriptstyle \delta_n^2} & & \downarrow{\scriptstyle \delta_n^2} \\
\vdots & & \vdots & & \vdots & & \vdots
\end{array}
$$

再び,$0 \to \operatorname{Ker} d^{m+1} \to C^{m+1} \to \operatorname{Im} d^{m+1} \to 0$ に対し,定理 3.6.1 を適用して,C^{m+1},$B^{m+2}(C)$ の移入分解 $I_{m+1}^\bullet$, $J_{m+1}^\bullet$ を構成する.以下同様にしていくと,求める移入分解が得られる. □

双対的に次の命題が成立する.

命題 3.6.4. $\cdots \to C_{n+1} \xrightarrow{d_{n+1}} C_n \xrightarrow{d_n} C_{n-1} \to \cdots$ を R-ホモロジー複体とする．このとき，以下の条件 (1)～(3) を満たす射影分解

$$\cdots \to P_2^n \xrightarrow{\delta_2^n} P_1^n \xrightarrow{\delta_1^n} P_0^n \xrightarrow{\varepsilon^n} C_n \longrightarrow 0$$

が存在する．

(1) 次の可換図式が存在する．

$$
\begin{array}{ccccccccc}
& & \vdots & & \vdots & & \vdots & & \\
& & \delta_3^{n+1}\downarrow & & \downarrow \delta_3^n & & \downarrow \delta_3^{n-1} & & \\
\cdots \to & & P_2^{n+1} & \xrightarrow{d_2^{n+1}} & P_2^n & \xrightarrow{d_2^n} & P_2^{n-1} & \to \cdots & \\
& & \delta_2^{n+1}\downarrow & & \downarrow \delta_2^n & & \downarrow \delta_2^{n-1} & & \\
\cdots \to & & P_1^{n+1} & \xrightarrow{d_1^{n+1}} & P_1^n & \xrightarrow{d_1^n} & P_1^{n-1} & \to \cdots & \\
& & \delta_1^{n+1}\downarrow & & \downarrow \delta_1^n & & \downarrow \delta_1^{n-1} & & \\
\cdots \to & & P_0^{n+1} & \xrightarrow{d_0^{n+1}} & P_0^n & \xrightarrow{d_0^n} & P_0^{n-1} & \to \cdots & \\
& & \varepsilon^{n+1}\downarrow & & \downarrow \varepsilon^n & & \downarrow \varepsilon^{n-1} & & \\
\cdots \to & & C_{n+1} & \xrightarrow{d_{n+1}} & C_n & \xrightarrow{d_n} & C_{n-1} & \to \cdots & \\
& & \downarrow & & \downarrow & & \downarrow & & \\
& & 0 & & 0 & & 0 & &
\end{array}
$$

ここで，縦の系列はすべて完全である．

(2) $K_i^n = \operatorname{Ker} d_i^n$, $J_i^n = \operatorname{Im} d_i^{n+1}$ とおくと，

$$\cdots \to K_2^n \xrightarrow{\delta_2^n} K_1^n \xrightarrow{\delta_0^n} K_0^n \xrightarrow{\varepsilon^n} Z_n(C) \longrightarrow 0$$

$$\cdots \to J_2^n \xrightarrow{\delta_2^n} J_1^n \xrightarrow{\delta_0^n} J_0^n \xrightarrow{\varepsilon^n} B_n(C) \longrightarrow 0$$

$$\cdots \to K_2^n/J_2^n \longrightarrow K_1^n/J_1^n \longrightarrow K_0^n/J_0^n \longrightarrow H_n(C) \longrightarrow 0$$

はいずれも射影分解になる．

(3) $C_n = 0$ であるような n に対しては，$P_m^n = 0$ ($\forall m$) であり，$\operatorname{Im} d_{n+1} = \operatorname{Ker} d_n$ が成り立つような n に対しては，$J_m^n = K_m^n$ ($\forall m$) が成り立つ．

この図式を複体 $C = \{C_n, d_n\}$ の**射影分解**とか，**左 Cartan-Eilenberg 分解**という．

注意 3.6.5. 以下で利用することはないが，ホモロジー複体の移入分解や，コホモロジー複体の射影分解も存在する．

射影加群・移入加群についてもっと詳しく勉強されたい方は，

[Lam] T.Y.Lam『Lectures on Modules and Rings』GTM 189, Springer.
を読んでもらうとよい．

演習問題 3.

3.1. R は環, $\mathfrak{a} \subset R$ はイデアル, M は $R/\mathfrak{a}$-加群で R-加群として射影的であるとする. すると, $M/\mathfrak{a}M$ は射影的 $R/\mathfrak{a}$-加群であることを証明せよ.

3.2. 有限生成 $\mathbb{Z}$-加群 M が射影的 $\mathbb{Z}$-加群ならば, M は自由 $\mathbb{Z}$-加群であることを証明せよ. (ヒント: 有限生成 Abel 群の構造定理から, 局所自由 $\mathbb{Z}$-加群は自由 $\mathbb{Z}$-加群であることを導け.)

3.3. k は体, R は可換な有限 k-多元環とする. すると, R は R-加群として移入的であることを示せ.

3.4. k は体, G は群とする. 群環 $k[G]$ は G を基底とする k-ベクトル空間に,
$$\left(\sum_{i=1}^{m} a_i g_i\right)\left(\sum_{j=1}^{n} b_j h_j\right) = \sum_{i=1}^{m}\sum_{j=1}^{n} a_i b_j g_i h_j \quad (a_i, b_j \in k; g_i, h_j \in G)$$
として積の構造を定めて得られる環である. $k[G]$ の左イデアルは (0) と $k[G]$ 以外には存在しないことを示し, 定理 3.3.1 を利用して, $k[G]$ は移入的 $k[G]$-加群であることを示せ.

3.5. R は環, M は R-加群, $a \in R$ で, $f: M \to M$ は a 倍写像 (すなわち $f(x) = ax$) とする. また,
$$0 \longrightarrow M \xrightarrow{\varepsilon_L} I^0 \xrightarrow{\delta^0} I^1 \xrightarrow{\delta^1} I^2 \xrightarrow{\delta^2} I^3 \to \cdots$$
$$\cdots \to P_3 \xrightarrow{\delta_3} P_2 \xrightarrow{\delta_2} P_1 \xrightarrow{\delta_1} P_0 \xrightarrow{\varepsilon_L} M \to 0$$
を M の移入分解と射影分解とする. このとき, $f: M \to M$ から 定理 3.5.7, 定理 3.5.8 のように $F^n: I^n \to I^n$ と $F_n: P_n \to P_n$ がホモトープを除いて一意的に定まる. このとき, F^n, G_n はいずれも a 倍写像とホモトープであることを確かめよ.

3.6. R が単項イデアル整域で, $\{P_\lambda, g_{\mu\lambda}\}$ が torsion free な移入的 R-加群の射影系ならば, 射影的極限 $\varprojlim M_\lambda$ も移入的であることを証明せよ.

3.7. 移入的加群の射影系の射影的極限が移入的にならない例を構成しよう．P は素数全体の集合，$R = \prod_{p \in P} \mathbb{Z}/p\mathbb{Z}$ とする．

(1) $Q \subset P$ のとき，$I_Q = \prod_{p \in Q} \mathbb{Z}/p\mathbb{Z}$ は移入的 R-加群であることを示せ．(ヒント．$\mathbb{Z}/p\mathbb{Z}$ が移入的 R-加群であることを示せばよい．)

(2) $S = \bigoplus_{p \in P} \mathbb{Z}/p\mathbb{Z}$ は，移入的 R-加群ではないことを示せ．(実は，S は coflat でもない．)

(3) Λ は P の空でない有限部分集合全体の集合とし，包含関係を順序として Λ を半順序集合と考える．すると，$\{I_Q\}_{Q \in \Lambda}$ は自然に射影系をなす．この射影系の射影的極限は S であることを証明せよ．

3.8. R は可換環，S は R-多元環とし，演習問題 2.8 で定義した複体
$$C_n(S) = \underbrace{S \otimes_R S \otimes_R \cdots \otimes_R S}_{n+2 \text{ 個}}$$
を考える．いま，R-加群として S は R-射影的であると仮定する．すると，$C_n(S)$ は A-射影的 ($A = S \otimes_R S$) であることを示せ．したがって，$\cdots \to C_1(S) \to C_0(S) \to C_{-1}(S) = S$ は A-加群 S の A-射影的分解を与える．

第 4 章

導来関手

4.1. 圏

　圏と関手の一般論については，[河田] 第 4～6 章や，[Weibel] に詳しい説明があり，そういう抽象論が必要な方はそちらを参照されたい．本書では，導来関手を説明するのに必要な最小限の知識だけを説明する．

　集合全体の集まりを $\mathfrak{C}_{\mathrm{Set}}$ と書こう．また，集合 $A, B \in \mathfrak{C}_{\mathrm{Set}}$ に対し，A から B への写像全体の集合を $\mathrm{Hom}_{\mathrm{Set}}(A, B)$ と書くことにする．今，$\mathfrak{C}_{\mathrm{Set}}$ と $\mathrm{Hom}_{\mathrm{Set}}$ の組を，集合を対象，写像を射とする**集合の圏**とよぶ．

　次に R-加群の圏を定義しよう．R を環とし，R-加群全体の集まりを $\mathfrak{M}_R$ と書くことにする．R-加群 $A, B \in \mathfrak{M}_R$ に対し，A から B への R-準同型写像全体の集合を $\mathrm{Hom}_R(A, B)$ と書く．$\mathfrak{M}_R$ と Hom_R の組を，**R-加群の圏**という．

　集合論が教えるように，$\mathfrak{C}_{\mathrm{Set}}$ は集合にはならず，**類**とよばれるものにしかならない．同様に，$\mathfrak{M}_R$ も集合にはならず，類でしかない．他方，$\mathrm{Hom}_{\mathrm{Set}}(A, B)$ や $\mathrm{Hom}_R(A, B)$ は集合であることに注意する．

　一般に圏は以下のように定義される．

定義 4.1.1. 類 $\mathfrak{C}$ を 1 つ固定する．$\mathfrak{C}$ の元を $\mathfrak{C}$ の**対象**という．また，任意の対象 $A, B \in \mathfrak{C}$ に対し，A から B への**射**とよばれるもの全体の集合 $\mathrm{Hom}_{\mathfrak{C}}(A, B)$ が与えられていて，以下の公理 (1)～(3) を満たすとする．

(1) $A, B, C \in \mathcal{C}, f \in \mathrm{Hom}_{\mathcal{C}}(A, B), g \in \mathrm{Hom}_{\mathcal{C}}(B, C)$ が与えられたとき，$g \circ f$ という記号で書かれる射 $g \circ f \in \mathrm{Hom}_{\mathcal{C}}(A, C)$ がただ 1 つ存在する．

(2) 任意の $A, B, C, D \in \mathcal{C}, f \in \mathrm{Hom}_{\mathcal{C}}(A, B), g \in \mathrm{Hom}_{\mathcal{C}}(B, C), h \in \mathrm{Hom}_{\mathcal{C}}(C, D)$ に対し，結合法則
$$h \circ (g \circ f) = (h \circ g) \circ f$$
が成り立つ．

(3) 各 $B \in \mathcal{C}$ に対し**恒等射**とよばれる元 $\mathrm{id}_B \in \mathrm{Hom}_{\mathcal{C}}(B, B)$ がただ 1 つ存在する．また，この恒等射 id_B は，任意の $A, B \in \mathcal{C}$, $f \in \mathrm{Hom}_{\mathcal{C}}(A, B), g \in \mathrm{Hom}_{\mathcal{C}}(B, C)$ に対し，
$$\mathrm{id}_B \circ f = f, \quad g \circ \mathrm{id}_B = g$$
を満たす．

このとき，$\mathcal{C}$ (と $\mathrm{Hom}_{\mathcal{C}}$ の組) を**圏** (category) という．また，射 $f \in \mathrm{Hom}_{\mathcal{C}}(A, B)$ は $f: A \to B$ とか，$A \xrightarrow{f} B$ と書かれる．

圏の例としては，最初に述べた集合の圏 $\mathcal{C}_{\mathrm{Set}}$，$R$-加群の圏 $\mathcal{M}_R$ 以外に，群全体を対象とし群の準同型写像を射とする**群の圏**，位相空間全体を対象とし連続写像を射とする**位相空間の圏**などがある．

また，ホモロジー代数では**層の圏**が重要であるが，層の圏では，対象 (層) は集合ではなく，射 (層の準同型写像) は写像ではない．そのため，射 $f: A \to B$ が写像であることを仮定しない抽象的な圏の理論が発展したのであるが，本書では説明を割愛する．

4.2. 関手

定義 4.2.1. $\mathcal{C}, \mathcal{D}$ を圏とする．$\mathcal{C}$ から $\mathcal{D}$ への**共変関手** (covariant functor) $T: \mathcal{C} \to \mathcal{D}$ は，以下の条件を満たす対象と射の対応のことである．

(1) 各対象 $A \in \mathcal{C}$ に対し，対象 $T(A) \in \mathcal{D}$ がただ 1 つ対応する．

(2) $A, B \in \mathcal{C}, f \in \mathrm{Hom}_{\mathcal{C}}(A, B)$ に対し，圏 $\mathcal{D}$ における射 $T(f) \in \mathrm{Hom}_{\mathcal{D}}(T(A), T(B))$ がただ 1 つ対応する．

(3) 任意の $A, B, C \in \mathfrak{C}, f \in \mathrm{Hom}_{\mathfrak{C}}(A, B), g \in \mathrm{Hom}_{\mathfrak{C}}(B, C)$ に対し,
$$T(g \circ f) = T(g) \circ T(f)$$
が成り立つ.

(4) 任意の $A \in \mathfrak{C}$ に対し, 恒等射について $T(\mathrm{id}_A) = \mathrm{id}_{T(A)}$ が成り立つ.

また, 上の共変関手の定義において, (2), (3) を,

(2′) $A, B \in \mathfrak{C}, f \in \mathrm{Hom}_{\mathfrak{C}}(A, B)$ に対し, 圏 $\mathfrak{D}$ における射 $T(f) \in \mathrm{Hom}_{\mathfrak{D}}(T(B), T(A))$ がただ 1 つ対応する.

(3′) 任意の $A, B, C \in \mathfrak{C}, f \in \mathrm{Hom}_{\mathfrak{C}}(A, B), g \in \mathrm{Hom}_{\mathfrak{C}}(B, C)$ に対し,
$$T(g \circ f) = T(f) \circ T(g)$$
が成り立つ.

で置き換えて定義される $T: \mathfrak{C} \to \mathfrak{D}$ を**反変関手** (contravariant functor) という.

環 R 上の加群の圏 $\mathfrak{C} = \mathfrak{M}_R$ のように, $\mathrm{Hom}_{\mathfrak{C}}(A, B), \mathrm{Hom}_{\mathfrak{D}}(A', B')$ がつねに $\mathbb{Z}$-加群の構造を持つ場合には, 次の加法性の公理を関手の定義に追加することにする.

(5) 任意の $f, g \in \mathrm{Hom}_{\mathfrak{C}}(A, B)$ に対し, $T(f + g) = T(f) + T(g)$ が成立する.

正確にいうと, (5) を満たす関手を**加法的関手**というが, 本書では加法的でない関手は登場しないので, **関手はつねに加法的であると仮定する**. (5) を仮定しないと, 次の自明的な命題も導出できない.

命題 4.2.1. R, S は環, $\mathfrak{M}_R$ は R-加群の圏, $\mathfrak{M}_S$ は S-加群の圏とする. $T: \mathfrak{M}_R \to \mathfrak{M}_S$ は関手とする.

(1) $\mathfrak{M}_R$ のゼロ加群 0 に対して, $T(0) = 0$ である.

(2) $f: M \to N$ が $\mathfrak{M}_R$ におけるゼロ写像ならば, $T(f): T(M) \to T(N)$ は $\mathfrak{M}_S$ におけるゼロ写像である.

証明. (2) f がゼロ写像であることは, $f + f = f$ と同値である. 加法的関手の仮定から $T(f + f) = T(f) + T(f)$ だから, f がゼロ写像ならば $T(f)$ もゼロ写像である.

(1) $\mathrm{id}_M\colon M \to M$ がゼロ写像であることと $M = 0$ は同値である．$T(\mathrm{id}_M) = \mathrm{id}_{T(M)}\colon T(M) \to T(M)$ だから，id_M がゼロ写像ならば，$T(M) = 0$ となる． □

例 4.2.2. (重要な関手)　R を環，M を定数として固定された R-加群とする．R-加群の圏 $\mathbf{M}_R$ から $\mathbf{M}_R$ への関手 T_1 を以下のように定義する．対象については $A \in \mathbf{M}_R$ に対し $T_1(A) = M \otimes_R A$ と定義する．射 $f \in \mathrm{Hom}_R(A, B)$ については，$T_1(f) = \mathrm{id}_M \otimes f\colon M \otimes_R A \longrightarrow M \otimes_R B$ と定義する．$T_1(f)$ は R-加群の準同型写像になる．このとき，$T_1\colon \mathbf{M}_R \to \mathbf{M}_R$ は共変関手になる．この関手 T_1 を，

$$T_1(\bullet) = M \otimes_R \bullet$$

で定義される関手という．

また，$A \in \mathbf{M}_R$ に対し，$T_2(A) = \mathrm{Hom}_R(A, M)$ と定め，$f \in \mathrm{Hom}_R(A, B)$ に対し，$(T_2(f))(h) = h \circ f$ $(h \in T_2(B))$ によって $T_2(f) \in \mathrm{Hom}_R(T_2(B), T_2(A))$ を定義する．すると，$T_2\colon \mathbf{M}_R \to \mathbf{M}_R$ は反変関手になる．この関手 T_2 を

$$T_2(\bullet) = \mathrm{Hom}_R(\bullet, M)$$

で定義される関手という．

同様に，$A \in \mathbf{M}_R$ に対し，$T_3(A) = \mathrm{Hom}_R(M, A)$ と定め，$f \in \mathrm{Hom}_R(A, B)$ に対し，$(T_3(f))(h) = f \circ h$ $(h \in T_3(A))$ として $T_3(f) \in \mathrm{Hom}_R(T_3(A), T_3(B))$ を定義する．この共変関手 $T_3\colon \mathbf{M}_R \to \mathbf{M}_R$ を

$$T_3(\bullet) = \mathrm{Hom}_R(M, \bullet)$$

で定義される関手という．

ここで，もし，S が環で，M が S-右加群でもあるとき，$T_1(A)$ は，$(x \otimes a)s = (xs) \otimes a$ $(s \in S, x \in M, a \in A)$ という作用によって S-右加群になる．また，$T_1(f)$ は S-加群の準同型写像になる．したがって，T_1 は R-加群の圏から S-加群の圏への共変関手 $T_1\colon \mathbf{M}_R \to \mathbf{M}_S$ とみなすこともできる．

同様に, $a \in A$, $x \in M$, $s \in S$, $h \in \mathrm{Hom}_R(A, M)$ に対し, $(hs)(a) = (h(a))s$ という作用により $T_2(S)$ は S-右加群になり, T_2 は反変関手 $T_2 \colon \mathfrak{M}_R \to \mathfrak{M}_S$ とみなすことができる.

また, $a \in A$, $x \in M$, $s \in S$, $h \in \mathrm{Hom}_R(M, A)$ に対し, $(hs)(a) = h(as)$ という作用により $T_3(S)$ は S-右加群になり, T_3 は共変関手 $T_3 \colon \mathfrak{M}_R \to \mathfrak{M}_S$ とみなすことができる.

4.3. 半完全関手

以下, R, S を環とし, R-加群の圏 $\mathfrak{M}_R$ から S-加群の圏 $\mathfrak{M}_S$ への関手 $T \colon \mathfrak{M}_R \to \mathfrak{M}_S$ の場合に話をする. ただし, 一般の Abel 圏でも話は並行して進めることができる.

定義 4.3.1. (I) $T \colon \mathfrak{M}_R \to \mathfrak{M}_S$ は共変関手とする. R-加群の任意の完全系列

$$0 \longrightarrow L \xrightarrow{f} M \xrightarrow{g} N \longrightarrow 0 \qquad ⓪$$

に対し, 以下の系列①が S-加群の完全系列になるとき, T は**左 (半) 完全共変関手**であるという. また, ②が完全系列になるとき T は**右 (半) 完全共変関手**であるといい, ③が完全のとき T は**完全共変関手**であるという.

$$0 \longrightarrow T(L) \xrightarrow{T(f)} T(M) \xrightarrow{T(g)} T(N) \qquad ①$$

$$T(L) \xrightarrow{T(f)} T(M) \xrightarrow{T(g)} T(N) \longrightarrow 0 \qquad ②$$

$$0 \longrightarrow T(L) \xrightarrow{T(f)} T(M) \xrightarrow{T(g)} T(N) \longrightarrow 0 \qquad ③$$

(II) $T \colon \mathfrak{M}_R \to \mathfrak{M}_S$ は反変関手とする. R-加群の任意の完全系列 ⓪ に対し, 以下のそれぞれの系列④, ⑤, ⑥が S-加群の完全系列になるとき, それに応じて, T は ④:**左 (半) 完全反変関手**, ⑤:**右 (半) 完全反変関手**, ⑥:**完全反変関手**であるという.

$$0 \longrightarrow T(N) \xrightarrow{T(g)} T(M) \xrightarrow{T(f)} T(L) \qquad ④$$

$$T(N) \xrightarrow{T(g)} T(M) \xrightarrow{T(f)} T(L) \longrightarrow 0 \qquad ⑤$$

$$0 \longrightarrow T(N) \xrightarrow{T(g)} T(M) \xrightarrow{T(f)} T(L) \longrightarrow 0 \qquad ⑥$$

例えば，M を R-加群として，$T_1(\bullet) = M \otimes_R \bullet$ で定まる関手 T_1 は右半完全共変関手であり，$T_2(\bullet) = \mathrm{Hom}_R(M, \bullet)$ は左半完全反変関手，$T_3(\bullet) = \mathrm{Hom}_R(\bullet, M)$ は左半完全共変関手である．また，$\varinjlim$ は半順序集合 Λ で添え字づけられた R-加群の帰納系の圏から R-加群の圏への完全共変関手であり，$\varprojlim$ は半順序集合 Λ で添え字づけられた R-加群の射影系の圏から R-加群の圏への左半完全共変関手である．

命題 4.3.2. R, S は環，$T: \mathfrak{M}_R \to \mathfrak{M}_S$ は関手とする．

(1) $T: \mathfrak{M}_R \to \mathfrak{M}_S$ が完全共変関手ならば，R-加群の任意の完全系列

$$\cdots \xrightarrow{f_{i-2}} M_{i-1} \xrightarrow{f_{i-1}} M_i \xrightarrow{f_i} M_{i+1} \xrightarrow{f_{i+1}} \cdots \qquad (*)$$

に対し，

$$\cdots \xrightarrow{T(f_{i-2})} T(M_{i-1}) \xrightarrow{T(f_{i-1})} T(M_i) \xrightarrow{T(f_i)} T(M_{i+1}) \xrightarrow{T(f_{i+1})} \cdots$$

は S-加群の完全系列になる．

(2) $T: \mathfrak{M}_R \to \mathfrak{M}_S$ が完全反変関手ならば，完全系列 $(*)$ に対し，次のような S-加群の完全系列が存在する．

$$\cdots \xrightarrow{T(f_{i+1})} T(M_{i+1}) \xrightarrow{T(f_i)} T(M_i) \xrightarrow{T(f_{i-1})} T(M_{i-1}) \xrightarrow{T(f_{i-2})} \cdots$$

証明． (1) $0 \to \mathrm{Ker}\, f_i \xhookrightarrow{} M_i \twoheadrightarrow \mathrm{Im}\, f_i \to 0$ が完全で，これに T を施しても完全である．$\mathrm{Im}\, f_{i-1} = \mathrm{Ker}\, f_i$ を使えば，$T(\mathrm{Im}\, f_{i-1}) = T(\mathrm{Ker}\, f_i)$ だから，これより結論を得る．

(2) も同様である． □

命題 4.3.3. R, S は環，$T: \mathfrak{M}_R \to \mathfrak{M}_S$ は関手とする．

(1) T が左半完全共変関手ならば，R-加群の任意の完全系列

$$0 \longrightarrow L \xrightarrow{f} M \xrightarrow{g} N$$

に対し，次の系列は完全である．

$$0 \longrightarrow T(L) \xrightarrow{T(f)} T(M) \xrightarrow{T(g)} T(N)$$

(2) T が右半完全共変関手ならば，R-加群の任意の完全系列
$$L \xrightarrow{f} M \xrightarrow{g} N \longrightarrow 0$$
に対し，次の系列は完全である．
$$T(L) \xrightarrow{T(f)} T(M) \xrightarrow{T(g)} T(N) \longrightarrow 0$$
(3) T が左半完全反変関手ならば，R-加群の任意の完全系列
$$L \xrightarrow{f} M \xrightarrow{g} N \longrightarrow 0$$
に対し，次の系列は完全である．
$$0 \longrightarrow T(N) \xrightarrow{T(g)} T(M) \xrightarrow{T(f)} T(L)$$
(4) T が右半完全反変関手ならば，R-加群の任意の完全系列
$$0 \longrightarrow L \xrightarrow{f} M \xrightarrow{g} N$$
に対し，次の系列は完全である．
$$T(N) \xrightarrow{T(g)} T(M) \xrightarrow{T(f)} T(L) \longrightarrow 0$$

証明．(1) $0 \to L \xrightarrow{f} M \xrightarrow{g'} \operatorname{Im} g \to 0$ (g' は g の終域の制限) に対し，
$$0 \longrightarrow T(L) \xrightarrow{T(f)} T(M) \xrightarrow{T(g')} T(\operatorname{Im} g)$$
は完全である．$\iota: \operatorname{Im} g \xhookrightarrow{} N$ を包含写像とすると，$g = \iota \circ g'$ より，$T(g) = T(\iota) \circ T(g')$ が得られる．ここで，$0 \to \operatorname{Im} g \xrightarrow{\iota} N \to \operatorname{Coker} \iota \to 0$ は完全なので，$0 \longrightarrow T(\operatorname{Im} g) \xrightarrow{T(\iota)} T(N)$ は完全であり，$T(\iota)$ は単射である．したがって，$\operatorname{Ker} T(g) = \operatorname{Ker} T(g') = \operatorname{Im} T(f)$ が得られ，結論を得る．

(2)〜(4) も同様である． □

補題 4.3.4. $T: \mathfrak{M}_R \to \mathfrak{M}_S$ が半完全関手ならば，任意の R-加群 L, M に対し，次が成り立つ．
$$T(L \oplus M) \cong T(L) \oplus T(M)$$

104   4.3 半完全関手

証明. 例えば，T が左半完全共変関手の場合を考える．$\iota_L: L \to L \oplus M$, $\iota_M: M \to L \oplus M$ を自然な単射 ($\iota_L(x) = (x, 0)$, $\iota_M(y) = (0, y)$) とし，$\pi_L: L \oplus M \to L$, $\pi_M: L \oplus M \to M$ を正射影 ($\pi_L(x, y) = x$, $\pi_M(x, y) = y$) とする．完全系列

$$0 \longrightarrow L \xrightarrow{\iota_L} L \oplus M \xrightarrow{\pi_M} M \longrightarrow 0$$

より，完全系列

$$0 \longrightarrow T(L) \xrightarrow{T(\iota_L)} T(L \oplus M) \xrightarrow{T(\pi_M)} T(M)$$

が得られる．$T(\pi_M) \circ T(\iota_M) = T(\pi_M \circ \iota_M) = T(\mathrm{id}_M) = \mathrm{id}_{T(M)}$ なので，$T(\pi_M)$ は全射である．また，今の考察から，

$$0 \longrightarrow T(L) \xrightarrow{T(\iota_L)} T(L \oplus M) \xrightarrow{T(\pi_M)} T(M) \longrightarrow 0$$

は split する．したがって，$T(L \oplus M) \cong T(L) \oplus T(M)$ である．

左半完全反変関手，右半完全共変関手，右半完全反変関手の場合も同様である． □

補題 4.3.5. $T: \mathfrak{M}_R \to \mathfrak{M}_S$ は関手，

$$0 \longrightarrow L \xrightarrow{f} M \xrightarrow{g} N \longrightarrow 0$$

は R-加群の完全系列とする．

(1) T は左または右半完全共変関手で，L が移入的であるかまたは N が射影的であるならば，次の系列は完全である．

$$0 \longrightarrow T(L) \xrightarrow{T(f)} T(M) \xrightarrow{T(g)} T(N) \longrightarrow 0$$

(2) T が左または右半完全反変関手で，L が移入的であるかまたは N が射影的であるならば，次の系列は完全である．

$$0 \longrightarrow T(N) \xrightarrow{T(g)} T(M) \xrightarrow{T(f)} T(L) \longrightarrow 0$$

証明. (1) 例えば，T が左半完全共変関手で，N が射影的 R-加群の場合を考える．命題 3.2.2 より，$0 \longrightarrow L \xrightarrow{f} M \xrightarrow{g} N \longrightarrow 0$ は split して，あ

る $h: N \to M$ が存在して，$g \circ h = \mathrm{id}_N$ を満たす．左半完全共変関手の定義から，
$$0 \longrightarrow T(L) \xrightarrow{T(f)} T(M) \xrightarrow{T(g)} T(N)$$
は完全であるが，$T(g) \circ T(h) = T(g \circ h) = T(\mathrm{id}_N) = \mathrm{id}_{T(N)}$ なので，$T(g)$ は全射になり，結論を得る．

L が移入的の場合や (2) の証明も同様である． $\square$

命題 4.3.6. R は環，M は R-加群，$T: \mathbf{M}_R \longrightarrow \mathbf{M}_R$ は関手とする．$c \in R$ に対し，c 倍写像 $f_c: M \to M$ を $f_c(x) = cx\ (x \in M)$ として定義する．今，任意の $c \in R, y \in T(M)$ に対し，$(T(f_c))(y) = cy$ が成立すると仮定する．つまり，$T(f_c)$ も c 倍写像であると仮定する．このとき，次が成り立つ．

(1) R が可換環，M が有限生成ねじれ R-加群ならば，$T(M)$ はねじれ R-加群である．

(2) M が torsion freee R-加群で T が左半完全共変関手ならば，$T(M)$ は torsion free である．

(3) M が分割可能 R-加群で T が左半完全反変関手ならば，$T(M)$ は torsion free である．

(4) M が分割可能 R-加群で T が右半完全共変関手ならば，$T(M)$ は分割可能である．

(5) M が torsion free R-加群で T が右半完全反変関手ならば，$T(M)$ は分割可能である．

証明. (1) M は有限生成ねじれ加群とし，$x_1, \ldots, x_n$ をその生成系とする．ある非零因子 $c_i \in R$ が存在して，$c_i x_i = 0$ を満たす．$c = c_1 \cdots c_n$ とおくと，c は非零因子で，$cM = 0$ となる．これは，f_c がゼロ写像であることと同値である．f_c がゼロ写像ならば，$T(f_c): T(M) \to T(M)$ もゼロ写像である．したがって，$T(M)$ もねじれ加群である．

(2)〜(4) M が torsion free であることは，任意の非零因子 $c \in R$ に対し $0 \longrightarrow M \xrightarrow{f_c} M$ が完全であることと同値である．また，M が分割可能で

4.4. 導来関手の定義

あることは，任意の非零因子 $c \in R$ に対し $M \xrightarrow{f_c} M \longrightarrow 0$ が完全であることと同値である．このことより，即座に結論が得られる． □

4.4. 導来関手の定義

4種類の半完全関手に関して，以下それぞれに導来関手を定義する．まず，左半完全共変関手の場合から始める．

定義 4.4.1. (共変関手の右導来関手) $T: \mathfrak{M}_R \to \mathfrak{M}_S$ は共変関手とする．$M \in \mathfrak{M}_R$ に対し，R-移入分解

$$0 \longrightarrow M \xrightarrow{\varepsilon} I^0 \xrightarrow{\delta^0} I^1 \xrightarrow{\delta^1} I^2 \xrightarrow{\delta^2} I^2 \to \cdots$$

をとる．この完全系列の右端の $0 \to M \xrightarrow{\varepsilon}$ をとり除いて，コホモロジー複体

$$I: \quad 0 \xrightarrow{\delta^{-1}} I^0 \xrightarrow{\delta^0} I^1 \xrightarrow{\delta^1} I^2 \xrightarrow{\delta^2} I^3 \to \cdots$$

を作る．ここで，δ^{-1} はゼロ写像である．この系列に T を作用させ，

$$T(I): \quad 0 \xrightarrow{T(\delta^{-1})} T(I^0) \xrightarrow{T(\delta^0)} T(I^1) \xrightarrow{T(\delta^1)} T(I^2) \xrightarrow{T(\delta^2)} T(I^2) \to \cdots$$

を作る．(この系列は完全系列とは限らない．) コホモロジー複体 $T(I)$ のコホモロジー群をとり，

$$H^n(T(I)) = \frac{\operatorname{Ker}\left(T(\delta^n): T(I^n) \longrightarrow T(I^{n+1})\right)}{\operatorname{Im}\left(T(\delta^{n-1}): T(I^{n-1}) \longrightarrow T(I^n)\right)}$$

を考える．このとき，$H^n(T(I))$ は M の移入分解 I の選び方に依存せずに，M に対し同型を除いて一意的に定まる (直後に証明する)．そこで，

$$R^n T(M) = H^n(T(I)) = \operatorname{Ker} T(\delta^n) / \operatorname{Im} T(\delta^{n-1})$$

と書き，$R^n T$ を T の**右導来関手**という．$n < 0$ のときは形式的に $R^n T(M) = 0$ と約束する．

$R^n T(M)$ が M の移入分解の選び方に依存しないことの証明．
$H^n(T(I))$ が M の移入分解 I の選び方に依存せずに，同型を除いて一意的に定まることを証明する．M の他の移入分解

$$0 \longrightarrow M \xrightarrow{\varepsilon'} J^0 \xrightarrow{d^0} J^1 \xrightarrow{d^1} J^2 \xrightarrow{d^2} J^2 \to \cdots$$

をとる．定理 3.5.7 より，コホモロジー複体の準同型写像 $F: I \to J$ と $G: J \to I$ が，ホモトープを除いて一意的に存在する．ところで，$G \circ F: I \to I$ もホモトープを除いて一意的なので，それは恒等写像とホモトープである．$T(F): T(I) \to T(J), T(G): T(J) \to T(I)$ を考えるとき，$T(G): T(F) = T(G \circ F): T(I) \to T(I)$ も恒等写像とホモトープなので，コホモロジー複体の準同型写像 $T(F)$ から誘導される写像

$$\overline{T(F)^n}: H^n(T(I)) \longrightarrow H^n(T(J)), \quad \overline{T(G)^n}: H^n(T(J)) \longrightarrow H^n(T(I))$$

は互いに逆写像になっていて，これらは同型写像である． □

定義 4.4.2. $T: \mathfrak{M}_R \to \mathfrak{M}_S$ は共変関手，$f: L \to M$ は R-準同型写像とする．I, J をそれぞれ L, M の移入分解とするとき，定理 3.5.7 より，コホモロジー複体の準同型写像 $F: I \to J$ が，ホモトープを除いて一意的に存在する．これに T を作用して得られる複体のコホモロジー間の写像を

$$R^n T(f): R^n T(L) \longrightarrow R^n T(M)$$

と書く．

定理 4.4.3. $T: \mathfrak{M}_R \to \mathfrak{M}_S$ が左半完全共変関手ならば，以下が成立する．
(1) $R^0 T(M) \cong T(M)$．(M は任意の R-加群)
(2) $0 \longrightarrow L \xrightarrow{f} M \xrightarrow{g} N \longrightarrow 0$ が R-加群の完全系列ならば，以下の S-加群の完全系列が存在する．

$$\begin{array}{ccccccccc}
0 & \longrightarrow & T(L) & \xrightarrow{T(f)} & T(M) & \xrightarrow{T(g)} & T(N) & & \\
& \longrightarrow & R^1 T(L) & \xrightarrow{R^1 T(f)} & R^1 T(M) & \xrightarrow{R^1 T(g)} & R^1 T(N) & & \\
& \longrightarrow & R^2 T(L) & \xrightarrow{R^2 T(f)} & R^2 T(M) & \xrightarrow{R^2 T(g)} & R^2 T(N) & \to & \cdots
\end{array}$$

証明． (1) 定義 4.4.1 の記号を用いる．δ^{-1} はゼロ写像なので，$\operatorname{Im} T(\delta^{-1}) = 0$ である．$0 \longrightarrow M \xrightarrow{\varepsilon} I^0 \xrightarrow{\delta^0} \operatorname{Im} \delta^0 \longrightarrow 0$ は完全なので，

$$0 \longrightarrow T(M) \xrightarrow{T(\varepsilon)} T(I^0) \xrightarrow{T(\delta^0)} T(\operatorname{Im} \delta^0)$$

も完全であり，
$$R^0T(M) = \operatorname{Ker} T(\delta^0)/\operatorname{Im} T(\delta^{-1}) = \operatorname{Ker} T(\delta^0) = \operatorname{Im} T(\varepsilon) \cong T(M)$$
である．

(2) 定理 3.6.1 を使って $0 \to L \to M \to N \to 0$ の移入分解を作り，それに T を作用させる．補題 4.3.5 より，$0 \to T(I_L^n) \to T(I_M^n) \to T(I_N^n) \to 0$ は完全系列になる．これより，コホモロジー複体の完全系列 $0 \to T(I_L) \to T(I_M) \to T(I_N) \to 0$ ができるので，これに定理 2.6.2 を適用すれば結論を得る． □

他の 3 種類の半完全関手に対しても，同様に導来関手が定義される．

定義 4.4.4. (共変関手の左導来関手) $T \colon \mathfrak{M}_R \to \mathfrak{M}_S$ は共変関手とする．$M \in \mathfrak{M}_R$ に対し，R-射影分解
$$\cdots \to P_3 \xrightarrow{\delta_3} P_2 \xrightarrow{\delta_2} P_1 \xrightarrow{\delta_1} P_0 \xrightarrow{\varepsilon} M \longrightarrow 0$$
をとる．この完全系列の左端の $\xrightarrow{\varepsilon} M \longrightarrow 0$ をとり除いて，ホモロジー複体
$$P: \quad \cdots \to P_3 \xrightarrow{\delta_3} P_2 \xrightarrow{\delta_2} P_1 \xrightarrow{\delta_1} P_0 \xrightarrow{\delta_0} 0$$
を作る．ここで，δ_0 はゼロ写像である．この系列に T を作用させ，
$$T(P): \quad \cdots \to T(P_3) \xrightarrow{T(\delta_3)} T(P_2) \xrightarrow{T(\delta_2)} T(P_1) \xrightarrow{T(\delta_1)} T(P_0) \xrightarrow{T(\delta_0)} 0$$
を作る．ホモロジー複体 $T(P)$ のホモロジー群をとり，
$$L_nT(M) = H_n(T(P)) = \operatorname{Ker} T(\delta_n)/\operatorname{Im} T(\delta_{n+1})$$
と定義し，L_nT を T の**左導来関手**という．$L_n(T(P))$ は M の射影分解 P の選び方に依存せずに同型を除いて一意的に定まる (証明は R^nT の場合と同様)．なお，$n < 0$ のときは形式的に $L_nT(M) = 0$ と約束する．

さて，$f \colon L \to M$ は R-準同型写像とする．L, M の射影分解をとり，定理 3.5.8 を用いると，
$$L_nT(f) \colon L_nT(L) \longrightarrow L_nT(M)$$
が右導来関手の場合と同様に定義できる．

定理 4.4.5. $T: \mathfrak{M}_R \to \mathfrak{M}_S$ が右半完全共変関手ならば，以下が成立する．
(1) $L_0 T(M) \cong T(M)$.
(2) $0 \longrightarrow L \xrightarrow{f} M \xrightarrow{g} N \longrightarrow 0$ が R-加群の完全系列ならば，以下の S-加群の完全系列が存在する．

$$\begin{aligned}
\cdots \to \quad & L_2 T(L) \xrightarrow{L_2 T(f)} L_2 T(M) \xrightarrow{L_2 T(g)} L_2 T(N) \\
\longrightarrow \quad & L_1 T(L) \xrightarrow{L_1 T(f)} L_1 T(M) \xrightarrow{L_1 T(g)} L_1 T(N) \\
\longrightarrow \quad & T(L) \xrightarrow{T(f)} T(M) \xrightarrow{T(g)} T(N) \longrightarrow 0
\end{aligned}$$

証明. 定理 3.6.2, 補題 4.3.5, 定理 2.6.2 よりすぐわかる． □

定義 4.4.6. (反変関手の右導来関手) $T: \mathfrak{M}_R \to \mathfrak{M}_S$ は反変関手とする．$M \in \mathfrak{M}_R$ に対し，定義 4.4.4 と同様に，M 射影分解を利用してホモロジー複体

$$P: \quad \cdots \to P_3 \xrightarrow{\delta_3} P_2 \xrightarrow{\delta_2} P_1 \xrightarrow{\delta_1} P_0 \xrightarrow{\delta_0} 0$$

を作る．この系列に T を作用させ，

$$T(P): \quad 0 \xrightarrow{T(\delta_0)} T(P_0) \xrightarrow{T(\delta_1)} T(P_1) \xrightarrow{T(\delta_2)} T(P_2) \xrightarrow{T(\delta_3)} T(P_3) \to \cdots$$

を作る．コホモロジー複体 $T(P)$ のコホモロジー群をとり，

$$R^n T(M) = H^n(T(P)) = \operatorname{Ker} T(\delta_{n+1}) / \operatorname{Im} T(\delta_n)$$

と定義し，$R^n T$ を T の**右導来関手**という．$R^n(T(P))$ は M の射影分解 P の選び方に依存せずに同型を除いて一意的に定まる．

また，R-準同型写像 $f: L \to M$ から

$$R^n T(f): R^n T(L) \longrightarrow R^n T(M)$$

がいままでの場合と同様に定義できる．

定理 4.4.7. $T: \mathfrak{M}_R \to \mathfrak{M}_S$ が左半完全反変関手ならば，以下が成り立つ．
(1) $R^0 T(M) \cong T(M)$

(2) R-加群の完全系列 $0 \longrightarrow L \xrightarrow{f} M \xrightarrow{g} N \longrightarrow 0$ に対し，以下の S-加群の完全系列が存在する．

$$
\begin{array}{cccccc}
0 & \longrightarrow & T(N) & \xrightarrow{T(g)} & T(M) & \xrightarrow{T(f)} & T(L) \\
& \longrightarrow & R^1T(N) & \xrightarrow{R^1T(g)} & R^1T(M) & \xrightarrow{R^1T(f)} & R^1T(L) \\
& \longrightarrow & R^2T(N) & \xrightarrow{R^2T(g)} & R^2T(M) & \xrightarrow{R^2T(f)} & R^2T(L) & \longrightarrow \cdots
\end{array}
$$

定義 4.4.8. $T\colon \mathfrak{M}_R \to \mathfrak{M}_S$ は反変関手とする．$M \in \mathfrak{M}_R$ に対し，定義 4.4.2 と同様に，M 移入分解を利用してコホモロジー複体

$$ I\colon\ 0 \xrightarrow{\delta^{-1}} I^0 \xrightarrow{\delta^0} I^1 \xrightarrow{\delta^1} I^2 \xrightarrow{\delta^2} I^2 \to \cdots $$

を作る．この系列に T を作用させ，

$$ T(I)\colon\ \cdots \to T(I^3) \xrightarrow{T(\delta^2)} T(I^2) \xrightarrow{T(\delta^1)} T(I^1) \xrightarrow{T(\delta^0)} T(I^0) \xrightarrow{T(\delta^{-1})} 0 $$

を作る．ホモロジー複体 $T(I)$ のホモロジー群をとり，

$$ L_n T(M) = H_n(T(I)) = \operatorname{Ker} T(\delta^{n-1})/\operatorname{Im} T(\delta^n) $$

として T の**左導来関手**を定義する．

定理 4.4.9. $T\colon \mathfrak{M}_R \to \mathfrak{M}_S$ が右半完全反変関手ならば，以下が成立する．
(1) $L_0 T(M) \cong T(M)$．
(2) R-加群の完全系列 $0 \longrightarrow L \xrightarrow{f} M \xrightarrow{g} N \longrightarrow 0$ に対し，以下の S-加群の完全系列が存在する．

$$
\begin{array}{cccccc}
\cdots \to & L_2T(N) & \xrightarrow{L_2T(g)} & L_2T(M) & \xrightarrow{L_2T(f)} & L_2T(L) \\
\longrightarrow & L_1T(N) & \xrightarrow{L_1T(g)} & L_1T(M) & \xrightarrow{L_1T(f)} & L_1T(L) \\
\longrightarrow & T(N) & \xrightarrow{T(g)} & T(M) & \xrightarrow{T(f)} & T(L) & \longrightarrow 0
\end{array}
$$

命題 4.4.10. $T\colon \mathfrak{M}_R \to \mathfrak{M}_S$ が完全関手ならば，任意の R-加群 M と任意の $n \geqq 1$ に対し，

$$ R^n T(M) = 0, \quad L_n T(M) = 0 $$

である．

証明. T が完全関手の場合は，M の移入分解や射影分解に T を作用させて得られる系列が完全系列になるので，その 1 次以上の (コ) ホモロジー群は 0 になる. □

命題 4.4.11. $F: \mathfrak{M}_R \to \mathfrak{M}_S$ は共変関手，$G: \mathfrak{M}_R \to \mathfrak{M}_S$ は反変関手，I は移入的 R-加群，P は射影的 R-加群，
$$0 \longrightarrow L \xrightarrow{f} M \xrightarrow{g} N \longrightarrow 0$$
は R-加群の完全系列とする.

(1) F が左半完全ならば，$n \geqq 1$ に対し $R^n F(I) = 0$ である．特に，L が移入的ならば，次の系列は完全である.
$$0 \longrightarrow F(L) \xrightarrow{F(f)} F(M) \xrightarrow{F(g)} F(N) \longrightarrow 0$$

(2) F が右半完全ならば，$n \geqq 1$ に対し $L_n F(P) = 0$ である．特に，N が射影的ならば，次の系列は完全である.
$$0 \longrightarrow F(L) \xrightarrow{F(f)} F(M) \xrightarrow{F(g)} F(N) \longrightarrow 0$$

(3) G が左半完全ならば，$n \geqq 1$ に対し $R^n G(P) = 0$ である．特に，L が射影的ならば，次の系列は完全である.
$$0 \longrightarrow G(N) \xrightarrow{G(g)} G(M) \xrightarrow{G(f)} G(L) \longrightarrow 0$$

(4) G が右半完全ならば，$n \geqq 1$ に対し $L_n G(I) = 0$ である．特に，N が移入的ならば，次の系列は完全である.
$$0 \longrightarrow G(N) \xrightarrow{G(g)} G(M) \xrightarrow{G(f)} G(L) \longrightarrow 0$$

証明. (1) $0 \to I \xrightarrow{\mathrm{id}_I} I \to 0$ が I の移入分解として選べるので，$0 \xrightarrow{d^{-1}} T(I) \xrightarrow{d^0} 0$ が $R^n F(I)$ を定めるコホモロジー複体として選べる．これより，$n \geqq 1$ に対し $R^n F(I) = 0$ である.
$$0 \longrightarrow F(L) \xrightarrow{F(f)} F(M) \xrightarrow{F(g)} F(N) \longrightarrow R^1 F(L)$$
は完全であるが，L が移入的ならば，$R^1 F(L) = 0$ だから，$F(g)$ は全射である.

(2)～(4) の証明も同様である. □

4.5. 導来関手の性質

定義 4.5.1. R, S は環,$T: \mathfrak{M}_R \to \mathfrak{M}_S$ は関手とする.R-加群の族 $\{M_\lambda\}_{\lambda \in \Lambda}$ に対し,以下の表の (1)〜(4) の性質を考える.

番号	性質	T:共変	T:反変
(1)	$T\left(\bigoplus_{\lambda \in \Lambda} M_\lambda\right) \cong \bigoplus_{\lambda \in \Lambda} T(M_\lambda)$	LΣ的	RΣ的
(2)	$T\left(\bigoplus_{\lambda \in \Lambda} M_\lambda\right) \cong \prod_{\lambda \in \Lambda} T(M_\lambda)$	LΠ的	RΠ的
(3)	$T\left(\prod_{\lambda \in \Lambda} M_\lambda\right) \cong \bigoplus_{\lambda \in \Lambda} T(M_\lambda)$	RΣ的	LΣ的
(4)	$T\left(\prod_{\lambda \in \Lambda} M_\lambda\right) \cong \prod_{\lambda \in \Lambda} T(M_\lambda)$	RΠ的	LΠ的

T が共変関手で,任意の $\{M_\lambda\}_{\lambda \in \Lambda}$ に対し (1) が成り立つとき,T は **LΣ的**であるという.同様に,(2), (3), (4) が成り立つとき,それぞれ,(2) **LΠ的**, (3) **RΣ的**, (4) **RΠ的**であるという.

また,T が反変関手の場合には,任意の $\{M_\lambda\}_{\lambda \in \Lambda}$ に対し (1), (2), (3), (4) が成り立つとき,それぞれ,T は (1) **RΣ的**, (2) **RΠ的**, (3) **LΣ的**, (4) **LΠ的**であるという.

例えば,M, N を R-加群として,$F_M(\bullet) = \mathrm{Hom}_R(M, \bullet)$, $G_N(\bullet) = \mathrm{Hom}_R(\bullet, N)$ で定まる共変関手 F_M,反変関手 G_N はいずれも RΠ的であり,$T_M(\bullet) = M \otimes_R \bullet$ で定まる共変関手 T_M は LΣ的である.また,M が有限生成 R-加群のとき,F_M は RΣ的である.

定理 4.5.2. R, S は環とする.
(1) 関手 (共変でも反変でもよく,半完全でなくてもよい) $T: \mathfrak{M}_R \to \mathfrak{M}_S$ が RΣ的ならば $R^n T$ も RΣ的である.また,T が RΠ的ならば $R^n T$ も RΠ的である.

(2) 同様に, T が LΣ的ならば L_nT も LΣ的であり, T が LΠ的ならば L_nT も LΠ的である.

(3) R は Noether 環, $T\colon \mathfrak{M}_R \to \mathfrak{M}_S$ は LΣ的共変関手とすると, R^nT も LΣ的である.

証明. 代表例として (3) を証明する. 各 $\lambda \in \Lambda$ に対し移入分解

$$0 \longrightarrow M_\lambda \xrightarrow{\varepsilon_\lambda} I_\lambda^0 \xrightarrow{\delta_\lambda^0} I_\lambda^1 \xrightarrow{\delta_\lambda^1} I_\lambda^2 \xrightarrow{\delta_\lambda^2} I_\lambda^3 \to \cdots$$

をとる. $M = \bigoplus_{\lambda \in \Lambda} M_\lambda, I^n = \bigoplus_{\lambda \in \Lambda} I_\lambda^n$ とおく. 命題 3.3.13 より I^n は移入的である. $\varepsilon = \bigoplus_{\lambda \in \Lambda} \varepsilon_\lambda, \delta^n = \bigoplus_{\lambda \in \Lambda} \delta_\lambda^n$ とおくと,

$$0 \longrightarrow M \xrightarrow{\varepsilon} I^0 \xrightarrow{\delta^0} I^1 \xrightarrow{\delta^1} I^2 \xrightarrow{\delta^2} I^2 \to \cdots$$

は移入分解になる.

$$T(I^n) \cong \bigoplus_{\lambda \in \Lambda} T(I_\lambda^n), \quad T(\delta^n) = \bigoplus_{\lambda \in \Lambda} T(\delta_\lambda^n)$$

が成り立つので, 演習問題 2.5 で述べたように,

$$R^nT(M) = \frac{\operatorname{Ker} \delta^n}{\operatorname{Im} \delta^{n-1}} \cong \bigoplus_{\lambda \in \Lambda} \frac{\operatorname{Ker} \delta_\lambda^n}{\operatorname{Im} \delta_\lambda^{n-1}} = \bigoplus_{\lambda \in \Lambda} R^nT(M_\lambda)$$

が成り立つ. (1), (2) の証明も同様である. □

定義 4.5.3. R, S は環, Λ は有向集合, $\{M_\lambda, f_{\lambda\mu}\}$ は Λ を添え字集合とする R-加群の帰納系, $\{N_\lambda, g_{\mu\lambda}\}$ は Λ を添え字集合とする射影系とする. $T\colon \mathfrak{M}_R \to \mathfrak{M}_S$ は関手とする. 以下の (1)~(4) の性質を考える.

番号	性質	T:共変	T:反変
(1)	$T\left(\varinjlim M_\lambda\right) \cong \varinjlim T(M_\lambda)$	LΣ^*的	RΣ^*的
(2)	$T\left(\varinjlim M_\lambda\right) \cong \varprojlim T(M_\lambda)$	LΠ^*的	RΠ^*的
(3)	$T\left(\varprojlim N_\lambda\right) \cong \varinjlim T(N_\lambda)$	RΣ^*的	LΣ^*的
(4)	$T\left(\varprojlim N_\lambda\right) \cong \varprojlim T(N_\lambda)$	RΠ^*的	LΠ^*的

T が共変関手で，任意の帰納系 $\{M_\lambda, f_{\lambda\mu}\}$ に対し (1) が成り立つとき，T は $\mathbf{L\Sigma}^*$的であるという．同様に，(2), (3), (4) が成り立つとき，それぞれ，(2) $\mathbf{L\Pi}^*$的, (3) $\mathbf{R\Sigma}^*$的, (4) $\mathbf{R\Pi}^*$的であるという．

また，T が反変関手の場合には，任意の帰納系や射影系に対し (1), (2), (3), (4) が成り立つとき，それぞれ，T は (1) $\mathbf{R\Sigma}^*$的, (2) $\mathbf{R\Pi}^*$的, (3) $\mathbf{L\Sigma}^*$的, (4) $\mathbf{L\Pi}^*$的であるという．

例えば，$F_N(M) = \mathrm{Hom}_R(M, N)$, $G_N(M) = \mathrm{Hom}_R(N, M)$ で定まる反変関手 F_N, 共変関手 G_N はいずれも $\mathbf{R\Pi}^*$的であり，$T_N(M) = M \otimes_R N$ で定まる共変関手 T_N は $\mathbf{L\Sigma}^*$的である．

この性質については，定理 4.5.2 より弱い定理しか成立しない．ホモロジー関手 H が $\mathbf{R\Sigma}^*$的でないこと，$\varprojlim$ が左半完全関手でしかないこと，移入的加群の射影的極限は移入的とは限らない (演習問題 3.7 参照) ことなどが原因である．次の定理は，環上の加群の特殊性を利用しているので，一般の Abel 圏や導来圏にそのまま拡張することはできない．

定理 4.5.4. $T: \mathfrak{M}_R \to \mathfrak{M}_S$ が $\mathbf{L\Sigma}^*$的な共変関手ならば，$L_n T$ も $\mathbf{L\Sigma}^*$的である．

証明．帰納系 $\{M_\lambda, f_{\lambda\mu}\}$ をとる．M_λ を基底とする自由 R-加群 $P_0^\lambda = R^{\oplus M_\lambda}$ と自然な全射 $\varepsilon^\lambda: P_0^\lambda \to M_\lambda$ により，射影分解の最初の段階を構成する．$\lambda \leq \mu$ ならば，$f_{\lambda\mu}$ から，$f_0^{\lambda\mu}: P_0^\lambda \longrightarrow P_0^\mu$ が誘導される．集合としての帰納的極限を $M_\infty = \varinjlim M_\lambda$ とすると，M_∞ は M の生成系であり，M_∞ を基底とする自由 R-加群と $P_0^\infty = \varinjlim P_0^\lambda$ が同型であることが，帰納的極限の定義を確認すれば，容易に結論される．(射影的加群の帰納的極限は，一般には，射影的とは限らないので注意せよ．)

$K_0^\lambda = \mathrm{Ker}\,\varepsilon^\lambda$ とおき，K_0^λ を基底とする自由 R-加群 P_1^λ と自然な写像 $\delta_1^\lambda: P_1^\lambda \twoheadrightarrow K_0^\lambda \hookrightarrow P_0^\lambda$ を構成する．このとき，$f_0^{\lambda\mu}(K_0^\lambda) \subset K_0^\mu$ だから，この写像から，$f_1^{\lambda\mu}: P_1^\lambda \longrightarrow P_1^\mu$ が誘導される．また，$K_0 = \varinjlim K_0^\lambda$ を基底とする自由 R-加群と $P_1^\infty = \varinjlim P_1^\lambda$ は同型である．

以下同様にして，P_n^λ や P_n^∞ を構成すると，$P_n^\infty = \varinjlim P_n^\lambda$ を満たす帰納系 $\{M_\lambda\}$ の射影分解が得られる．

$\{T(P_\bullet^\lambda)\}$ は S-複体の帰納系になり，ホモロジー複体として，$T(P_\bullet^\infty) \cong \varinjlim T(P_\bullet^\lambda)$ が成り立っている．演習問題 2.6(3) より，

$$L_n T(P_\bullet^\infty) \cong H\big(T(P_\bullet^\infty)\big) \cong \varinjlim H\big(T(P_\bullet^\lambda)\big) \cong \varinjlim L_n T(P_\bullet^\lambda)$$

となるので，$L_n T$ も LΣ^*的である． □

4.6. 関手とホモロジー

本節では R, S を環とし，関手 $T\colon \mathfrak{M}_R \to \mathfrak{M}_S$ を考える．

命題 4.6.1. R-準同型写像 $f\colon L \to M$ に対し，次が成り立つ．
(1) T が左半完全共変関手ならば，

$$T(\operatorname{Ker} f) \cong \operatorname{Ker} T(f), \quad \operatorname{Im} T(f) \hookrightarrow T(\operatorname{Im} f),$$

であり自然な写像 $\operatorname{Coker} T(f) \longrightarrow T(\operatorname{Coker} f)$ が存在する．
(2) T が左半完全反変関手ならば，

$$T(\operatorname{Coker} f) \cong \operatorname{Ker} T(f), \quad \operatorname{Im} T(f) \hookrightarrow T(\operatorname{Im} f),$$

であり自然な写像 $\operatorname{Coker} T(f) \longrightarrow T(\operatorname{Ker} f)$ が存在する．
(3) T が右半完全共変関手ならば，

$$T(\operatorname{Coker} f) \cong \operatorname{Coker} T(f), \quad T(\operatorname{Im} f) \twoheadrightarrow \operatorname{Im} T(f),$$

であり自然な写像 $T(\operatorname{Ker} f) \longrightarrow \operatorname{Ker} T(f)$ が存在する．
(4) T が右半完全反変関手ならば，

$$T(\operatorname{Ker} f) \cong \operatorname{Coker} T(f), \quad T(\operatorname{Im} f) \twoheadrightarrow \operatorname{Im} T(f).$$

であり自然な写像 $T(\operatorname{Coker} f) \longrightarrow \operatorname{Ker} T(f)$ が存在する．

証明． (1)〜(4) それぞれの場合に，完全系列

$$0 \longrightarrow \operatorname{Ker} f \xrightarrow{i} L \xrightarrow{f'} \operatorname{Im} f \longrightarrow 0 \qquad \text{①}$$

$$0 \longrightarrow \operatorname{Im} f \xrightarrow{j} M \xrightarrow{k} \operatorname{Coker} f \longrightarrow 0 \qquad \text{②}$$

に T を作用して得られる完全系列を考える.また,
$$f\colon L \xrightarrow{f'} \mathrm{Im}\, f \xrightarrow{j} M$$
に T を作用させた様子を考察する.

(1) ② に T を作用させると $T(j)\colon T(\mathrm{Im}\, f) \hookrightarrow T(M)$ が得られる.したがって,$T(f)\colon T(L) \xrightarrow{T(f')} T(\mathrm{Im}\, f) \hookrightarrow T(M)$ と分解するので,$\mathrm{Ker}\, T(f) = \mathrm{Ker}\, T(f')$ となる.① に T を作用させると,$\mathrm{Ker}\, T(f') \cong T(\mathrm{Ker}\, f)$ を得る.同様に,$\mathrm{Im}\, T(f) = \mathrm{Im}\, T(f') \xrightarrow{\subset} T(\mathrm{Im}\, f)$ である.また,
$$\mathrm{Coker}\, T(f) = T(M)/\mathrm{Im}\, T(f) \twoheadrightarrow T(M)/T(\mathrm{Im}\, f) \hookrightarrow T(\mathrm{Coker}\, f)$$
である.

(2)〜(4) も同様である. □

定理 4.6.2. L, M, N は R-加群で,$f\colon L \to M$, $g\colon M \to N$ は $g \circ f = 0$ を満たすとする.

(1) T が左半完全共変関手ならば,以下の自然な準同型写像が存在する.
$$\varphi\colon \mathrm{Ker}\, T(g)/\mathrm{Im}\, T(f) \longrightarrow T(\mathrm{Ker}\, g/\mathrm{Im}\, f)$$

(2) T が左半完全反変関手ならば,以下の自然な準同型写像が存在する.
$$\varphi\colon \mathrm{Ker}\, T(f)/\mathrm{Im}\, T(g) \longrightarrow T(\mathrm{Ker}\, g/\mathrm{Im}\, f)$$

(3) T が右半完全共変関手ならば,以下の自然な準同型写像が存在する.
$$\psi\colon T(\mathrm{Ker}\, g/\mathrm{Im}\, f) \longrightarrow \mathrm{Ker}\, T(g)/\mathrm{Im}\, T(f)$$

(4) T が右半完全反変関手ならば,$T(\mathrm{Ker}\, g) \cong \mathrm{Coker}\, T(g)$ であって,
$$\psi\colon T(\mathrm{Ker}\, g/\mathrm{Im}\, f) \longrightarrow \mathrm{Ker}\, T(f)/\mathrm{Im}\, T(g)$$

(5) T が完全共変関手ならば,(1), (3) の φ, ψ は互いに逆写像であり,同型写像である.

(6) T が完全反変関手ならば,(2), (4) の φ, ψ は互いに逆写像であり,同型写像である.

証明. (1) $\alpha: T(\operatorname{Ker} g) = \operatorname{Ker} T(g) \twoheadrightarrow \operatorname{Ker} T(g)/\operatorname{Im} T(f)$ を自然な写像とする.
$$0 \to T(\operatorname{Im} f) \to T(\operatorname{Ker} g) \xrightarrow{\beta} T(\operatorname{Ker} g/\operatorname{Im} f)$$
は完全だから, $\beta(\operatorname{Ker} \alpha) = \beta(\operatorname{Im} T(f)) \subset \beta(T(\operatorname{Im} f)) = 0$ となり, $\operatorname{Ker} \alpha \subset \operatorname{Ker} \beta$ が得られる. これより, φ が構成できる.

(2) $\alpha: T(\operatorname{Coker} f) = \operatorname{Ker} T(f) \twoheadrightarrow \operatorname{Ker} T(f)/\operatorname{Im} T(g)$ を自然な写像とする. $0 \to \operatorname{Ker} g/\operatorname{Im} f \to \operatorname{Coker} f \to \operatorname{Im} g \to 0$ から完全系列
$$0 \longrightarrow T(\operatorname{Im} g) \longrightarrow T(\operatorname{Coker} f) \xrightarrow{\beta} T(\operatorname{Ker} g/\operatorname{Im} f)$$
が誘導される. $\beta(\operatorname{Ker} \alpha) = \beta(\operatorname{Im} T(g)) \subset \beta(T(\operatorname{Im} g)) = 0$ だから, $\operatorname{Ker} \alpha \subset \operatorname{Ker} \beta$ であり, これより, φ が構成できる.

(3) $\alpha: \operatorname{Ker} T(g)/\operatorname{Im} T(f) \xhookrightarrow{} T(M)/\operatorname{Im} T(f)$ を包含写像, $\operatorname{Ker} g/\operatorname{Im} f \longrightarrow \operatorname{Coker} f$ から誘導される写像を $\beta: T(\operatorname{Ker} g/\operatorname{Im} f) \to T(\operatorname{Coker} f) \cong T(M)/\operatorname{Im} T(f)$ とする. 全射 $\gamma: T(\operatorname{Ker} g) \twoheadrightarrow T(\operatorname{Ker} g/\operatorname{Im} f)$ が存在し, $\operatorname{Im} \beta = \operatorname{Im}(\beta \circ \gamma)$ である.

自然な写像 $T(\operatorname{Ker} g) \to \operatorname{Ker} T(g)$ が存在するので, $\operatorname{Im}(\beta \circ \gamma) \subset \operatorname{Im} \alpha$ である. したがって, ψ が存在する.

(4) $\alpha: \operatorname{Ker} T(f)/\operatorname{Im} T(g) \xhookrightarrow{} T(M)/\operatorname{Im} T(g)$ を包含写像とし, $\operatorname{Ker} g \to \operatorname{Ker} g/\operatorname{Im} f$ から誘導される写像を
$$\beta: T(\operatorname{Ker} g/\operatorname{Im} f) \longrightarrow T(\operatorname{Ker} g) \cong T(M)/\operatorname{Im} T(g)$$
とする. $\operatorname{Ker} g/\operatorname{Im} f \xhookrightarrow{} \operatorname{Coker} f$ より全射 $\gamma: T(\operatorname{Coker} f) \twoheadrightarrow T(\operatorname{Ker} g/\operatorname{Im} f)$ が誘導され, $\operatorname{Im} \beta = \operatorname{Im}(\beta \circ \gamma)$ である. ところが, 自然な写像 $T(\operatorname{Coker} f) \to \operatorname{Ker} T(f)$ が存在するのだから, $\operatorname{Im}(\beta \circ \gamma) \subset \operatorname{Ker} T(f)/\operatorname{Im} T(g)$ である. これより, ψ が構成できる.

(5) は (1), (3) より, (6) は (2), (4) よりすぐわかる. □

系 4.6.3. $B = \{B_n, \delta_n\}$ は R-ホモロジー複体, $C = \{C^n, d^n\}$ は R-コホモロジー複体とする.

(1) T が左半完全共変関手ならば, 次の自然な準同型写像が存在する.
$$H_n(T(B)) \longrightarrow T(H_n(B)), \quad H^n(T(C)) \longrightarrow T(H^n(C))$$

(2) T が左半完全反変関手ならば,次の自然な準同型写像が存在する.
$$H^n(T(B)) \longrightarrow T(H_n(B)), \quad H_n(T(C)) \longrightarrow T(H^n(C))$$

(3) T が右半完全共変関手ならば,次の自然な準同型写像が存在する.
$$T(H_n(B)) \longrightarrow H_n(T(B)), \quad T(H^n(C)) \longrightarrow H^n(T(C))$$

(4) T が右半完全反変関手ならば,次の自然な準同型写像が存在する.
$$T(H_n(B)) \longrightarrow H^n(T(B)), \quad T(H^n(C)) \longrightarrow H_n(T(C))$$

(5) T が完全共変関手ならば,次の自然な同型写像が存在する.
$$H_n(T(B)) \cong T(H_n(B)), \quad H^n(T(C)) \cong T(H^n(C))$$

(6) T が完全反変関手ならば,次の自然な同型写像が存在する.
$$T(H_n(B)) \cong H^n(T(B)), \quad T(H^n(C)) \cong H_n(T(C))$$

4.7. 関手の自然変換

定義 4.7.1. R, S は環とし,$F, G \colon \mathfrak{M}_R \to \mathfrak{M}_S$ は関手で,次の条件 (1), (2) を満たすとする.

(1) 各 $A \in \mathfrak{M}_R$ に対し,S-準同型 $\varphi(A) \colon F(A) \to G(A)$ がただ 1 つ与えられている.

(2) 任意の R-準同型 $f \colon A \to B$ に対し,次の図式は可換になる.

$$\begin{array}{ccc} F(A) & \xrightarrow{F(f)} & F(B) \\ {\scriptstyle \varphi(A)}\downarrow & & \downarrow{\scriptstyle \varphi(B)} \\ G(A) & \xrightarrow[G(f)]{} & G(B) \end{array} \qquad \begin{array}{ccc} F(B) & \xrightarrow{F(f)} & F(A) \\ {\scriptstyle \varphi(B)}\downarrow & & \downarrow{\scriptstyle \varphi(A)} \\ G(B) & \xrightarrow[G(f)]{} & G(A) \end{array}$$

F, G が共変の場合 $\qquad$ F, G が反変の場合

このとき,$\varphi \colon F \to G$ は関手の**自然変換**であるという.また,任意の $A \in \mathfrak{M}_R$ に対し $\varphi(A) \colon F(A) \to G(A)$ が同型であるとき,φ は**同型**,あるいは F と G は**同型**であるといい,$\varphi \colon F \xrightarrow{\cong} G$ とか $F \cong G$ などと書く.

定義 4.7.2. R, S は環とし，各非負整数 n に対し関手 $T^n: \mathfrak{M}_R \to \mathfrak{M}_S$ が与えられていて，それらはすべて共変であるとする．もし，R-加群の任意の完全系列

$$E: \quad 0 \longrightarrow A \xrightarrow{f} B \xrightarrow{g} C \longrightarrow 0$$

が与えられたとき，各 n に対し S-準同型 $\delta_E^n: T^n(C) \to T^{n+1}(A)$ が一意的に存在して，

$$\cdots \longrightarrow T^{n-1}(C) \xrightarrow{\delta_E^{n-1}} T^n(A) \xrightarrow{T^n(f)} T^n(B) \xrightarrow{T^n(g)} T^n(C) \xrightarrow{\delta_E^n}$$
$$T^{n+1}(A) \xrightarrow{T^{n+1}(f)} T^{n+1}(B) \xrightarrow{T^{n+1}(g)} T^{n+1}(C) \xrightarrow{\delta_E^{n+1}} T^{n+2}(A) \longrightarrow \cdots$$

が完全系列になるとき，$\{T^n\}$ は**コホモロジー連結系列**をなすという．

同様に，各 $n \geqq 1$ に対し S-準同型 $\delta_E^n: T^n(C) \to T^{n-1}(A)$ が一意的に存在して，

$$\cdots \longrightarrow T^{n+2}(C) \xrightarrow{\delta_E^{n+2}} T^{n+1}(A) \xrightarrow{T^{n+1}(f)} T^{n+1}(B) \xrightarrow{T^{n+1}(g)} T^{n+1}(C)$$
$$\xrightarrow{\delta_E^{n+1}} T^n(A) \xrightarrow{T^n(f)} T^n(B) \xrightarrow{T^n(g)} T^n(C) \xrightarrow{\delta_E^n} T^{n-1}(A) \longrightarrow \cdots$$

が完全系列になるとき，$\{T^n\}$ は**ホモロジー連結系列**をなすという．

すべての T^n が反変関手の場合にも，これらの概念を同様に定義する．

$\{F^n\}, \{G^n\}$ は共変関手のコホモロジー連結系列とする．各 n に対し自然変換 $\varphi^n: F^n \to G^n$ が与えられていて，

$$\begin{array}{ccccccccc}
\cdots \to & F^{n-1}(C) & \xrightarrow{\delta^{n-1}} & F^n(A) & \xrightarrow{F^n(f)} & F^n(B) & \xrightarrow{F(g)} & F^n(C) & \xrightarrow{\delta^n} \cdots \\
& \varphi^{n-1}(C) \downarrow & & \downarrow \varphi^n(A) & & \downarrow \varphi^n(B) & & \downarrow \varphi^n(C) & \\
\cdots \to & G^{n-1}(C) & \xrightarrow{\delta^{n-1}} & G^n(A) & \xrightarrow{G^n(f)} & G^n(B) & \xrightarrow{G(g)} & G^n(C) & \xrightarrow{\delta^n} \cdots
\end{array}$$

が可換図式になるとき，$\{\varphi^n\}: \{F^n\} \longrightarrow \{G^n\}$ は**関手の連結系列の自然変換**であるという．

共変関手のホモロジー連結系列，反変関手のコホモロジー連結系列，反変関手のホモロジー連結系列に対しても，同様にして，関手の連結系列の自然変換を定義する．

命題 4.7.3. $\{\varphi^n\}: \{F^n\} \longrightarrow \{G^n\}$ は関手の連結系列の自然変換であり, $\varphi^0: F^0 \longrightarrow G^0$ は同型であるとする.

(1) $\{\varphi^n\}: \{F^n\} \longrightarrow \{G^n\}$ は共変関手のコホモロジー連結系列の自然変換で, 任意の移入的 R-加群 I と任意の $n \geq 1$ に対し,
$$\varphi^n(I): F^n(I) \longrightarrow G^n(I)$$
が同型であれば, 任意の $n \geq 0$ に対し, $\varphi^n: F^n \to G^n$ は同型である.

(2) $\{\varphi^n\}: \{F^n\} \longrightarrow \{G^n\}$ は共変関手のホモロジー連結系列の自然変換で, 任意の自由 R-加群 P と任意の $n \geq 1$ に対し,
$$\varphi^n(P): F^n(P) \longrightarrow G^n(P)$$
が同型であれば, 任意の $n \geq 0$ に対し, $\varphi^n: F^n \to G^n$ は同型である.

(3) $\{\varphi^n\}: \{F^n\} \longrightarrow \{G^n\}$ は反変関手のコホモロジー連結系列の自然変換で, 任意の自由 R-加群 P と任意の $n \geq 1$ に対し,
$$\varphi^n(P): F^n(P) \longrightarrow G^n(P)$$
が同型であれば, 任意の $n \geq 0$ に対し, $\varphi^n: F^n \to G^n$ は同型である.

(4) $\{\varphi^n\}: \{F^n\} \longrightarrow \{G^n\}$ は反変関手のホモロジー連結系列の自然変換で, 任意の移入的 R-加群 I と任意の $n \geq 1$ に対し,
$$\varphi^n(I): F^n(I) \longrightarrow G^n(I)$$
が同型であれば, 任意の $n \geq 0$ に対し, $\varphi^n: F^n \to G^n$ は同型である.

証明. 例えば, (3) を証明する. n に関する帰納法で $0 \leq i < n$ のとき $\varphi^i: F^i \to G^i$ は同型であると仮定して, 勝手な R-加群 M に対し $\varphi^n(M): F^n(M) \to G^n(M)$ は同型であることを示す.

完全系列 $0 \to K \to P \to M \to 0$ で P が R-自由加群であるようなもの

をとる．可換図式

$$\begin{array}{ccccccccc}
F^{n-1}(P) & \longrightarrow & F^{n-1}(K) & \xrightarrow{\delta^{n-1}} & F^n(M) & \longrightarrow & F^n(P) & \longrightarrow & F^n(K) \\
\downarrow \varphi^{n-1}(P) & & \downarrow \varphi^{n-1}(K) & & \downarrow \varphi^n(M) & & \downarrow \varphi^n(P) & & \downarrow \varphi^n(K) \\
G^{n-1}(P) & \longrightarrow & G^{n-1}(K) & \xrightarrow{\delta^{n-1}} & G^n(M) & \longrightarrow & G^n(P) & \longrightarrow & G^n(K)
\end{array}$$

において，$\varphi^{n-1}(P), \varphi^{n-1}(K), \varphi^n(P)$ は同型写像である．ファイブ・レンマにより，$\varphi^n(M)$ は単射である．M は任意だから，$\varphi^n(K)$ も単射である．再びファイブ・レンマにより，$\varphi^n(M)$ は全射である． □

定理 4.7.4. R, S は環とする．

(1) $T: \mathfrak{M}_R \to \mathfrak{M}_S$ は左半完全共変関手，$\{F^n\}$ は共変関手のコホモロジー連結系列であり，$F^0 \cong T$, かつ，「任意の移入的 R-加群 I と任意の $n \geqq 1$ に対し $F^n(I) = 0$」が成り立つとすれば，任意の $n \geqq 0$ に対し $F^n \cong R^n T$ が成り立つ．

(2) $T: \mathfrak{M}_R \to \mathfrak{M}_S$ は右半完全共変関手，$\{F^n\}$ は共変関手のホモロジー連結系列であり，$F^0 \cong T$, かつ，「任意の R-自由加群 P と任意の $n \geqq 1$ に対し $F^n(P) = 0$」が成り立つとすれば，任意の $n \geqq 0$ に対し $F^n \cong L_n T$ が成り立つ．

(3) $T: \mathfrak{M}_R \to \mathfrak{M}_S$ は左半完全反変関手，$\{F^n\}$ は反変関手のコホモロジー連結系列であり，$F^0 \cong T$, かつ，「任意の R-自由加群 P と任意の $n \geqq 1$ に対し $F^n(P) = 0$」が成り立つとすれば，任意の $n \geqq 0$ に対し $F^n \cong R^n T$ が成り立つ．

(4) $T: \mathfrak{M}_R \to \mathfrak{M}_S$ は右半完全反変関手，$\{F^n\}$ は反変関手のホモロジー連結系列であり，$F^0 \cong T$, かつ，「任意の移入的 R-加群 I と任意の $n \geqq 1$ に対し $F^n(I) = 0$」が成り立つとすれば，任意の $n \geqq 0$ に対し $F^n \cong L_n T$ が成り立つ．

証明． 例えば，(3) を証明する．n に関する帰納法で $0 \leqq i < n$ のとき同型 $\varphi^i: F^i \xrightarrow{\cong} G^i$ が構成できたと仮定する．$n \geqq 1$ のとき $R^n T(P) = 0,$

$F^n(P) = 0$ だから，可換図式

$$\begin{array}{ccccccc}
F^{n-1}(P) & \longrightarrow & F^{n-1}(K) & \xrightarrow{\delta^{n-1}} & F^n(M) & \longrightarrow & 0 \\
\downarrow \varphi^{n-1}(P) & & \downarrow \varphi^{n-1}(K) & & & & \\
R^{n-1}T(P) & \longrightarrow & R^{n-1}T(K) & \xrightarrow{d^{n-1}} & R^nT(M) & \longrightarrow & 0
\end{array}$$

が得られる．$x \in F^n(M)$ をとると，$x = \delta^{n-1}(z)$ を満たす $z \in F^{n-1}(K)$ が存在する．この図式の 2 本の横の系列は完全だから，

$$(\varphi^n(M))(x) := d^{n-1}\big((\varphi^{n-1}(K))(z)\big) \in R^nT(M)$$

とおくと，この値は z の選び方によらない．ファイブ・レンマにより $\varphi^n(M) : F^n(M) \longrightarrow R^nT(M)$ は同型である． □

演習問題 4.

4.1. R は可換環, $\mathfrak{p}$ は R の素イデアルとする. $M \in \mathfrak{M}_R$ に対し, $T(M) = M_{\mathfrak{p}} \in \mathfrak{M}_{R_{\mathfrak{p}}}$ を対応させる関手 $T: \mathfrak{M}_R \longrightarrow \mathfrak{M}_{R_{\mathfrak{p}}}$ を考える. ただし, R 準同型 $f: M \to N$ に対しては, その局所化として自然に定まる $F(f): M_{\mathfrak{p}} \longrightarrow N_{\mathfrak{p}}$ を対応させる. この関手 T は完全共変関手であることを確かめよ.

(解答は [松村] p.32 定理 4.5.)

4.2. k は体, G は群とし, 演習問題 3.4 のように群環 $k[G]$ を考える. $k[G]$-加群 M に対し,
$$M^G = \{x \in M \mid \sigma \cdot x = x \ (\forall \sigma \in G)\}$$
とおき, 関手 $T: \mathfrak{M}_{k[G]} \longrightarrow \mathfrak{M}_k$ を $T(M) = M^G$ で定義する. $g[G]$-準同型 $f: L \to M$ に対して, $x \in L^G$ ならば $f(x) \in M^G$ であるから, f の制限として $T(f): L^G \to M^G$ を定める. この T は左半完全共変関手であることを示せ.

(ヒント. $a = \sum c_i \sigma_i \in k[G]$ ($c_i \in k$, $\sigma_i \in G$), $x \in k$ に対し $ax = \sum c_i x$ という作用で k を $k[G]$-加群と考えるとき,
$$M^G = \mathrm{Hom}_{k[G]}(k, M)$$
であることを証明して用いるとよい.)

4.3. R は可換環, $\mathfrak{a}$ は R のイデアルとする. $M \in \mathfrak{M}_R$ に対し,
$$\widehat{R} := \varprojlim_r R/\mathfrak{a}^r, \quad \widehat{M} := \varprojlim_r M/\mathfrak{a}^r M$$
と書き, $T(M) = \widehat{M}$ により $T: \mathfrak{M}_R \longrightarrow \mathfrak{M}_{\widehat{R}}$ を定める. $T(f)$ も自然に定める. このとき, T は完全共変関手であることを証明せよ.

(解答は [松村]p.67～69.)

4.4. R, S は環, $T: \mathfrak{M}_R \longrightarrow \mathfrak{M}_S$ は共変関手とする. $m \geq 1, n \geq 1$ のとき,
$$R^n(R^m T) = 0, \quad R^n(R^0 T) \cong R^n T$$
$$L_n(L_m T) = 0, \quad L_n(L_0 T) \cong L_n T$$

であることを示せ.

4.5. R-複体の圏から R-加群の圏への (コ) ホモロジー関手 H は, $L\Sigma$ 的, $R\Pi$ 的, $L\Sigma^*$ 的であることを証明せよ. しかし, $R\Pi^*$ 的ではない.

Z は $L\Sigma$ 的, $R\Pi$ 的, $L\Sigma^*$ 的, $R\Pi^*$ 的である.

(解答は, [中山・服部] p.29 定理 5.6 などを見よ.)

4.6. 演習問題 2.7 で説明したように, $\varprojlim$ は半順序集合 Λ で添え字づけられた R-加群の射影系の圏から R-加群の圏への左半完全共変関手であった. 例えば, $\Lambda = \mathbb{N}$ ならば, 命題 3.6.3 より, 射影系 $\{M_n, f_{n+1,n}\}_{n \in \mathbb{N}}$ の移入的分解が存在する. したがって, $\Lambda = \mathbb{N}$ の場合には, 右導来関手 $R^i \varprojlim M_n$ が存在する. このとき,

$$R^i \varprojlim M_n = 0 \quad (i \neq 0, 1)$$

であることを証明せよ. また, $\varphi : \prod_{n=1}^{\infty} M_n \longrightarrow \prod_{n=1}^{\infty} M_n$ を,

$$\varphi(\ldots, x_n, \ldots, x_1) = (\ldots, x_n - f_{n+1,n}(x_{n+1}), \ldots, x_1 - f_{21}(x_2))$$

によって定めるとき,

$$R^0 \varprojlim M_n = \varprojlim M_n = \operatorname{Ker} \varphi$$
$$R^1 \varprojlim M_n = \operatorname{Coker} \varphi$$

であることを証明せよ. $R^1 \varprojlim$ は $\varprojlim^1$ と書かれる.

なお, この話は層の圏では成立しない.

(ヒント. 蛇の補題は $\mathbb{N}$ によって添え字づけられた R-射影系の圏でも成立する. このことと, 定理 4.7.4 を用いよ. 解答は, [Weibel] p.81 系 3.5.4 を見よ.)

第5章

スペクトル系列

スペクトル系列は2重複体の(コ)ホモロジーを扱うときに,大変便利な道具であるが,上下の添え字がごちゃごちゃするので,印刷されたものを読んでも理解しにくい.本書の証明を追うより,自分で手を動かして計算するほうが簡単だと思う.分かりにくいときは方眼紙を手元に置いて,どこの (p,q) からどこに向かって準同型写像が走っているのか確認しながら読んでもらうとよい.

5.1. スペクトル系列の定義

スペクトル系列の定義は文献により異なっており,それらは同値とは限らない.例えば,次の定義から正則条件 (3),弱収束条件 (4),有界条件 (5) を取り除き,フィルターづけ F^p の存在も仮定しない定義もよく採用される.ただし,実用上,次の定義くらい強い条件を課さないと,あまり有用な結果は得られない.

定義 5.1.1. R は環とする.各整数 p, q, n と $r \geqq 2$ に対し,R-加群 $E_r^{p,q}, E^n$ と,R-準同型写像 $d_r^{p,q} \colon E_r^{p,q} \longrightarrow E_r^{p+r,q-r+1}$,および,$E^n$ の部分 R-加群の列

$$E^n \supset \cdots \supset F^{p-1}(E^n) \supset F^p(E^n) \supset F^{p+1}(E^n) \supset \cdots$$

が与えられていて，以下の条件 (1)〜(5) を満たすとき，組 $\{E_r^{p,q}, d_r^{p,q}, E^n, F^p(E^n)\}$ を (コホモロジー・) **スペクトル系列** (spectral sequence) といい，
$$E_2^{p,q} \implies E^n$$
などと略記する．多くの場合，$E_2^{p,q}$ と E^n だけが具体的な意味を持つため，このように書くのである．

(1) (複体条件) $d_r^{p+r,q-r+1} \circ d_r^{p,q} = 0$.

(2) (スペクトル性) $E_{r+1}^{p,q} \cong \dfrac{\mathrm{Ker}\left(d_r^{p,q}: E_r^{p,q} \longrightarrow E_r^{p+r,q-r+1}\right)}{\mathrm{Im}\left(d_r^{p-r,q+r-1}: E_r^{p-r,q+r-1} \longrightarrow E_r^{p,q}\right)}$.

(3) (正則条件) 任意の p, q に対しある整数 $k = k(p, q)$ が存在し，
$$E_k^{p,q} \cong E_{k+1}^{p,q} \cong E_{k+2}^{p,q} \cong E_{k+3}^{p,q} \cong \cdots$$
が成り立つ．この $E_k^{p,q}$ を $E_\infty^{p,q}$ と書く．

(4) (弱収束条件) 任意の p, q に対し，$F^p(E^{p+q})/F^{p+1}(E^{p+q}) \cong E_\infty^{p,q}$.

(5) (有界条件) 各 n に対し，ある $p_1 = p_1(n), p_2 = p_2(n)$ が存在し，
$$F^{p_1}(E^n) = E^n, \quad F^{p_2}(E^n) = 0.$$

なお，$r = 1$ や $r = 0$ に対しても，上の条件を満たす $E_r^{p,q}$ や $d_r^{p,q}$ を考える場合もあり，まれに $r < 0$ の場合まで考えることもある．さらに，

(6) $p < 0$ または $q < 0$ のとき，$E_2^{p,q} = 0$

が成り立つとき，このスペクトル系列は**第 1 象限**にあるという．なお，本書では，(p, q)-平面上の $p \geqq 0, q \geqq 0$ の部分を第 1 象限とよぶことにする．第 1 象限にあるスペクトル系列については，(2) より，$p < 0$ または $q < 0$ のとき，任意の $r \geqq 2$ に対し $E_r^{p,q} = 0$ である．

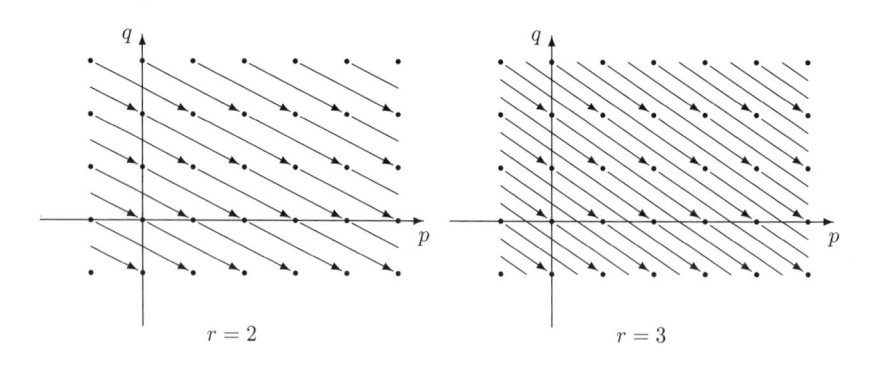

$r=1$

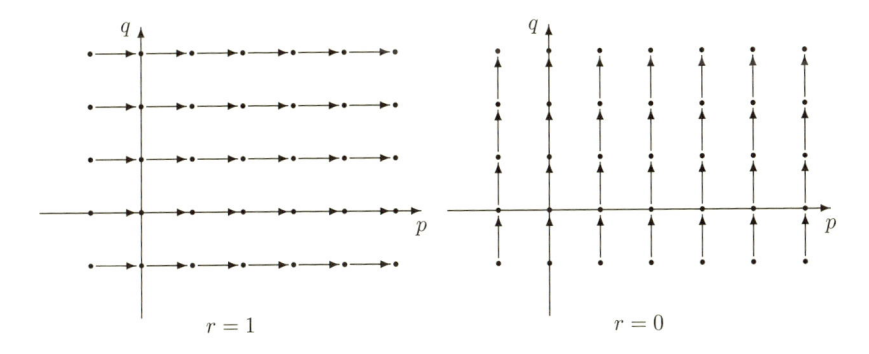

$r=0$

注意 5.1.2. 第 1 象限にあるスペクトル系列については,上の定義の条件 (3) は,(2) より自動的に導かれる.実際,第 1 象限の点 (p,q) を固定したとき,$r > \max\{p, q+1\}$ であれば,$(p-r, q+r-1), (p+r, q-r+1)$ はいずれも第 1 象限の外にあるので,$\operatorname{Ker} d_r^{p,q} = E_r^{p,q}$, $\operatorname{Im} d_r^{p-r,q+r-1} = 0$ となり,

$$E_{r+1}^{p,q} = \operatorname{Ker} d_r^{p,q} / \operatorname{Im} d_r^{p-r,q+r-1} = E_r^{p,q}$$

となる.

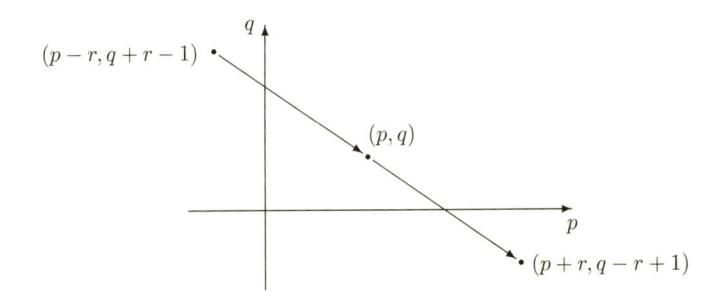

命題 5.1.3. (1)~(5) を満たすスペクトル系列について,次が成り立つ.
(1) $E_r^{p,q} = 0$ ならば $E_{r+1}^{p,q} = 0$, $E_\infty^{p,q} = 0$ である.
(2) スペクトル系列が第 1 象限にあれば,$F^0(E^n) = E^n$, $F^{n+1}(E^n) = 0$.

証明. (1) はスペクトル系列の定義 (2), (3) より明らかである.

(2) $p < 0$ または $q < 0$ ならば $E_\infty^{p,q} = 0$ だから,定義 (4), (5) より,$F^0(E^n) = E^n$, $F^{n+1}(E^n) = 0$ となる. □

命題 5.1.4. $\{E_r^{p,q}, d_r^{p,q}, E^n, F^p(E^n)\}$ が $r \geqq 1$ に対して定義されたスペクトル系列のとき,$\widetilde{E_r^{p,q}} = E_{r-1}^{-q,p+2q}$, $\widetilde{d_r^{p,q}} = d_{r-1}^{-q,p+2q}$, $\widetilde{E^n} = E^n$, $\widetilde{F^p(E^n)} = F^{p-n}(E^n)$ とおくと,$\{\widetilde{E_r^{p,q}}, \widetilde{d_r^{p,q}}, \widetilde{E^n}, \widetilde{F^p(E^n)}\}$ もスペクトル系列になる.

証明. スペクトル系列の定義の条件 (1)〜(5) を順に確かめる.

(1) $r' = r-1$, $p' = -q$, $q' = p+2q$ とおけば,$\widetilde{d_r^{p+r,q-r+1}} \circ \widetilde{d_r^{p,q}} = d_{r-1}^{-(q-r+1),(p+r)+2(q-r+1)} \circ d_{r-1}^{-q,p+2q} = d_{r'}^{p'+r',q'-r'+1} \circ d_{r'}^{p',q'} = 0$.

(2) $\widetilde{E_{r+1}^{p,q}} = E_r^{-q,p+2q} \cong \dfrac{\operatorname{Ker} d_{r-1}^{-q,p+2q}}{\operatorname{Im} d_{r-1}^{-q-r+1,p+2q+r-2}} = \dfrac{\operatorname{Ker} \widetilde{d_r^{p,q}}}{\operatorname{Im} \widetilde{d_r^{p-r+1,q+r-2}}}$.

(3) は自明で,$\widetilde{E_\infty^{p,q}} = E_\infty^{-q,p+2q}$ とおけばよい.

(4) $\widetilde{E_\infty^{p,q}} = E_\infty^{-q,p+2q} = E_\infty^{p-n,2n-p} \cong \dfrac{F^{p-n}(E^n)}{F^{p-n+1}(E^n)} = \dfrac{\widetilde{F^p(E^n)}}{\widetilde{F^{p+1}(E^n)}}$.

(5) $p'_1 = p_1 + n$, $p'_2 = p_2 + n$ とおけば,$\widetilde{F^{p'_1}(E^n)} = F^{p_1}(E^n) = E^n = \widetilde{E^n}$, $\widetilde{F^{p'_2}(E^n)} = F^{p_2}(E^n) = 0$. □

5.2. スペクトル系列の基本性質

定理 5.2.1. $E_2^{p,q} \Longrightarrow E^n$ は第 1 象限にあるスペクトル系列とする.このとき,以下が成り立つ.

(1) 完全系列 $0 \longrightarrow E_2^{1,0} \longrightarrow E^1 \longrightarrow E_2^{0,1} \xrightarrow{d_2^{0,1}} E_2^{2,0} \longrightarrow E^2$ が存在する.

(2) 整数 $i \geqq 2$ を固定する.
$$E_2^{1,i-2} = E_2^{2,i-3} = \cdots = E_2^{i-3,2} = E_2^{i-2,1} = 0 \qquad ①$$
$$E_2^{1,i-1} = E_2^{2,i-2} = \cdots = E_2^{i-2,2} = E_2^{i-1,1} = 0 \qquad ②$$
$$E_2^{2,i-1} = E_2^{3,i-2} = \cdots = E_2^{i-1,2} = E_2^{i,1} = 0 \qquad ③$$

ならば,完全系列
$$E_2^{i,0} \xrightarrow{\varphi} E^i \longrightarrow E_2^{0,i} \longrightarrow E_2^{i+1,0} \longrightarrow E^{i+1}$$

が存在する．($E_2^{1,i} = 0$ は仮定しないことに注意.)

さらに，$E_2^{0,i-1} = 0$ ならば，$\varphi: E_2^{i,0} \longrightarrow E^i$ は単射である．

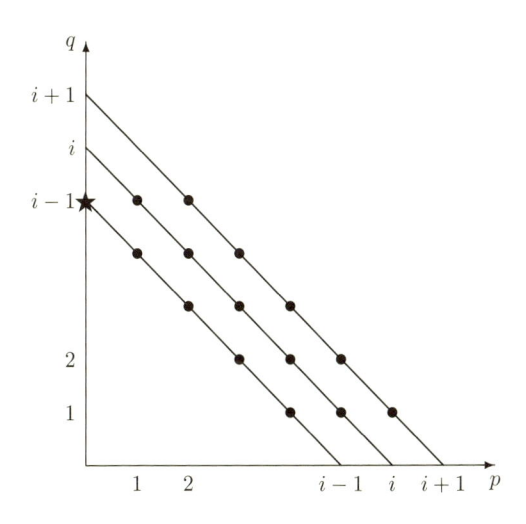

(3) $1 \leqq p \leqq n, 1 \leqq q \leqq n-1, p+q \leqq n+1$ を満たす任意の整数 p, q に対し $E_2^{p,q} = 0$ ならば，完全系列
$$0 \to E_2^{1,0} \to E^1 \to E_2^{0,1} \to E_2^{2,0} \to E^2 \to E_2^{0,2}$$
$$\to E_2^{3,0} \to E^3 \to \cdots \to E_2^{n-1,0} \to E^{n-1} \to E_2^{0,n-1}$$
$$\to E_2^{n,0} \to E^n \to E_2^{0,n} \to E_2^{n+1,0} \to E^{n+1}$$
が存在する．

(4) $p \geqq 0, q \geqq 1$ を満たす任意の整数 p, q に対し $E_2^{p,q} = 0$ ならば，任意の n に対し $E_2^{n,0} \cong E^n$ が成り立つ．

(5) $p \geqq 1, q \geqq 0$ を満たす任意の整数 p, q に対し $E_2^{p,q} = 0$ ならば，任意の n に対し $E_2^{0,n} \cong E^n$ が成り立つ．

証明．(2) を示す．①，②，③ を仮定する．$i-1 \leqq p+q \leqq i+1, p \geqq 1, 1 \leqq q \leqq i-1$ ならば，$E_2^{p,q} = 0$ なので，$r \geqq 2$ および $r = \infty$ に対し $E_r^{p,q} = 0$ である．

$r \geqq 2$ のとき $d_r^{i,0}: E_r^{i,0} \longrightarrow E_r^{i+r,1-r} = 0$ の値域は 0 なので，$\mathrm{Ker}\, d_r^{i,0} = E_r^{i,0}$ である．また，$2 \leqq r < i$ または $r > i$ のとき，① より，$d_r^{i-r,r-1}: 0 =$

$E_r^{i-r,r-1} \longrightarrow E_r^{i,0}$ の定義域は 0 だから，$E_{r+1}^{i,0} = \operatorname{Ker} d_r^{i,0}/\operatorname{Im} d_r^{i-r,r-1} = E_r^{i,0}$ であり，

$$E_2^{i,0} = E_3^{i,0} = \cdots = E_i^{i,0} \twoheadrightarrow E_{i+1}^{i,0} = E_{i+2}^{i,0} = \cdots = E_\infty^{i,0} \qquad ④$$

である．ここで，$E_2^{0,i-1} = 0$ ならば，$E_i^{i,0} = E_{i+1}^{i,0}$ が成り立つことに注意する．同様に，②より，

$$E_2^{i+1,0} = E_3^{i+1,0} = \cdots = E_{i+1}^{i+1,0} \twoheadrightarrow E_{i+2}^{i+1,0} = E_{i+3}^{i+1,0} = \cdots = E_\infty^{i+1,0} \qquad ⑤$$

となる．④，⑤ と命題 5.1.3(2) より，

$$E_{i+1}^{i,0} = E_\infty^{i,0} \cong F^i(E^i)/F^{i+1}(E^i) = F^i(E^i), \quad E_{i+2}^{i+1,0} = F^{i+1}(E^{i+1}) \qquad ⑥$$

となる．$F^i(E^i) \overset{\subset}{\longrightarrow} E^i$, $F^{i+1}(E^{i+1}) \overset{\subset}{\longrightarrow} E^{i+1}$ とつないで，完全系列

$$0 \longrightarrow E_{i+1}^{i,0} \longrightarrow E^i, \quad 0 \longrightarrow E_{i+2}^{i+1,0} \longrightarrow E^{i+1} \qquad ⑦$$

ができる．

$1 \leqq j < i$ のとき，② より $F^j(E^i)/F^{j+1}(E^i) \cong E_\infty^{j,i-j} = 0$ なので，⑥とあわせて，$F^1(E^i) = F^2(E^i) = \cdots = F^i(E^i) = E_{i+1}^{i,0}$ である．したがって，

$$E^i/E_{i+1}^{i,0} = F^0(E^i)/F^1(E^i) \cong E_\infty^{0,i}$$

である．これと ⑦ より，完全系列

$$0 \to E_{i+1}^{i,0} \to E^i \to E_\infty^{0,i} \to 0 \qquad ⑧$$

を得る．

$r > 0$ のとき，$E_{r+1}^{0,i} = \operatorname{Ker} d_r^{0,i}/\operatorname{Im} d_r^{-r,i+r-1} = \operatorname{Ker} d_r^{0,i} \subset E_r^{0,i}$ である．さらに，$2 \leqq r \leqq i$ または $r \geqq i+2$ のとき，③ より $E_2^{r,i-r+1} = 0$ であるので $E_r^{r,i-r+1} = 0$ であり，$d_r^{0,i}: E_r^{0,i} \longrightarrow E_r^{r,i-r+1} = 0$ はゼロ写像となる．したがって，

$$E_{r+1}^{0,i} = \operatorname{Ker} d_r^{0,i}/\operatorname{Im} d_r^{-r,i+r-1} = E_r^{0,i}$$

である．したがって，

$$E_2^{0,i} = E_3^{0,i} = \cdots = E_{i+1}^{0,i} \supset E_{i+2}^{0,i} = E_{i+3}^{0,i} = \cdots = E_\infty^{0,i} \qquad ⑨$$

である．また，$\mathrm{Im}\, d_{i+1}^{-i-1, 2i+1} = 0$ だから，
$$\mathrm{Ker}\left(E_2^{0,i} = E_{i+1}^{0,i} \xrightarrow{d_{i+1}^{0,i}} E_{i+1}^{i+1,0} = E_2^{i+1,0}\right) = E_{i+2}^{0,i} = E_\infty^{0,i}$$
である．⑧，⑨ より $\beta\colon E^i \to E_\infty^{0,i} \overset{\subset}{\to} E_2^{0,i}$ が構成できる．
$$E_2^{0,i}/E_\infty^{0,i} = E_{i+1}^{0,i}/E_\infty^{0,i} = E_{i+1}^{0,i}/\mathrm{Ker}\, d_{i+1}^{0,i} \cong \mathrm{Im}\, d_{i+1}^{0,i} \subset E_{i+1}^{i+1,0} = E_2^{i+1,0}$$
なので，完全系列
$$0 \longrightarrow E_{i+1}^{i,0} \longrightarrow E^i \xrightarrow{\beta} E_2^{0,i} \xrightarrow{d_{i+1}^{0,i}} E_2^{i+1,0}$$
が存在する．⑤，⑦ より，$\alpha\colon E_2^{i+1,0} = E_{i+1}^{i+1,0} \to E_{i+2}^{i+1,0} \to E^{i+1}$ が構成できる．$\mathrm{Ker}\, d_{i+1}^{i+1,0} = E_{i+1}^{i+1,0}$ だから，$E_{i+2}^{i+1,0} = E_{i+1}^{i+1,0}/\mathrm{Im}\, d_{i+1}^{0,i}$ である．⑦ より，$\mathrm{Ker}(E_{i+2}^{i+1,0} \to E^{i+1}) = 0$ だから，
$$\mathrm{Ker}(\alpha\colon E_2^{i+1,0} \to E^{i+1}) \cong \mathrm{Im}\, d_{i+1}^{0,i}$$
である．したがって，完全系列
$$0 \longrightarrow E_{i+1}^{i,0} \longrightarrow E^i \xrightarrow{\beta} E_2^{0,i} \xrightarrow{d_{i+1}^{0,i}} E_2^{i+1,0} \xrightarrow{\alpha} E^{i+1}$$
が存在する．これと，④ の全射 $E_2^{i,0} \twoheadrightarrow E_{i+1}^{i,0}$ を合成して，求める完全系列を得る．

ここで，$E_2^{0,i-1} = 0$ ならば，$E_2^{i,0} = E_{i+1}^{i,0}$ だから，φ は単射である．

(1), (3) は (2) よりわかる．(4), (5) は (3) よりすぐわかる． □

上の定理を精密化しよう．添え字がごちゃごちゃするので，初めて読む方は飛ばしてよい．ここから先，スペクトル系列が第 1 象限にあることは仮定しない．

補題 5.2.2. 整数 l, m, n, r は定数で，$l < m$ であり，$E_r^{i,j}$ が定義されているとする．また，
$$I_1 = \{(i,j) \in \mathbb{Z}^2 \mid i+j = n+1, i \geqq m+r\}$$
$$I_2 = \{(i,j) \in \mathbb{Z}^2 \mid i+j = n, i \neq l, i \neq m\}$$
$$I_3 = \{(i,j) \in \mathbb{Z}^2 \mid i+j = n-1, i \leqq l-r\}$$

$$J_1 = K_1 = \left\{(i,j) \in \mathbb{Z}^2 \mid i+j = n+1, i \geqq l+r, i \neq m\right\}$$
$$J_2 = K_2 = \left\{(i,j) \in \mathbb{Z}^2 \mid i+j = n, i \neq l, i \leqq \max\{m-r, l-1\}\right\}$$
$$J_3 = \left\{(i,j) \in \mathbb{Z}^2 \mid i+j = n-1, i \leqq l-r\right\}$$
$$K_0 = \left\{(i,j) \in \mathbb{Z}^2 \mid i+j = n+2, i \geqq m+r\right\}$$
$$K_3 = \left\{(i,j) \in \mathbb{Z}^2 \mid i+j = n-1, 2l-m < i \leqq l-r\right\}$$
$$I = I_1 \cup I_2 \cup I_3, \quad J = J_1 \cup J_2 \cup J_3, \quad K = K_0 \cup K_1 \cup K_2 \cup K_3$$

とする.

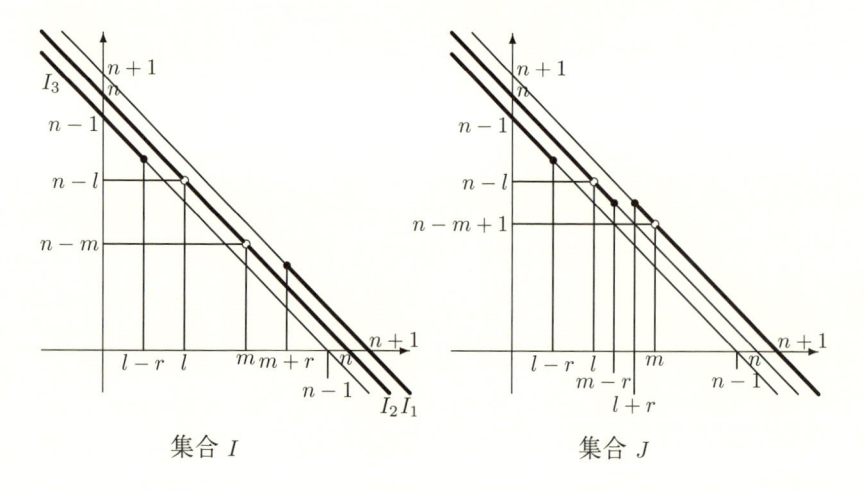

集合 I

集合 J

(1) 任意の $(i,j) \in I$ に対し $E_r^{i,j} = 0$ ならば, 次の完全系列が存在する.
$$E_r^{m,n-m} \xrightarrow{\alpha} E^n \xrightarrow{\beta} E_r^{l,n-l}$$

(2) 任意の $(i,j) \in J$ に対し $E_r^{i,j} = 0$ ならば, 次の完全系列が存在する.
$$E^n \xrightarrow{\beta} E_r^{l,n-l} \xrightarrow{d_{m-l}^{l,n-l}} E_r^{m,n-m+1}$$
ただし, $m-l < r$ のときは, 上の $d_{m-l}^{l,n-1}$ はゼロ写像と考える.

(3) 任意の $(i,j) \in K$ に対し $E_r^{i,j} = 0$ ならば, 次の完全系列が存在する.
$$E_r^{l,n-l} \xrightarrow{d_{m-l}^{l,n-l}} E_r^{m,n-m+1} \xrightarrow{\alpha} E^{n+1}$$
ただし, $m-l < r$ のときは, 上の $d_{m-l}^{l,n-1}$ はゼロ写像と考える.

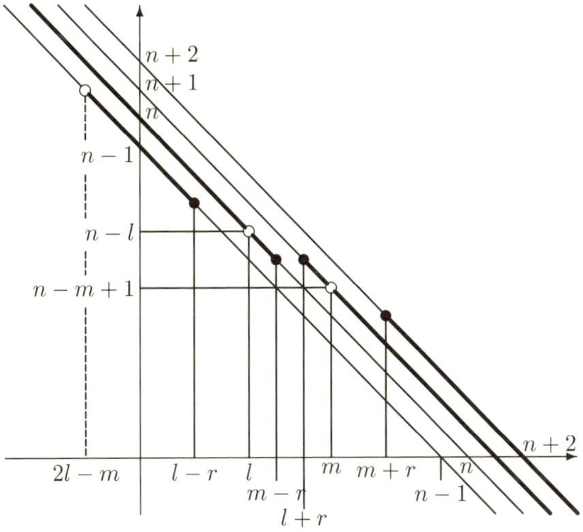

集合 K

証明. (1) $t \geqq r$ のとき，$(m+t,\ n-m-t+1) \in I_1 \subset I$ なので $E_t^{m+t,n-m-t+1} = 0$ である．よって，$\operatorname{Ker} d_t^{m,n-m} = E_t^{m,n-m}$ なので，自然な全射

$$E_t^{m,n-m} \twoheadrightarrow \frac{E_t^{m,n-m}}{\operatorname{Im} d_t^{m-t,n-m+t-1}} = \frac{\operatorname{Ker} d_t^{m,n-m}}{\operatorname{Im} d_t^{m-t,n-m+t-1}} = E_{t+1}^{m,n-m}$$

が存在する．これらを合成して，自然な全射

$$\alpha' \colon E_r^{m,n-m} \twoheadrightarrow E_{r+1}^{m,n-m} \twoheadrightarrow E_{r+2}^{m,n-m} \twoheadrightarrow \cdots \twoheadrightarrow E_\infty^{m,n-m}$$

が構成できる．

$(i,\ j) \in I_2$, つまり，$i+j=n,\ i \neq l,\ i \neq m$ のとき $E_\infty^{i,j} = E_r^{i,j} = 0$ だから，

$$\begin{aligned} E^n = \cdots = F^l(E^n) &\supset F^{l+1}(E^n) = \cdots = F^m(E^n) \\ &\supset F^{m+1}(E^n) = \cdots = F^{n+1}(E^n) = 0 \qquad ① \end{aligned}$$

となり，$E_\infty^{m,n-m} = F^m(E^n)/F^{m+1}(E^n) = F^m(E^n)$ となる．これより，

$$\alpha \colon E_r^{m,n-m} \xrightarrow{\alpha'} E_\infty^{m,n-m} = F^m(E^n) \xrightarrow{\subset} E^n$$

が構成できる．

他方, $t \geqq r$ のとき, $(l-t, n-l+t-1) \in I_3 \subset I$ なので $E_t^{l-t,n-l+t-1} = 0$ である. したがって, $\operatorname{Ker} d_t^{l,n-l} = E_t^{l,n-l}$ で,

$$E_{t+1}^{l,n-l} = \frac{\operatorname{Ker} d_t^{l,n-l}}{\operatorname{Im} d_t^{l-t,n-l+t-1}} = \operatorname{Ker} d_t^{l,n-l} \overset{\subset}{\longrightarrow} E_t^{l,n-l}$$

となる. これらの包含写像を合成して, 自然な単射

$$\beta' : E_\infty^{l,n-l} \overset{\subset}{\longrightarrow} \cdots \overset{\subset}{\longrightarrow} E_{r+2}^{l,n-l} \overset{\subset}{\longrightarrow} E_{r+1}^{l,n-l} \overset{\subset}{\longrightarrow} E_r^{l,n-l}$$

が構成できる. ① より,

$$E_\infty^{l,n-l} = F^l(E^n)/F^{l+1}(E^n) = E^n/F^m(E^n)$$

なので, $\beta : E^n \twoheadrightarrow E^n/F^m(E^n) \overset{\beta'}{\longrightarrow} E_r^{l,n-l}$ によって, 完全系列 $E_r^{m,n-m} \overset{\alpha}{\longrightarrow} E^n \overset{\beta}{\longrightarrow} E_r^{l,n-l}$ が構成できる. ここで, $\operatorname{Im} \alpha = F^m(E^n) = \operatorname{Ker} \beta$ である.

(2) $s = m - l$ とおく. 集合 J_2 の形から, 上と同様な議論で

$$E^n = \cdots = F^l(E^n) \supset F^{l+1}(E^n) = \cdots = F^{m-r}(E^n)$$

が得られ, $E_\infty^{l,n-l} = E^n/F^{l+1}(E^n)$ ── ② となる.

$$E_{t+1}^{l,n-l} = \frac{\operatorname{Ker} \left(d_t^{l,n-l} : E_t^{l,n-l} \to E_t^{l+t,n-l-t+1} \right)}{\operatorname{Im} \left(d_t^{l-t,n-l+t-1} : E_t^{l-t,n-l+t-1} \to E_t^{l,n-l} \right)}$$

であって, $t > s$ または $s > t \geqq r$ のとき $(l+t, n-l-t+1) \in J_1$ だから $E_{t+1}^{l,n-l} \twoheadrightarrow E_t^{l,n-l}$ であり, $t \geqq r$ のとき $(l-t, n-l+t-1) \in J_3$ だから $E_{t+1}^{l,n-l} \subset E_t^{l,n-l}$ である. したがって,

$$\begin{aligned} E_r^{l,n-l} &= E_{r+1}^{l,n-l} = \cdots = E_s^{l,n-l} \\ &\supset E_{s+1}^{l,n-l} = \cdots = E_\infty^{l,n-l} = E^n/F^{l+1}(E^n) \end{aligned} \qquad ③$$

を得る. よって, 完全系列 $0 \longrightarrow E_{s+1}^{l,n-l} \overset{\subset}{\longrightarrow} E_s^{l,n-l} \overset{d_s^{l,n-l}}{\longrightarrow} E_s^{m,n-m+1}$ を得る. ②, ③ を使って書き換えると, 完全系列

$$0 \longrightarrow E^n/F^{l+1}(E^n) \longrightarrow E_r^{l,n-l} \longrightarrow E_s^{m,n-m+1} \qquad ④$$

を得る. ただし, $m - l = s < r$ のときは, $E^n/F^{l+1}(E^n) \cong E_r^{l,n-l}$ であるので, $d_s^{l,n-l} = 0, E_s^{m,n-m+1} = 0$ と解釈する.

$r \leqq t < s$ のとき $(m-t, n-m+t) \in J_2$ だから,

$$E_{t+1}^{m,n-m+1} = \frac{\operatorname{Ker}\left(d_t^{m,n-m+1} \colon E_t^{m,n-m+1} \to E_t^{m+t,n-m+2-t}\right)}{\operatorname{Im}\left(d_t^{m-t,n-m+t} \colon E_t^{m-t,n-m+t} \to E_t^{m,n-m+1}\right)}$$
$$= \operatorname{Ker} d_t^{m,n-m+1}/0 \subset E_t^{m,n-m+1}$$

となる.したがって,$E_s^{m,n-m+1} \subset E_r^{m,n-m+1}$ である.これと,完全系列 ④ より,完全系列

$$E^n \xrightarrow{\beta} E_r^{l,n-l} \xrightarrow{d_r^{l,n-l}} E_r^{m,n-m+1}$$

を得る.

(3) $s = m - l$ とおく.$r \leqq t < s$ のとき,$(l+t, n-l-t+1) \in K_1$, $(l-t, n-l+t-1) \in K_3$ だから,

$$E_{t+1}^{l,n-l} = \frac{\operatorname{Ker}\left(d_t^{l,n-l} \colon E_t^{l,n-l} \to E_t^{l+t,n-l-t+1}\right)}{\operatorname{Im}\left(d_t^{l-t,n-l+t-1} \colon E_t^{l-t,n-l+t-1} \to E_t^{l,n-l}\right)} = E_t^{l,n-l}$$

であり,$E_r^{l,n-l} = E_{r+1}^{l,n-l} = \cdots = E_s^{l,n-l}$ である.

$t \geqq r$ のとき,$(m+t, n-m-t+2) \in K_0$, $t > s$ または $s > t \geqq r$ のとき $(m-t, n-m+t) \in K_2$ だから,$t > s$ または $s > t \geqq r$ のときは,

$$E_{t+1}^{m,n-m+1} = \frac{\operatorname{Ker}\left(d_t^{m,n-m+1} \colon E_t^{m,n-m+1} \to E_t^{m+t,n-m-t+2}\right)}{\operatorname{Im}\left(d_t^{m-t,n-m+t} \colon E_t^{m-t,n-m+t} \to E_t^{m,n-m+1}\right)}$$
$$= \frac{E_t^{m,n-m+1}}{0} = E_t^{m,n-m+t}$$

だから,

$$E_r^{m,n-m+1} = E_{r+1}^{m,n-m+1} = \cdots = E_s^{m,n-m+1}$$
$$\twoheadrightarrow E_{s+1}^{m,n-m+1} = E_{s+2}^{m,n-m+1} = \cdots = E_\infty^{m,n-m+1}$$

となる.これらを合成した写像を

$$\alpha' \colon E_r^{m,n-m+1} \twoheadrightarrow E_\infty^{m,n-m+1}$$

とする.$E_{s+1}^{m,n-m+1} = E_s^{m,n-m+1}/\operatorname{Im} d_s^{l,n-l}$ だから,

$$\operatorname{Ker} \alpha' = \operatorname{Ker}\left(E_s^{m,n-m+1} \twoheadrightarrow E_{s+1}^{m,n-m+1}\right) = \operatorname{Im} d_s^{l,n-l}$$

である.K_1 の形から,

$$F^{l+r}(E^{n+1}) = \cdots = F^m(E^{n+1}) \supset F^{m+1}(E^{n+1}) = 0$$

であり，$E_\infty^{m,n-m+1} \overset{\subset}{\longrightarrow} F^m(E^{n+1}) \subset E^{n+1}$ となる．この包含写像と α' の合成写像を $\alpha\colon E_r^m \to E^{n+1}$ とおけば，完全系列

$$E_r^{l,n-l} \xrightarrow{d_s^{l,n-l}} E_r^{m,n-m+1} \xrightarrow{\alpha} E^{n+1}$$

を得る．ただし，$m - l = s < r$ のときは，α' が同型写像であるので，α は単射であり，$d_s^{l,n-l} = 0$ とみなせば，上の系列は完全である． □

定理 5.2.3. スペクトル系列 $E_2^{p,q} \Longrightarrow E^n$（第 1 象限にあることは仮定しない）について，以下が成り立つ．

(1) $q - p \geqq r \geqq 1$ を満たす整数 p, q, r を固定する（p, q は負でもよい）．もし，$i \neq p, i \neq q$ を満たす任意の整数 i と，任意の整数 j に対し，$E_r^{i,j} = 0$ であれば，次の完全系列が存在する（$\forall n \in \mathbb{Z}$）．

$$\cdots \to E_r^{q,n-q} \longrightarrow E^n \longrightarrow E_r^{p,n-p} \longrightarrow E_r^{q,n+1-q} \longrightarrow E^{n+1} \to \cdots$$

(1') $r > q - p \geqq 1$ を満たす整数 p, q, r を固定する．もし，$i \neq p, i \neq q$ を満たす任意の整数 i と，任意の整数 j に対し，$E_r^{i,j} = 0$ であれば，次の完全系列が存在する（$\forall n \in \mathbb{Z}$）．

$$0 \longrightarrow E_r^{q,n-q} \longrightarrow E^n \longrightarrow E_r^{p,n-p} \longrightarrow 0$$

(2) $q - p \geqq r - 1 \geqq 1$ を満たす整数 p, q, r を固定する．もし，$j \neq p, j \neq q$ を満たす任意の整数 j と，任意の整数 i に対し，$E_r^{i,j} = 0$ であれば，次の完全系列が存在する（$\forall n \in \mathbb{Z}$）．

$$\cdots \to E_r^{n-p,p} \longrightarrow E^n \longrightarrow E_r^{n-q,q} \longrightarrow E_r^{n+1-p,p} \longrightarrow E^{n+1} \to \cdots$$

証明． (1), (1')　補題 5.2.2 を $l = p, m = q$ として適用すればよい．

$$I \cup J \cup K \subset \{(i,j) \in \mathbb{Z}^2 \mid i \neq l, i \neq j\}$$

を確認するだけである．

(2) 補題 5.2.2(1) を，$l = n - q, m = n - p$ として適用する．集合 I_1, I_2, I_3 を定義する不等式は，それぞれ，$j \leqq p - r + 1; j \neq p, q; j \geqq q + r - 1$ となるので，$(i, j) \in I$ のとき $E_r^{i,j} = 0$ という仮定は満たされている．したがって，完全系列

$$E_r^{n-p,p} \xrightarrow{\alpha} E^n \xrightarrow{\beta} E_r^{n-q,q}$$

が存在する．

次に，補題 5.2.2(2), (3) を，$l = n-q$, $m = n-p+1$ として適用する．$K_3 \subset J_3$ で，集合 J_1, J_2, J_3, K_0 を定義する不等式は，それぞれ，「$j \leqq q+1-r$ かつ $j \neq p$」，「$j \geqq p+r-1$ かつ $j \neq q$」，「$j \geqq q+r-1$」，「$j \leqq p-r+1$」なので，「$j \neq p$ かつ $j \neq q$」で定まる集合に含まれている．したがって，完全系列

$$E^n \xrightarrow{\beta} E_r^{n-q,q} \xrightarrow{d_{q-p+1}^{n-q,q}} E_r^{n-p+1,p} \xrightarrow{\alpha} E^{n+1}$$

が存在する． □

スペクトル系列の定義から，正則条件 (3), 弱収束条件 (4), 有界条件 (5) を取り除いた場合でも，今まで述べた定理より弱い定理が成立する．そういう話題については，[McCleary], [Weibel] などを参照してもらいたい．

5.3. スペクトル系列の構成

複体とそのフィルターづけから，スペクトル系列を構成する．

定義 5.3.1. $A = \bigoplus_{r \in \mathbb{Z}} A^r$ は次数付き R-加群で，1 次の微分 $d: A \to A$ を持つとする．$d_r = d|_{A^r}: A^r \to A^{r+1}$ とおき，

$$H^r(A) = H^r(A^\bullet) = \operatorname{Ker} d_r / \operatorname{Im} d_{r-1}$$

とする．各 $p \in \mathbb{Z}$ に対し，部分加群 $F^p(A) \subset A$ が与えられていて，$F^p(A^n) = F^p(A) \cap A^n$ とおくとき，

(1) $F^{p+1}(A) \subset F^p(A) \quad (\forall p \in \mathbb{Z})$.
(2) $d(F^p(A)) \subset F^p(A) \quad (\forall p \in \mathbb{Z})$.
(3) $\bigcup_{p \in \mathbb{Z}} F^p(A) = A$.
(4) $F^p(A) = \bigoplus_{n \in \mathbb{Z}} F^p(A^n)$.
(5) 各 $n \in \mathbb{Z}$ に対しある整数 $p_1 = p_1(n)$, $p_2 = p_2(n)$ が存在して $F^{p_1}(A^n) = A^n$, $F^{p_2}(A^n) = 0$ が成り立つ．

を満たすとする．この F を A の**フィルターづけ** (filtration) という．ただし，形式的に，$F^{-\infty}(A) = A, F^{\infty}(A) = 0$ とおく．フィルターづけ $F^p(A)$ が与えられたとき，

$$Gr^p(A) = F^p(A)/F^{p+1}(A), \quad Gr(A) = \bigoplus_{p \in \mathbb{Z}} Gr^p(A)$$

と定義する．

定義 5.3.2. (スペクトル系列の構成) (A, d) はコホモロジー複体で，上のようなフィルターづけ $F^p(A)$ が与えられているとする．

$$A^{p,q} = F^p(A^{p+q}) = F^p(A) \cap A^{p+q},$$
$$Z_r^{p,q} = \{x \in A^{p,q} \mid d(x) \in F^{p+r}(A)\}$$
$$= \{x \in A^{p,q} \mid d(x) \in F^{p+r}(A^{p+q+1}) = A^{p+r,q-r+1}\}$$
$$B_r^{p,q} = d(Z_r^{p-r,q+r-1}) = d(A^{p-r,q+r-1}) \cap A^{p,q}$$
$$Z_\infty^{p,q} = \bigcap_{r=0}^{\infty} Z_r^{p,q}, \quad B_\infty^{p,q} = \bigcup_{r=0}^{\infty} B_r^{p,q}$$
$$E_r^{p,q} = \frac{Z_r^{p,q}}{Z_{r-1}^{p+1,q-1} + B_{r-1}^{p,q}}$$

とおく．ここで，$E_r^{p,q}$ を定義するときに，

$$A^{p+1,q-1} \subset A^{p,q}, \quad Z_{r-1}^{p+1,q-1} \subset Z_r^{p,q}, \qquad \text{①}$$
$$\cdots \subset B_{r-1}^{p,q} \subset B_r^{p,q} \subset \cdots \subset B_\infty^{p,q} \subset Z_\infty^{p,q} \subset \cdots \subset Z_r^{p,q} \subset Z_{r-1}^{p,q} \subset \cdots \quad \text{②}$$

を用いた．$d^{p+q}: A^{p+q} \to A^{p+q+1}$ から

$$d^{p,q}: A^{p,q} \to A^{p,q+1}$$

が誘導される．$d(Z_r^{p,q}) = B_r^{p+r,q-r+1} \subset Z_r^{p+r,q-r+1}$ より，$d: A \to A$ の定義域を $Z_r^{p,q}$ に制限して

$$\widetilde{d_r^{p,q}}: Z_r^{p,q} \to Z_r^{p+r,q-r+1}$$

が定義される．また，$d(Z_{r-1}^{p+1,q-1} + B_{r-1}^{p,q}) \subset B_{r-1}^{p+r,q-r+1}$ なので，d から，あるいは $\widetilde{d_r^{p,q}}: Z_r^{p,q} \twoheadrightarrow B_r^{p+r,q-r+1} \overset{\subset}{\longrightarrow} Z_r^{p+r,q-r+1}$ から，次の準同型写像 $d_r^{p,q}$ が誘導される．

$$d_r^{p,q}: E_r^{p,q} = \frac{Z_r^{p,q}}{Z_{r-1}^{p+1,q-1} + B_{r-1}^{p,q}} \twoheadrightarrow \frac{B_r^{p+r,q-r+1}}{B_{r-1}^{p+r,q-r+1}}$$

$$\hookrightarrow \frac{Z_r^{p+r,q-r+1}}{B_{r-1}^{p+r,q-r+1}} \twoheadrightarrow \frac{Z_r^{p+r,q-r+1}}{Z_{r-1}^{p+r+1,q-r} + B_{r-1}^{p+r,q-r+1}} = E_r^{p+r,q-r+1}$$

$d \circ d = 0$ より $d_r^{p+r,q-r+1} \circ d_r^{p,q} = 0$ である.

$E^n = H^n(A) = \operatorname{Ker} d_n / \operatorname{Im} d_{n-1}$ とおく. $F^p(\operatorname{Ker} d_n) = F^p(A) \cap \operatorname{Ker} d_n$ の $\operatorname{Ker} d_n / \operatorname{Im} d_{n-1} = E^n$ における像を $F^p(E^n)$ とする.

命題 5.3.3. 以上の仮定と記号のもとに, 以下が成り立ち, 構成された $\{E_r^{p,q}, d_r^{p,q}, E^n, F^p(E^n)\}$ はスペクトル系列の定義を満たす.

(1) 定義 5.3.1 のような $p_1 = p_1(n), p_2 = p_2(n)$ に対し, $F^{p_1}(E^n) = E^n$, $F^{p_2}(E^n) = 0$.

(2) $s \leqq r-1$ のとき, $Z_s^{p+1,q-1} \cap Z_r^{p,q} = Z_{r-1}^{p+1,q-1}$.

(3) $\operatorname{Ker} d_r^{p,q} = \dfrac{Z_{r-1}^{p+1,q-1} + Z_{r+1}^{p,q}}{Z_{r-1}^{p+1,q-1} + B_{r-1}^{p,q}}$, $\quad \operatorname{Im} d_r^{p-r,q+r-1} = \dfrac{Z_{r-1}^{p+1,q-1} + B_r^{p,q}}{Z_{r-1}^{p+1,q-1} + B_{r-1}^{p,q}}$.

(4) $\operatorname{Ker} d_r^{p,q} / \operatorname{Im} d_r^{p-r,q+r-1} = E_{r+1}^{p,q}$.

(5) 各 $(p,q) \in \mathbb{Z}^2$ に対し, ある整数 $k = k(p,q)$ が存在して, $E_k^{p,q} = E_{k+1}^{p,q} = E_{k+2}^{p,q} = \cdots$ が成り立つ.

(6) $Z_\infty^{p,q} = A^{p,q} \cap \operatorname{Ker} d_{p+q}$, $B_\infty^{p,q} = A^{p,q} \cap \operatorname{Im} d_{p+q-1}$, $F^p(E^{p+q}) \cong \dfrac{Z_\infty^{p,q}}{B_\infty^{p,q}}$.

(7) $F^p(E^{p+q}) / F^{p+1}(E^{p+q}) \cong E_\infty^{p,q}$.

(8) もし, $F^0(A) = A$, $F^{n+1}(A^n) = 0$ $(\forall n \geqq 0)$ が成り立てば, $p < 0$ または $q < 0$ のとき $E_2^{p,q} = 0$ である.

(9) $E_0^{p,q} = F^p(A^{p+q}) / F^{p+1}(A^{p+q}) = A^{p,q} / A^{p+1,q-1}$, $E_1^{p,q} = H^{p+q}\big(F^p(A^\bullet) / F^{p+1}(A^\bullet)\big)$.

証明. (1) $F^{p_1}(A^n) = A^n$, $F^{p_2}(A^n) = 0$ よりすぐわかる.

(2) ①, ② より, $Z_s^{p+1,q-1} \cap Z_r^{p,q} \supset Z_{r-1}^{p+1,q-1}$ である. 逆に, $x \in Z_r^{p,q}$ ならば, $x \in A^{p,q}$ で, $d(x) \in F^{p+r}(A)$ である. さらに, $x \in Z_s^{p+1,q-1}$ ならば, $x \in A^{p+1,q-1}$ だから, 定義より, $x \in Z_{r-1}^{p+1,q-1}$ である.

(3) $\operatorname{Ker} d_r^{p,q}$ の等式を示すには, d から自然に誘導される写像を

$$\delta_r^{p,q} \colon Z_r^{p,q} \longrightarrow \frac{Z_r^{p+r,q-r+1}}{Z_{r-1}^{p+r+1,q-r} + B_{r-1}^{p+r,q-r+1}}$$

とおき, $\operatorname{Ker}\delta_r^{p,q} = Z_{r-1}^{p+1,q-1} + Z_{r+1}^{p,q}$ を示せばよい. $x \in \operatorname{Ker}\delta_r^{p,q}$ をとると, $d(x) \in Z_{r-1}^{p+r+1,q-r} + B_{r-1}^{p+r,q-r+1}$ である. $B_{r-1}^{p+r,q-r+1} = d(Z_{r-1}^{p+1,q-1})$ なので, ある $y \in Z_{r-1}^{p+1,q-1} \subset Z_r^{p,q}$ と $z \in Z_{r-1}^{p+r+1,q-r}$ により, $d(x) = z + d(y)$ と書ける. $u = x - y \in Z_r^{p,q}$ とおくと, $d(u) = z \in Z_{r-1}^{p+r+1,q-r} \subset F^{p+r+1}(A)$ であるので, $u \in Z_{r+1}^{p,q}$ となる. したがって, $\operatorname{Ker}\delta_r^{p,q} \subset Z_{r-1}^{p+1,q-1} + Z_{r+1}^{p,q}$ である. 反対向きの包含関係は容易にわかる.

$$\operatorname{Im}\left(d_r^{p-r,q+r-1} \colon \frac{Z_r^{p-r,q+r-1}}{Z_{r-1}^{p-r+1,q+r-2} + B_{r-1}^{p-r,q+r-1}} \longrightarrow \frac{Z_r^{p,q}}{Z_{r-1}^{p+1,q-1} + B_{r-1}^{p,q}}\right)$$

に関する等式は, $d(Z_r^{p-r,q+r-1}) = B_r^{p,q}$ より容易にわかる.

(4) $B_r^{p,q} \subset Z_{r+1}^{p,q}$ である. また, (2) より, $Z_{r+1}^{p,q} \cap Z_{r-1}^{p+1,q-1} = Z_r^{p+1,q-1}$ である. これらに注意し, $L = Z_{r+1}^{p,q}$, $M = Z_{r-1}^{p+1,q-1} + B_r^{p,q}$ とおいて命題 1.2.6(3) を使うと, (3) より,

$$\frac{\operatorname{Ker}d_r^{p,q}}{\operatorname{Im}d_r^{p-r,q+r-1}} = \frac{Z_{r-1}^{p+1,q-1} + Z_{r+1}^{p,q}}{Z_{r-1}^{p+1,q-1} + B_r^{p,q}} \cong \frac{Z_{r+1}^{p,q}}{Z_{r+1}^{p,q} \cap (Z_{r-1}^{p+1,q-1} + B_r^{p,q})}$$
$$= \frac{Z_{r+1}^{p,q}}{Z_r^{p+1,q-1} + B_r^{p,q}} = E_{r+1}^{p,q}$$

である.

(5) (p,q) を固定し, $n = p+q-1$, $m = p+q+1$, $p_1 = p_1(p+q-1) = p_1(n)$, $p_2 = p_2(p+q+1) = p_2(m)$ とおく. $i \leqq p_1$ のとき, $F^i(A^n) = F^p(A^n) = A^n$ より, $A^{i,n-i} = F^i(A) \cap A^n = A^n$ である. したがって定義より, $i < p_1$ ならば $Z_r^{i,n-i} = Z_{r-1}^{i+1,n-i-1}$ が成り立ち, $E_r^{i,n-i} = 0$ となる.

また, $r > p_2 - p$ ならば, $A^{p+r,q-r+1} = F^{p+r}(A^m) \subset F^{p_2}(A^m) = 0$ なので, $E_r^{p+r,q-r+1} = 0$ である. したがって, $r > \max\{p-p_1, p_2-p\}$ ならば, $E_r^{p,q} = E_{r+1}^{p,q}$ となる.

(6) $Z_r^{p,q} = \{x \in A^{p,q} \mid d(x) \in F^{p+r}(A)\}$ であるが, $r \gg 0$ のとき, $F^{p+r}(A^{p+q+1}) = 0$ なので, $r \gg 0$ のとき, $Z_r^{p,q} = A^{p,q} \cap \operatorname{Ker}d_{p+q}$ である. $B_r^{p,q} = d_{p+q-1}(Z_r^{p-r,q+r-1}) = A^{p,q} \cap \operatorname{Im}d_{p+q-1}$ は $B_r^{p,q}$ の定義から明ら

かである．また，
$$F^p(E^{p+q}) = \frac{F^p(A) \cap \operatorname{Ker} d_{p+q}}{F^p(A) \cap \operatorname{Im} d_{p+q-1}} = \frac{A^{p,q} \cap \operatorname{Ker} d_{p+q}}{A^{p,q} \cap \operatorname{Im} d_{p+q-1}} = \frac{Z_\infty^{p,q}}{B_\infty^{p,q}}.$$

(7) (6) より $Z_\infty^{p+1,q-1} \cap B_\infty^{p,q} = B_\infty^{p+1,q-1}$ なので，
$$E_\infty^{p,q} = \frac{Z_\infty^{p,q}}{Z_\infty^{p+1,q-1} + B_\infty^{p,q}} \cong \frac{Z_\infty^{p,q}/B_\infty^{p,q}}{(Z_\infty^{p+1,q-1} + B_\infty^{p,q})/B_\infty^{p,q}}$$
$$= \frac{F^p(E^n)}{Z_\infty^{p+1,q-1}/(Z_\infty^{p+1,q-1} \cap B_\infty^{p,q})} = \frac{F^p(E^n)}{Z_\infty^{p+1,q-1}/B_\infty^{p+1,q-1}} = \frac{F^p(E^n)}{F^{p+1}(E^n)}.$$

(8) $p_1 = 0$, $p_2 = n+1$, $r = 2$ として (5) の証明を読み直せ．「$r > p_2 - p$ ならば $E_r^{p+r,q-r+1} = 0$」は，「$q < 0$ ならば $E_2^{p,q} = 0$」を意味する．

(9) $Z_0^{p,q} = Z_{-1}^{p,q} = A^{p,q}$, $B_0^{p,q} = d(A^{p,q-1})$, $B_{-1}^{p,q} = d(A^{p+1,q-2}) \subset A^{p+1,q-1}$ より，
$$E_0^{p,q} = \frac{Z_0^{p,q}}{Z_{-1}^{p+1,q-1} + B_{-1}^{p,q}} = \frac{A^{p,q}}{A^{p+1,q-1} + d(A^{p+1,q-2})} = \frac{A^{p,q}}{A^{p+1,q-1}}$$

である．$d^{p,q}: A^{p,q} \to A^{p,q+1}$ から $d_0^{p,q}: E_0^{p,q} \to E_0^{p,q+1}$ が誘導されるから，$E_1^{p,q} = H^{p+q}\bigl(F^p(A)/F^{p+1}(A)\bigr)$ である． □

以上のように，フィルターづけられた加群 (A, d, F) から得られたスペクトル系列を，
$$E_1^{p,q} = H^{p+q}\bigl(F^p(A)/F^{p+1}(A)\bigr) \implies E^n = H^n(A)$$
などと表す．$E_2^{p,q}$ の項が明解でないので，$E_1^{p,q}$ のほうを記述するのである．

5.4. 完全対

完全対は，トポロジーでスペクトル系列を構成するのによく利用される．例えば，[佐藤] 第 9 章を参照されたい．

定義 5.4.1. R は環，D, E は R-加群，$f: D \to D$, $g: D \to E$, $h: E \to D$ は R-準同型写像で，
$$\operatorname{Im} f = \operatorname{Ker} g, \quad \operatorname{Im} g = \operatorname{Ker} h, \quad \operatorname{Im} h = \operatorname{Ker} f$$

を満たすとする．このとき，$\mathcal{C} = \{D, E, f, g, h\}$ を**完全対** (exact couple) という．

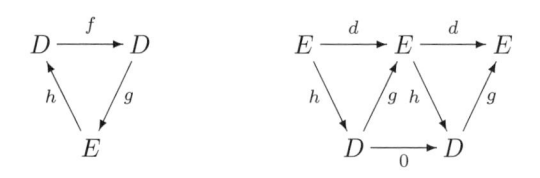

$$D \xrightarrow{f} D \xrightarrow{} E \xrightarrow{h} \qquad E \xrightarrow{d} E \xrightarrow{d} E$$

このとき，$d := g \circ h : E \longrightarrow E$ とおくと，
$$d \circ d = (g \circ h) \circ (g \circ h) = g \circ (h \circ g) \circ h = g \circ 0 \circ h = 0$$
が成り立つ．同様に，$h \circ d = 0$, $d \circ g = 0$ である．
$$E' = \operatorname{Ker} d / \operatorname{Im} d$$
$$D' = f(D) = \operatorname{Im} f = \operatorname{Ker} g$$
$$f' = f|_{D'} : D' \longrightarrow D'$$
とおく．また，$x \in D'$ は，$x = f(y)$ ($\exists y \in D$) と書けるので，
$$g'(x) = g(y) + \operatorname{Im} d \in E'$$
として，$g' : D' \to E'$ を定める．実際，$d \circ g = 0$ より $g'(D') \subset \operatorname{Ker} d$ なので $g(y) \in \operatorname{Ker} d$ であり，また，$x = f(y) = f(y')$ のとき，$y - y' \in \operatorname{Ker} f = \operatorname{Im} h$ なので $y - y' = h(z)$ ($\exists z \in E$) と書け，$g(y - y') = g(h(z)) \in \operatorname{Im} d$ となるので，$g'(x)$ は y の選び方に依存しない．

$$D \xrightarrow{f} D \xrightarrow{g} \operatorname{Ker} d$$
$$D' \xrightarrow{f'} D' \xrightarrow{g'} E' \xrightarrow{h'} D' = \operatorname{Im} f = \operatorname{Ker} g$$

$h' : E' \to D'$ は次のように構成する．$e_1, e_2 \in \operatorname{Ker} d$ をとる．もし，$e_1 - e_2 \in \operatorname{Im} d$ であれば，$e_1 = e_2 + d(e_0)$ ($\exists e_0 \in E$) と書ける．$g(h(e_i)) = d(e_i) = 0$ $(i = 1, 2)$ だから，$h(e_i) \in \operatorname{Ker} g = \operatorname{Im} f = D'$ である．$h(e_1) = h(e_2) + (h \circ d)(e_0) = h(e_2) \in D'$ なので，$e = e_1 + \operatorname{Im} d \in E'$ に対し，

$h'(e) = h(e_1) \in D'$ と定めることにより，矛盾なく $h: E' \to D'$ を定義することができる．すると，

$$\operatorname{Im} f' = \operatorname{Im}(f \circ f) = \operatorname{Ker} g'$$
$$\operatorname{Im} g' = \operatorname{Im} g / \operatorname{Im} d = \operatorname{Ker} h / \operatorname{Im} d = \operatorname{Ker} h'$$
$$\operatorname{Im} h' = h(\operatorname{Ker} d) = \operatorname{Ker} g \cap \operatorname{Im} h = \operatorname{Im} f \cap \operatorname{Ker} f = \operatorname{Ker} f'$$

が成り立ち，$\mathcal{C}' = \{D', E', f', g', h'\}$ も完全対になる．$\mathcal{C}'$ を $\mathcal{C}$ の**導来完全対** (derived couple) という．また，$D^{(1)} = D$, $E^{(1)} = E$, $f^{(1)} = d$, $g^{(1)} = g$, $h^{(1)} = h$ とおき，帰納的に $\mathcal{C}^{(n-1)} = \{D^{(n-1)}, E^{(n-1)}, f^{(n-1)}, g^{(n-1)}, h^{(n-1)}\}$, $d^{(n-1)}$ $(n \geqq 2)$ の derived couple を $\mathcal{C}^{(n)} = \{D^{(n)}, E^{(n)}, f^{(n)}, g^{(n)}, h^{(n)}\}$ とおく．$\mathcal{C}^{(n)} = \{D^{(n)}, E^{(n)}, f^{(n)}, g^{(n)}, h^{(n)}\}$ を $\mathcal{C}$ の n **次導来完全対** (n-th derived couple) という．（n は 0 からでなく，1 から始めることに注意せよ．）

$f^n = \underbrace{f \circ \cdots \circ f}_{n \text{ 個}}$ とおけば，

$$D^{(n)} = \operatorname{Im} f^{(n-1)} = \operatorname{Im} f^{n-1} \subset D$$

であることに注意する．$n \geqq 2$ に対し，

$$Z^{(n)} = h^{-1}\bigl(\operatorname{Im}(f^{n-1}: D \to D)\bigr) = h^{-1}(D^{(n)}) \subset E$$
$$B^{(n)} = g\bigl(\operatorname{Ker}(f^{n-1}: D \to D)\bigr) \subset E$$

とおく．$B^{(n)} \subset B^{(n+1)} \subset Z^{(n+1)} \subset Z^{(n)} \subset E$ である．

補題 5.4.2. 上の記号と仮定のもと，自然な全射 $s_n: Z^{(n)} \to E^{(n)}$ が存在し，次の図式が可換になる．

$$\begin{array}{ccccccc}
D & \xrightarrow{f} & D & \xrightarrow{g} & Z^{(n)} & & \\
{\scriptstyle f^{n-1}}\downarrow & & {\scriptstyle f^{n-1}}\downarrow & & {\scriptstyle s_n}\downarrow & \searrow^{h} & \\
D^{(n)} & \xrightarrow{f^{(n)}} & D^{(n)} & \xrightarrow{g^{(n)}} & E^{(n)} & \xrightarrow{h^{(n)}} & D^{(n)}
\end{array}$$

また，$E^{(n)} \cong Z^{(n)}/B^{(n)}$ が成り立つ．

証明. n に関する帰納法で証明する. $n = 2$ のときは, $Z^{(2)} = \operatorname{Ker} d$, $B^{(2)} = \operatorname{Im} d$ よりすぐわかる.

$n \geqq 2$ とし, 題意を満たす $s_n : Z^{(n)} \to E^{(n)}$ の存在を仮定する.

$$\operatorname{Ker} d^{(n)} = (h^{(n)})^{-1}(\operatorname{Ker} g^{(n)}) = (h^{(n)})^{-1}(\operatorname{Im} f^{(n)}) = (h^{(n)})^{-1}(D^{(n+1)})$$

に注意する. s_n の定義域を $Z^{(n+1)} = h^{-1}(D^{(n+1)}) \subset Z^{(n)}$ に制限し, 終域を $(h^{(n)})^{-1}(D^{(n+1)}) = \operatorname{Ker} d^{(n)} \subset E^{(n)}$ に制限して得られる写像を $\widetilde{s_n} : Z^{(n+1)} \twoheadrightarrow \operatorname{Ker} d^{(n)}$ とし, それと自然な全射 $t : \operatorname{Ker} d^{(n)} \twoheadrightarrow E^{(n+1)}$ の合成写像を $s_{n+1} = t \circ \widetilde{s_n}$ とおけば, $h = h^{(n+1)} \circ s_{n+1}$ が成り立つ.

また, $E^{(n)} \cong Z^{(n)} / \operatorname{Ker} s_n$ であるが,

$$\begin{aligned}
\operatorname{Ker} s_n &= g\big((f^{n-1})^{-1}(\operatorname{Ker} g^{(n)})\big) = g\big((f^{n-1})^{-1}(\operatorname{Im} f^{(n)})\big) \\
&= g\big((f^{n-1})^{-1}(f^n(D))\big) = g\big((f^{n-1})^{-1}(f^{n-1}(f(D)))\big) \\
&= g\big(\operatorname{Ker} f^{n-1} + f(D)\big) = g(\operatorname{Ker} f^{n-1}) = B^{(n)}
\end{aligned}$$

なので, $E^{(n)} \cong Z^{(n)} / B^{(n)}$ が成り立つ. □

補題 5.4.3. $\mathcal{C} = \{D, E, f, g, h\}$ は完全対で, さらに, D, E は,

$$D = \bigoplus_{p, q \in \mathbb{Z}} D^{p, q}, \quad E = \bigoplus_{p, q \in \mathbb{Z}} E^{p, q}$$

(各 $D^{p,q}$, $E^{p,q}$ は R-加群) と2重に添え字付けられた R-次数付き加群であると仮定し, $f : D \to D$ は $(-1, 1)$ 次の R-準同型写像, $g : D \to E$ は $(0, 0)$ 次の R-準同型写像, $h : E \to D$ は $(1, 0)$ 次の R-準同型写像であると仮定する. すなわち,

$$f(D^{p,q}) \subset D^{p-1, q+1}, \quad g(D^{p,q}) \subset E^{p,q}, \quad h(E^{p,q}) \subset D^{p+1, q}$$

と仮定する. また, r 次導来完全対 $E^{(r)}$ の (p, q)-次部分を $(E^{p,q})^{(r)}$ とし, $d^{(r)} = g^{(r)} \circ h^{(r)}$ とおく. すると,

$$d^{(r)}\big((E^{p,q})^{(r)}\big) \subset (E^{p+r, q-r+1})^{(r)}$$

が成り立つ. このように定まる写像を $(d^{p,q})^{(r)} : (E^{p,q})^{(r)} \longrightarrow (E^{p+r, q-r+1})^{(r)}$ とおく.

$$\begin{aligned}
(Z^{p,q})^{(r)} &= h^{-1}\big(\operatorname{Im} f^{r-1} : D^{p+r, q-r+1} \to D^{p+1, q}\big) \\
(B^{p,q})^{(r)} &= g\big(\operatorname{Ker} f^{r-1} : D^{p,q} \to D^{p-r+1, q+r-1}\big)
\end{aligned}$$

とおくと,
$$(E^{p,q})^{(r)} \cong (Z^{p,q})^{(r)}/(B^{p,q})^{(r)}$$
が成り立つ.

証明. f^n の逆対応を f^{-n} と書く.上の補題の記号を用いて少し雑な書き方をすれば,
$$f^{(r)} = f : D^{(r)} \to D^{(r)}$$
$$g^{(r)} = s_n \circ g \circ f^{1-r} : D^{(r)} \to E^{(r)}$$
$$h^{(r)} = h \circ s_r^{-1} : E^{(r)} \to D^{(r)}$$
である. $\deg s_n = (0,0)$ 次なので,
$$\deg f^{(r)} = \deg f = (-1,1)$$
$$\deg g^{(r)} = \deg g + (1-r)\deg f = (r-1, 1-r)$$
$$\deg h^{(r)} = \deg h = (1,0)$$
$$\deg d^{(r)} = \deg g^{(r)} = \deg h^{(r)} = (r, 1-r)$$
である.

$(E^{p,q})^{(r)} \cong (Z^{p,q})^{(r)}/(B^{p,q})^{(r)}$ を r に関する帰納法で証明する. $r=2$ のときは,
$$\operatorname{Im} d = \operatorname{Im}(g \circ h) = g(\operatorname{Im} h) = g(\operatorname{Ker} f)$$
$$\operatorname{Ker} d = \operatorname{Ker}(g \circ h) = h^{-1}(\operatorname{Ker} g) = h^{-1}(\operatorname{Im} f)$$
より,
$$(E^{p,q})^{(2)} = (E^{p,q})' = (\operatorname{Ker} d/\operatorname{Im} d)^{p,q}$$
$$= \frac{h^{-1}\bigl(\operatorname{Im} f : D^{p+2, q-r+1} \to D^{p+1, q}\bigr)}{g\bigl(\operatorname{Ker} f : D^{p,q} \to D^{p-1, q+1}\bigr)} = \frac{(Z^{p,q})^{(2)}}{(B^{p,q})^{(2)}}$$
である. $r \geqq 3$ とし, $(E^{p,q})^{(r)} \cong (Z^{p,q})^{(r)}/(B^{p,q})^{(r)}$ を仮定する.

定義から容易にわかるように, $D^{(r+1)} = \operatorname{Im} f^r$,
$$(B^{p,q})^{(r)} \subset (B^{p,q})^{(r+1)} \subset (Z^{p,q})^{(r+1)} \subset (Z^{p,q})^{(r)}$$
である. $(E^{p,q})^{(r)} \cong (Z^{p,q})^{(r)}/(B^{p,q})^{(r)}$ は前補題より従う. □

定理 5.4.4. (A, d, F) は定義 5.3.1 で述べたようなフィルターづけられた次数付き R-加群とする．今,

$$D^{p,q} = H^{p+q}\bigl(F^p(A)\bigr), \quad E^{p,q} = H^{p+q}\bigl(F^p(A)/F^{p+1}(A)\bigr)$$

とおくと，短完全系列

$$0 \longrightarrow F^{p+1}(A) \longrightarrow F^p(A) \longrightarrow F^p(A)/F^{p+1}(A) \longrightarrow 0$$

から得られるコホモロジー完全系列は

$$\cdots \xrightarrow{h^{p,q-1}} D^{p+1,q-1} \xrightarrow{f^{p+1,q-1}} D^{p,q} \xrightarrow{g^{p,q}} E^{p,q} \xrightarrow{h^{p,q}} D^{p+1,q} \xrightarrow{f^{p+1,q}} \cdots$$

と書け，これは前補題のように次数づけられた完全対を定める．このとき，上の補題で構成された $(E^{p,q})^{(r)}, (d^{p,q})^{(r)}$ はフィルターづけ $F^p(A)$ から定まるスペクトル系列 $\{E_r^{p,q}, d_r^{p,q}, E^n, F^p(E^n)\}$ と一致し，

$$E_r^{p,q} = (E^{p,q})^{(r)}, \quad d_r^{p,q} = (d^{p,q})^{(r)}$$

が成り立つ．

証明． $d^{p,q} = d|_{A^{p,q}} : A^{p,q} = F^p(A^{p+q}) \longrightarrow F^p(A^{p+q+1}) = A^{p,q+1}$ とおくと，$D^{p,q} = H^{p+q}\bigl(F^p(A)\bigr) = \operatorname{Ker} d^{p,q}/\operatorname{Im} d^{p,q-1}$ である．$f^{p,q}: D^{p,q} \longrightarrow D^{p-1,q+1}$ は，包含写像 $\operatorname{Ker} d^{p,q} \hookrightarrow A^{p,q} = F^p(A) \cap A^{p+q} \hookrightarrow F^{p-1}(A) \cap A^{p+q} = A^{p-1,q+1}$ から誘導される写像であり，$g^{p,q}$ は自然な全射である．$h^{p,q}: H^{p+q}\bigl(F^p(A)/F^{p+1}(A)\bigr) \longrightarrow H^{p+q+1}\bigl(F^p(A)\bigr)$ は蛇の補題で登場した連結写像であって，$d^{p+q}: A^{p+q} \to A^{p+q+1}$ といくつかの自然な写像を合成することによって得られる．したがって，$d = g \circ h : E \to E$ も，$d: A \to A$ といくつかの自然な写像の構成として得られる．そういう意味で，$d = g \circ h$ は $d: A \to A$ から自然に誘導される写像である．

さて，命題 5.3.3(9) より，$E_1^{p,q} = E^{p,q} = (E^{p,q})^{(1)}$ である．

$$(Z^{p,q})^{(r)} = Z_r^{p,q}/F^{p+1}(A^{p+q}) = Z_r^{p,q}/A^{p+1,q-1} \qquad ①$$

$$(B^{p,q})^{(r)} = B_{r-1}^{p,q}/F^{p+1}(A^{p+q}) = B_{r-1}^{p,q}/A^{p+1,q-1} \qquad ②$$

を証明する．$\overline{x} \in E^{p,q} = H^{p+q}\bigl(F^p(A)/F^{p+1}(A)\bigr)$ をとる．ある $x \in Z_1^{p,q}$ により，$\overline{x} = x + F^{p+1}(A^{p+q+1})$ と表せる．h は d から誘導されるので，

$$d(x + A^{p+1,q-1}) = h\bigl(x + F^{p+1}(A^{p+q+1})\bigr) \in D^{p+1,q} = H^{p+q+1}(F^{p+1}(A))$$

が成り立つ．これより，
$$\begin{aligned}
&\bigl(x + F^{p+1}(A^{p+q+1})\bigr) \in h^{-1}\bigl(\operatorname{Im} f^{r-1}\colon D^{p+r,q-r+1} \to D^{p+1,q}\bigr) = (Z^{p,q})^{(r)} \\
&\iff d(x + A^{p+1,q-1}) \in \operatorname{Im} f^{r-1}\colon D^{p+r,q-r+1} \to D^{p+1,q} \\
&\iff d(x) \in A^{p+r,q-r+1} = F^{p+r}(A^{p+q+1}) \\
&\iff x \in Z_r^{p,q}
\end{aligned}$$
が成り立つ．これより，①が得られる．

$K := \operatorname{Ker}(f^{r-1}\colon D^{p,q} \to D^{p-r+1,q+r-1}) \subset H^{p+q}\bigl(F^p(A)\bigr)$ とおく．f^{r-1} は包含写像 $A^{p,q} \overset{\subset}{\longrightarrow} A^{p-r+1,q+r-1}$ から得られるので，$x \in A^{p,q}$ に対し，$x + \operatorname{Im} d^{p,q-1} \in K \iff x \in \operatorname{Im} d^{p-r+1,q+r-2} = d(Z^{p-r+1,q+r-2}) = B_{r-1}^{p,q}$ である．これより，$x \in B_{r-1}^{p,q}$ に対し $g(x) \in g(K) = (B^{p,q})^{(r)}$ を対応させる自然な全射 $\varphi\colon B_{r-1}^{p,q} \twoheadrightarrow (B^{p,q})^{(r)}$ が得られる．$\operatorname{Ker}\varphi = \operatorname{Ker} g^{p,q} = F^{p+1}(A^{p+q})$ なので，②を得る．①，②より，
$$\begin{aligned}
(E^{p,q})^{(r)} &= \frac{(Z^{p,q})^{(r)}}{(B^{p,q})^{(r)}} = \frac{Z_r^{p,q}/A^{p+1,q-1}}{B_{r-1}^{p,q}/A^{p+1,q-1}} = \frac{Z_r^{p,q}/A^{p+1,q-1}}{(Z_{r-1}^{p+1,q-1} + B_{r-1}^{p,q})/A^{p+1,q-1}} \\
&= \frac{Z_r^{p,q}}{Z_{r-1}^{p+1,q-1} + B_{r-1}^{p,q}} = E_r^{p,q}
\end{aligned}$$
が得られる． □

上の定理の証明では，定義 5.3.1 の有界条件 (5) は用いていない．(5) を仮定しないフィルターづけられた次数付き R-加群 (A, d, F) からも，スペクトル系列の有界条件 (5) や正則条件 (3) 等を仮定しない広い意味でのスペクトル系列が得られる．トポロジーでは，このようなスペクトル系列もしばしば登場するようである．この話題については，[McCleary] 等を参照してもらいたい．

5.5. 2重複体

2重複体からスペクトル系列を構成する方法を説明する．代数学で登場するスペクトル系列は，ほとんど，この方法で構成される．

5.5 2重複体

定義 5.5.1. 各 $p, q \in \mathbb{Z}$ に対し $C^{p,q}$ は R-加群であると仮定する.
$$C = C^{\bullet,\bullet} = \bigoplus_{p,q \in \mathbb{Z}} C^{p,q}$$
とおく. さらに, 準同型写像
$$\delta_I^{p,q}: C^{p,q} \to C^{p+1,q}, \quad \delta_{II}^{p,q}: C^{p,q} \to C^{p,q+1}$$
が与えられていて, 各 p, q に対し,
$$\delta_I^{p+1,q} \circ \delta_I^{p,q} = 0, \quad \delta_{II}^{p,q+1} \circ \delta_{II}^{p,q} = 0,$$
$$\delta_{II}^{p+1,q} \circ \delta_I^{p,q} + \delta_I^{p,q+1} \circ \delta_{II}^{p,q} = 0 \qquad (*)$$
を満たすとき, $C = \{C^{p,q}, \delta_I^{p,q}, \delta_{II}^{p,1}\}$ を **(コホモロジー)2重複体** (double complex) という. 添え字を強調するときは, C を $C^{\bullet,\bullet}$ などのようにも表す. なお, $\delta_{II}^{p,q}$ の代わりに $(-1)^p \delta_{II}^{p,q}$ を考えることにより, 上の条件 $(*)$ は,
$$\delta_{II}^{p+1,q} \circ \delta_I^{p,q} = \delta_I^{p,q+1} \circ \delta_{II}^{p,q} \qquad (*')$$
で置き換えてもよい (この場合, 以下の議論で符号の修正が若干必要になる).

2重複体では, 次の2種類のコホモロジー群が定義できる.
$$H_I^p(C^{\bullet,q}) = \operatorname{Ker} \delta_I^{p,q} / \operatorname{Im} \delta_I^{p-1,q}, \quad H_{II}^q(C^{p,\bullet}) = \operatorname{Ker} \delta_{II}^{p,q} / \operatorname{Im} \delta_{II}^{p,q-1}$$
ここで, $C^{\bullet,q}$ は q を固定した複体
$$\cdots \to C^{p-1,q} \xrightarrow{\delta_I^{p-1,q}} C^{p,q} \xrightarrow{\delta_I^{p,q}} C^{p+1,q} \to \cdots$$
を表し, $C^{p,\bullet}$ は p を固定して $\delta_{II}^{p,q}$ を微分とする複体を表す. このとき, $\delta_{II}^{p,q}, \delta_I^{p,q}$ より自然に,
$$\overline{\delta_{II}^{p,q}}: H_I^p(C^{\bullet,q}) \longrightarrow H_I^p(C^{\bullet,q+1}), \quad \overline{\delta_I^{p,q}}: H_{II}^q(C^{p,\bullet}) \longrightarrow H_{II}^q(C^{p+1,\bullet})$$
が誘導され, $\{H_I^p(C^{\bullet,q}), \overline{\delta_{II}^{p,q}}\}, \{H_{II}^q(C^{p,\bullet}), \overline{\delta_I^{p,q}}\}$ もコホモロジー複体になる. そこで, さらに
$$H_{II}^q\bigl(H_I^p(C)\bigr) = \operatorname{Ker} \overline{\delta_{II}^{p,q}} / \operatorname{Im} \overline{\delta_{II}^{p,q-1}}, \quad H_I^p\bigl(H_{II}^q(C)\bigr) = \operatorname{Ker} \overline{\delta_I^{p,q}} / \operatorname{Im} \overline{\delta_I^{p-1,q}}$$
というコホモロジーが定義できる. これ以外に, 次のようなコホモロジーも定義できる.

$C^r = \bigoplus_{p+q=r} C^{p,q}$ とし，$x = (x_{p,q} \mid p+q=r) \in C^r$ $(x_{p,q} \in C^{p,q})$ に対し，
$$d_r(x) = \sum_{p+q=r} \left(\delta_I^{p,q}(x_{p,q}) + \delta_{II}^{p,q}(x_{p,q}) \right)$$
として準同型写像 $d_r\colon C^r \to C^{r+1}$ を定義する．ただし，定義 5.5.1 の $(*)$ の代わりに $(*')$ を採用した場合には，
$$d_r(x) = \sum_{p+q=r} \left(\delta_I^{p,q}(x_{p,q}) + (-1)^p \delta_{II}^{p,q}(x_{p,q}) \right)$$
と定義しないといけない．すると，いずれの場合も，$d_r \circ d_{r-1} = 0$ が成り立つから，第 3 のコホモロジー群
$$H^r(C) = H^r(C^\bullet) = \operatorname{Ker} d_r / \operatorname{Im} d_{r-1}$$
が定義できる．この複体 C を $C^\bullet$ とも書き，$C = C^{\bullet\bullet}$ の**一重化**という．

議論は対称的だから，$H_I^p\bigl(H_{II}^q(C^{\bullet\bullet})\bigr)$ と $H^r(C^\bullet)$ の関係を調べるためのスペクトル系列を構成する．$A = C$, $A^r = C^r$ とおき，$d\colon A \to A$ は $d_r\colon C^r \to C^{r+1}$ から誘導される準同型写像とする．さらに，
$$F^p(A) = \bigoplus_{i=p}^{\infty} \bigoplus_{q \in \mathbb{Z}} C^{i,q}$$
とおく．

定理 5.5.2. 仮定と記号は上のとおりとする．さらに，次の条件 (1)〜(4) のいずれかが成り立つと仮定する．
 (1) ある $p_0, q_0 \in \mathbb{Z}$ が存在して，$p < p_0$ または $q < p_0$ ならば $C^{p,q} = 0$.
 (2) ある $p_0, p_1 \in \mathbb{Z}$ が存在して $p < p_0$ または $p > p_1$ ならば $C^{p,q} = 0$.
 (3) ある $q_0, q_1 \in \mathbb{Z}$ が存在して $q < q_0$ または $q > q_1$ ならば $C^{p,q} = 0$.
 (4) 各 $n \in \mathbb{Z}$ に対しある $p_1 = p_1(n)$, $p_2 = p_2(n)$ が存在し，$i < p_1$ または $i > p_2$ ならば $C^{i,n-i} = 0$.
すると，前項のようなスペクトル系列が存在する．このとき，以下が成り立つ．
$$A^{p,q} = \bigoplus_{i=p}^{\infty} C^{i, p+q-i}$$

$$E_0^{p,q} = C^{p,q}, \quad d_0^{p,q} = \delta_{II}^{p,q} : E_0^{p,q} \to E_0^{p,q+1}$$
$$E_1^{p,q} = H_{II}^q(C^{p,\bullet}) = \operatorname{Ker}\delta_{II}^{p,q}/\operatorname{Im}\delta_{II}^{p,q-1}, d_1^{p,q} = \overline{\delta_I^{p,q}} : E_1^{p,q} \to E_1^{p+1,q}$$
$$E_2^{p,q} = H_I^p\bigl(H_{II}^q(C)\bigr)$$
$$E^n = H^n(C)$$

証明. 定義 5.3.1 の条件 (1)〜(4) が成り立つことは明らかである．本定理の条件 (1) または (2) または (3) が成り立てば，(4) が成り立つことはすぐわかる．(4) が成り立つとき，上のように定義された F^p は定義 5.3.1 の条件 (5) を満たすので，スペクトル系列が存在する．このとき，$E_0^{p,q} = A^{p,q}/A^{p+1,q-1} = C^{p,q}$ で，$d_0^{p,q} : E_0^{p,q} = C^{p,q} \longrightarrow E_0^{p,q+1} = C^{p,q+1}$ は，$\delta_{II}^{p,q} : C^{p,q} \to C^{p,q+1}$ と一致する．したがって，

$$E_I^{p,q} = \operatorname{Ker}\delta_{II}^{p,q}/\operatorname{Im}\delta_{II}^{p,q-1} = H_{II}^q(C^{p,\bullet})$$

である．

また，$d_I^{p,q} : E_I^{p,q} \to E_I^{p+1,q}$ は，$\delta_I^{p,q} : C^{p,q} \to C^{p+1,q}$ から誘導される写像と一致する．したがって，$E_{II}^{p,q} = H_I^p\bigl(H_{II}^q(C)\bigr)$ である．$E^n = H^n(C)$ は前項における定義であった． □

定義 5.5.3. 上のように構成されたスペクトル系列を，

$$^I E_2^{p,q} = H_I^p\bigl(H_{II}^q(C)\bigr) \implies E^n = H^n(C)$$

と表す．他方，添え字 I, II を逆にして定義されるスペクトル系列を

$$^{II} E_2^{p,q} = H_{II}^p\bigl(H_I^q(C)\bigr) \implies E^n = H^n(C)$$

と表す．ただし，この書き方をするときは，$C = \{C^{q,p}\}$ という添え字によって考えないといけない．もし，$C = \{C^{p,q}\}$ のままで考えるなら，

$$^{II} E_2^{q,p} = H_{II}^q\bigl(H_I^p(C)\bigr) \implies E^n = H^n(C)$$

と書き表すほうが分かりやすく，個人的にはこちらの書き方をお薦めする．

定理 5.5.4. (Grothendieck スペクトル系列) R, S, T は環，$F : \mathfrak{M}_R \to \mathfrak{M}_S$ は (加法的) 共変関手，$G : \mathfrak{M}_S \to \mathfrak{M}_T$ は左半完全共変関手とする．さらに，

任意の移入的 R-加群 I と任意の $n \in \mathbb{N}$ に対し $R^n G(F(I)) = 0$ が成り立つと仮定する. すると, $M \in \mathfrak{M}_R$ に対し, スペクトル系列

$$E_2^{p,q} = R^p G(R^q F(M)) \implies E^n = R^n (G \circ F)(M)$$

が存在する.

証明. R-加群 M の移入分解

$$0 \longrightarrow M \xrightarrow{\varepsilon} I_R^0 \xrightarrow{d_R^0} I_R^1 \xrightarrow{d_R^1} I_R^2 \xrightarrow{d_R^2} \cdots$$

を1つとる. $N = F(M)$, $I_S^i = F(I_R^i)$, $d_S^i = F(d_R^i)$ とすると, 完全とは限らない系列

$$0 \xrightarrow{d_S^{-1}} I_S^0 \xrightarrow{d_S^0} I_S^1 \xrightarrow{d_S^1} I_S^2 \xrightarrow{d_S^2} \cdots$$

が得られ, $R^i F(M) = \operatorname{Ker} d_S^i / \operatorname{Im} d_S^{i-1}$ である. 命題 3.6.3 より, 各 q に対し, I_S^q の S-移入分解

$$(I_q): \quad 0 \longrightarrow I_S^q \xrightarrow{\varepsilon^q} J_S^{0,q} \xrightarrow{\delta_S^{0,q}} J_S^{1,q} \xrightarrow{\delta_S^{1,q}} J_S^{2,q} \xrightarrow{\delta_S^{2,q}} \cdots$$

で以下の条件を満たすものが存在する.

(1) 各非負整数 p, q に対し, 準同型写像 $d_S^{p,q} \colon J_S^{p,q} \longrightarrow J_S^{p,q+1}$ が存在し,

$$d_S^{p,q+1} \circ d_S^{p,q} = 0, \quad d_S^{p+1,q} \circ \delta_S^{p,q} = \delta_S^{p,q+1} \circ d_S^{p,q}$$

を満たす.

(2) 各 p, q について, $\operatorname{Ker} d_S^{p,q}$, $\operatorname{Im} d_S^{p,q}$ は S-移入的である.

(3) $Q_S^{p,q} = \operatorname{Ker} d_S^{p,q} / \operatorname{Im} d_S^{p,q-1}$ とし, $\delta_S^{p,q}$ から誘導される写像を $\overline{\delta}_S^{p,q} \colon Q_S^{p,q} \to Q_S^{p+1,q}$ とすると, 完全系列

$$0 \longrightarrow R^q F(M) \longrightarrow Q_S^{0,q} \xrightarrow{\overline{\delta}_S^{0,q}} Q_S^{1,q} \xrightarrow{\overline{\delta}_S^{1,q}} Q_S^{2,q} \xrightarrow{\overline{\delta}_S^{2,q}} Q_S^{3,q} \xrightarrow{\overline{\delta}_S^{3,q}} \cdots$$

は, $R^q F(M) = \operatorname{Ker} d_S^q / \operatorname{Im} d_S^{q-1}$ の S-移入分解になっている.

5.5 2重複体

$$\begin{array}{ccccccccc}
& & 0 & & 0 & & 0 & & \\
& & \downarrow & & \downarrow & & \downarrow & & \\
0 & \longrightarrow & I_S^0 & \xrightarrow{d_S^0} & I_S^1 & \xrightarrow{d_S^1} & I_S^2 & \xrightarrow{d_S^2} & \cdots \\
& & \varepsilon^0 \downarrow & & \downarrow \varepsilon^1 & & \downarrow \varepsilon^2 & & \\
0 & \longrightarrow & J_S^{0,0} & \xrightarrow{d_S^{0,0}} & J_S^{0,1} & \xrightarrow{d_S^{0,1}} & J_S^{0,2} & \xrightarrow{d_S^{0,2}} & \cdots \\
& & \delta_S^{0,0} \downarrow & & \downarrow \delta_S^{0,1} & & \downarrow \delta_S^{0,2} & & \\
0 & \longrightarrow & J_S^{1,0} & \xrightarrow{d_S^{0,0}} & J_S^{1,1} & \xrightarrow{d_S^{1,1}} & J_S^{1,2} & \xrightarrow{d_S^{1,2}} & \cdots \\
& & \delta_S^{1,0} \downarrow & & \downarrow \delta_S^{1,1} & & \downarrow \delta_S^{1,2} & & \\
& & \vdots & & \vdots & & \vdots & &
\end{array}$$

$C^{p,q} = J_T^{p,q} = G(J_S^{p,q})$, $\delta_T^{p,q} = G(\delta_S^{p,q})$, $d_T^{p,q} = G(d_S^{p,q})$ とする (ただし, $p < 0$ または $q < 0$ のときは $C^{p,q} = 0, \delta_T^{p,q} = 0, d_T^{p,q} = 0$) と, 2重複体 $C = \{C^{p,q}, \delta_T^{p,q}, d_T^{p,q}\}$ が得られる. これより, スペクトル系列 ${}^I E_2^{p,q} = H_I^p\big(H_{II}^q(C)\big) = H_\delta^p(H_d^q(C)) \Longrightarrow E^n = H^n(C)$ が構成できる.

Claim: ${}^I E_2^{p,q} \cong R^p G(R^q F(M))$, $E^n \cong R^n(G \circ F)(M)$ を示す.

まず, $H_\delta^p(H_d^q(C)) = R^p G(R^q F(M))$ を示す.

$$0 \longrightarrow \operatorname{Im} d_S^{p,q-1} \longrightarrow \operatorname{Ker} d_S^{p,q} \longrightarrow Q_S^{p,q} \longrightarrow 0$$

は S-移入的加群の完全系列だから, これに G を作用させて得られる

$$0 \longrightarrow G(\operatorname{Im} d_S^{p,q-1}) \longrightarrow G(\operatorname{Ker} d_S^{p,q}) \longrightarrow G(Q_S^{p,q}) \longrightarrow 0$$

も完全系列で,

$$\operatorname{Ker} d_T^{p,q} / \operatorname{Im} d_T^{p,q-1} = G(\operatorname{Ker} d_S^{p,q}) / G(\operatorname{Im} d_S^{p,q-1}) \cong G(Q_S^{p,q})$$

となる. $d_0^{p,q} = d_T^{p,q} : C^{p,q} \longrightarrow C^{p,q+1}$ だから,

$$E_1^{p,q} \cong \operatorname{Ker} d_0^{p,q} / \operatorname{Im} d_0^{p,q-1} \cong G(Q_S^{p,q})$$

である. したがって,

$${}^I E_2^{p,q} = H_\delta^p(H_d^q(C)) \cong H_\delta^p(G(Q_S^{p,q})) = R^p G(R^q F(M))$$

となる.

$E^n \cong R^n(G \circ F)(M)$ を示す. もう一方のスペクトル系列

$$^{II}E_2^{q,p} = H_{II}^q(H_I^p(C)) = H_d^q(H_\delta^p(C)) \implies E^n = H^n(C)$$

を考える. $p \geqq 1$ に対し, $R^p G(I_S^q) = R^q G\bigl(F(I_R^i)\bigr) = 0$ だから, $p \geqq 1$, $q \geqq 0$ に対し, $\mathrm{Ker}\, d_T^{p,q} = \mathrm{Im}\, d_T^{p-1,q}$ が成り立つ. したがって, $p \geqq 1$, $q \geqq 0$ に対し $^{II}E_2^{q,p} = 0$ であり, 定理 5.2.1(5) より,

$$E^q \cong {}^{II}E_2^{q,0} = H_\delta^q(H_d^0(C)) \cong H_\delta^q(G(I_S^\bullet)) = R^q(G \circ F)(M)$$

が成り立つ. したがって, $H^q(C) \cong R^q(G \circ F)(M)$ である. □

層の圏における上の Grothendieck スペクトル系列は, **Leray** スペクトル系列とよばれることも多い.

5.6. ホモロジー・スペクトル系列

ホモロジー 2 重複体 $\{C_{p,q}\}$ を扱うためには, ホモロジー・スペクトル系列 $E_{p,q}^2 \implies E_n$ を考えるとよい. ホモロジー・スペクトル系列は基本的にはコホモロジー・スペクトル系列の双対であるが, $E_{p,q}^r$ の添え字 r については双対性がないので, 一部の双対性がくずれる.

定義 5.6.1. 各整数 p, q, n と $r \geqq 2$ に対し, R-加群 $E_{p,q}^r, E_n$ と, R-準同型写像 $d_{p,q}^r : E_{p,q}^r \longrightarrow E_{p-r,q+r-1}^r$, および, E_n の部分 R-加群の列

$$\cdots \subset F_{p-1}(E_n) \subset F_p(E_n) \subset \cdots \subset E_n$$

が与えられていて, 以下の条件 (1)〜(5) を満たすとき, 組 $\{E_{p,q}^r, d_{p,q}^r, E_n, F_p(E_n)\}$ を**ホモロジー・スペクトル系列**といい,

$$E_{p,q}^2 \implies E_n$$

などと略記する.

(1) $d_{p,q}^r \circ d_{p+r,q-r+1}^r = 0$.

(2) $E_{p,q}^{r+1} \cong \dfrac{\mathrm{Ker}\, d_{p,q}^r : E_{p,q}^r \longrightarrow E_{p-r,q+r-1}^r}{\mathrm{Im}\, d_{p+r,q-r+1}^r : E_{p+r,q-r+1}^r \longrightarrow E_{p,q}^r}$.

(3) 任意の p, q に対しある整数 $k = k(p,q)$ が存在し,

$$E_{p,q}^k \cong E_{p,q}^{k+1} \cong E_{p,q}^{k+2} \cong E_{p,q}^{k+3} \cong \cdots$$

が成り立つ．この $E_{p,q}^k$ を $E_{p,q}^\infty$ と書く．
(4) 任意の p, q に対し，$F_p(E_{p+q})/F_{p-1}(E_{p+q}) \cong E_{p,q}^\infty$．
(5) 各 n に対し，ある p_1, p_2 が存在し，$F_{p_1}(E_n) = 0$, $F_{p_2}(E_n) = E_n$．

委細はコホモロジー・スペクトル系列の場合と同様である．特に，第 1 象限にあるスペクトル系列に関しては，次が成り立つ．

(5′) $F_{-1}(E_n) = 0$, $\quad F_n(E_n) = E_n$．

なお，有界性の条件を無視すればホモロジー複体 C_n はコホモロジー複体 $C^{-n} = C_n$ と同一視できるように，ホモロジー・スペクトル系列 $E_{p,q}^r$ はコホモロジー・スペクトル系列 $E_r^{p,q} = E_r^{-p,-q}$, $E_n = E^{-n}$ と同一視してもよい．ただし，第 1 象限にあるホモロジー・スペクトル系列は，第 3 象限にあるコホモロジー・スペクトル系列なので，今までの議論がそのまま適用できるわけではない．しかし，コホモロジー・スペクトル系列について成立する定理や命題は，その双対的な定理や命題がすべてホモロジー・スペクトル系列について成立する．もう一度全部書くのは面倒なので，重要なもののみ説明する．なお，第 2, 4 象限のスペクトル系列の例は，定理 6.1.9 で登場する．

定理 5.6.2. $E_{p,q}^2 \Longrightarrow E_n$ は第 1 象限にあるスペクトル系列とする．このとき，以下が成り立つ．

(1) 完全系列 $E_2 \longrightarrow E_{2,0}^2 \overset{d_{2,0}^2}{\longrightarrow} E_{0,1}^2 \longrightarrow E_1 \longrightarrow E_{1,0}^2 \longrightarrow 0$ が存在する．

(2) 整数 $i \geq 2$ を固定する．

$$E_{1,i-2}^2 = E_{2,i-3}^2 = \cdots = E_{i-3,2}^2 = E_{i-2,1}^2 = 0 \qquad ①$$
$$E_{1,i-1}^2 = E_{2,i-2}^2 = \cdots = E_{i-2,2}^2 = E_{i-1,1}^2 = 0 \qquad ②$$
$$E_{2,i-1}^2 = E_{3,i-2}^2 = \cdots = E_{i-1,2}^2 = E_{i,1}^2 = 0 \qquad ③$$

ならば，完全系列

$$E_{i+1} \longrightarrow E_{i+1,0}^2 \longrightarrow E_{0,i}^2 \longrightarrow E_i \overset{\varphi}{\longrightarrow} E_{i,0}^2$$

が存在する．さらに，$E_{0,i-1}^2 = 0$ ならば，φ は全射である．

(3) $1 \leqq p \leqq n, 1 \leqq q \leqq n-1, p+q \leqq n+1$ を満たす任意の整数 p, q に対し $E^2_{p,q} = 0$ ならば，完全系列
$$E_{n+1} \to E^2_{n+1,0} \to E^2_{0,n} \to E_n \to E^2_{n,0} \to E^2_{0,n-1} \to E_{n-1}$$
$$\to E^2_{n-1,0} \to E^2_{0,n-2} \to E_{n-2} \to \cdots$$
$$\to E^2_{3,0} \to E^2_{0,2} \to E_2 \to E^2_{2,0} \to E^2_{0,1} \to E_1 \to E^2_{1,0} \to 0$$
が存在する．

(4) $p \geqq 0, q \geqq 1$ を満たす任意の整数 p, q に対し $E^2_{p,q} = 0$ ならば，任意の n に対し $E^2_{n,0} \cong E_n$ が成り立つ．

(5) $p \geqq 1, q \geqq 0$ を満たす任意の整数 p, q に対し $E^2_{p,q} = 0$ ならば，任意の n に対し $E^2_{0,n} \cong E_n$ が成り立つ．

証明．(2) を証明する．$E^{p,q}_r = E^r_{-p,-q}, E^n = E_{-n}$ とおくと，$E^{p,q}_r \Longrightarrow E^n$ はコホモロジー・スペクトル系列になる．そこで，補題 5.2.2(1) を $n = -i, l = -i, m = 0, r = 2$ として適用すると完全系列
$$E^{0,-i}_2 \to E^{-i} \to E^{-i,0}_2 \quad \text{すなわち} \quad E^2_{0,i} \to E_i \to E^2_{i,0}$$
を得る．同様に，補題 5.2.2(2), (3) を $n = l = -i - 1, m = 0, r = 2$ として適用すると完全系列
$$E^{-i-1} \to E^{-i-1,0}_2 \to E^{0,-i}_2 \to E^{-i}, \quad E_{i+1} \to E^2_{i+1,0} \to E^2_{0,i} \to E_i$$
を得る．さらに，$E^{0,-i+1}_2 = E^2_{0,i-1} = 0$ ならば，$n = l = -i, m = 0, r = 2$ として補題 5.2.2(2) を適用すると，φ が全射であることがわかる．

(1), (3), (4), (5) は (2) より導かれる． $\square$

定理 5.6.3．$E^2_{p,q} \Longrightarrow E_n$ はスペクトル系列とする (第 1 象限にある必要はない)．このとき，以下が成り立つ．

(1) $q - p \geqq r \geqq 1$ を満たす整数 p, q, r を固定する．もし，$i \neq p, i \neq q$ を満たす任意の整数 i と，任意の整数 j に対し，$E^r_{i,j} = 0$ であれば，次の完全系列が存在する．
$$\cdots \longrightarrow E_{n+1} \longrightarrow E^r_{q,n+1-q} \longrightarrow E^r_{p,n-p} \longrightarrow E_n \longrightarrow E^r_{q,n-q} \longrightarrow \cdots$$

(1′) $1 \leqq q-p < r$ を満たす整数 p, q, r を固定する.もし,$i \neq p, i \neq q$ を満たす任意の整数 i と,任意の整数 j に対し,$E_{i,j}^r = 0$ であれば,次の完全系列が存在する.
$$0 \longrightarrow E_{p,n-p}^r \longrightarrow E_n \longrightarrow E_{q,n-q}^r \longrightarrow 0$$

(2) $q - p \geqq r - 1 \geqq 1$ を満たす整数 p, q, r を固定する.もし,$j \neq p$, $j \neq q$ を満たす任意の整数 j と,任意の整数 i に対し,$E_{i,j}^r = 0$ であれば,次の完全系列が存在する.
$$\cdots \to E_{n+1} \longrightarrow E_{n+1-p,p}^r \longrightarrow E_{n-q,q}^r \longrightarrow E_n \longrightarrow E_{n-p,p}^r \to \cdots$$

証明. $p' = -q$, $q' = -p$, $n' = -n-1$ とおくと,$E_{p,q}^r = E_r^{-p,-q}$, $E_n = E^{-n}$ によって,定理 5.2.3 に帰着される. □

定義 5.6.4. $A = \bigoplus_{r \in \mathbb{Z}} A_r$ (A_r は加群) は次数付き加群で,(-1) 次の微分 $d: A \to A$ を持つとする.$d^r = d|_{A_r}: A_r \to A_{r-1}$,
$$H_r(A) = H_r(A_\bullet) = \operatorname{Ker} d^r / \operatorname{Im} d^{r+1}$$
とおく.各 $p \in \mathbb{Z}$ に対し,部分加群 $F_p(A) \subset A$ が与えられていて,$F_p(A_n) = F_p(A) \cap A_n$ とおくとき,
$$F_{p+1}(A) \supset F_p(A), \quad d(F_p(A)) \subset F_p(A), \quad F_p(A) = \bigoplus_{n \in \mathbb{Z}} F_p(A_n)$$
各 $n \in \mathbb{Z}$ に対しある整数 $p_1 = p_1(n)$, $p_2 = p_2(n)$ が存在して,
$$F_{p_1}(A_n) = 0, F_{p_2}(A_n) = A_n$$
を満たすとする.この F を A の**フィルターづけ** (filtration) という.ただし,形式的に,$F_{-\infty}(A) = 0$, $F_\infty(A) = A$ とおく.
$$A_{p,q} = F_p(A_{p+q}) = F_p(A) \cap A_{p+q}$$
$$Z_{p,q}^r = \{x \in A_{p,q} \mid d(x) \in F_{p-r}(A)\}$$
$$B_{p,q}^r = d(Z_{p+r,q-r+1}^r)$$
$$Z_{p,q}^\infty = \bigcap_{r=0}^\infty Z_{p,q}^r, \quad B_{p,q}^\infty = \bigcup_{r=0}^\infty B_{p,q}^r$$
$$E_{p,q}^r = \frac{Z_{p,q}^r}{Z_{p-1,q+1}^{r-1} + B_{p,q}^{r-1}}$$

とおく．$A_{p+1,q-1} = F_{p+1}(A_{p+q}) \supset F_p(A_{p+q}) = A_{p,q}$ なので，
$$Z^{r+1}_{p+1,q-1} = \{x \in A_{p+1,q-1} \mid d(x) \in F_{p-r}(A)\}$$
$$\supset \{x \in A_{p,q} \mid d(x) \in F_{p-r}(A)\} = Z^r_{p,q}$$
であり，$B^{r+1}_{p,q} = d(Z^{r+1}_{p+r+1,q-r}) \supset d(Z^r_{p+r,q-r+1}) = B^r_{p,q}$ となる．また，$F_{p-r-1}(A) \subset F_{p-r}(A)$ より，$Z^{r+1}_{p,q} \subset Z^r_{p,q}$ である．まとめると，
$$\cdots \subset B^r_{p,q} \subset B^{r+1}_{p,q} \subset \cdots \subset B^\infty_{p,q} \subset Z^\infty_{p,q} \subset \cdots \subset Z^{r+1}_{p,q} \subset Z^r_{p,q} \subset \cdots$$
である．

$d(Z^r_{p,q}) = B^r_{p-r,q+r-1} \subset Z^r_{p-r,q+r-1}$ より，$d: A \to A$ の定義域を $Z^r_{p,q}$ に制限して $\widetilde{d^r_{p,q}} : Z^r_{p,q} \to Z^r_{p-r,q+r-1}$ が定義される．

また，$d(Z^{r-1}_{p-1,q+1} + B^{r-1}_{p,q}) \subset B^{r-1}_{p-r,q+r-1}$ なので，$\widetilde{d^r_{p,q}} : Z^r_{p,q} \to Z^r_{p-r,q+r-1}$ から，次の準同型写像 $d^r_{p,q}$ が誘導される．
$$d^r_{p,q} : E^r_{p,q} = \frac{Z^r_{p,q}}{Z^{r-1}_{p-1,q+1} + B^{r-1}_{p,q}} \longrightarrow \frac{B^r_{p-r,q+r-1}}{B^{r-1}_{p-r,q+r-1}}$$
$$\longrightarrow \frac{Z^r_{p-r,q+r-1}}{Z^{r-1}_{p-r-1,q+r} + B^{r-1}_{p-r,q+r-1}} = E^r_{p-r,q+r-1}$$
$d \circ d = 0$ より $d^r_{p-r,q+r-1} \circ d^r_{p,q} = 0$ である．

$E_n = H_n(A) = \operatorname{Ker} d^n / \operatorname{Im} d^{n+1}$ とおく．$F_p(\operatorname{Ker} d^n) = F_p(A) \cap \operatorname{Ker} d^n$ の $\operatorname{Ker} d^n / \operatorname{Im} d^{n+1} = E_n$ における像を $F_p(E_n)$ とする．

命題 5.6.5. 仮定と記号は上のとおりとする．すると次が成り立ち，上のように構成された $\{E^r_{p,q}, d^r_{p,q}, E_n, F_p(E_n)\}$ はホモロジー・スペクトル系列の定義を満たす．

(1) 定義 5.6.4 のような $p_1 = p_1(n), p_2 = p_2(n)$ に対し，$F_{p_1}(E_n) = 0$，$F_{p_2}(E_n) = E_n$．

(2) $s \leqq r - 1$ のとき，$Z^s_{p-1,q+1} \cap Z^r_{p,q} = Z^{r-1}_{p-1,q+1}$．

(3) $\operatorname{Ker} d^r_{p,q} = \dfrac{Z^{r-1}_{p-1,q+1} + Z^{r+1}_{p,q}}{Z^{r-1}_{p-1,q+1} + B^{r-1}_{p,q}}$, $\operatorname{Im} d^r_{p+r,q-r+1} = \dfrac{Z^{r-1}_{p-1,q+1} + B^r_{p,q}}{Z^{r-1}_{p-1,q+1} + B^{r-1}_{p,q}}$

(4) $\operatorname{Ker} d^r_{p,q} / \operatorname{Im} d^r_{p+r,q-r+1} = E^{r+1}_{p,q}$．

(5) 各 $(p,q) \in \mathbb{Z}^2$ に対し，ある整数 $k = k(p,q)$ が存在して，$E^k_{p,q} = E^{k+1}_{p,q} = E^{k+2}_{p,q} = \cdots$ が成り立つ．

(6) $Z_{p,q}^\infty = A_{p,q} \cap \operatorname{Ker} d^{p+q}$, $B_{p,q}^\infty = A_{p,q} \cap \operatorname{Im} d^{p+q+1}$, $F_p(E_{p+q}) \cong \dfrac{Z_{p,q}^\infty}{B_{p,q}^\infty}$

(7) $F_p(E_{p+q})/F_{p-1}(E_{p+q}) \cong E_{p,q}^\infty$.

(8) もし $F_{-1}(A) = 0$, $F_n(A_n) = A_n$ ($\forall n \geqq 0$) であれば, $p < 0$ または $q < 0$ のとき $E_{p,q}^2 = 0$ である.

(9) $E_{p,q}^0 = F_p(A_{p+q})/F_{p+1}(A_{p+q}) = A_{p,q}/A_{p-1,q+1}$,
$E_{p,q}^1 = H_{p+q}\bigl(F_p(A_\bullet)/F_{p-1}(A_\bullet)\bigr)$.

このようにして得られたスペクトル系列を,

$$E_{p,q}^1 = H_{p+q}\bigl(F_p(A_\bullet)/F_{p-1}(A_\bullet)\bigr) \implies E_n = H_n(A)$$

などと書く.

最後に, ホモロジー 2 重複体からスペクトル系列を構成する方法を説明する.

定義 5.6.6. 各 $p, q \in \mathbb{Z}$ に対し $C_{p,q}$ は R-加群であると仮定する.

$$C = \bigoplus_{p,q \in \mathbb{Z}} C_{p,q}$$

とおく. さらに, 準同型写像

$$\delta_{p,q}^I : C_{p,q} \to C_{p-1,q}, \quad \delta_{p,q}^{II} : C_{p,q} \to C_{p,q-1}$$

が与えられていて, 各 p, q に対し,

$$\delta_{p-1,q}^I \circ \delta_{p,q}^I = 0, \quad \delta_{p,q-1}^{II} \circ \delta_{p,q}^{II} = 0, \quad \delta_{p-1,q}^{II} \circ \delta_{p,q}^I + \delta_{p,q-1}^I \circ \delta_{p,q}^{II} = 0$$

(最後の条件は, $\delta_{p-1,q}^{II} \circ \delta_{p,q}^I = \delta_{p,q-1}^I \circ \delta_{p,q}^{II}$ でもよい) を満たすとき, $(C, \delta^I, \delta^{II})$ を**ホモロジー 2 重複体**という.

$$H_p^I(C_{\bullet,q}) = \operatorname{Ker} \delta_{p,q}^I / \operatorname{Im} \delta_{p+1,q}^I, \quad H_q^{II}(C_{p,\bullet}) = \operatorname{Ker} \delta_{p,q}^{II} / \operatorname{Im} \delta_{p,q+1}^{II}$$

と定義する. $\delta_{p,q}^I, \delta_{p,q}^{II}$ から誘導される準同型写像を

$$\overline{\delta_{p,q}^{II}} : H_p^I(C_{\bullet,q}) \longrightarrow H_p^I(C_{\bullet,q-1}), \quad \overline{\delta_{p,q}^I} : H_q^{II}(C_{p,\bullet}) \longrightarrow H_q^{II}(C_{p-1,\bullet})$$

おくと, さらに,

$$H_q^{II}\bigl(H_p^I(C)\bigr) = \operatorname{Ker} \overline{\delta_{p,q}^{II}} / \operatorname{Im} \overline{\delta_{p,q+1}^{II}}, \quad H_p^I\bigl(H_q^{II}(C)\bigr) = \operatorname{Ker} \overline{\delta_{p,q}^I} / \operatorname{Im} \overline{\delta_{p+1,q}^I}$$

というホモロジーが定義できる．

$C_r = \bigoplus_{p+q=r} C_{p,q}$ とし，$x = (x_{p,q} \mid p+q = r) \in C_r \ (x_{p,q} \in C_{p,q})$ に対し，
$$d^r(x) = \sum_{p+q=r} \left(\delta^I_{p,q}(x_{p,q}) + \delta^{II}_{p,q}(x_{p,q})\right)$$
として $d^r\colon C_r \to C_{r-1}$ を定義する．$d^r \circ d^{r+1} = 0$ が成り立つから，
$$H_r(C) = \operatorname{Ker} d^r / \operatorname{Im} d^{r+1}$$
が定義できる．

$H^I_p\bigl(H^{II}_q(C)\bigr)$ と $H_r(C)$ の関係を調べるためのホモロジー・スペクトル系列を構成する．

$A = C$, $A_r = C_r$ とおき，$d\colon A \to A$ は $d^r\colon C_r \to C_{r-1}$ から誘導される準同型写像とする．さらに，
$$F_p(A) = \bigoplus_{i=-\infty}^{p} \bigoplus_{q \in \mathbb{Z}} C_{i,q}$$
とおく．

定理 5.6.7. 仮定と記号は上のとおりとする．さらに，次の条件 (1)〜(4) のいずれかが成り立つと仮定する．
  (1) ある $p_0, q_0 \in \mathbb{Z}$ が存在して，$p < p_0$ または $q < q_0$ ならば $C_{p,q} = 0$．
  (2) ある $p_0, p_1 \in \mathbb{Z}$ が存在して，$p < p_0$ または $p > p_1$ ならば $C_{p,q} = 0$．
  (3) ある $q_0, q_1 \in \mathbb{Z}$ が存在して，$q < q_0$ または $q > q_1$ ならば $C_{p,q} = 0$．
  (4) 各 $n \in \mathbb{Z}$ に対しある $p_1 = p_1(n), p_2 = p_2(n)$ が存在し，$i < p_1$ または $i > p_2$ ならば $C_{i,n-i} = 0$．

すると，上で述べたようにスペクトル系列が存在する．このとき，以下が成り立つ．
$$A_{p,q} = \bigoplus_{i=-\infty}^{p} C_{i,p+q-i}$$
$$E^0_{p,q} = C_{p,q}, \quad d^0_{p,q} = \delta^{II}_{p,q}\colon E^0_{p,q} \to E^0_{p,q-1}$$
$$E^2_{p,q} = H^I_p\bigl(H^{II}_q(C)\bigr), \quad E_n = H_n(C)$$

5.6 ホモロジー・スペクトル系列

なお,本書では,上のスペクトル系列を,

$$^{I}E_{p,q}^{2} = H_{p}^{I}\bigl(H_{q}^{II}(C)\bigr) \implies E_{n} = H_{n}(C)$$

と表す.他方,添え字 I, II を逆にして定義されるスペクトルを

$$^{II}E_{p,q}^{2} = H_{p}^{II}\bigl(H_{q}^{I}(C)\bigr) \implies E_{n} = H_{n}(C)$$

あるいは,

$$^{II}E_{q,p}^{2} = H_{q}^{II}\bigl(H_{p}^{I}(C)\bigr) \implies E_{n} = H_{n}(C)$$

と書く.

演習問題 5.

5.1. $p < q, r \geqq 0$ を満たす整数 p, q, r を固定する．もし，$2i+j \neq p$, $2i+j \neq q$ を満たす任意の整数の組 (i,j) に対し $E_r^{i,j} = 0$ ならば，次の完全系列が存在することを証明せよ $(\forall n \in \mathbb{Z})$．

$$\cdots \to E_r^{q-n, 2n-q} \to E^n \to E_r^{p-n, 2n-p} \to E_r^{q-n-1, 2n+2-q} \to E^{n+1} \to \cdots$$

(ヒント：命題 5.1.4 と定理 5.2.3(1) を用いよ．補題 5.2.2 を用いてもよい．)

一般に，$k \geqq 2$ を定数とし，$ki + (k-1)j \neq p$, $ki + (k-1)j \neq q$ を満たす任意の整数の組 (i,j) に対し $E_r^{i,j} = 0$ ならば，次の完全系列が存在することを示せ．

$$\cdots \to E_r^{q-(k-1)n, kn-q} \longrightarrow E^n \longrightarrow E_r^{p-(k-1)n, kn-p}$$
$$\longrightarrow E_r^{q-(k-1)(n+1), k(n+1)-q} \longrightarrow E^{n+1} \to \cdots$$

5.2. $\forall (i,j) \in \mathbb{Z}^2 - \{(1,1), (1,2), (1,3), (2,1), (2,3), (3,1), (3,2), (3,3)\}$ に対し $E_2^{i,j} = 0$ ならば，以下の同型と完全系列が存在することを，補題 5.2.2 などを用いて証明せよ．

$$E^2 \cong E_2^{1,1}, \quad E^5 \cong E_2^{2,3}, \quad E^6 \cong E_2^{3,3}$$
$$0 \longrightarrow E_2^{2,1} \longrightarrow E^3 \longrightarrow E_2^{1,2} \longrightarrow E_2^{3,1} \longrightarrow E^4 \longrightarrow 0$$
$$0 \longrightarrow E^4 \longrightarrow E_2^{1,3} \longrightarrow E_2^{3,2} \longrightarrow E^5 \longrightarrow 0$$

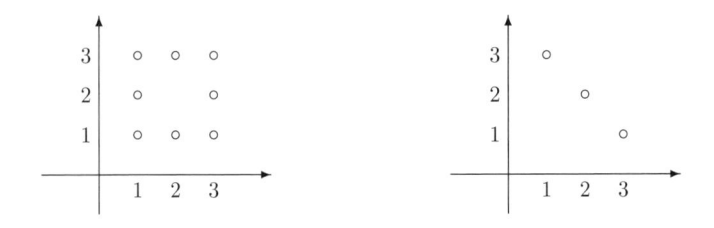

5.3. 直線 $i+j = n$ 上に $E_2^{i,j}$ が消えない点が 3 点以上ある場合は，完全系列ではなくフィルトレーションを利用することになる．

例えば，$\forall (i,j) \in \mathbb{Z}^2 - \{(3,1), (2,2), (1,3)\}$ に対し $E_2^{i,j} = 0$ ならば，$n \neq 4$ のとき $E^n = 0$ であって，E^4 については以下のフィルトレーション

が存在することを確かめよ．
$$E^4 = F^1(E^4) \supset F^2(E^4) \supset F^3(E^4) \supset F^4(E^4) = 0$$
$$E^4/F^2(E^4) \cong E_2^{1,3}, \quad F^2(E^4)/F^3(E^4) \cong E_2^{2,2}, \quad F^3(E^4) \cong E_2^{3,1}$$

5.4. $E_2^{p,q} \Longrightarrow E^n$ は第 1 象限にあるスペクトル系列で，その基礎環 R は体 $R = k$ であり，各 $E_r^{p,q}$ は有限次元 k-ベクトル空間であると仮定する．このとき，不定元 T についての巾級数

$$P(E_r, T) = \sum_{n=0}^{\infty} \dim_k \left(\bigoplus_{p+q=n} E_r^{p,q} \right) T^n$$

を E_r の **Poincaré 級数**という．また，2 つの整数係数巾級数 $f(T) = \sum_{n=0}^{\infty} a_n T^n$, $g(T) = \sum_{n=0}^{\infty} b_n T^n$ について，$a_n \geqq b_n$ ($\forall n = 0, 1, \ldots$) が成り立つとき $f(T) \geqq g(T)$ と書くことにする．このとき，

$$P(E_2, T) \geqq P(E_3, T) \geqq P(E_4, T) \geqq \cdots \geqq P(E_\infty, T)$$

が成り立つことを証明せよ．

5.5. $\{E_r^{p,q}, d_r^{p,q}\}, \{\widetilde{E_r^{p,q}}, \widetilde{d_r^{p,q}}\}$ は R-加群からなるスペクトル系列とする．以下の条件 (i), (ii), (iii) を満たす $f_r^{p,q}: E_r^{p,q} \longrightarrow \widetilde{E_r^{p,q}}$ を**スペクトル系列の準同型**という．

(i) 各 r, p, q に対し R-準同型 $f_r^{p,q}: E_r^{p,q} \to \widetilde{E_r^{p,q}}$ が与えられている．

(ii) 各 r, p, q に対し $f_r^{p+r,q-q+1} \circ d_r^{p,q} = \widetilde{d_r^{p,q}} \circ f_r^{p,q}$ が成り立つ．

(iii) $f_r^{p,q}$ は，$f_{r+1}^{p,q}: E_r^{p,q} \to \widetilde{E_r^{p,q}}$ から誘導されるコホモロジーの写像である．

(1) $f_2^{p,q}: E_2^{p,q} \longrightarrow \widetilde{E_2^{p,q}}$ が与えられていて $f_2^{p+r,q-q+1} \circ d_2^{p,q} = \widetilde{d_2^{p,q}} \circ f_2^{p,q}$ を満たせば，これから自然にスペクトル系列の準同型が一意的に誘導されることを証明せよ．($f_1^{p,q}$ や $f_0^{p,q}$ が与えられた場合も同様である．)

(2) 上のようなスペクトル系列の準同型から，$f_\infty^{p,q}: E_\infty^{p,q} \longrightarrow \widetilde{E_\infty^{p,q}}$ が誘導されることを証明せよ．

(3) ある $r_0 \in \mathbb{N}$ が存在して，任意の p, q に対し $f_{r_0}^{p,q}$ が同型写像であれば，任意の $r_0 \leqq r \leqq \infty$ に対し $f_r^{p,w}$ は同型写像であり，特に，$E^n \cong \widetilde{E^n}$ であることを証明せよ．

(4) (A, d), $(\widetilde{A}, \widetilde{d})$ はコホモロジー複体で，定義 5.3.1 ようなフィルターづけ $F^p(A)$, $\widetilde{F^p}(\widetilde{A})$ が与えられているとする．準同型写像 $f: A \to \widetilde{A}$ が与えられていて，任意の p に対し $f(F^p(A)) \subset \widetilde{F^p}(\widetilde{A})$ が成り立つと仮定する．すると，f から自然に，スペクトル系列の準同型 $f_r^{p,q}$ が誘導されることを証明せよ．

5.6. (Zeeman の比較定理) この問題には，次章で説明する Tor が登場するが，便宜上ここで扱う．$\{E_r^{p,q}, d_r^{p,q}\}$, $\{\widetilde{E_r^{p,q}}, \widetilde{d_r^{p,q}}\}$ は第 1 象限にあるスペクトル系列で，$f_r^{p,q}: E_r^{p,q} \longrightarrow \widetilde{E_r^{p,q}}$ は前問で説明したスペクトル系列の準同型とする．さらに，任意の p, q に対し，以下の可換図式が存在し，2 本の横の系列は完全であると仮定する．

$$\begin{array}{ccccccccc} 0 & \longrightarrow & E_2^{p,0} \otimes_R E_2^{0,q} & \longrightarrow & E_2^{p,q} & \longrightarrow & \operatorname{Tor}_1^R(E_2^{p+1,0}, E_2^{0,q}) & \longrightarrow & 0 \\ & & {\scriptstyle f_2^{p,0} \otimes f_2^{0,q}}\downarrow & & {\scriptstyle f_2^{p,q}}\downarrow & & {\scriptstyle \operatorname{Tor}(f_2^{p+1,0}, f_2^{0,q})}\downarrow & & \\ 0 & \longrightarrow & \widetilde{E_2^{p,0}} \otimes_R \widetilde{E_2^{0,q}} & \longrightarrow & \widetilde{E_2^{p,q}} & \longrightarrow & \operatorname{Tor}_1^R(\widetilde{E_2^{p+1,0}}, \widetilde{E_2^{0,q}}) & \longrightarrow & 0 \end{array}$$

このとき，以下の条件 (1), (2), (3) のうち 2 つが成立すれば，残りの 1 つが成立することを証明せよ．

(1) 任意の p に対し $f_2^{p,0}: E_2^{p,0} \overset{\cong}{\longrightarrow} \widetilde{E_2^{p,0}}$ は同型．

(2) 任意の q に対し $f_2^{0,q}: E_2^{0,q} \overset{\cong}{\longrightarrow} \widetilde{E_2^{0,q}}$ は同型．

(3) 任意の p, q に対し $f_\infty^{p,q}: E_\infty^{p,q} \overset{\cong}{\longrightarrow} \widetilde{E_\infty^{p,q}}$ は同型であり，特に，$E^n \cong \widetilde{E^n}$ である．

(解答は，[McCleary] p.56 定理 3.7 を見よ．)

5.7. R, S, T は環，$F: \mathfrak{M}_R \to \mathfrak{M}_S$ は加法的共変関手，$G: \mathfrak{M}_S \to \mathfrak{M}_T$ は右半完全共変関手とする．さらに，任意の射影的 R-加群 P と任意の $n \in \mathbb{N}$ に対し $L_n G(F(P)) = 0$ が成り立つと仮定する．すると，$M \in \mathfrak{M}_R$

に対し，スペクトル系列
$$E_{p,q}^2 = L_p G(L_q F(M)) \implies E_n = L_n(G \circ F)(M)$$
が存在することを証明せよ．

5.8. 上の問や，定理 5.5.4 のような Grothendieck スペクトル系列は全部で 8 通りあるので，それを一覧表にまとめることにしよう．定型的な定理の主張は以下のとおりである．

「R, S, T は環，$F: \mathfrak{M}_R \to \mathfrak{M}_S$ は加法的 ① 変関手，$G: \mathfrak{M}_S \to \mathfrak{M}_T$ は ② 半完全 ③ 変関手とする．さらに，任意の ④ 的 R-加群 X と任意の $n \in \mathbb{N}$ に対し ⑤ $G(F(X)) = 0$ が成り立つと仮定する．すると，$M \in \mathfrak{M}_R$ に対し，スペクトル系列
$$\text{⑥}\, G(\,\text{⑦}\, F(M)) \implies \text{⑧}\,(G \circ F)(M)$$
が存在する．」

ここで，① 〜 ⑧ の組合わせは以下のようになることを確かめよ．

①	②	③	④	⑤	⑥	⑦	⑧
共	左	共	移入	R^n	R^p	R^q	R^n
共	右	共	射影	L_n	L_p	L_q	L_n
共	左	反	射影	R^n	R^p	L_q	R^n
共	右	反	移入	L_n	L_p	R^q	L_n
反	左	共	移入	R^n	R^p	L_q	L_n
反	右	共	射影	L_n	L_p	R^q	R^n
反	左	反	射影	R^n	R^p	R^q	L_n
反	右	反	移入	L_n	L_p	L_q	R^n

第6章

Ext と Tor

6.1. Ext と Tor の定義

定理 6.1.1. R は環, M, N は R-加群とし, 2つの関手 $F_M: \mathfrak{M}_R \longrightarrow \mathfrak{M}_R$, $G_N: \mathfrak{M}_R \longrightarrow \mathfrak{M}_R$ は

$$F_M(\bullet) = \mathrm{Hom}_R(M, \bullet), \quad G_N(\bullet) = \mathrm{Hom}_R(\bullet, N)$$

で定義されるものとする. F_M は左半完全共変関手, G_N は左半完全反変関手なので, それぞれ右導来関手 $R^n F_M(X)$, $R^n G_N(X)$ が存在する. このとき, 任意の非負整数 n に対し,

$$R^n F_M(N) \cong R^n G_N(M)$$

が成立する. そこで, この $R^n F_M(N) \cong R^n G_N(M)$ を

$$\mathrm{Ext}_R^n(M, N)$$

と書く.

証明. M の射影分解と N の移入分解

$$\cdots \to P_3 \xrightarrow{d_3} P_2 \xrightarrow{d_2} P_1 \xrightarrow{d_1} P_0 \longrightarrow M \longrightarrow 0$$
$$0 \longrightarrow N \longrightarrow I^0 \xrightarrow{d^0} I^1 \xrightarrow{d^1} I^2 \xrightarrow{d^2} I^3 \to \cdots$$

をとり, 2重複体 $C^{p,q} = \mathrm{Hom}_R(P_p, I^q)$ を作る. ただし, $\delta_I^{p,q}: C^{p,q} \to C^{p+1,q}$ は $d_{p+1}: P_{p+1} \to P_p$ から得られる写像であり, $\delta_{II}^{p,q}: C^{p,q} \to C^{p,q+1}$ は

$d^q\colon I^q \to I^{q+1}$ から得られる写像である．この 2 重複体から構成されるスペクトル系列

$$^{I}E_2^{p,q} = H_I^p\bigl(H_{II}^q(C)\bigr) \implies E^n = H^n(C)$$

を考える．命題 3.1.5 より，任意の $p \geqq 0$ に対し

$$C^{p,0} \xrightarrow{\delta_{II}^{p,0}} C^{p,1} \xrightarrow{\delta_{II}^{p,1}} C^{p,2} \xrightarrow{\delta_{II}^{p,2}} C^{p,3} \to \dots$$

は完全系列である ($\delta_{II}^{p,0}$ は単射とは限らない)．したがって，$q \geqq 1$ のとき $H_{II}^q(C) = 0$ である．これより，$p \geqq 0$, $q \geqq 1$ のとき $^{I}E_2^{p,q} = 0$ である．定理 5.2.1(4) より，任意の n に対し $^{I}E_2^{n,0} \cong E^n$ が成り立つ．つまり，$H_I^n\bigl(H_{II}^0(C)\bigr) \cong H^n(C)$ である．$\mathrm{Ker}\,\delta_{II}^{n,0} = \mathrm{Hom}_R(P_n, N)$ なので，

$$H_I^n\bigl(H_{II}^0(C)\bigr) = H^n\bigl(\mathrm{Hom}_R(P_n, N)\bigr) = R^n G_N(M)$$

である．したがって，$R^n G_N(M) \cong H^n(C)$ である．

同様に，スペクトル系列

$$^{II}E_2^{q,p} = H_{II}^q\bigl(H_I^p(C)\bigr) \implies E^n = H^n(C)$$

を考えると，命題 3.1.5 より，任意の $q \geqq 0$ に対し

$$C^{0,q} \xrightarrow{\delta_I^{0,q}} C^{1,q} \xrightarrow{\delta_I^{1,q}} C^{2,q} \xrightarrow{\delta_I^{2,q}} C^{3,q} \to \dots$$

は完全系列だから，$p \geqq 1$ のとき $H_I^q(C) = 0$ で，$p \geqq 1$, $q \geqq 0$ のとき $^{II}E_2^{p,q} = 0$ である．よって，上と同様な議論で，

$$R^n F_M(N) = H_{II}^n\bigl(H_I^0(C)\bigr) = {}^{II}E_2^{0,n} \cong E^n = H^n(C)$$

が得られる．$R^n F_M(N) = H_{II}^n\bigl(H_I^0(C)\bigr) \cong H^n(C)$ が得られる．したがって，$R^n F_M(N) \cong R^n G_N(M)$ である． □

上の証明の方法は，スペクトル系列の基本的な使い方として頻繁に登場するので，しっかりマスターしておこう．

[CE] などでは，上の証明に登場する $H^n(C)$ が 2 変数関手 $\mathrm{Hom}_R(\bullet, \bullet)$ の導来関手として定義されていて，$R^n F_M$ や $R^n G_N$ は**偏導来関手** (partial derived functor) と位置づけている．

定理 6.1.2. R は環, M, N は R-加群とし, 2 つの関手 $F_M \colon \mathfrak{M}_R \longrightarrow \mathfrak{M}_R$, $G_N \colon \mathfrak{M}_R \longrightarrow \mathfrak{M}_R$ は

$$F_M(\bullet) = M \otimes_R \bullet, \quad G_N(\bullet) = \bullet \otimes_R N$$

で定義される関手とする. F_M, G_N は右半完全共変関手なので, 左導来関手 $L_n F_M(X), L_n G_N(X)$ が存在する. このとき, 任意の非負整数 n に対し,

$$L_n F_M(N) \cong L_n G_N(M)$$

が成り立つ. この $L_n F_M(N) \cong L_n G_N(M)$ を

$$\mathrm{Tor}_n^R(M, N)$$

と書く. また,

$$\mathrm{Tor}_n^R(M, N) \cong \mathrm{Tor}_n^R(N, M)$$

が成り立つ.

証明. M と N の自由分解

$$\cdots \to P_3 \xrightarrow{d_3^I} P_2 \xrightarrow{d_2^I} P_1 \xrightarrow{d_1^I} P_0 \longrightarrow M \longrightarrow 0$$
$$\cdots \to Q_3 \xrightarrow{d_3^{II}} Q_2 \xrightarrow{d_2^{II}} Q_1 \xrightarrow{d_1^{II}} Q_0 \longrightarrow N \longrightarrow 0$$

をとる. ホモロジー 2 重複体 $C_{p,q} = P_p \otimes_R Q_q$ を作り, ホモロジー・スペクトル系列

$$E_{p,q}^2 = H_p^I\big(H_q^{II}(C)\big), \quad E_n = H_n(C)$$

を考える. $p \geqq 0$ のとき, P_p は自由加群だから,

$$\cdots \to P_p \otimes_R Q_{q+1} \longrightarrow P_p \otimes_R Q_q \longrightarrow P_p \otimes_R Q_{q-1} \longrightarrow \cdots$$

は完全系列であり, $q \geqq 1$ のとき $H_q^{II}(C) = 0$ である. したがって, $R^n G_N(M) = E_{n,0}^2 \cong E_n = H_n(C)$ が成り立つ.

同様に, $R^n F_M(N) \cong H_n(C)$ だから, 結論を得る.

$\mathrm{Tor}_n^R(M, N) \cong \mathrm{Tor}_n^R(N, M)$ は $M \otimes_R N \cong N \otimes_R M$ より従う. □

定理 4.4.3, 定理 4.4.5 より, 次が得られる.

命題 6.1.3. $0 \to L \to M \to N \to 0$ が R-加群の完全系列で，A が R-加群のとき，以下の完全系列が存在する．

$$\begin{aligned}
0 &\longrightarrow \mathrm{Hom}_R(A, L) \longrightarrow \mathrm{Hom}_R(A, M) \longrightarrow \mathrm{Hom}_R(A, N) \\
&\longrightarrow \mathrm{Ext}^1_R(A, L) \longrightarrow \mathrm{Ext}^1_R(A, M) \longrightarrow \mathrm{Ext}^1_R(A, N) \\
&\longrightarrow \mathrm{Ext}^2_R(A, L) \longrightarrow \mathrm{Ext}^2_R(A, M) \longrightarrow \mathrm{Ext}^2_R(A, N) \to \cdots
\end{aligned}$$

$$\begin{aligned}
0 &\longrightarrow \mathrm{Hom}_R(N, A) \longrightarrow \mathrm{Hom}_R(M, A) \longrightarrow \mathrm{Hom}_R(L, A) \\
&\longrightarrow \mathrm{Ext}^1_R(N, A) \longrightarrow \mathrm{Ext}^1_R(M, A) \longrightarrow \mathrm{Ext}^1_R(L, A) \\
&\longrightarrow \mathrm{Ext}^2_R(N, A) \longrightarrow \mathrm{Ext}^2_R(M, A) \longrightarrow \mathrm{Ext}^2_R(L, A) \to \cdots
\end{aligned}$$

$$\begin{aligned}
\cdots &\longrightarrow \mathrm{Tor}^R_2(A, L) \longrightarrow \mathrm{Tor}^R_2(A, M) \longrightarrow \mathrm{Tor}^R_2(A, N) \\
&\longrightarrow \mathrm{Tor}^R_1(A, L) \longrightarrow \mathrm{Tor}^R_1(A, M) \longrightarrow \mathrm{Tor}^R_1(A, N) \\
&\longrightarrow A \otimes_R L \longrightarrow A \otimes_R M \longrightarrow A \otimes_R N \longrightarrow 0
\end{aligned}$$

命題 6.1.4. R は環，M, N は R-加群とする．

(1) M が射影的 R-加群であるか，または，N が移入的 R-加群であれば，

$$\mathrm{Ext}^n_R(M, N) = 0 \quad (\forall n \geqq 1)$$

である．したがって，例えば N が移入的 R-加群のとき，$T_N(\bullet) = \mathrm{Hom}_R(\bullet, N)$ とおくと，T_N は完全関手になる．

(2) M または N が射影的 R-加群であれば，

$$\mathrm{Tor}^R_n(M, N) = 0 \quad (\forall n \geqq 1).$$

(3) I は R-加群とする．もし，R の任意のイデアル $\mathfrak{a}$ に対し，

$$\mathrm{Ext}^1_R(R/\mathfrak{a}, I) = 0$$

であれば，I は移入的である．

証明. (1), (2) は命題 4.4.11 よりすぐわかる．

(3) は，$\mathrm{Ext}^1_R(R/\mathfrak{a}, I) = 0$ ならば，$\mathrm{Hom}_R(R, I) \to \mathrm{Hom}_R(\mathfrak{a}, I)$ が全射だから，Baer の補題（定理 3.3.1）より，I は移入的である． □

命題 6.1.5. R は環, N, M_λ ($\lambda \in \Lambda$) は R-加群とすると次が成り立つ.

$$\mathrm{Ext}_R^n \Big(\bigoplus_{\lambda \in \Lambda} M_\lambda, N \Big) \cong \prod_{\lambda \in \Lambda} \mathrm{Ext}_R^n(M_\lambda, N) \qquad ①$$

$$\mathrm{Ext}_R^n \Big(N, \prod_{\lambda \in \Lambda} M_\lambda \Big) \cong \prod_{\lambda \in \Lambda} \mathrm{Ext}_R^n(N, M_\lambda) \qquad ②$$

$$\mathrm{Tor}_n^R \Big(\bigoplus_{\lambda \in \Lambda} M_\lambda, N \Big) \cong \bigoplus_{\lambda \in \Lambda} \mathrm{Tor}_n^R(M_\lambda, N) \qquad ③$$

さらに, R が Noether 環で, N が有限生成 R-加群ならば次が成り立つ.

$$\mathrm{Ext}_R^n \Big(N, \bigoplus_{\lambda \in \Lambda} M_\lambda \Big) \cong \bigoplus_{\lambda \in \Lambda} \mathrm{Ext}_R^n(N, M_\lambda) \qquad ④$$

$$\mathrm{Tor}_n^R \Big(\prod_{\lambda \in \Lambda} M_\lambda, N \Big) \cong \prod_{\lambda \in \Lambda} \mathrm{Tor}_n^R(M_\lambda, N) \qquad ⑤$$

証明. ① 〜 ④ は 定理 1.7.2, 定理 1.9.6, 定理 4.5.2 よりわかる.

⑤ を示す. $n = 0$ の場合は, 定理 1.9.6 で示した. 全射 $\psi \colon R^{\oplus m} \to N$ をとり $K = \mathrm{Ker}\,\psi$ とすると, K も有限生成である. 前命題 (2) より, $n \geqq 1$ のとき,

$$\mathrm{Tor}_n^R \Big(\prod_{\lambda \in \Lambda} M_\lambda, R^{\oplus m} \Big) = 0, \quad \prod_{\lambda \in \Lambda} \mathrm{Tor}_n^R(M_\lambda, R^{\oplus m}) = 0$$

である. 完全系列 $0 \to K \to R^{\oplus m} \to N \to 0$ から得られる Tor の完全系列を考える. $n \geqq 2$ のときは, 命題 6.1.3 より可換図式

$$\begin{array}{ccccc}
0 \longrightarrow \mathrm{Tor}_n^R\Big(\prod_{\lambda \in \Lambda} M_\lambda, N\Big) & \longrightarrow & \mathrm{Tor}_{n-1}^R\Big(\prod_{\lambda \in \Lambda} M_\lambda, K\Big) & \longrightarrow & 0 \\
h_1 \downarrow & & \downarrow h_2 & & \\
0 \longrightarrow \prod_{\lambda \in \Lambda} \mathrm{Tor}_n^R(M_\lambda, N) & \longrightarrow & \prod_{\lambda \in \Lambda} \mathrm{Tor}_{n-1}^R(M_\lambda, K) & \longrightarrow & 0
\end{array}$$

を得る. $n = 1$ の場合は, 上の図式の右端が 0 ではなくて, 定理 1.9.6(2) の証明で書いた項が並ぶ. いずれの場合も, n に関する帰納法で, h_2 が同型写像であることから, h_1 も同型写像であることが導かれる. □

命題 6.1.6. R は環, N は R-加群で, $\{M_\lambda, f_{\lambda\mu}\}$ は R-加群の帰納系

とすると次が成り立つ.
$$\operatorname{Tor}_n^R\left(\varinjlim_\lambda M_\lambda, N\right) \cong \varinjlim_\lambda \operatorname{Tor}_n^R(M_\lambda, N) \qquad (1)$$

さらに, R が Noether 環で, N が有限生成 R-加群ならば次が成り立つ.
$$\operatorname{Ext}_R^n\left(N, \varinjlim_\lambda M_\lambda\right) \cong \varinjlim_\lambda \operatorname{Ext}_R^n(N, M_\lambda) \qquad (2)$$

証明. (1) は定理 1.9.12, 定理 4.5.4 よりわかるが, 前命題 ⑤ のような証明のほうが簡明である.

$N = R^{\oplus m}$ ならば, $n \geqq 1$ のとき (1) の両辺は 0 で, $n = 0$ のときも定理 1.9.12 より, (1) は成立している.

N が一般の有限生成 R-加群 N のときは, 前命題 ⑤ の証明のような完全系列 $0 \to K \to R^{\oplus m} \to N \to 0$ をとる. $M_\infty = \varinjlim M_\lambda$ とおく. 可換図式

$$\begin{array}{ccccccc}
0 & \longrightarrow & \varinjlim \operatorname{Tor}_n^R(M_\lambda, N) & \longrightarrow & \varinjlim \operatorname{Tor}_{n-1}^R(M_\lambda, K) & \longrightarrow & 0 \\
& & \downarrow & & \downarrow & & \\
0 & \longrightarrow & \operatorname{Tor}_n^R(M_\infty, N) & \longrightarrow & \operatorname{Tor}_{n-1}^R(M_\infty, K) & \longrightarrow & 0
\end{array}$$

($n = 1$ のときは要変更) が得られるので, n に関する帰納法で, 証明が完了する.

(2) を示す. $M_\infty = \varinjlim M_\lambda$ とおく. ランク有限な自由分解 $\cdots \to P_1 \xrightarrow{\delta_1} P_0 \xrightarrow{\varepsilon} N \to 0$ をとる. $r_n = \operatorname{rank} P_n$ とおけば, $\operatorname{Hom}(P_n, M_\lambda) \cong M_\lambda^{\oplus r_n}$ である. したがって, n を固定したとき $\{\operatorname{Hom}(P_n, M_\lambda)\}$ も帰納系をなし,
$$\varinjlim \operatorname{Hom}_R(P_n, M_\lambda) \cong \operatorname{Hom}_R(P_n, M_\infty)$$
が成り立つ. ここで, 両辺のコホモロジー群をとれば結論が得られる. □

$\varinjlim$ は完全関手であったが, $\varprojlim$ は左半完全関手でしかなかった. そのせいもあって, (コ) ホモロジー関手 H は $R\Sigma^*$ 的でない. そのため, 上と同じような公式を, $\varprojlim$ に期待してはいけない. あえていうと, 取り扱える可能性が高いのは,
$$\operatorname{Ext}_R^n\left(\varinjlim M_\lambda, N\right) \quad と \quad \varprojlim \operatorname{Ext}_R^n(M_\lambda, N)$$

の間の関係である．もちろん，この 2 つは一般には同型でない．

例えば，$\mathbb{Q}$ は $\mathbb{Z}$-平坦だから，定理 3.2.14 より有限生成自由 $\mathbb{Z}$-加群の帰納系 $\{\mathbb{Z}^{\oplus n_\lambda}\}$ で $\varinjlim \mathbb{Z}^{\oplus n_\lambda} \cong \mathbb{Q}$ となるものが存在する．このとき，

$$\mathrm{Ext}^1_{\mathbb{Z}}(\mathbb{Q}, \mathbb{Z}) \cong \mathbb{R} \neq 0 = \varinjlim \mathrm{Ext}^1_R(\mathbb{Z}^{\oplus n_\lambda}, \mathbb{Z})$$

である．

この問題には，$\varprojlim$ の右導来関手の考察が必要である．例えば，1 つの部分的解答として，[Weibel] p.85 Application 3.5.10 を参照されたい．

定理 6.1.7. R, S は環，L, M は R-左加群，M, N は S-右加群，n は非負整数とする．このとき，次が成り立つ．

(1) 準同型写像

$$\rho^n \colon \mathrm{Ext}^n_R\bigl(L, \mathrm{Hom}_S(M, N)\bigr) \longrightarrow \mathrm{Hom}_S\bigl(\mathrm{Tor}^R_n(L, M), N\bigr)$$

が存在する．ρ^0 は同型写像である．また，もし，N が移入的ならば，すべての ρ^n は同型写像である．

(2) 準同型写像

$$\sigma_n \colon \mathrm{Tor}^R_n\bigl(L, \mathrm{Hom}_S(M, N)\bigr) \longrightarrow \mathrm{Hom}_S\bigl(\mathrm{Ext}^n_R(L, M), N\bigr)$$

が存在する．もし，R が Noether 環で，L が有限生成 R-加群，N が移入的 S-加群ならば，σ_n は同型写像である．

証明．(1) 命題 1.9.13 より，ρ^0 は同型写像である．L の射影分解 $\cdots \to P_1 \to P_0 \to L \to 0$ をとり，$C_n = P_n \otimes_R M$ として複体 $C_\bullet = \{C_n\}$ を定義する．また，$T(\bullet) = \mathrm{Hom}_S(\bullet, N)$ により，左半完全反変関手 $T \colon \mathfrak{M}_S \to \mathfrak{M}_S$ を定義する．命題 1.9.13 より，

$$\begin{aligned}
\mathrm{Ext}^n_R\bigl(L, \mathrm{Hom}_S(M, N)\bigr) &= H^n\bigl(\mathrm{Hom}_R(P_\bullet, \mathrm{Hom}_S(M, N))\bigr) \\
&\cong H^n\bigl(\mathrm{Hom}_R(P_\bullet \otimes_R M, N)\bigr) \\
&= H^n(T(P_\bullet \otimes_R M)) = H^n(T(C_\bullet))
\end{aligned}$$

である．また，$\mathrm{Tor}^R_n(L, M) = H_n(C_\bullet)$ だから，

$$\mathrm{Hom}_S\bigl(\mathrm{Tor}^R_n(L, M), N\bigr) = T(H_n(C_\bullet))$$

である．系 4.6.3(2) より，
$$\rho^n \colon \mathrm{Ext}^n_R\bigl(L, \mathrm{Hom}_S(M, N)\bigr) = H^n(T(C_\bullet))$$
$$\longrightarrow T(H_n(C_\bullet)) = \mathrm{Hom}_S\bigl(\mathrm{Tor}^R_n(L, M), N\bigr)$$
が存在する．N が移入的な場合は T が完全関手になるので，系 4.6.3(6) より ρ^n は同型写像である．

(2) σ_0 の構成方法は命題 1.9.14 の証明で述べたとおりである．自由分解 $\cdots \to P_1 \to P_0 \to L \to 0$ をとる．命題 1.9.14 の証明で述べたように，
$$\varphi_n \colon P_n \otimes_R \mathrm{Hom}_S(M, N) \longrightarrow \mathrm{Hom}_S\bigl(\mathrm{Hom}_R(P_n, M), N\bigr)$$
が存在し，これより，
$$\overline{\varphi_n} \colon H_n\bigl(P_n \otimes_R \mathrm{Hom}_S(M, N)\bigr) \longrightarrow H_n\bigl(\mathrm{Hom}_S\bigl(\mathrm{Hom}_R(P_n, M), N\bigr)\bigr)$$
が構成される．ここで，
$$H_n\bigl(P_\bullet \otimes_R \mathrm{Hom}_S(M, N)\bigr) = \mathrm{Tor}^R_n\bigl(\mathrm{Hom}_S(M, N), L\bigr)$$
である．次に，$C^n = \mathrm{Hom}_R(P_n, M)$ とおき，コホモロジー複体 $C^\bullet = \{C^n\}$ を考える．$T(\bullet) = \mathrm{Hom}_S(\bullet, N)$ は左半完全反変関手であるから，$H_n(T(C^\bullet)) \longrightarrow T(H^n(C^\bullet))$ が存在する．
$$H_n(T(C^\bullet)) = H_n\bigl(\mathrm{Hom}_S\bigl(\mathrm{Hom}_R(L, M), N\bigr)\bigr)$$
$$T(H^n(C^\bullet)) = T\bigl(\mathrm{Ext}^n_R(L, M)\bigr) = \mathrm{Hom}_S\bigl(\mathrm{Ext}^n_R(L, M), N\bigr)$$
なので，写像 σ_n が構成できる．

R が Noether 環，L が有限生成，N が移入的な場合を考える．P_n はランクが有限な自由 R-加群として選ぶことができるので，命題 1.9.14 より，σ_0, σ_n は同型写像である．N が移入的だから，T は完全関手になり，$H_n(T(C^\bullet)) \cong T(H^n(C^\bullet))$ である． □

次の 3 つのスペクトル系列は，使い方をマスターしてしまえば応用が広い．

定理 6.1.8. S が R-多元環，L, M が R-加群，N が S-加群のとき，次のスペクトル系列が存在する．

$$E^2_{p,q} = \mathrm{Tor}^S_p(\mathrm{Tor}^R_q(M, S), N) \implies E_n = \mathrm{Tor}^R_n(M, N) \qquad (1)$$
$$E^{p,q}_2 = \mathrm{Ext}^p_S(N, \mathrm{Ext}^q_R(S, M)) \implies E^n = \mathrm{Ext}^n_R(N, M) \qquad (2)$$
$$E^{p,q}_2 = \mathrm{Ext}^p_S(\mathrm{Tor}^R_q(M, S), N) \implies E^n = \mathrm{Ext}^n_R(M, N) \qquad (3)$$

証明. (1) R-射影分解 $\cdots \to P_0 \to M \to 0$ と, S-射影分解 $\cdots \to Q_0 \to N \to 0$ をとり, 2 重複体 $C_{i,j} = P_i \otimes_R Q_j$ を作る.

$${}^{II}E_{p,q}^2 = H_p^{II}\bigl(H_q^I(C)\bigr) \implies E_n = H_n(C) = H_n(P \otimes Q) = \mathrm{Tor}_n^R(M, N)$$

を考える. $H_q^I(C)$ の p 次部分は,

$$\bigl(H_q^I(C)\bigr)_p \cong H_q(P_\bullet \otimes_R Q_p) \cong H_q\bigl((P_\bullet \otimes_R S) \otimes_S Q_p\bigr)$$
$$\cong H_q(P_\bullet \otimes_R S) \otimes_S Q_p \cong \mathrm{Tor}_q^R(M, S) \otimes_S Q_p$$

であるから,

$${}^{II}E_{p,q}^2 \cong H_p^{II}\bigl(\mathrm{Tor}_q^R(M, S) \otimes_S Q_\bullet\bigr) \cong \mathrm{Tor}_p^S(\mathrm{Tor}_q^R(M, S), N)$$

となる. これより, スペクトル系列 (1) が得られる.

(2) R-移入分解 $0 \to M \to I^0 \to \cdots$ と, S-自由分解 $\cdots \to Q_0 \to N \to 0$ をとり, 2 重複体 $C^{i,j} = \mathrm{Hom}_R(Q_i, I^j)$ を作る.

$$\mathrm{Hom}_S\bigl(Q_i, \mathrm{Hom}_R(S, I^j)\bigr) \cong \mathrm{Hom}_R(Q_i \otimes_S S, I^j) \cong \mathrm{Hom}_R(Q_i, I^j)$$

に注意すると,

$$\bigl(H_{II}^q(C)\bigr)^p \cong H^q\bigl(\mathrm{Hom}_R(Q_p, I^\bullet)\bigr) \cong H^q\bigl(\mathrm{Hom}_S(Q_p, \mathrm{Hom}_R(S, I^\bullet))\bigr)$$
$$\cong \mathrm{Hom}_S\bigl(Q_p, H^q(\mathrm{Hom}_R(S, I^\bullet))\bigr) \cong \mathrm{Hom}_S\bigl(Q_p, \mathrm{Ext}_R^q(S, M)\bigr)$$

なので, ${}^{I}E_2^{p,q} = H_I^p\bigl(H_{II}^q(C)\bigr) \implies E^n = H^n(C) = \mathrm{Ext}_R^n(N, M)$ が求めるスペクトル系列を与える.

(3) R-射影分解 $\cdots \to P_0 \to M \to 0$ と, S-移入分解 $0 \to N \to J^0 \to \cdots$ をとり, 2 重複体 $C_{i,j} = \mathrm{Hom}_R(P_i, J^j)$ を作る.

$$\mathrm{Hom}_S(P_i \otimes_R S, J^j) \cong \mathrm{Hom}_R\bigl(P_i, \mathrm{Hom}_S(S, J^j)\bigr) \cong \mathrm{Hom}_R(P_i, J^j)$$

なので,

$$\bigl(H_I^q(C)\bigr)^p \cong H^q\bigl(\mathrm{Hom}_R(P_\bullet, J^p)\bigr) \cong H^q\bigl(\mathrm{Hom}_S(P_\bullet \otimes_R S, J^p)\bigr)$$
$$\cong \mathrm{Hom}_S\bigl(H_q(P_\bullet \otimes_R S), J^p\bigr) \cong \mathrm{Hom}_S\bigl(\mathrm{Tor}_q^R(M, S), J^p\bigr)$$

となり, ${}^{II}E_2^{p,q} = H_{II}^p\bigl(H_I^q(C)\bigr) \implies E^n = H^n(C)$ が求めるスペクトル系列である.

[CE] p.116〜119 の Change of Rings にある話の大半は，上のスペクトル系列を利用することにより簡単に導けることを注意しておく．次のスペクトル系列は，第 2,4 象限にあるスペクトル系列なので，少し注意して使う必要がある．

定理 6.1.9. R は Noether 環，L, M, N は R-加群とする．

(1) M は有限生成 R-加群で，$\operatorname{proj dim}_R M < \infty$ または $\operatorname{inj dim}_R N < \infty$ であると仮定する．すると，次のスペクトル系列が存在する．

$$E_2^{p,q} = \operatorname{Ext}_R^{-p}(\operatorname{Ext}_R^q(M, R), N) \implies E_n = \operatorname{Tor}_n^R(M, N)$$

(2) M は有限生成 R-加群で，$\operatorname{proj dim}_R L < \infty$ であるか，または，M は R-加群で $\operatorname{proj dim}_R M < \infty$ であると仮定する．すると，次のスペクトル系列が存在する．

$$E_{p,q}^2 = \operatorname{Tor}_{-p}^R(\operatorname{Ext}_R^q(L, R), M) \implies E^n = \operatorname{Ext}_R^n(L, M)$$

証明． (1) ランク有限な R-有限自由分解 $\cdots \to P_0 \to M \to 0$ と，R-移入分解 $0 \to N \to I^0 \to \cdots$ をとる．$d_I^j : I^j \to I^{j+1}$ を $I^\bullet$ の微分とする．$P_i \otimes_R I^j$ はホモロジー 2 重複体にはならないので，I の添え字を反転させる．すなわち，$Q_j = I^{-j}, d_j^Q = d_I^{1-j} : Q_j \to Q_{j-1}$ として，ホモロジー複体 $\{Q_j, d_j^Q\}$ を定め，ホモロジー 2 重複体 $C_{i,j} = P_j \otimes_R Q_i = P_j \otimes_R I^{-i}$ を作る．

この 2 重複体 $C_{i,j}$ は，$\operatorname{proj dim}_R M < \infty$ ならば定理 5.6.7 の仮定 (3) を満たし，$\operatorname{inj dim}_R N < \infty$ ならば定理 5.6.7 の仮定 (2) を満たす．したがって，スペクトル系列 ${}^I E_{p,q}^2 = H_p^I\big(H_q^{II}(C)\big) \implies E_n = H_n(C)$ が存在する．定理 6.1.7(2) より，

$$\operatorname{Hom}_R\big(\operatorname{Hom}_R(P_j, R), I^{-i}\big) \cong P_j \otimes_r \operatorname{Hom}_R(R, I^{-i}) \cong C_{i,j}$$

なので，$H_p^I\big(H_q^{II}(C)\big) = \operatorname{Ext}_R^{-p}\big(\operatorname{Ext}_R^q(M, R), N\big)$ である．また，スペクトル系列 ${}^{II}E_{q,p}^2 = H_q^{II}\big(H_p^I(C)\big) \implies E_n = H_n(C)$ が存在するが，$H_p^I(C_{\bullet,q}) = P_q \otimes_R N$ なので，$H_n(C) \cong {}^{II}E_{0,n}^2 = \operatorname{Tor}_n^R(M, N)$ となる． □

(2) R-射影分解 $\cdots \to P_0 \to L \to 0$ と,ランク有限な R-自由分解 $\cdots \to Q_0 \to M \to 0$ をとり,2 重複体 $C^{i,j} = \mathrm{Hom}_R(P_i, Q_{-j})$ を考える.
$$\mathrm{Hom}_R(P_i, R) \otimes_R Q_{-j} \cong \mathrm{Hom}_R(P_i, Q_{-j})$$
であることを用いれば,(1) と同様にして証明できる. □

定理 6.1.10. R が可換整域, M, N が R-加群, $n \geqq 1$ のとき, $\mathrm{Tor}_n^R(M, N)$ はねじれ R-加群である.

証明. まず, M が有限生成 torsion free R-加群の場合に証明する. M の生成系 $x_1, \ldots, x_n$ で, $x_1, \ldots, x_m$ $(m \leqq n)$ が $Q(R)$-ベクトル空間 $Q(R) \otimes_R M$ の基底になるようなものが選べる. $x_j = \sum_{i=1}^m a_{ij} x_i$ $(a_{ij} \in Q(R), 1 \leqq j \leqq n)$ と一意的に表せる. a_{ij} 達を分数で表し,その分母の公倍数を c とすれば, $c a_{ij} \in R$ である. F を $x_1/c, \ldots, x_m/c$ で生成される $Q(R) \otimes_R M$ の部分 R-加群とする. F は自由 R-加群である. $x_j = \sum_{i=1}^m (c a_{ij})(x_i/c)$ なので, $M \subset F$ である. また,勝手な $y \in F/M$ は $y = \sum_{i=1}^m b_i \overline{(x_j/c)}$ $(b_j \in R)$ と書けるが, $c\overline{(x_j/c)} = 0$ なので $cy = 0$ となり, F/M は有限生成なねじれ R-加群である. 補題 4.3.6 より, $\mathrm{Tor}_n^R(F/M, N)$ $(\forall n \geqq 0)$ もねじれ R-加群である. 完全系列
$$0 = \mathrm{Tor}_n^R(F, N) \longrightarrow \mathrm{Tor}_n^R(F/M, N)$$
$$\longrightarrow \mathrm{Tor}_{n+1}^R(M, N) \longrightarrow \mathrm{Tor}_{n+1}^R(F, N) = 0$$
より, $\mathrm{Tor}_{n+1}^R(M, N)$ もねじれ加群である $(n \geqq 0)$.

次に, M が有限生成でない torsion free R-加群の場合に証明する. X を M の生成系とし, $Y \subset X$ に対し, Y で生成される M の部分 R-加群を M_Y とする. X の空でない有限部分集合全体を Λ とし,包含関係によって Λ を半順序集合と考える. 包含写像によって, $\{M_Y\}_{Y \in \Lambda}$ は Λ を添え字集合とする帰納系になる. このとき, $\varinjlim M_Y = M$ が成り立つ. Tor_n^R は LΣ^* 的であるので,
$$\varinjlim \mathrm{Tor}_n^R(M_Y, N) \cong \mathrm{Tor}_n^R(M, N)$$

が成り立つ．Y は有限集合なので，$\mathrm{Tor}_n^R(M_Y, N)$ はねじれ加群であり，命題 3.2.4 より，$\mathrm{Tor}_n^R(M, N)$ もねじれ加群になる．

最後に，一般の R-加群 M の場合に証明する．完全系列 $0 \longrightarrow M_{\mathrm{tor}} \longrightarrow M \longrightarrow M_{\mathrm{free}} \longrightarrow 0$ より，完全系列

$$\mathrm{Tor}_n^R(M_{\mathrm{tor}}, N) \longrightarrow \mathrm{Tor}_n^R(M, N) \longrightarrow \mathrm{Tor}_n^R(M_{\mathrm{free}}, N)$$

が得られる．補題 4.3.6 より，$\mathrm{Tor}_n^R(M_{\mathrm{tor}}, N)$ はねじれ加群である．上の結果から，$n \geqq 1$ のとき，$\mathrm{Tor}_n^R(M_{\mathrm{free}}, N)$ はねじれ加群なので，$\mathrm{Tor}_n^R(M, N)$ もねじれ加群である． □

命題 6.1.11. M, N が $\mathbb{Z}$-加群ならば，$n \geqq 2$ のとき，

$$\mathrm{Ext}_{\mathbb{Z}}^n(M, N) = 0, \quad \mathrm{Tor}_n^{\mathbb{Z}}(M, N) = 0$$

である．特に，M が torsion free $\mathbb{Z}$-加群ならば，$n \neq 0$ のとき $\mathrm{Tor}_n^{\mathbb{Z}}(M, N) = 0$ である．

証明．(Ext) $I^0 = E_{\mathbb{Z}}(N)$, $I^1 = I^0/N$ とおく．定理 3.3.8 より I^1 は移入的であり，$0 \to N \to I^0 \to I^1 \to 0$ は長さ 1 以下の移入分解である．これを用いて $\mathrm{Ext}_{\mathbb{Z}}^n(M, N)$ を計算すればよい．

(Tor) M が有限生成 $\mathbb{Z}$-加群の場合を考える．有限生成 Abel 群の構造定理により，

$$M \cong \mathbb{Z}^r \oplus \mathbb{Z}/m_1\mathbb{Z} \oplus \cdots \oplus \mathbb{Z}/m_k\mathbb{Z}$$

と書ける．Tor_n^R は LΣ 的だから，

$\mathrm{Tor}_n^{\mathbb{Z}}(M, N) \cong \mathrm{Tor}_n^{\mathbb{Z}}(\mathbb{Z}^r, N) \oplus \mathrm{Tor}_n^{\mathbb{Z}}(\mathbb{Z}/m_1\mathbb{Z}, N) \oplus \cdots \oplus \mathrm{Tor}_n^{\mathbb{Z}}(\mathbb{Z}/m_k\mathbb{Z}, N)$

である．$\mathbb{Z}^m$ は射影的 $\mathbb{Z}$-加群だから $\mathrm{Tor}_n^{\mathbb{Z}}(\mathbb{Z}^r, N) = 0$ $(n \geqq 1)$ である．また，$0 \to \mathbb{Z} \xrightarrow{f} \mathbb{Z} \to \mathbb{Z}/m\mathbb{Z} \to 0$ (f は m 倍写像) は射影分解だから，$n \geqq 2$ のとき，$\mathrm{Tor}_n^{\mathbb{Z}}(\mathbb{Z}/m\mathbb{Z}, N) = 0$ である．したがって，$n \geqq 2$ のとき $\mathrm{Tor}_n^{\mathbb{Z}}(M, N) = 0$ である．

一般の $\mathbb{Z}$-加群 M は，定理 6.1.10 の証明と同様な議論により，有限生成 $\mathbb{Z}$-加群の帰納的極限として表せる．Tor_n^R は LΣ^* 的なので，$n \geqq 2$ のとき $\mathrm{Tor}_n^{\mathbb{Z}}(M, N) = 0$ である．

M が torsion free の場合の証明も，上の証明と前定理の証明からすぐわかる． □

注意 6.1.12. 上の証明から，$\mathbb{Z}$-加群 N に対し，$f_m: N \to N$ を m 倍写像 $(f_m(x) = mx)$ とすると，
$$\mathrm{Tor}_1^{\mathbb{Z}}(\mathbb{Z}/m\mathbb{Z}, N) \cong N/f_m(N) = N/mN$$
であることがわかる．

命題 6.1.13. R は可換整域で，M はねじれ加群，N は torsion free R-加群とする．このとき，次が成り立つ．
$$\mathrm{Ext}_R^1(M, N) \cong \mathrm{Hom}_R(M, (Q(R)/R) \otimes_R N)$$

証明． 完全系列 $0 \to R \to Q(R) \to Q(R)/R \to 0$ に $\otimes_R N$ したとき，$\mathrm{Ker}(R \otimes_R N \longrightarrow Q(R) \otimes_R N) \subset N_{\mathrm{tor}} = 0$ なので，完全系列
$$0 \longrightarrow N \longrightarrow Q(R) \otimes_R N \xrightarrow{\psi} (Q(R)/R) \otimes_R N \longrightarrow 0$$
を得る．これに，$\mathrm{Hom}_R(M, \bullet)$ すると，次が得られる．
$$0 \longrightarrow \mathrm{Hom}_R(M, N) \longrightarrow \mathrm{Hom}_R\left(M, Q(R) \otimes_R N\right)$$
$$\longrightarrow \mathrm{Hom}_R\left(M, (Q(R)/R) \otimes_R N\right) \longrightarrow \mathrm{Ext}_R^1(M, N) \longrightarrow 0$$
ここで，定理 3.3.8 より $Q(R) \otimes_R N$ は移入的なので，$\mathrm{Ext}_R^1\left(M, Q(R) \otimes_R N\right) = 0$ である．また，M はねじれ加群なので，$\mathrm{Hom}_R\left(M, Q(R) \otimes_R N\right) = 0$ である．これより結論を得る． □

命題 6.1.14. $\mathfrak{a}, \mathfrak{b}$ は環 R のイデアルとする．このとき，
$$\mathrm{Tor}_1^R(R/\mathfrak{a}, R/\mathfrak{b}) \cong (\mathfrak{a} \cap \mathfrak{b})/\mathfrak{a}\mathfrak{b}$$
が成り立つ．特に，
$$\mathrm{Tor}_1^R(R/\mathfrak{a}, R/\mathfrak{a}) \cong \mathfrak{a}/\mathfrak{a}^2$$
が成り立つ．

証明. $\mathfrak{a} \otimes_R \dfrac{R}{\mathfrak{b}} \cong \dfrac{\mathfrak{a} \otimes_R R}{\operatorname{Im}(\mathfrak{a} \otimes_R \mathfrak{b} \to \mathfrak{a} \otimes_R R)} \cong \dfrac{\mathfrak{a}}{\mathfrak{a}\mathfrak{b}}$ に注意すると，次の可換図式を得る．

$$\begin{array}{ccccccccc} 0 & \longrightarrow & \mathfrak{a}\mathfrak{b} & \longrightarrow & \mathfrak{a} & \longrightarrow & \mathfrak{a} \otimes_R R/\mathfrak{b} & \longrightarrow & 0 \\ & & \downarrow & & \downarrow g & & \downarrow h & & \\ 0 & \longrightarrow & \mathfrak{b} & \longrightarrow & R & \longrightarrow & R \otimes_R R/\mathfrak{b} & \longrightarrow & 0 \end{array}$$

$\operatorname{Ker} g = 0$, $\operatorname{Coker} h = R/\mathfrak{a} \otimes_R R/\mathfrak{b}$, $\operatorname{Ker} h = \operatorname{Tor}_1^R(R/\mathfrak{a}, R/\mathfrak{b})$ に注意すると，蛇の補題より次の完全系列が得られる．

$$0 \longrightarrow \operatorname{Tor}_1^R(R/\mathfrak{a}, R/\mathfrak{b}) \longrightarrow \mathfrak{b}/\mathfrak{a}\mathfrak{b} \xrightarrow{\varphi} R/\mathfrak{a} \longrightarrow R/\mathfrak{a} \otimes_R R/\mathfrak{b} \longrightarrow 0$$

ここで，$\operatorname{Ker} \varphi = (\mathfrak{a} \cap \mathfrak{b})/\mathfrak{a}\mathfrak{b}$ だから，$\operatorname{Tor}_1^R(R/\mathfrak{a}, R/\mathfrak{b}) \cong (\mathfrak{a} \cap \mathfrak{b})/\mathfrak{a}\mathfrak{b}$ が得られる． □

命題 6.1.15. R は Noether 環，M, N は有限生成 R-加群とすると，$\operatorname{Ext}_R^n(M, N)$, $\operatorname{Tor}_n^R(M, N)$ は有限生成 R-加群である．

証明. M のランク有限な自由分解を使って，$\operatorname{Ext}_R^n(M, N)$ や $\operatorname{Tor}_n^R(M, N)$ を計算できるので，これらは有限生成 R-加群である． □

6.2. 次元論

定義 3.5.6 で述べたように，R-加群 M に対し，その射影分解の長さの最小値を M の射影的次元といい $\operatorname{proj\,dim}_R M$ で表し，M の移入分解の長さの最小値を M の移入的次元といい $\operatorname{inj\,dim}_R M$ で表した．もう1つ，平坦次元 $\operatorname{flat\,dim}_R M$ を定義しよう．

定義 6.2.1. $0 \neq M$ は R-加群とする．R-加群の完全系列

$$\cdots \to P_3 \xrightarrow{\delta_3} P_2 \xrightarrow{\delta_2} P_1 \xrightarrow{\delta_1} P_0 \xrightarrow{\varepsilon} M \longrightarrow 0 \tag{1}$$

は，各 P_n が平坦 R-加群であるとき，M の**平坦分解**という．M に長さ有限な平坦分解

$$0 \longrightarrow P_n \to \cdots \to P_2 \xrightarrow{\delta_2} P_1 \xrightarrow{\delta_1} P_0 \xrightarrow{\varepsilon} M \longrightarrow 0$$

が存在するとき，このようなすべての平坦分解について，長さ n の最小値を

$$\text{flat dim}_R M$$

と書き，M の**平坦次元** (flat dimension) という．なお，長さ有限の平坦分解が存在しないときは $\text{flat dim}_R M = \infty$ と約束する．また，$\text{flat dim}_R 0 = -1$ と約束する．

補題 6.2.2. R, S は環，M, N は R-加群で，
$$\cdots \to C_3 \xrightarrow{d_3} C_2 \xrightarrow{d_2} C_1 \xrightarrow{d_1} C_0 \longrightarrow M \longrightarrow 0$$
$$0 \longrightarrow N \longrightarrow C^0 \xrightarrow{d^0} C^1 \xrightarrow{d^1} C^2 \xrightarrow{d^2} C^3 \to \cdots$$
は R-加群の完全系列とする．$d_0: C_0 \to 0$, $d^{-1}: 0 \to C^0$ はゼロ写像とする．また，$T: \mathfrak{M}_R \to \mathfrak{M}_S$ は関手とする．

(1) T が左半完全共変関手で，すべての $n \geqq 0$ と $m \geqq 1$ に対して $R^m T(C^n) = 0$ ならば，任意の m に対し次が成り立つ．
$$R^m T(N) \cong \text{Ker}\, T(d^m) / \text{Im}\, T(d^{m-1}) = H^m(T(C^\bullet))$$

(2) T が右半完全共変関手で，すべての $n \geqq 0$ と $m \geqq 1$ に対して $L_m T(C_n) = 0$ ならば，任意の m に対し次が成り立つ．
$$L_m T(M) \cong \text{Ker}\, T(d_m) / \text{Im}\, T(d_{m+1}) = H_m(T(C_\bullet))$$

(3) T が左半完全反変関手で，すべての $n \geqq 0$ と $m \geqq 1$ に対して $R^m T(C_n) = 0$ ならば，任意の m に対し次が成り立つ．
$$R^m T(M) \cong \text{Ker}\, T(d_m) / \text{Im}\, T(d_{m+1}) = H^m(T(C_\bullet))$$

(4) T が右半完全反変関手で，すべての $n \geqq 0$ と $m \geqq 1$ に対して $L_m T(C^n) = 0$ ならば，任意の m に対し次が成り立つ．
$$L_m T(N) \cong \text{Ker}\, T(d^m) / \text{Im}\, T(d^{m-1}) = H_m(T(C^\bullet))$$

証明． (1) 複体 $0 \longrightarrow N \longrightarrow C^0 \xrightarrow{d^0} C^1 \xrightarrow{d^1} C^2 \xrightarrow{d^2} C^3 \to \cdots$ の移入分解を命題 3.6.3 のようにとる．ここで，$0 \to C^n \to I_n^0 \to I_n^1 \to \cdots$, $0 \to N \to I^0 \to I^1 \to \cdots$ は移入分解である．N の移入分解に対応する列

と複体 $\{T(C^\bullet)\}$ の行を取り除いて 2 重複体 $B^{p,q} = T(I_p^q)$ をつくる．スペクトル系列

$$^{II}E_2^{q,p} = H_{II}^q\bigl(H_I^p(B^{\bullet\bullet})\bigr) \Longrightarrow E^n = H^n(B^\bullet)$$

を考える．ここで，p 方向が複体の方向，q 方向が移入分解の方向である．p 方向の 2 行目以降は，移入的加群 I^n の移入分解から得られる系列なので，$p \geqq 0, q \geqq 1$ のとき，$H_I^q(B^{p,\bullet}) = 0$ であり，$^{II}E_2^{p,q} = 0$ である．

$$\begin{array}{ccccccc}
& & 0 & & 0 & & 0 \\
& & \downarrow & & \downarrow & & \downarrow \\
0 & \longrightarrow & T(I_0^0) & \xrightarrow{T(d_0^0)} & T(I_1^0) & \xrightarrow{T(d_0^0)} & T(I_2^0) & \to \cdots \\
& & {\scriptstyle T(\delta_0^0)}\downarrow & & \downarrow{\scriptstyle T(\delta_1^0)} & & \downarrow{\scriptstyle T(\delta_2^0)} \\
0 & \longrightarrow & T(I_0^1) & \xrightarrow{T(d_1^0)} & T(I_1^1) & \xrightarrow{T(d_1^1)} & T(I_2^1) & \cdots \to \\
& & {\scriptstyle T(\delta_0^1)}\downarrow & & \downarrow{\scriptstyle T(\delta_1^1)} & & \downarrow{\scriptstyle T(\delta_2^1)} \\
0 & \longrightarrow & T(I_0^2) & \xrightarrow{T(d_2^0)} & T(I_1^2) & \xrightarrow{T(d_2^1)} & T(I_2^2) & \to \cdots \\
& & {\scriptstyle T(\delta_0^2)}\downarrow & & \downarrow{\scriptstyle T(\delta_1^2)} & & \downarrow{\scriptstyle T(\delta_2^2)} \\
& & \vdots & & \vdots & & \vdots
\end{array}$$

複体 $H_I^0(B^{\bullet,q})$ は複体 $\{T(I^q)\}$ と一致する．したがって，$R^n T(N) = H^n(T(I^\bullet)) = {}^{II}E_2^{0,n} \cong E^n$ である．

同様に，スペクトル系列 $^I E_2^{p,q} = H_I^p\bigl(H_{II}^q(B^{\bullet\bullet})\bigr) \Longrightarrow E^n = H^n(B^\bullet)$ を考えると，$H^n(T(C^\bullet)) \cong E^n$ がわかる．したがって，$R^n T(N) \cong H^n(T(C^\bullet))$ である．

(2)〜(4) も同様である． $\square$

系 6.2.3. M, N は R-加群，$\cdots \to F_2 \xrightarrow{d_2} F_1 \xrightarrow{d_1} F_0 \xrightarrow{\varepsilon} M \longrightarrow 0$ は M の平坦分解とする．この完全系列の最後の $\xrightarrow{\varepsilon} M \longrightarrow 0$ を $\xrightarrow{d_0} 0$ で置き換えて得られる複体 $F_\bullet = \{F_n, d_n\}$ より，複体 $\cdots \to F_n \otimes_R N \xrightarrow{\widetilde{d_n}} F_{n-1} \otimes_R N \to \cdots$ を作る．このとき，

$$\operatorname{Tor}_n^R(M, N) \cong \operatorname{Ker} \widetilde{d_n} / \operatorname{Im} \widetilde{d_{n+1}}$$

が成り立つ．

証明. 上の補題の (2) を適用するためには，F が平坦 R-加群のとき，任意の R-加群 X と $n \geqq 1$ に対し，$\mathrm{Tor}_n^R(F, X) = 0$ であることを示せばよい．

$P \to X$ となる射影的 R-加群 P をとり，$Y = \mathrm{Ker}(P \to X)$ として完全系列 $0 \to Y \to P \to X \to 0$ を作る．ホモロジー完全系列

$$0 = \mathrm{Tor}_1^R(F, P) \xrightarrow{f} \mathrm{Tor}_1^R(F, X) \longrightarrow F \otimes_R Y \xrightarrow{g} F \otimes_R P$$

において，F は平坦だから g は単射であり，f は全射となる．したがって，$\mathrm{Tor}_1^R(F, X) = 0$ となる．また，$n \geqq 1$ のとき，

$$0 = \mathrm{Tor}_{n+1}^R(F, P) \to \mathrm{Tor}_{n+1}^R(F, X) \to \mathrm{Tor}_n^R(F, Y) \to \mathrm{Tor}_n^R(F, P) = 0$$

は完全だから，$\mathrm{Tor}_{n+1}^R(F, X) \cong \mathrm{Tor}_n^R(F, Y)$ となる．X, Y は任意の R-加群だから，n に関する帰納法で，$\mathrm{Tor}_n^R(F, X) = 0$ $(\forall n \geqq 1)$ を得る． □

また，層のコホモロジーでは，移入分解の代わりに脆弱分解を利用してよいことが，補題 6.2.2 からわかる．

定理 6.2.4. (I) R-加群 M について，次は同値である．
(1) $\mathrm{proj\,dim}\, M \leqq n$．
(2) 任意の R-加群 X に対し，$\mathrm{Ext}_R^{n+1}(M, X) = 0$．
(3) R-加群の任意の完全系列 $0 \to X_n \to X_{n-1} \to \cdots \to X_1 \to X_0 \to M \to 0$ において，$X_0, X_1, \ldots, X_{n-1}$ がすべて射影的ならば，X_n も射影的である．

(II) R-加群 M について，次は同値である．
(1) $\mathrm{inj\,dim}\, M \leqq n$．
(2) 任意の R-加群 X に対し，$\mathrm{Ext}_R^{n+1}(X, M) = 0$．
(3) R-加群の任意の完全系列 $0 \to M \to X^0 \to X^1 \to \cdots \to X^{n-1} \to X^n \to 0$ において，$X^0, X^1, \ldots, X^{n-1}$ がすべて移入的ならば，X^n も移入的である．

(III) R-加群 M について，次は同値である．
(1) $\mathrm{flat\,dim}\, M \leqq n$．
(2) 任意の R-加群 X に対し，$\mathrm{Tor}_{n+1}^R(M, X) = 0$．

(3) R-加群の任意の完全系列 $0 \to X_n \to X_{n-1} \to \cdots \to X_1 \to X_0 \to M \to 0$ において,$X_0, X_1, \ldots, X_{n-1}$ がすべて R-平坦ならば,X_n も R-平坦である.

証明.(I) (1) $\Longrightarrow$ (2) は,M の長さ n の射影分解をとって,$\mathrm{Ext}_R^{n+1}(M, X)$ を計算すれば明らか.また,(3) $\Longrightarrow$ (1) も明らかである.

(2) $\Longrightarrow$ (3) を示す.R-加群の勝手な完全系列 $A \xrightarrow{f} B \to 0$ と $g\colon X_n \to B$ が与えられたとする.

$$\begin{array}{c} X_n \\ {}_h\swarrow \ \ \downarrow g \\ A \xrightarrow{f} B \longrightarrow 0 \end{array}$$

このとき,次の可換図式が存在する.

$$\begin{array}{ccccccc} \mathrm{Hom}_R(X_{n-1}, A) & \longrightarrow & \mathrm{Hom}_R(X_n, A) & \longrightarrow & \mathrm{Ext}_R^n(M, A) & \longrightarrow & 0 \\ {}_{f_{n-1}}\downarrow & & \downarrow{}_{f_n} & & \downarrow{}_{e_n} & & \\ \mathrm{Hom}_R(X_{n-1}, B) & \longrightarrow & \mathrm{Hom}_R(X_n, B) & \longrightarrow & \mathrm{Ext}_R^n(M, B) & \longrightarrow & 0 \end{array}$$

仮定から X_{n-1} は射影的なので,上の図式の左端の写像 f_{n-1} は全射である.また,完全系列

$$\mathrm{Ext}_R^n(M, A) \xrightarrow{e_n} \mathrm{Ext}_R^n(M, B) \longrightarrow \mathrm{Ext}_R^{n+1}(M, \mathrm{Ker}\, f)$$

において $\mathrm{Ext}_R^{n+1}(M, \mathrm{Ker}\, f) = 0$ だから,ファイブ・レンマより,右端の写像 e_n も全射である.したがって,f_n も全射で,$g = f \circ h$ を満たす $h\colon X_n \to A$ が存在する.したがって,X_n は射影的である.

(II), (III) の証明も同様である. □

補題 6.2.5. R は環,$0 \to L \to M_1 \to M_2 \to \cdots \to M_n \to N \to 0$ は R-加群の完全系列とする.また,X は R-加群,d は非負整数とする.

(1) $\mathrm{proj\,dim}_R M_j \leqq d$ $(\forall j = 1, \ldots, n)$ ならば,
$$\mathrm{Ext}_R^i(L, X) \cong \mathrm{Ext}_R^{i+n}(N, X) \quad (\forall i > d)$$

(2) $\mathrm{inj\,dim}_R M_j \leqq d$ $(\forall j = 1, \ldots, n)$ ならば,
$$\mathrm{Ext}_R^i(X, N) \cong \mathrm{Ext}_R^{i+n}(X, L) \quad (\forall i > d)$$

(3) flat $\dim_R M_j \leqq d$ ($\forall j = 1,\ldots, n$) ならば,
$$\mathrm{Tor}_R^i(L, X) \cong \mathrm{Tor}_R^{i+n}(N, X) \quad (\forall i > d)$$

証明. (1) $n = 1$ の場合は, Ext の完全系列よりすぐわかる. $n \geqq 2$ とする. $K = \mathrm{Ker}(M_n \to N)$ とおくと, $0 \to K \to M_n \to N \to 0$ と $0 \to L \to M_1 \to \cdots M_{n-1} \to K \to 0$ は完全だから, 帰納法の仮定により, $i > d$ のとき,
$$\mathrm{Ext}_R^i(L, X) \cong \mathrm{Ext}_R^{i+n-1}(K, X) \cong \mathrm{Ext}_R^{i+n}(N, X)$$
となる.

(2), (3) も同様である. □

命題 6.2.6. R は環, M は R-加群とする. R の任意の有限生成イデアル $\mathfrak{a}$ に対し, 自然な写像 $\mathfrak{a} \otimes_R M \longrightarrow \mathfrak{a} M$ が単射ならば, M は R-平坦である.

証明. $\mathfrak{a} \otimes_R M \longrightarrow \mathfrak{a} M$ が単射ならば, $\mathfrak{a} M \subset M = R \otimes_R M$ なので, $\mathfrak{a} \otimes_R M \xrightarrow{f} R \otimes_R M$ は単射である.
$$0 = \mathrm{Tor}_1^R(R, M) \longrightarrow \mathrm{Tor}_1^R(R/\mathfrak{a}, M) \longrightarrow \mathfrak{a} \otimes_R M \xrightarrow{f} R \otimes_R M$$
と考えると, $\mathrm{Tor}_1^R(R/\mathfrak{a}, M) = 0$ が得られる.

R の任意のイデアルは, 有限生成イデアルの帰納系の帰納的極限として表せるので, 定理 1.9.12 より, R の任意のイデアル $\mathfrak{a}$ に対し, $\mathrm{Tor}_1^R(R/\mathfrak{a}, M) = 0$ となる.

A は任意の R-加群, $B = A + Rx$ ($R \cong Rx$ とは限らない) とする. $\mathfrak{a} = \{a \in R \mid ax = 0\}$ とおくと, $0 \to A \to B \to R/\mathfrak{a} \to 0$ は完全である. $\mathrm{Tor}_1^R(R/\mathfrak{a}, M) = 0$ より, $A \otimes_R M \longrightarrow B \otimes M$ は単射である.

$B = A + Rx_1 + \cdots + Rx_m$ の場合も, 上の結果から, $A \otimes_R M \longrightarrow B \otimes M$ は単射である.

一般に, A が B の部分 R-加群のとき, B は $A + Rx_1 + \cdots + Rx_m$ ($\exists m \in \mathbb{N}$) という形の R-加群の帰納系の帰納的極限になるから, $A \otimes_R M \longrightarrow B \otimes M$ は単射である. したがって, M は R-平坦である. □

定理 6.2.7. R は環, M は R-加群, n は非負整数とする.
(1) R の任意のイデアル $\mathfrak{a}$ に対して $\mathrm{Ext}_R^{n+1}(R/\mathfrak{a}, M) = 0$ ならば, $\mathrm{inj\,dim}_R M \leqq n$ である.
(2) R が Noether 可換環のとき, R の任意の素イデアル $\mathfrak{p}$ に対して $\mathrm{Ext}_R^{n+1}(R/\mathfrak{p}, M) = 0$ ならば, $\mathrm{inj\,dim}_R M \leqq n$ である.
(3) R の任意の有限生成イデアル $\mathfrak{a}$ に対して $\mathrm{Tor}_{n+1}^R(R/\mathfrak{a}, M) = 0$ ならば, $\mathrm{flat\,dim}_R M \leqq n$ である.

証明. (1) n に関する帰納法で証明する. $n = 0$ の場合は, 命題 6.1.4 で証明した.

$n \geqq 1$ のときを考える. $N = \mathrm{Coker}\left(E_R^{n-2}(M) \to E_R^{n-1}(M)\right)$ とおき, 完全系列

$$0 \longrightarrow M \longrightarrow E_R^0(M) \longrightarrow E_R^1(M) \longrightarrow \cdots \longrightarrow E_R^{n-1}(M) \longrightarrow N \to 0$$

をつくる. すると, 補題 6.2.5 より,

$$\mathrm{Ext}_R^1(R/\mathfrak{a}, N) \cong \mathrm{Ext}_R^{n+1}(R/\mathfrak{a}, M) = 0$$

であるので, $n = 0$ の場合の結果から N は移入的になり, $\mathrm{inj\,dim}_R M \leqq n$ が得られる.

(2) N を勝手な有限生成 R-加群とする. ある部分 R-加群の列 $N = N_0 \supset N_1 \supset \cdots \supset N_r$ で, ある $\mathfrak{p}_i \in \mathrm{Spec}\,R$ により $N_{i-1}/N_i \cong R/\mathfrak{p}_i$ となるようなものが存在する. 完全系列 $0 \to N_1 \to N \to R/\mathfrak{p}_1 \to 0$ から得られる Ext の完全系列を使えば, r に関する帰納法で, $\mathrm{Ext}_R^{n+1}(N, M) = 0$ であることが証明でき, (1) に帰着される.

(3) n に関する帰納法で証明する. $n = 0$ の場合は, 上の命題の証明の中で示されている.

$n \geqq 1$ とする. M の平坦分解 $\cdots \to P_2 \xrightarrow{\delta_2} P_1 \xrightarrow{\delta_1} P_0 \xrightarrow{\varepsilon} M \longrightarrow 0$ をとり, $N = \mathrm{Ker}\left(\delta_{n-1}: P_{n-1} \to P_{n-2}\right)$ とおく. 補題 6.2.5 より, $\mathrm{Tor}_R^1(N, X) \cong \mathrm{Tor}_R^{n+1}(M, X) = 0$ なので, N は平坦である.

したがって, $\mathrm{flat\,dim}_R M \leqq n$ である. □

なお，R が Noether 局所環の場合には，上の定理よりもっと簡明な定理 7.5.16 がある．

命題 6.2.8. R は環，M は R-加群とする．このとき，次が成り立つ．

(1) $\operatorname{flat\,dim}_R M \leqq \operatorname{proj\,dim}_R M$.

(2) R が Noether 環で，M が有限生成 R-加群ならば，次が成り立つ．

$$\operatorname{flat\,dim}_R M = \operatorname{proj\,dim}_R M$$

(3) 平坦加群の帰納系の帰納的極限は平坦である．

(4) Noether 環上の移入的加群の帰納系の帰納的極限は移入的である．

証明．(1) 射影分解は平坦分解でもあるので自明．

(2) X は任意の R-加群，I は移入的 $\mathbb{Z}$-加群とする．定理 6.1.7 より，

$$\operatorname{Tor}_n^R\bigl(M, \operatorname{Hom}_{\mathbb{Z}}(X, I)\bigr) \cong \operatorname{Hom}_{\mathbb{Z}}\bigl(\operatorname{Ext}_R^n(M, X), I\bigr)$$

である．特に，$n > \operatorname{flat\,dim}_R M$ ならば，上式の両辺は 0 である．ここで，$I = E_{\mathbb{Z}}\bigl(\operatorname{Ext}_R^n(M, X)\bigr)$ (移入閉包) と選べば，$\operatorname{Hom}_{\mathbb{Z}}\bigl(\operatorname{Ext}_R^n(M, X), I\bigr) = 0$ は $\operatorname{Ext}_R^n(M, X) = 0$ を意味する．したがって，$\operatorname{proj\,dim}_R M \leqq \operatorname{flat\,dim}_R M$ である．

(3) $\{P_\lambda, f_{\lambda\mu}\}$ は Λ を添え字集合とする平坦 R-加群の帰納系とする．命題 6.1.6 より，任意の R-加群 X に対し，

$$\operatorname{Tor}_1^R\bigl(\varinjlim P_\lambda, X\bigr) \cong \varinjlim \operatorname{Tor}_1^R(P_\lambda, X) = 0$$

なので，$P = \varinjlim P_\lambda$ は平坦である．

(4) $\{I_\lambda, f_{\lambda\mu}\}$ は Λ を添え字集合とする移入的 R-加群の帰納系とする．R の任意のイデアル $\mathfrak{a}$ に対し，

$$\operatorname{Ext}_R^1\bigl(R/\mathfrak{a}, \varinjlim I_\lambda\bigr) \cong \varinjlim \operatorname{Ext}_R^1(R/\mathfrak{a}, I_\lambda) = 0$$

なので，$I = \varinjlim I_\lambda$ は移入的である． □

flat $\dim_{\mathbb{Z}} \mathbb{Q} = 0 \neq 1 = \text{proj } \dim_{\mathbb{Z}} \mathbb{Q}$ であるので，一般には flat $\dim_R M$ と proj $\dim_R M$ は一致しない．なお，Noether 環上の有限生成平坦加群は射影的であった (定理 3.2.11)．

移入的加群の射影的極限は移入的とは限らないし，射影的加群の帰納的極限は射影的とは限らない．

命題 6.2.9. n は非負整数の定数とする．環 R に対し，次の条件は同値である．
 (1) 任意の R-加群 M に対し，proj $\dim_R M \leq n$.
 (2) 任意の R-加群 N に対し，inj $\dim_R N \leq n$.
 (3) 任意の $k > n$ と，任意の R-加群 M, N に対し，$\text{Ext}_R^k(M, N) = 0$.

証明．定理 6.2.4 よりすぐわかる． □

定義 6.2.10. 環 R に対し，
$$\text{gl dim } R = \sup\{\text{proj dim}_R M \mid M \text{ は } R\text{-加群}\}$$
$$= \sup\{\text{inj dim}_R M \mid M \text{ は } R\text{-加群}\}$$
$$\text{w.dim } R = \sup\{\text{flat dim}_R M \mid M \text{ は } R\text{-加群}\}$$
と定義し，gl $\dim R$ を R の (左) **大域次元**，w.dim R を R の**弱次元**という．同様に，右大域次元は，右 R-加群 M についての proj $\dim_R M$ の上限として定義される．

R の左大域次元と右大域次元は一般には一致しない．他方，弱次元のほうは，右 R-加群を用いて定義してもかわらない．

なお，上の w.dim の定義は，[Osborne] p.74 などに従うもので，[中山・服部] に登場する w.dim は本書の flat dim である．

命題 6.2.11. R は環とすると，次が成り立つ．
 (1) gl $\dim R = \sup\{\text{proj dim}_R R/\mathfrak{a} \mid \mathfrak{a}$ は R のイデアル$\}$
 (2) w.dim $R = \sup\{\text{flat dim}_R R/\mathfrak{a} \mid \mathfrak{a}$ は R のイデアル$\}$
  特に，R が Noether 環ならば，次が成り立つ．
$$\text{gl dim } R = \text{w.dim } R$$

証明. (1), (2) は定理 6.2.7 よりすぐわかる. $R/\mathfrak{a}$ は有限生成 R-加群なので, R が Noether 環ならば, 命題 6.2.8 より, $\operatorname{proj\,dim}_R R/\mathfrak{a} = \operatorname{flat\,dim}_R R/\mathfrak{a}$ である. したがって, $\operatorname{gl\,dim} R = \operatorname{w.dim} R$ である. □

後の定理 7.7.11 で説明するように, R が Noether 局所可換環の場合には, $\operatorname{gl\,dim} R < \infty$ であることは, R が正則局所環であることと同値で, このとき $\operatorname{gl\,dim} R = \operatorname{Krull\,dim} R$ が成り立つ. また, $\operatorname{inj\,dim}_R M$ については定理 7.6.5 が重要であり, $\operatorname{proj\,dim}_R M$ については定理 7.5.18 が重要である.

定理 6.2.12. Noether 可換整域 R に対し, $\operatorname{gl\,dim} R = 1$ であることと, R が Dedekind 環であることは同値である.

証明. R は Dedekind 環, $\mathfrak{p}$ は R の任意の素イデアル, M は任意の R-加群とする. 定理 3.3.7 より $Q(R)/\mathfrak{p}, Q(R)/R$ は移入的 R-加群なので,

$$0 \longrightarrow R/\mathfrak{p} \longrightarrow Q(R)/\mathfrak{p} \longrightarrow Q(R)/R \longrightarrow 0$$

が $R/\mathfrak{p}$ の移入分解を与える. したがって, $\operatorname{Ext}_R^2(R/\mathfrak{p}, M) = 0$ である. 定理 6.2.7(2) より, $\operatorname{inj\,dim}_R M \leqq 1$ となり, $\operatorname{gl\,dim} R \leqq 1$ となる. R 自身は分割可能ではないので移入的でなく, $\operatorname{inj\,dim} R \geqq 1$ だから, $\operatorname{gl\,dim} R = 1$ である.

逆に, $\operatorname{gl\,dim} R = 1$ と仮定する. 任意のイデアル $\mathfrak{a} \subset R$ をとる. 完全系列 $0 \to \mathfrak{a} \to R \to R/\mathfrak{a} \to 0$ に定理 6.2.4(2) を適用すると, $\operatorname{proj\,dim}_R R/\mathfrak{a} \leqq 1$ で R は射影的だから, $\mathfrak{a}$ も射影的となる. 命題 3.2.13 より, $\mathfrak{a}$ は可逆である. □

なお, R が (非可換) 環の場合に, 左大域次元について $\operatorname{gl\,dim} R \leqq 1$ が成り立つ環 R を **(左) 遺伝環**という. 上の定理の証明からわかるように, これは R の任意の左イデアルが射影的であることと同値である. もう少し弱く, R の任意の有限生成左イデアルが射影的であるような環 R を **(左) 半遺伝環**という. 半遺伝環 R に対しては $\operatorname{flat\,dim}_R R \leqq 1$ が成り立つ. また, 可換整域が半遺伝環であるとき **Prüfer** 環であるという. $\operatorname{gl\,dim} R = 0$ の環は半単純環とよばれるものであり, 半単純な可換環は Artin 環になる

([岩永] 定理 7-1-2 等を参照)．これらの話題については，Noether 可換環をもっぱら扱っている著者の興味の対象外であるので，[中山・服部] 第 4 章 §13, [Lam], [Osborne] 第 4.3 節などを参照してほしい．

定理 6.2.13. $f: R \to S$ は環の準同型とし，M は S-加群とする．このとき，次が成り立つ．
(1) $\operatorname{proj\,dim}_R M \leqq \operatorname{proj\,dim}_R S + \operatorname{proj\,dim}_S M$
(2) $\operatorname{flat\,dim}_R M \leqq \operatorname{flat\,dim}_R S + \operatorname{proj\,dim}_S M$

証明． M が自由 S-加群 $M = S^{\oplus m}$ の場合は，
$$\operatorname{proj\,dim}_R S^{\oplus m} = \operatorname{proj\,dim}_R S, \quad \operatorname{flat\,dim}_R S^{\oplus m} = \operatorname{flat\,dim}_R S$$
で，(1), (2) ともに明らかである．

M が射影的 S-加群の場合を考える．ある射影的 S-加群 N をとると，$M \oplus N$ は自由 S-加群になる．
$$\operatorname{Ext}_R^n(M \oplus N, X) = \operatorname{Ext}_R^n(M, X) \oplus \operatorname{Ext}_R^n(N, X)$$
$$\operatorname{Tor}_n^R(M \oplus N, X) = \operatorname{Tor}_n^R(M, X) \oplus \operatorname{Tor}_n^R(N, X)$$
だから，定理 6.2.4 より，
$$\operatorname{proj\,dim}_R M \leqq \operatorname{proj\,dim}_R(M \oplus N) = \operatorname{proj\,dim}_R S$$
$$\operatorname{flat\,dim}_R M \leqq \operatorname{flat\,dim}_R(M \oplus N) = \operatorname{flat\,dim}_R S$$
が成り立つ．

M が一般の S-加群の場合を考える．$m = \operatorname{proj\,dim}_S M$ とし，S-射影分解 $0 \to P_m \to P_{m-1} \to \cdots \to P_1 \to P_0 \to M \to 0$ をとる．$s = \operatorname{proj\,dim}_R S$ とすると，任意の R-加群 X に対し $\operatorname{Ext}_R^{s+1}(P_j, X) = 0$ なので，補題 6.2.5 より，$\operatorname{Ext}_R^{s+m+1}(M, X) = \operatorname{Ext}_R^{s+1}(P_m, X) = 0$ である．したがって，$\operatorname{proj\,dim}_R M \leqq s + m$ である．$\operatorname{flat\,dim}_R M$ のほうも同様である． □

なお，上の定理に相当する inj dim の不等式は成立しない．

定理 6.2.14. R は環，$a \in R$ は非零因子で中心元 (つまり，任意の $b \in R$ に対し $ab = ba$) であるとする．また，$M \neq 0$ は R/aR-加群とする．

(1) もし $\operatorname{inj\,dim}_{R/aR} M < +\infty$ ならば,次が成り立つ.
$$\operatorname{inj\,dim}_R M = 1 + \operatorname{inj\,dim}_{R/aR} M$$
(2) もし $\operatorname{proj\,dim}_{R/aR} M < +\infty$ ならば,次が成り立つ.
$$\operatorname{proj\,dim}_R M = 1 + \operatorname{proj\,dim}_{R/aR} M$$

証明. (1) 定理 6.1.8(2) より,R/aR-加群 X に対し,スペクトル系列
$$E_2^{p,q} = \operatorname{Ext}_{R/aR}^p(X, \operatorname{Ext}_R^q(R/aR, M)) \Longrightarrow E^n = \operatorname{Ext}_R^n(X, M)$$
が存在する.$f: R \to R$ を $f(x) = ax$ で定まる a 倍写像とすると,$0 \to R \xrightarrow{f} R \to R/aR \to 0$ は R-自由分解なので,$i \geqq 2$ のとき,$\operatorname{Ext}_R^i(R/aR, M) = 0$ である.また,完全系列
$$0 \longrightarrow \operatorname{Hom}_R(R/aR, M) \longrightarrow \operatorname{Hom}_R(R, M) \xrightarrow{f_0^*} \operatorname{Hom}_R(R, M)$$
$$\longrightarrow \operatorname{Ext}_R^1(R/aR, M) \longrightarrow \operatorname{Ext}_R^1(R, M) \xrightarrow{f_1^*} \operatorname{Ext}_R^1(R, M) \longrightarrow 0$$
が得られる.ここで,演習問題 6.3 より,f_0^*, f_1^* は a 倍写像である.これは,M のほうの a 倍写像 $g: M \to M$ $(g(y) = ay)$ から得られる写像とも一致する.しかし,$aM = 0$ なので g はゼロ写像であり,f_0^*, f_1^* もゼロ写像となる.したがって,
$$\operatorname{Hom}_R(R/aR, M) \cong \operatorname{Hom}_R(R, M) \cong M,$$
$$\operatorname{Ext}_R^1(R/aR, M) \cong \operatorname{Hom}_R(R, M) \cong M, \quad \operatorname{Ext}_R^1(R, M) = 0$$
を得る.よって,$E_2^{n,0} = E_2^{n,1} = \operatorname{Ext}_{R/aR}^p(X, M)$ である.定理 5.2.3(2) を $p = 0, q = 1, r = 2$ として用いると,完全系列
$$\cdots \to E_2^{n,0} \longrightarrow E^n \longrightarrow E_2^{n-1,1} \longrightarrow E_2^{n+1,0} \longrightarrow E^{n+1} \to \cdots \quad \text{①}$$
が得られる.$d(A) := \sup\{i \mid \operatorname{Ext}_A^i(X, M) \neq 0\}$ $(A = R/aR, R)$ とおく.$n > d(R/aR)$ のとき $E_2^{n,0} = E_2^{n-1,1} = 0$ だから,① より $E^n = 0$ である.よって,$d(R) \leqq d(R/aR) - 1$ である.逆に,$n \geqq d(R)$ のとき $E^n = 0$ だから,① より $E_2^{n-1,1} \cong E_2^{n+1,0} = E_2^{n+1,1} \cong E_2^{n+3,1} = \cdots$ であるが,$d(R/aR) < +\infty$ だから,$n \geqq d(R)$ のとき $\operatorname{Ext}_{R/aR}^{n-1}(X, M) = 0$ となる.よって,$d(R) = d(R/aR) + 1$ である.定理 6.2.4 より,$\operatorname{inj\,dim}_{R/aR} M \leqq \operatorname{inj\,dim}_R M - 1$ を得る.

$r := \mathrm{inj}\,\dim_{R/aR} M < +\infty$ とおく. Y を任意の R-加群とし, $X = \mathrm{Ker}\,(Y \xrightarrow{\times a} aY)$ とおく. $aX = 0$ なので X は R/aR-加群になり, 上の考察から, $n > r$ のとき, $\mathrm{Ext}_R^{n+1}(X, M) = 0$ である. 完全系列 $0 \to X \to Y \xrightarrow{\times a} aY \to 0$ より, $n > r$ のとき完全系列

$$\mathrm{Ext}_R^n(X, M) \longrightarrow \mathrm{Ext}_R^{n+1}(aY, M) \xrightarrow{\times a} \mathrm{Ext}_R^{n+1}(Y, M) \longrightarrow 0$$

が得られるが, $aM = 0$ より上の a 倍写像はゼロ写像で, $\mathrm{Ext}_R^{n+1}(Y, M) = 0$ を得る. したがって, $\mathrm{inj}\,\dim_R M \leqq r + 1$ である.

(2) $aM = 0$ より, M は R-自由加群の直和因子ではなく, R-射影的ではないので, $\mathrm{proj}\,\dim_R M \geqq 1$ である. また, $0 \to aR \to R \to R/aR \to 0$ は R-自由分解なので, $\mathrm{proj}\,\dim_R R/aR = 1$ である.

以下, $\mathrm{proj}\,\dim_{R/aR} M$ に関する帰納法で証明する. $\mathrm{proj}\,\dim_{R/aR} M = 0$ の場合は, 前定理より,

$$1 \leqq \mathrm{proj}\,\dim_R M \leqq \mathrm{proj}\,\dim_R R/aR + \mathrm{proj}\,\dim_{R/aR} M = 1 + 0 = 1$$

であり, $\mathrm{proj}\,\dim_R M = 1$ を得る.

$\mathrm{proj}\,\dim_{R/aR} M \geqq 1$ の場合を考える. M の R/aR-射影分解の最初の段階 $P \twoheadrightarrow M$ (P は射影的 R/aR-加群) の核を K とすると, R/aR-加群の完全系列 $0 \to K \to P \to M \to 0$ が得られ, $\mathrm{proj}\,\dim_{R/aR} M = 1 + \mathrm{proj}\,\dim_{R/aR} K$ が成り立つ. 帰納法の仮定から, $\mathrm{proj}\,\dim_R K = 1 + \mathrm{proj}\,\dim_{R/aR} K$ である. もし, P が R-射影的ならば, $\mathrm{proj}\,\dim_R M = 1 + \mathrm{proj}\,\dim_R K$ なので, $\mathrm{proj}\,\dim_R M = 1 + \mathrm{proj}\,\dim_{R/aR} M$ が成り立つ.

そこで, P が R-射影的でない場合を考える.

$$\mathrm{proj}\,\dim_R P \leqq \mathrm{proj}\,\dim_R R/aR + \mathrm{proj}\,\dim_{R/aR} P = 1 + 0 = 1$$

なので, $\mathrm{proj}\,\dim_R P = 1$ である. したがって, $n \geqq 2$ のとき, 任意の R-加群 X に対し, $\mathrm{Ext}_R^n(M, X) \cong \mathrm{Ext}_R^{n+1}(K, X)$ が成り立つので, もし $\mathrm{proj}\,\dim_R M \geqq 2$ ならば, 定理 6.2.4 より, $\mathrm{proj}\,\dim_R M = 1 + \mathrm{proj}\,\dim_R K$ が成り立ち, $\mathrm{proj}\,\dim_R M = 1 + \mathrm{proj}\,\dim_{R/aR} M$ が成り立つ.

$\mathrm{proj}\,\dim_R M = 1$ の場合の考察だけが残っている. $\mathrm{Ext}_R^n(M, X) \cong \mathrm{Ext}_R^{n+1}(K, X)$ より, $\mathrm{proj}\,\dim_{R/aR} M = \mathrm{proj}\,\dim_R K \leqq 2$ である. R-射

影分解 $0 \to F_1 \to F_0 \to M \to 0$ に $(R/aR) \otimes_R \bullet$ すると，完全系列
$$0 \longrightarrow \mathrm{Tor}_1^R(R/aR, M) \longrightarrow F_1/aF_1 \longrightarrow F_0/aF_0 \longrightarrow M \longrightarrow 0$$
が得られる．演習問題 3.1 より，F_0/aF_0, F_1/aF_1 は射影的 R/aR-加群である．$\mathrm{proj\,dim}_{R/aR} M \leqq 2$ だから，定理 6.2.4 より，$\mathrm{Tor}_1^R(R/aR, M)$ も R/aR-射影的である．定理 6.1.11 の証明と同じ考え方で，
$$\mathrm{Tor}_1^R(R/aR, M) \cong \{c \in R \mid ac = 0\} = M$$
が得られるので，$\mathrm{proj\,dim}_{R/aR} M = 0 = \mathrm{proj\,dim}_R M - 1$ を得る． □

なお，上の定理の (2) の証明も，スペクトル系列
$$E_2^{p,q} = \mathrm{Ext}_{R/aR}^p(\mathrm{Tor}_q^R(M, R/aR), X) \implies E^n = \mathrm{Ext}_R^n(M, X)$$
を利用して，(1) と同様な議論で証明することもできる．

定理 6.2.15. R, S は環，F は平坦 S-加群とする．
(1) R-左加群かつ S-右加群 M に対し次が成り立つ．
$$\mathrm{flat\,dim}_R(M \otimes_S F) \leqq \mathrm{flat\,dim}_R M$$
(2) S は R-多元環，M は S-加群で $\mathrm{flat\,dim}_S M < +\infty$ とすると，次が成り立つ．
$$\mathrm{flat\,dim}_R(F \otimes_S M) \leqq \mathrm{flat\,dim}_R S + \mathrm{flat\,dim}_S M$$

証明． (1) 定理 3.2.14 より，F はある有限生成自由 S-加群の帰納系 $\{P_\lambda\}$ の帰納的極限として表すことができる．$P_\lambda \cong S^{\oplus n_\lambda}$ だから，$M \otimes_S P_\lambda \cong M^{\oplus n_\lambda}$ で，$\mathrm{flat\,dim}_R(M \otimes_S P_\lambda) = \mathrm{flat\,dim}_R M$ である．$d = \mathrm{flat\,dim}_R M$ とおくと，命題 6.1.6 より，任意の R-加群 X に対し，$n > d$ のとき，
$$\mathrm{Tor}_n^R(M \otimes_S F, X) \cong \varinjlim_\lambda \mathrm{Tor}_n^R(M \otimes_S P_\lambda, X) = 0$$
となるので，$\mathrm{flat\,dim}_R(M \otimes_S F) \leqq d$ である．

(2) $m = \mathrm{flat\,dim}_S M$ とし，S-平坦分解 $0 \to P_m \to P_{m-1} \to \cdots \to P_1 \to P_0 \to M \to 0$ をとり，これに $F \otimes_S$ する．$s = \mathrm{flat\,dim}_R S$ とすると，(1) より，
$$\mathrm{flat\,dim}_R(F \otimes_S P_j) \leqq \mathrm{flat\,dim}_R F = \mathrm{flat\,dim}_R(S \otimes_S F) \leqq \mathrm{flat\,dim}_R S$$

なので，補題 6.2.5 より，

$$\operatorname{flat\,dim}_R(F \otimes_S M) \leqq m + \operatorname{flat\,dim}_S(F \otimes_S P_m) \leqq m + \operatorname{flat\,dim}_R S$$

である． □

この種の話題に関しては，[中山・服部] 第 4 章 16 節 (p.92〜p.95)，第 5 章 19 節 (p.102〜108) も参考にせよ．

定理 6.2.16. 環 R 上の n 変数多項式環 $R[X_1,\ldots,X_n]$ について，

$$\operatorname{gl\,dim} R[X_1,\ldots,X_n] = n + \operatorname{gl\,dim} R$$

が成り立つ．

証明． $n=1$ の場合に $\operatorname{gl\,dim} R[T] = 1 + \operatorname{gl\,dim} R$ を証明すれば十分である．

R-加群 N の長さ最小の R-射影分解に $R[T] \otimes_R \bullet$ したものは，$R[T]$-加群 $R[T] \otimes_R N$ の長さ最小の $R[T]$-射影分解なので，$\operatorname{gl\,dim} R \leqq \operatorname{gl\,dim} R[T]$ である．特に，$\operatorname{gl\,dim} R = +\infty$ ならば $\operatorname{gl\,dim} R[T] = +\infty$ である．

以下，$\operatorname{gl\,dim} R < +\infty$ の場合を考える．$R = R[T]/(T)$ と考えたとき，定理 6.2.14 より，R-加群 N については，$\operatorname{proj\,dim}_{R[T]} N = 1 + \operatorname{proj\,dim}_R N$ であるので，$\operatorname{gl\,dim} R[T] \geqq 1 + \operatorname{gl\,dim} R$ が成り立つ．

M を任意の $R[T]$-加群とする．$R \subset R[T]$ を通して，M を R-加群と考える．$\psi \colon R[T] \otimes_R M \longrightarrow M$ を，$\psi(f \otimes x) = f \cdot x$ $(f \in R[T], x \in M)$ で定める．また，$\varphi \colon R[T] \otimes_R M \longrightarrow R[T] \otimes_R M$ を，

$$\varphi(f \otimes x) = f \cdot (T \otimes x - 1 \otimes Tx)$$

で定める．以下，

$$0 \longrightarrow R[T] \otimes_R M \xrightarrow{\varphi} R[T] \otimes_R M \xrightarrow{\psi} M \longrightarrow 0 \qquad (*)$$

が完全系列であることを証明する．

$R[T] = \bigoplus_{k=0}^{\infty} R \cdot T^k$ なので，$R[T] \otimes_R M$ の元 y は，ある $m \in \mathbb{N} \cup \{0\}$ により，$y = \sum_{k=0}^{m} T^k \otimes x_k$ $(x_k \in M, x_m \neq 0)$ と書ける．

$\varphi(y) = T^{m+1} \otimes x_m + (T$ について m 次以下の項$)$ であるので，φ は単射である．
$$\begin{aligned}\psi(\varphi(T^k \otimes x_k)) &= \psi(T^k \cdot (T \otimes x_k - 1 \otimes Tx_k)) \\ &= \psi(T^{k+1} \otimes x_k) - \psi(T^k \otimes Tx_k) = T^{k+1}x_k - T^{k+1}x_k = 0\end{aligned}$$
なので，$\psi(\varphi(y)) = 0$ である．

m に関する帰納法で，$y \in \operatorname{Ker}\psi$ ならば $y \in \operatorname{Im}\varphi$ であることを証明する．$m = 0$ のときは，$0 = \psi(y) = \psi(1 \otimes x_0) = x_0$ ならば，$x_0 = 0$ なので，$y = 0 \in \operatorname{Im}\varphi$ である．$m \geqq 1$ とする．$z = y - \varphi(T^{m-1} \otimes x_m)$ とおくと，z の各項は T について $m-1$ 次以下である．$\psi(z) = \psi(y) - \psi(\varphi(T^{m-1} \otimes x_m)) = 0$ であるから，帰納法の仮定により，ある $w \in R[T] \otimes_R M$ により，$z = \varphi(w)$ と書ける．したがって，$y = \varphi(w + T^{m-1} \otimes x_m) \in \operatorname{Im}\varphi$ である．

最後に，ψ が全射であることは明らかなので，$(*)$ は完全系列である．

φ, ψ は $R[T]$-準同型写像でもあるので，補題 6.2.5 より，
$$\operatorname{proj\,dim}_{R[T]} M \leqq \operatorname{proj\,dim}_{R[T]}(R[T] \otimes_R M)$$
である．定理 6.2.14 より，
$$\operatorname{proj\,dim}_{R[T]}(R[T] \otimes_R M) = 1 + \operatorname{proj\,dim}_R(R[T] \otimes_R M)$$
である．$R[T]$ は R-自由加群なので，
$$\operatorname{proj\,dim}_R(R[T] \otimes_R M) = \operatorname{proj\,dim}_R M$$
であるので，$\operatorname{gl\,dim} R[T] \leqq 1 + \operatorname{gl\,dim} R$ である． $\square$

6.3. Künneth の関係

Künneth の関係は，もともとは，2 つの多様体 X, Y の直積 $X \times Y$ の (コ) ホモロジーを，X, Y の (コ) ホモロジーを用いて表す公式である．それを代数を使って一般化しようというのが以下の議論である．なお，多様体の場合は，その鎖複体について，
$$C_n(X \times Y) = \bigoplus_{p+q=n} C_p(X) \otimes C_q(Y), \quad C^n(X \times Y) = \bigoplus_{p+q=n} C^p(X) \otimes C^q(Y)$$

が成り立つ，というのが話の出発点である．これを，
$$C(X \times Y) = C(X) \otimes C(Y)$$
と表すことができる．位相多様体の鎖複体の場合を真似して，複体のテンソル積を以下のように定義する．

定義 6.3.1. $B_\bullet = \{B_n, d_n^B\}$, $C_\bullet = \{C_n, d_n^C\}$ は R-ホモロジー複体とする．$B_\bullet \otimes_R C_\bullet$ は $\bigoplus_{i+j=n} B_i \otimes C_j$ を n 次成分とし，
$$d_n\left(\sum_i x_i \otimes y_{n-i}\right) = \sum_i d_i^B(x_i) \otimes y_{n-i} + (-1)^i x_i \otimes d_{n-i}^C(y_{n-i})$$
($x_i \in B_i$, $y_{n-1} \in C_{n-i}$) を微分として定めて R-ホモロジー複体と考える．

N が R-加群のとき，$C_\bullet \otimes_R N$ は $C_n \otimes_R N$ を n 次成分とし，$d_n = d_n^C \otimes \mathrm{id}_N$ を微分とするホモロジー複体と考える．

コホモロジー複体 $B^\bullet, C^\bullet$ のテンソル積 $B^\bullet \otimes_R C^\bullet$ や，$C^\bullet \otimes_R N$ の定義も同様である．

定理 6.3.2. (Künneth スペクトル系列) N は R-加群，$P_\bullet = \{P_n, d_n\}$ は R-ホモロジー複体で，各 P_n は平坦であると仮定する．このとき，次のスペクトル系列が存在する．
$$E_{p,q}^2 = \mathrm{Tor}_p^R(H_q(P_\bullet), N) \implies E_n = H_n(P_\bullet \otimes_R N)$$
さらに，各 $d_n(P_n)$ も平坦であると仮定すると，次の完全系列が存在する．
$$0 \longrightarrow H_n(P_\bullet) \otimes_R N \longrightarrow H_n(P_\bullet \otimes N) \longrightarrow \mathrm{Tor}_1^R(H_{n-1}(P_\bullet), N) \longrightarrow 0$$
また，$R = \mathbb{Z}$ で N と各 P_n が自由 $\mathbb{Z}$-加群の場合には，上の完全系列は split する．

証明． 定理 6.1.2 の証明のように，N の射影分解 $\cdots \xrightarrow{\delta_3} Q_2 \xrightarrow{\delta_2} Q_1 \xrightarrow{\delta_1} Q_0 \longrightarrow N \longrightarrow 0$ をとり，ホモロジー 2 重複体 $C_{i,j} = P_j \otimes_R Q_i$ を作る．
$$^I E_{p,q}^2 = H_p^I\bigl(H_q^{II}(C_{\bullet\bullet})\bigr) \implies E_n = H_n(C_\bullet)$$
を考える．Q_i は射影的なので平坦であり，ホモロジー複体
$$\cdots \to P_{j+1} \otimes Q_i \xrightarrow{d'_{i,j+1}} P_j \otimes Q_i \xrightarrow{d'_{i,j}} P_{j-1} \otimes Q_i \to \cdots$$

$(d'_{i,j} = d_j \otimes \mathrm{id}_{Q_i})$ のホモロジー群は,
$$H_j^{II}(C_{\bullet\bullet}) = \operatorname{Ker} d_{i,j}^0 / \operatorname{Im} d_{i,j+1}^0 \cong H_j(P_\bullet) \otimes_R Q_i$$
となる. したがって,
$$^I E_{p,q}^2 = H_p^I\big(H_q^{II}(C_{\bullet\bullet})\big) = \operatorname{Tor}_p^R(H_q(P_\bullet), N)$$
である. 他方,
$$^{II} E_{q,p}^2 = H_q^{II}\big(H_p^I(C_{\bullet\bullet})\big) \implies E_n = H_n(C_\bullet)$$
を考える. 各 P_j は R-平坦なので, $i \geqq 1$ のとき,
$$\cdots \to P_j \otimes Q_{i+1} \xrightarrow{\delta'_{i+1,j}} P_j \otimes Q_i \xrightarrow{\delta'_{i,j}} P_j \otimes Q_{i-1} \to \cdots$$
$(\delta'_{i,j} = \mathrm{id}_{P_j} \otimes \delta'_i)$ は完全系列になる. したがって, $p \geqq 1$ のとき $H_p^I(C_{\bullet\bullet}) = 0$ であり, $p \geqq 1$, $q \geqq 0$ に対し, $^{II} E_{q,p}^2 = 0$ となる. 定理 5.6.2(4) より, $^{II} E_{n,0}^2 = H_n(P_\bullet \otimes_R N) \cong E_n = H_n(C_\bullet)$ を得る.

P_n と $d_n(P_n)$ が平坦の場合に, 後半を証明する.
$$Z_n = \operatorname{Ker}(d_n\colon P_n \to P_{n-1}), \quad B_n = \operatorname{Im}(d_{n+1}\colon P_{n+1} \to P_n)$$
とする. P_n, B_n は平坦だから, $i \geqq 1$ のとき, $\operatorname{Tor}_i^R(P_n, \bullet) = 0$, $\operatorname{Tor}_i^R(B_n, \bullet) = 0$ であるが, 完全系列 $0 \to Z_n \to P_n \xrightarrow{d_n} B_{n-1} \to 0$ より, $i \geqq 1$ のとき, $\operatorname{Tor}_i^R(Z_n, \bullet) = 0$ を得るので命題 6.2.8 より Z_n も平坦である. 完全系列
$$0 \longrightarrow B_n \longrightarrow Z_n \longrightarrow H_n(P_\bullet) \longrightarrow 0 \qquad ①$$
を考える. $\operatorname{Tor}_q^R(H_p(P_\bullet), N)$ は $H_n(P_\bullet)$ の平坦分解①を使って計算してよいので, $p \geqq 2$ のとき, $^I E_{p,q}^2 = \operatorname{Tor}_p^R(H_q(P_\bullet), N) = 0$ である. すると, 定理 5.6.3(1′) より, 求める完全系列を得る.

$R = \mathbb{Z}$ の場合を考える. 自由 $\mathbb{Z}$-加群の部分 $\mathbb{Z}$-加群は自由 $\mathbb{Z}$-加群であるから, P_n, B_n, Z_n は自由 $\mathbb{Z}$-加群になる. したがって, $d_n\colon P_n \to B_{n-1}$ は split して, $P_n \cong B_{n-1} \oplus Z_n$ となる. これより,
$$P_n \otimes_\mathbb{Z} N \cong (B_{n-1} \otimes_\mathbb{Z} N) \oplus (Z_n \otimes_R N)$$

である．$Z_n \otimes_{\mathbb{Z}} N$ は

$$K_n := \mathrm{Ker}(d_n \otimes \mathrm{id}_N : P_n \otimes_{\mathbb{Z}} N \to P_{n-1} \otimes_{\mathbb{Z}} N)$$

の部分加群であるが，

$$Z_n \otimes_{\mathbb{Z}} N \subset K_n \subset P_n \otimes_{\mathbb{Z}} N = (B_{n-1} \otimes_{\mathbb{Z}} N) \oplus (Z_n \otimes_{\mathbb{Z}} N)$$

より，

$$K_n = \bigl((B_{n-1} \otimes_{\mathbb{Z}} N) \cap K_n\bigr) \oplus (Z_n \otimes_{\mathbb{Z}} N) \qquad ②$$

となる．

$d_{n+1} \otimes \mathrm{id}_N$ は $P_{n+1} \otimes_{\mathbb{Z}} N \twoheadrightarrow B_n \otimes_{\mathbb{Z}} N \longrightarrow P_n \otimes_{\mathbb{Z}} N$ と分解できるので，

$$\mathrm{Im}(d_{n+1} \otimes \mathrm{id}_N : P_{n+1} \otimes_{\mathbb{Z}} N \to P_n \otimes_{\mathbb{Z}} N) = \mathrm{Im}(B_n \otimes_{\mathbb{Z}} N \to P_n \otimes_{\mathbb{Z}} N)$$

である．② と $B_n \to B_{n-1}$ がゼロ写像であることより，

$$\mathrm{Im}(B_n \otimes_{\mathbb{Z}} N \to P_n \otimes_{\mathbb{Z}} N) = \mathrm{Im}(B_n \otimes_{\mathbb{Z}} N \to Z_n \otimes_{\mathbb{Z}} N)$$

となる．したがって，

$$H_n(P_\bullet) \otimes_{\mathbb{Z}} N = (Z_n / B_n) \otimes_{\mathbb{Z}} N = \frac{Z_n \otimes_{\mathbb{Z}} N}{\mathrm{Im}(B_n \otimes_{\mathbb{Z}} N \to Z_n \otimes_{\mathbb{Z}} N)}$$

は

$$H_n(P_\bullet \otimes N) = \frac{K_n}{\mathrm{Im}(d_{n+1} \otimes \mathrm{id}_N)} = \frac{\bigl((B_{n-1} \otimes_{\mathbb{Z}} N) \cap K_n\bigr) \oplus (Z_n \otimes_{\mathbb{Z}} N)}{\mathrm{Im}(B_n \otimes_{\mathbb{Z}} N \to Z_n \otimes_{\mathbb{Z}} N)}$$

の直和因子である． □

参考 6.3.3. 位相多様体 X の $\mathbb{Z}$ 係数の鎖複体 $C(X, \mathbb{Z})$ は自由 $\mathbb{Z}$-加群であった．したがって，環 R に対し，次の同型が存在する．

$$H_n(X, R) \cong \bigl(H_n(X, \mathbb{Z}) \otimes_{\mathbb{Z}} R\bigr) \oplus \mathrm{Tor}_1^{\mathbb{Z}}(H_{n-1}(X, \mathbb{Z}), R)$$

この定理により，$\mathbb{Z}$-係数のホモロジー群から，R-係数のホモロジー群が計算できる．また，次の定理は，2 つの位相多様体 X, Y の直積多様体 $X \times Y$ のホモロジー群の計算に有用である．

定理 6.3.4. (Künneth formula) $P_\bullet = \{P_n, d_n^P\}$, $Q_\bullet = \{Q_n, d_n^Q\}$ は R-ホモロジー複体とする．もし，各 $n \in \mathbb{Z}$ に対し P_n と $d_n^P(P_n)$ が R-平坦ならば，次の完全系列が存在する．

$$0 \longrightarrow \bigoplus_{i+j=n} H_i(P_\bullet) \otimes_R H_j(Q_\bullet) \longrightarrow H_n(P_\bullet \otimes_R Q_\bullet)$$
$$\longrightarrow \bigoplus_{i+j=n-1} \mathrm{Tor}_1^R(H_i(P_\bullet), H_j(Q_\bullet)) \longrightarrow 0$$

特に，$R = \mathbb{Z}$ で，各 P_n, Q_n が自由 $\mathbb{Z}$-加群ならば，上の完全系列は split し，

$$H_n(P \otimes_R Q) \cong \left(\bigoplus_{i+j=n} H_i(P) \otimes_R H_j(Q) \right)$$
$$\oplus \left(\bigoplus_{i+j=n-1} \mathrm{Tor}_1^R\left(H_i(P_\bullet), H_j(Q_\bullet)\right) \right)$$

が成り立つ．

証明．$B(P) = \{B_n(P_\bullet)\}$，$Z(P) = \{Z_n(P_\bullet)\}$ を複体と考える (以下 $\bullet$ は省略する)．ただし，微分はすべてゼロ写像である．$B_i(P)$ は平坦なので，$T(\bullet) = \bullet \otimes_R B_i(Q)$ は完全関手であり，系 4.6.3 より

$$B_i(P) \otimes_R H_n(Q) \cong E_n = H_n(B_i(P) \otimes_R Q)$$

が得られる．複体の完全系列 $0 \to Z(P) \to P \to B(P) \to 0$ と $\mathrm{Tor}_i^R(P, \bullet) = 0$, $\mathrm{Tor}_i^R(B(P), \bullet) = 0$ $(\forall i \geq 1)$ より，$\mathrm{Tor}_i^R(Z(P), \bullet) = 0$ $(\forall i \geq 1)$ が得られるので，各 $Z_n(P)$ は R-平坦である．したがって，上と同様に，

$$Z(P) \otimes_R H(Q) \xrightarrow{\cong} H(Z(P) \otimes_R Q)$$

が得られる．系 4.6.3(3) より，自然な準同型写像

$$f\colon H(P) \otimes_R H(Q) \longrightarrow H(H(P) \otimes_R Q) \longrightarrow H(P \otimes_R Q)$$

が存在する．各次数成分毎に考えれば，定理 6.3.2 より f は単射である．複体の完全系列 $0 \to Z(P) \to P \to B(P) \to 0$ において $B(P)$ は平坦だから，

$$0 \longrightarrow Z(P) \otimes_R Q \longrightarrow P \otimes_R Q \longrightarrow B(P) \otimes_R Q \longrightarrow 0$$

も複体の完全系列になる．これより，次の可換図式が得られる．

$$
\begin{array}{ccccc}
B(P) \otimes_R H(Q) & \stackrel{\cong}{\longrightarrow} & H(B(P) \otimes_R Q) & & \\
\delta \downarrow & & \downarrow \delta' & & \\
Z(P) \otimes_R H(Q) & \stackrel{\cong}{\longrightarrow} & H(Z(P) \otimes_R Q) & \longrightarrow & 0 \\
\downarrow & & \downarrow g & & \downarrow \\
H(P) \otimes_R H(Q) & \stackrel{f}{\longrightarrow} & H(P \otimes Q) & & \mathrm{Tor}_1^R(H(P), H(Q)) \\
\downarrow & & \downarrow h & & \downarrow \\
0 & \longrightarrow & H(B(P) \otimes_R Q) & \stackrel{\cong}{\longrightarrow} & B(P) \otimes_R H(Q) \\
& & \delta' \downarrow & & \downarrow \delta \\
& & H(Z(P) \otimes_R Q) & \stackrel{\cong}{\longrightarrow} & Z(P) \otimes_R H(Q)
\end{array}
$$

ただし，δ と δ' は (-1) 次の準同型である．また，縦の 3 つの系列は完全である．この可換図式から，$\mathrm{Im}\, h \cong \mathrm{Tor}_1^R(H(P), H(Q))$ がわかり，h より準同型写像 $\varphi\colon H(P \otimes Q) \to \mathrm{Tor}_1^R(H(P), H(Q))$ が上の可換図式に追加したとき可換になるように構成できる．このとき，$\mathrm{Ker}\,\varphi = \mathrm{Ker}\,h = \mathrm{Im}\,g = \mathrm{Im}\,f$ だから，

$$0 \longrightarrow H(P) \otimes_R H(Q) \stackrel{f}{\longrightarrow} H(P \otimes Q) \stackrel{\varphi}{\longrightarrow} \mathrm{Tor}_1^R(H(P), H(Q)) \longrightarrow 0$$

は完全系列である．

なお，$R = \mathbb{Z}$ で，各 P_n が自由 $\mathbb{Z}$-加群の場合に上の完全系列が split することの証明は，定理 6.3.2 の証明と同様である． □

定理 6.3.5. (Künneth スペクトル系列) R は環，$P_\bullet = \{P_n, d_n^P\}$, $N_\bullet = \{N_n, d_n^N\}$ は R-ホモロジー複体で，各 P_n は平坦であると仮定する．このとき，次のスペクトル系列が存在する．

$$E_{p,q}^2 = \bigoplus_{i+j=q} \mathrm{Tor}_p^R(H_i(P_\bullet), H_j(N_\bullet)) \implies E_n = H_n(P_\bullet \otimes_R N_\bullet).$$

証明． 命題 3.6.4 のように，N の左 Cartan-Eilenberg 分解 $\cdots \to Q_{2,j} \to Q_{1,j} \to Q_{0,j} \to N_j \to 0$ をとり，ホモロジー 2 重複体

$$C_{p,q} = \bigoplus_{i+j=q} P_i \otimes_R Q_{p,j}$$

を作る．ここで，2 種類の微分を
$$\delta_{i,j}^Q \colon Q_{i,j} \to Q_{i+1,j}, \qquad d_{i,j}^Q \colon Q_{i,j} \to Q_{i,j+1}$$
と書く．微分 $d_{p,q}^I \colon C_{p,q} \to C_{p+1,q}$, $d_{p,q}^{II} \colon C_{p,q} \to C_{p,q+1}$ を，
$$d_{p,q}^I = \sum_{i+j=q} \mathrm{id}_{P_i} \otimes \delta_{p,j}^Q$$
$$d_{p,q}^{II} = \sum_{i+j=q} \left(d_i^P \otimes \mathrm{id}_{Q_{p,j}} + (-1)^j \mathrm{id}_{P_i} \otimes d_{p,j}^Q\right)$$
で定めると，$\{C_{p,q}\}$ は 2 重複体になる．
$$^I E_{p,q}^2 = H_p^I\bigl(H_q^{II}(C_{\bullet\bullet})\bigr) \implies E_n = H_n(C_\bullet)$$
を考察する．$H_q^{II}(C_{\bullet\bullet}) = H_q(P_\bullet \otimes_R Q_{p,\bullet})$ である．$H_n(C_\bullet)$ は i,j についての 2 重複体 $P_i \otimes_R Q_{p,j}$ を 1 重化して得られる複体のホモロジー群を表す．命題 3.6.4 より，$Q_{p,j}$ と $\mathrm{Im}\bigl(d_{i,j}^Q \colon Q_{i,j} \to Q_{i,j+1}\bigr)$ は射影的なので，p を固定したとき，前定理より，完全系列
$$0 \longrightarrow \bigoplus_{i+j=n} H_i(P_\bullet) \otimes_R H_j(Q_{p,\bullet}) \longrightarrow H_n(P_\bullet \otimes_R Q_{p,\bullet})$$
$$\longrightarrow \bigoplus_{i+j=n-1} \mathrm{Tor}_1^R(H_i(P_\bullet), H_j(Q_{p,\bullet})) \longrightarrow 0$$
が存在する．命題 3.6.4 より，$H_j(Q_{p,\bullet})$ も射影的なので，
$$H_q^{II}(C_{\bullet\bullet}) = H_q(P_\bullet \otimes_R Q_{p,\bullet}) \cong \bigoplus_{i+j=q} H_i(P_\bullet) \otimes_R H_j(Q_{p,\bullet})$$
となる．命題 3.6.4 より，$\cdots \to H_j(Q_{2,\bullet}) \longrightarrow H_j(Q_{1,\bullet}) \longrightarrow H_j(Q_{0,\bullet}) \longrightarrow H_j(N) \longrightarrow 0$ は $H_j(N)$ の射影分解なので，
$$^I E_{p,q}^2 \cong \bigoplus_{i+j=q} \mathrm{Tor}_p^R(H_i(P_\bullet), H_j(Q_\bullet))$$
を得る．次に，
$$^{II} E_{q,p}^2 = H_q^{II}\bigl(H_p^I(C_{\bullet\bullet})\bigr) \implies E_n = H_n(C_\bullet)$$
を考察する．$\cdots \to Q_{2,j} \to Q_{1,j} \to Q_{0,j} \to N_j \to 0$ は N_j の射影分解だから，$\mathrm{Ker}\bigl(\mathrm{id}_{P_i} \otimes \delta_{p,j}^Q\bigr) / \mathrm{Im}\bigl(\mathrm{id}_{P_i} \otimes \delta_{p+1,j}^Q\bigr) = \mathrm{Tor}_p^R(P_i, N_j)$ であり，
$$H_p^I(C_{\bullet\bullet}) = \bigoplus_{i+j=q} \mathrm{Tor}_p^R(P_i, N_j)$$

となる．P_i は平坦だから，$p \geqq 1$ のとき $\text{Tor}_p^R(P_i, N_j) = 0$ であり，
$$^{II}E_{n,0}^2 = H_n(P_\bullet \otimes_R N_\bullet)$$
を得る．$p \geqq 1$, $q \geqq 0$ に対し $^{II}E_{q,p}^2 = 0$ なので，定理 5.6.2(4) より，$^{II}E_{n,0}^2 \cong H_n(C_\bullet)$ となり，求めるスペクトル系列を得る． □

定理 6.3.6. (普遍係数定理) R は環とする．

(1) N は R-加群，$P = \{P_n, d_n\}$ は R-ホモロジー複体で，各 P_n は射影的であると仮定する．このとき，次のスペクトル系列が存在する．
$$E_2^{p,q} = \text{Ext}_R^p(H_q(P), N) \implies E^n = H^n\big(\text{Hom}_R(P, N)\big)$$
さらに，各 $d_n(P_n)$ も射影的であると仮定すると，次の完全系列が存在する．
$$0 \longrightarrow \text{Ext}_R^1(N_{n-1}(P), N) \longrightarrow H^n(\text{Hom}_R(P, N))$$
$$\longrightarrow \text{Hom}_R(H_n(P), N) \longrightarrow 0$$

(2) M は R-加群，$Q = \{Q^n, d^n\}$ は R-コホモロジー複体で，各 Q^n は移入的であると仮定する．このとき，次のスペクトル系列が存在する．
$$E_2^{p,q} = \text{Ext}_R^p(M, H^q(Q)) \implies E^n = H^n\big(\text{Hom}_R(M, Q)\big)$$

証明． (1) N の移入分解 $0 \to N \to I^0 \to I^1 \to I^2 \to \cdots$ をとり，2 重複体 $C^{i,j} = \text{Hom}_R(P_j, I^i)$ を作る．この 2 重複体から構成されるスペクトル系列
$$^IE_2^{p,q} = H_I^p\big(H_{II}^q(C)\big) \implies E^n = H^n(C)$$
$$^{II}E_2^{q,p} = H_{II}^q\big(H_I^p(C)\big) \implies E^n = H^n(C)$$
を考えると，求めるスペクトル系列が得られる．

P_n と $d_n(P_n)$ が射影的の場合に，後半を証明する．$P_n \cong B_n(P) \oplus Z_n(P)$ に注意する．$i \geqq 1$ のとき，$\text{Ext}_R^i(Z_n(P), \bullet) = 0$ であるから補題 6.2.2 より，$\text{Ext}_R^i(H_n(P), \bullet)$ の計算では，$H_n(P)$ の射影分解の代わりに，
$$0 \longrightarrow B_n(P) \longrightarrow Z_n(P) \longrightarrow H_n(P) \longrightarrow 0$$

を利用してよい．$p \geqq 2$ のとき，${}^{II}E_2^{p,q} = \text{Ext}_R^p(H_q(P), N) = 0$ なので，定理 5.2.3(1′) より，求める完全系列を得る．

(2) の証明も同様である． □

定理 6.3.7. $P = \{P_n, d_n\}$ は R-ホモロジー複体，$Q = \{Q^n, d^n\}$ は R-コホモロジー複体で，各 $P_n, d_n(P_n)$ は射影的であると仮定する．このとき，次の完全系列が存在する．

$$0 \longrightarrow \prod_{p+q=n-1} \text{Ext}_R^1(H_p(P), H^q(Q)) \longrightarrow H^n(\text{Hom}_R(P, Q))$$
$$\longrightarrow \prod_{p+q=n} \text{Hom}_R(H_p(P), H^q(Q)) \longrightarrow 0$$

証明は，定理 6.3.4 の証明を双対的に書き直せばよいので省略する．なお，[中山・服部] には，もう少し弱い仮定のもとで，Künneth の公式や普遍係数定理が証明されているので，興味のある方は参照されたい．

定理 6.3.5 の双対として，次のスペクトル系列も存在するが，証明は省略する．

定理 6.3.8. R は環，$P_\bullet = \{P_n, d_n^P\}$ は R-ホモロジー複体．$N^\bullet = \{N^n, d_N^n\}$ は R-コホモロジー複体で，「各 P_n は射影的であるか」または「各 N^n は移入的」であると仮定する．また，複体 $\{P_n\}$ または $\{N^n\}$ の少なくとも一方は有界であるとする．このとき，次のスペクトル系列が存在する．

$$E_2^{p,q} = \bigoplus_{i-j=q} \text{Ext}_R^p(H_i(P_\bullet), H^j(N^\bullet)) \implies E^n = H^n(\text{Hom}(P_\bullet, N^\bullet))$$

6.4. 超ホモロジー

定義 6.4.1. $C = \{C_{i,j}, d_{i,j}, \delta_{i,j}\}$ は 2 重複体（ただし，$d_{i,j}: C_{i,j} \to C_{i-1,j}, \delta_{i,j}: C_{i,j} \to C_{i,j-1}$）とする．定義 5.5.1 で述べたように，

$$B_n = \bigoplus_{i+j=n} C_{i,j}, \quad d_n = \sum_{i+j=n}^{r} (d_{i,j} + (-1)^i \delta_{i,j})$$

として，複体 $B = \{B_n, d_n\}$ を構成できる．このとき，本節では，

$$B = \text{Tot}(C)$$

と書くことにする.

定義 6.4.2. $B = \{B_{i,j}, d^B_{i,j}, \delta^B_{i,j}\}, C = \{C_{i,j}, d^C_{i,j}, \delta^C_{i,j}\}$ は 2 重複体とする. p, q を固定して, 各 $i, j \in \mathbb{Z}$ に対し, $f_{i,j}: B_{i,j} \to C_{i+p,j+q}$ が与えられていて,

$$d^C_{i+p,j+q} \circ f_{i,j} = f_{i-1,j} \circ d^B_{i,j}$$
$$\delta^C_{i+p,j+q} \circ f_{i,j} = f_{i,j-1} \circ \delta^B_{i,j}$$

を満たすとき, $f = \{f_{i,j}\}$ を 2 重複体の (p, q)-次の**準同型写像**という.

$f: B \to C, g: B \to C$ は $(0, 0)$ 次の準同型写像とする. $(1, 0)$ 次の準同型写像 $s: B \to C$ と, $(0, 1)$ 次の準同型写像 $t: B \to C$ が存在して,
$$f - g = (d^C \circ s + s \circ d^B) + (\delta^C \circ t + t \circ \delta^B)$$
$$d^C \circ t + t \circ d^B = \delta^C \circ s + s \circ \delta^B = 0$$

を満たすとき, f と g は**ホモトープ**であるという.

命題 6.4.3. B, C はホモロジー複体, $P = \{P^n_i, d^n_i, \delta^n_i\}$ は命題 3.6.4 で構成した C の射影分解 (左 Cartan-Eilenberg 分解), $Q = \{Q^n_i, e^n_i, \partial^n_i\}$ は同じ意味での B の射影分解とする. P, Q は B, C の行も含めて 2 重複体と考える. このとき, 0 次の準同型 $f: B \to C$ に対し, f の延長であるような 2 重複体の準同型 $F: P \to Q$ が, ホモトープを除いて一意的に存在する.

証明は定理 3.5.8(定理 3.5.7 の証明の双対) と同様にして行えばよい.

定義 6.4.4. R-ホモロジー複体の圏 $\mathfrak{C}h_R$ とは, R-ホモロジー複体を対象とし, R-複体の準同型写像 (0 次でなくてもよい) を射とする圏と定義する. R-加群の圏 $\mathfrak{M}_R$ の場合と同様に, 複体に関しても完全系列の概念が定義されていて. $\mathfrak{C}h_R$ においても射影分解が存在する (命題 3.6.4). これを利用して, 関手 $T: \mathfrak{C}h_R \longrightarrow \mathfrak{C}h_S$ に対しても, 右半完全共変関手の概念を定義することができ, 射影分解を用いて左導来関手 $L_n T(C)$ が定義できる.

C の射影分解 $P = \{P^n_i, d^n_i, \delta^n_i\}$ に対し, S-複体 $B = \text{Tot}(T(B))$ を構成する. そして,

$$\mathbb{L}_n T(C) = H_n(B) = H_n(\text{Tot}(T(B)))$$

と定義する．上の命題を使うと，それが射影分解のとり方に依存しないことがわかる．$\mathbb{L}_n T(C)$ を**超左導来関手**とか，**ハイパー左導来関手**という．ここで，$\mathbb{L}_0 T(C) = T(C)$ である．

また，R-ホモロジー複体 Q を固定し，R-ホモロジー複体 P に対し，
$$T_Q(P) = P \otimes_R Q$$
によって，共変関手 $T_Q \colon \mathfrak{Ch}_R \to \mathfrak{Ch}_R$ を定義する．T_Q は右半完全関手なので，その左導来関手を
$$\mathbb{T}\mathrm{or}_n^R(P, Q) = \mathbb{L}_n T_Q(P)$$
と定義する．R-加群の Tor_n^R と同様に，$\mathbb{T}\mathrm{or}_n^R(P, Q)$ は Q の射影分解を用いて定義した左導来関手と一致する．$\mathbb{T}\mathrm{or}_n^R(P, Q)$ を**ハイパー Tor** という．

双対的に，R-コホモロジー複体の圏 $\mathfrak{Cc}_R$ では移入分解が存在するから，左半完全共変関手 $T \colon \mathfrak{Cc}_R \longrightarrow \mathfrak{D}$ に対して，右導来関手
$$\mathbb{R}_n T(C)$$
が定義できる．しかし，$\mathrm{Hom}_R(P, Q)$ は有界性の条件のために，次数の構造が微妙で，$\mathbb{T}\mathrm{or}$ のようにすっきり議論が進まない．そのため，本書では割愛する．

定理 6.4.5. $0 \to A \to B \to C \to 0$ がホモロジー複体の完全系列 (準同型写像は 0 次でなくてもよい) で，$T \colon \mathfrak{Ch}_R \to \mathfrak{D}$ が右半完全共変関手ならば，次のホモロジー完全系列が存在する．
$$\cdots \to \mathbb{L}_{n+1} T(C) \longrightarrow \mathbb{L}_n T(A) \longrightarrow \mathbb{L}_n T(B) \longrightarrow \mathbb{L}_n T(C) \to \cdots$$

証明． 定理 3.6.2 に対応するホモロジー複体の場合の定理を証明し，それや，複体版の蛇の補題を使えばよいが，これらの定理の証明は，加群の場合の証明とまったく同じである． □

命題 6.4.6. $C = \{C_n, d_n^C\}$ は R-ホモロジー複体，$T \colon \mathfrak{Ch}_R \to \mathfrak{D}$ は右半完全共変関手とするこのとき，次のスペクトル系列が存在する．
(1) ${}^I E_{p,q}^2 = H_p(L_q T(C)) \implies E_n = \mathbb{L}_n T(C)$
(2) ${}^{II} E_{p,q}^2 = (L_p T)(H_q(C)) \implies E_n = \mathbb{L}_n T(C)$

証明. 2重複体から作られるスペクトル系列の定義を忠実に追えば，すぐわかる． □

命題 6.4.7. $P = \{P_n, d_n^P\}$, $C = \{C_n, d_n^C\}$ は R-ホモロジー複体，N は R-加群とする．さらに，各 P_n は平坦であると仮定する．このとき，次のスペクトル系列が存在する．

(1) $\quad {}^{II}E_{p,q}^2 = \mathrm{Tor}_p^R\left(H_q(P), N\right) \implies E_n = \mathbb{T}\mathrm{or}_n^R(P, N)$

(2) $\quad {}^{II}E_{p,q}^2 = \bigoplus_{i+j=q} \mathrm{Tor}_p^R\left(H_i(P), H_j(C)\right) \implies E_n = \mathbb{T}\mathrm{or}_n^R(P, C)$

ここで，N は $N_0 = N$，$i \neq 0$ のとき $N_i = 0$ として複体とみなす．

証明. 上の命題からすぐわかる． □

演習問題 6.

6.1. $\mathbb{Z}$-加群 M に対し,
$$\mathrm{Tor}_1^{\mathbb{Z}}(\mathbb{Q}/\mathbb{Z}, M) = M_{\mathrm{tor}}$$
であることを証明せよ．このあたりの事実が，記号 Tor (torsion) の起源である．

(解答は [Weibel] p.67 命題 3.1.3 を見よ．)

6.2. R は環, L, M は R-加群とする．R-加群の完全系列
$$0 \longrightarrow L \xrightarrow{f} X \xrightarrow{g} M \longrightarrow 0 \qquad \qquad ①$$
を，あるいは単に X を L による M の**拡大**という．可換図式

$$\begin{array}{ccccccccc} 0 & \longrightarrow & L & \xrightarrow{f} & X & \xrightarrow{g} & M & \longrightarrow & 0 \\ & & \mathrm{id}_L \downarrow & & \downarrow \cong & & \downarrow \mathrm{id}_M & & \\ 0 & \longrightarrow & L & \xrightarrow{f'} & Y & \xrightarrow{g'} & M & \longrightarrow & 0 \end{array}$$

が存在するとき，拡大 X と Y は同値であるという．① に $\mathrm{Hom}_R(M, \bullet)$ して得られる連結写像 $\delta^0 \colon \mathrm{Hom}_R(M, M) \longrightarrow \mathrm{Ext}_R^1(M, L)$ による id_M の像を $\Theta(X) := \delta^0(\mathrm{id}_M)$ と書き，X の**障害類**という．L による M の拡大の同値類全体の集合を $\mathcal{E}$ とする．このとき，拡大 X の同値類 $[X] \in \mathcal{E}$ に対し $\Theta(X) \in \mathrm{Ext}_R^1(M, L)$ を対応させる写像
$$\Theta \colon \mathcal{E} \longrightarrow \mathrm{Ext}_R^1(M, L)$$
が矛盾なく定義できて，これは全単射であることを証明せよ．なお，この事実が記号 Ext (extension) の起源である．

(解答は [Weibel] p.77 定理 3.4.3 を見よ．)

6.3. R は環, M, N は R-加群, $a \in R$ とし, $f \colon M \to M$ と $g \colon N \to N$ は a 倍写像 ($f(x) = ax$, $g(y) = ay$) とする．

(1) f から導かれる $f^* \colon \mathrm{Ext}_R^n(M, N) \longrightarrow \mathrm{Ext}_R^n(M, N)$ は a 倍写像であることを証明せよ．正確に言うと, $F(\bullet) = \mathrm{Hom}_R(\bullet, N)$ で関手 F を定めるとき，定義 4.4.2 の意味で $f^* := R^n F(f) \colon R^n T(M) \longrightarrow R^n T(M)$ である．

(2) g から導かれる $g_*\colon \mathrm{Ext}_R^n(M, N) \longrightarrow \mathrm{Ext}_R^n(M, N)$ も a 倍写像であることを証明せよ．正確に言うと，$G(\bullet) = \mathrm{Hom}_R(M, \bullet)$ で関手 G を定めるとき，$g_* := R^n G(g)\colon R^n T(N) \longrightarrow R^n T(N)$ である．
(ヒント．演習問題 3.5 を利用するとよい．)

6.4. $0 \to K \to P \to M \to 0$ と $0 \to L \to Q \to N \to 0$ が R-加群の完全系列で，P, Q が R-平坦ならば，

$$\mathrm{Tor}_{n+2}^R(M, N) \cong \mathrm{Tor}_n^R(K, L), \quad (n \geqq 1)$$

が成り立つことを証明せよ．

これを利用して，$\mathfrak{a}, \mathfrak{b}$ が R のイデアルのとき，

$$\mathrm{Tor}_{n+2}^R(R/\mathfrak{a}, R/\mathfrak{b}) \cong \mathrm{Tor}_n^R(\mathfrak{a}, \mathfrak{b}), \quad (n \geqq 1)$$

が成り立つこを示せ ($0 \to \mathfrak{a} \to R \to R/\mathfrak{a} \to 0$ を使う)．
(解答は [Rot] p.334 定理 11.26 を参考にせよ．)

6.5. R は環，M は R-加群とする．このとき，$\mathrm{Hom}_\mathbb{Z}(M, \mathbb{Q}/\mathbb{Z})$ は，$a \in R, f \in \mathrm{Hom}_\mathbb{Z}(M, \mathbb{Q}/\mathbb{Z}), x \in M$ に対して $(af)(x) = f(ax)$ と定義することにより R-加群の構造を持つ．このとき，次の (1)〜(4) は同値であることを証明せよ．
(1) M は R-平坦である．
(2) $\mathrm{Hom}_\mathbb{Z}(M, \mathbb{Q}/\mathbb{Z})$ は移入的 R-加群である．
(3) 任意のイデアル $\mathfrak{a} \subsetneq R$ に対して，自然な写像 $\mathfrak{a} \otimes_R M \longrightarrow \mathfrak{a} M$ は同型写像である．
(4) 任意のイデアル $\mathfrak{a} \subsetneq R$ に対して，$\mathrm{Tor}_1^R(R/\mathfrak{a}, M) = 0$ である．
(解答は [Weibel] p.69 命題 3.2.4 を見よ．)

6.6. R は Noether 環，S は環，L は有限生成 R-加群，M は R-左加群かつ右 S-加群，N は平坦 S-加群とする．すると，

$$\mathrm{Ext}_R^n(L, M) \otimes_S N \cong \mathrm{Ext}_R^n(L, M \otimes_S N)$$

が成り立つことを証明せよ．

6.7. R は環, $0 \to L \to M \to N \to 0$ は R-加群の完全系列とする.
(1) $\operatorname{proj\,dim}_R M \leqq \max\{\operatorname{proj\,dim}_R L, \operatorname{proj\,dim}_R N\}$ が成り立つことを示せ. さらに, $\operatorname{proj\,dim}_R N \neq 1 + \operatorname{proj\,dim}_R L$ ならば,
$$\operatorname{proj\,dim}_R M = \max\{\operatorname{proj\,dim}_R L, \operatorname{proj\,dim}_R N\}$$
が成り立つことを示せ.
(2) $\operatorname{inj\,dim}_R M \leqq \max\{\operatorname{inj\,dim}_R L, \operatorname{inj\,dim}_R N\}$ が成り立つことを示せ. さらに, $\operatorname{inj\,dim}_R L \neq 1 + \operatorname{inj\,dim}_R N$ ならば,
$$\operatorname{inj\,dim}_R M = \max\{\operatorname{inj\,dim}_R L, \operatorname{inj\,dim}_R N\}$$
が成り立つことを示せ.
(3) $\operatorname{flat\,dim}_R M \leqq \max\{\operatorname{flat\,dim}_R L, \operatorname{flat\,dim}_R N\}$ が成り立つことを示せ. さらに, $\operatorname{flat\,dim}_R N \neq 1 + \operatorname{flat\,dim}_R L$ ならば,
$$\operatorname{flat\,dim}_R M = \max\{\operatorname{flat\,dim}_R L, \operatorname{flat\,dim}_R N\}$$
が成り立つことを示せ.
(ヒント. 定理 6.2.4 などを用いよ.)

6.8. $\operatorname{Ext}^1_{\mathbb{Z}}(\mathbb{Q}, \mathbb{Z}) \cong \mathbb{R}$ であることを証明せよ.
(ヒント. $\dim_{\mathbb{Q}} \operatorname{Hom}_{\mathbb{Z}}(\mathbb{Q}, \mathbb{Q}/\mathbb{Z}) = \#\mathbb{R}$ であることを示せ. 解答は, [Osborne] p.68 例 11 を見よ.)

6.9. R は環, $a \in R$ は非零因子で中心元であるとする. また, $M \neq 0$ は R-加群で, $0 \neq x \in M$ ならば $ax \neq 0$ である仮定する.
(1) $\operatorname{proj\,dim}_R M \geqq \operatorname{proj\,dim}_{R/aR} M/aM$ を示せ.
(2) M が移入的 R-加群でないとき, 次の不等式を示せ.
$$\operatorname{inj\,dim}_R M \geqq 1 + \operatorname{inj\,dim}_{R/aR} M/aM$$
(ヒント. 定理 6.2.14, 命題 7.5.17, 命題 7.5.17 の証明を参考にせよ. (1) の解答は [Weibel] p.101 にある.)

第7章

Noether 可換環上のホモロジー代数

本章では特に断らない限り，環はすべて可換環とする．可換環上のホモロジー代数は，特に，Cohen-Macaulay 環の理論で威力を発揮する．この話題は [松村] の §16〜19 で詳しく解説されている．本書で解説することの一部は [松村] の繰り返しになるが，ホモロジー代数に関係する部分は重複をいとわず紹介した．他方，イデアル論的な定理については証明を割愛させてもらった．本章の後半は，Noether 環や局所環についてある程度の知識がある方で，可換環論や代数幾何学に関心のある方を対象として説明しているので，初学者の方には少し難しいかもしれない．

なお，本章と次章では R が $\mathfrak{m}$ を唯一の極大イデアルとする局所環のとき，
$$\lceil(R, \mathfrak{m}) \text{ は局所環}\rfloor$$
と書き，さらに，体 $k = R/\mathfrak{m}$ を組にして，
$$\lceil(R, \mathfrak{m}, k) \text{ は局所環}\rfloor$$
とも書く．

なお，本章で登場する一部の定理は非可換環でも成立する．興味のある方は [岩永・佐藤] 第 8 章，[EJ] などを参照されたい．

7.1. 局所化との関係

命題 7.1.1. R は (可換とは限らない) 環，S は R-平坦な R-多元環，M, N は R-加群とすると，次が成り立つ．
$$S \otimes_R \operatorname{Tor}_n^R(M, N) \cong \operatorname{Tor}_n^S(S \otimes_R M, S \otimes_R N) \qquad ①$$

さらに，R が Noether 環で，M が有限生成 R-加群ならば，次が成り立つ．

$$\operatorname{Ext}_R^n(M, N) \otimes_R S \cong \operatorname{Ext}_S^n(S \otimes_R M, S \otimes_R N) \qquad ②$$

証明． ① を示す．$n = 0$ の場合の等式は自明である．S は R-平坦であるから，$\cdots \to P_1 \to P_0 \to M \to 0$ が M の R-自由分解のとき，$\cdots \to S \otimes_R P_1 \longrightarrow S \otimes_R P_0 \longrightarrow S \otimes_R M \longrightarrow 0$ は $S \otimes_R M$ の S-自由分解になる．この自由分解を利用して Tor を計算すれば，① が得られる．

② を示す．M は有限生成だから，上の各 P_n はランクが有限のものが選べる．命題 1.9.15 より，次が成り立つ．

$$S \otimes_R \operatorname{Hom}_R(P_n, N) \cong \operatorname{Hom}_S(S \otimes_R P_n, S \otimes_R N)$$

あとは，簡単に証明できる． □

系 7.1.2. R は可換環，$S \subset R$ は積閉集合，M, N は R-加群とする．このとき次が成り立つ．

$$S^{-1} \operatorname{Tor}_n^R(M, N) \cong \operatorname{Tor}_n^{S^{-1}R}(S^{-1}M, S^{-1}N)$$

さらに，R が Noether 環で，M が有限生成ならば，次が成り立つ．

$$S^{-1} \operatorname{Ext}_R^n(M, N) \cong \operatorname{Ext}_{S^{-1}R}^n(S^{-1}M, S^{-1}N)$$

証明． $S^{-1}M = S^{-1}R \otimes_R M$ であり ([永田] p.57, [松村] p.32 参照)，$S^{-1}R$ は R-平坦であった ([松村] p.32 定理 4.5 参照)．したがって，上の命題より結論を得る． □

上の証明からわかるように，$\cdots \to P_1 \to P_0 \to M \to 0$ が M の自由分解のとき，$\cdots \to S^{-1}P_1 \to S^{-1}P_0 \to S^{-1}M \to 0$ は $S^{-1}M$ の自由分解である．導来関手の計算で射影分解が必要な議論では，この自由分解を使うと話が簡単に進む．移入分解については次の命題が基本になる．

命題 7.1.3. R は Noether 可換環，$S \subset R$ は積閉集合，I は移入的 R-加群とすると，$S^{-1}I$ は移入的 $S^{-1}R$ 加群である．

(注意：R が Noether でない場合には，上の結論は保証されない．)

証明. N を勝手な有限生成 $S^{-1}R$ 加群とする. その生成系 $x_1, \ldots, x_n \in N$ をとり, $M = Rx_1 + \cdots + Rx_n$ とおけば, $N = S^{-1}M$ である. 上の命題から, $n \geqq 1$ のとき,

$$\mathrm{Ext}^n_{S^{-1}R}(N, S^{-1}I) = \mathrm{Ext}^n_{S^{-1}R}(S^{-1}M, S^{-1}I) \cong S^{-1}\mathrm{Ext}^n_R(M, I) = 0$$

であるから, 命題 6.1.4(3) より, $S^{-1}I$ は $S^{-1}R$-移入的である. □

系 7.1.4. R は Noether 可換環, $S \subset R$ は積閉集合, M は R-加群とすると, 次が成り立つ.

$$\mathrm{inj\,dim}_{S^{-1}R} S^{-1}M \leqq \mathrm{inj\,dim}_R M$$

証明. 長さ $n = \mathrm{inj\,dim}_R M$ の R-移入分解 $0 \to M \to I^0 \to \cdots \to I^n \to 0$ があれば, $0 \to S^{-1}M \to S^{-1}I^0 \to \cdots \to S^{-1}I^n \to 0$ は $S^{-1}R$-移入分解である. □

補題 7.1.5. (Artin-Rees の補題) R は Noether 可換環, $\mathfrak{a} \subset R$ はイデアル, M は有限生成 R-加群, $L, N \subset M$ は R-部分加群とする. すると, ある自然数 r が存在して, 任意の自然数 $n \geqq r$ に対し次が成り立つ.

$$(\mathfrak{a}^n N) \cap L = \mathfrak{a}^{n-r}\bigl((\mathfrak{a}^r N) \cap L\bigr)$$

証明は, [永田] p.74 定理 3.0.6, [松村] p.71 定理 8.5 等を参照せよ.

命題 7.1.6. R は Noether 可換環, $S \subset R$ は積閉集合, L, M は R-加群とする. このとき, 次が成り立つ.
(1) $L \subset M$ で, M が L の本質的拡大であるならば, $S^{-1}R$-加群として $S^{-1}M$ は $S^{-1}L$ の本質的拡大である.
(2) $E_{S^{-1}R}(S^{-1}L) = S^{-1}E_R(L)$ が成り立つ.

証明. (1) $N' \cap S^{-1}L = 0$ を満たす $S^{-1}R$-部分加群 $0 \neq N' \subset S^{-1}M$ が存在したと仮定して矛盾を導く. $0 \neq x \in N'$ をとり $N'' = S^{-1}Rx$ とおくと, $N'' \cap S^{-1}L = 0$ なので, 最初から $N' = S^{-1}Rx$ と仮定してよい. $0 \neq sx \in L$ を満たす $s \in S$ が存在する. $N = Rsx$ とおく. N は R-加群で, $N' = S^{-1}N$ である. $S^{-1}(N \cap L) = 0$ だから, ある $t \in S$ により

$t \cdot (N \cap L) = 0$ となる．Artin-Rees の補題により，ある自然数 r が存在して，$n > r$ のとき，$t^n N \cap L = t^{n-r}(t^r N \cap L) \subset t \cdot (N \cap L) = 0$ となる．しかし，$t^n N \neq 0$ で M は L の本質的拡大だから，$t^n N \cap L \neq 0$ である．

(2) $E_R(L)$ は移入的 R-加群なので，$S^{-1} E_R(L)$ は移入的 $S^{-1} R$-加群である．$S^{-1} L \subset S^{-1} E_R(L)$ なので，$E_{S^{-1} R}(S^{-1} L) \subset S^{-1} E_R(L)$ である．$E_R(L)$ は L の本質的拡大なので，$S^{-1} E_R(L)$ は $S^{-1} L$ の本質的拡大である．したがって，$E_{S^{-1} R}(S^{-1} L) = S^{-1} E_R(L)$ が成り立つ． □

注意 7.1.7. R を Noether 可換環，M を R-加群とし，アフィン・スキーム $\mathrm{Spec}\, R$ 上の準連接層 $\widetilde{M}$ を考える．R-加群 M の最小移入分解 $\cdots \to E_R^2(M) \longrightarrow E_R^1(M) \longrightarrow E_R^0(M) \longrightarrow M \longrightarrow 0$ をとり，それを層化すると，それが層 $\widetilde{M}$ の「最小な」移入分解を与えることが，上の命題によって保証される．

以下の定義は [永田] 第 7 章「syzygy」と比較されると面白いと思う．

定義 7.1.8.(最小自由分解) $(R, \mathfrak{m}, k)$ は Noether 局所環，M は有限生成 R-加群とする．定理 3.2.8 より，有限生成射影的 R-加群は自由加群であった．さて，$x_1, \ldots, x_m \in M$ を，その $\mathfrak{m}M$ を法とする同値類 $\overline{x_1}, \ldots, \overline{x_m}$ が有限次元 k-ベクトル空間 $M/\mathfrak{m}M = M \otimes_R k$ の基底になるように選ぶ．$M = Rx_1 + \cdots + Rx_m + \mathfrak{m}M$ だから，中山の補題により，$M = Rx_1 + \cdots + Rx_m$ となり，$x_1, \ldots, x_m$ は M の生成系になる．今の考察から，M は $m-1$ 個以下の生成系によって生成されることはない．このとき，$x_1, \ldots, x_m$ は M の**極小生成系**であるといい，

$$b_0(M) = m = \dim_k M/\mathfrak{m}M$$

と書く．$e_1, \ldots, e_m$ を基底とする自由 R-加群 $F_0 = Re_1 \oplus \cdots \oplus Re_m$ をつくり，$f_0 \colon F_0 \to M$ を $f_0(e_i) = x_i$ によって定める．$\mathrm{Ker}\, f_0$ は極小生成系 $x_1, \ldots, x_m$ の選び方に依存せずに同型を除いて一意的に定まる（この証明は，この定義の末尾で与える）．

次に，M から $f_0 \colon F_0 \to M$ を作ったように，$\mathrm{Ker}\, f_0$ から $f_1 \colon F_1 \to \mathrm{Ker}\, f_0$ を作る．以下同様に，帰納的に $f_{n+1} \colon F_{n+1} \to \mathrm{Ker}\, f_n$ を作る．$\varepsilon = f_0$ とし，

$d_n\colon F_n \xrightarrow{f_n} \mathrm{Ker}\, f_{n-1} \xhookrightarrow{} F_{n-1}$ $(n \geqq 1)$ とおくと, M の自由分解

$$\cdots \to F_n \xrightarrow{d_n} F_{n-1} \xrightarrow{d_{n-1}} \cdots \xrightarrow{d_2} F_1 \xrightarrow{d_1} F_0 \xrightarrow{\varepsilon} M \longrightarrow 0$$

が得られる. これを M の**最小自由分解**とか**極小自由分解**とよぶ. この分解は同型を除いて一意的だから,「最小」自由分解とよぶほうが適切だと思う. また,

$$\mathrm{syz}^0 M = M, \quad \mathrm{syz}^i M = \mathrm{Ker}\, f_{i-1} \quad (i \geqq 1)$$

と定義し, $\mathrm{syz}^i M$ を i 番目の **syzygy** という. さらに,

$$b_i(M) = \mathrm{rank}_R F_i$$

と書き, $b_i(M)$ を M の第 i **betti 数**という.

証明. ($\mathrm{Ker}\, f_0$ が極小生成系 $x_1, \ldots, x_m$ の選び方に依存せずに同型を除いて一意的に定まることの証明.)

M の別の極小生成系 $y_1, \ldots, y_m$ をとる.

$$y_j = \sum_{i=1}^m a_{ij} x_i, \quad x_j = \sum_{i=1}^m b_{ij} y_i \quad (\exists a_{ij}, \exists b_{ij} \in R)$$

と書ける. $A = (a_{ij})$ は $B = (b_{ij})$ の逆行列だから, A が定める写像 $A\colon M \to M$ は同型写像である. $f'_0\colon F_0 \to M$ を $f_0(e_i) = y_i$ によって定めるとき, A は同型写像 $\mathrm{Ker}\, f'_0 \longrightarrow \mathrm{Ker}\, f_0$ を誘導する. $\square$

命題 7.1.9. $(R, \mathfrak{m}, k)$ は Noether 局所環, $M \neq 0$ は有限生成 R-加群で,

$$F_\bullet \colon \cdots \to F_n \xrightarrow{d_n} F_{n-1} \longrightarrow \cdots \longrightarrow F_1 \xrightarrow{d_1} F_0 \xrightarrow{\varepsilon} M \longrightarrow 0$$

は M の自由分解とする. このとき, 次は同値である.

(1) $F_\bullet$ は最小自由分解である.
(2) すべての $i \geqq 0$ に対して $\mathrm{Im}\, d_{i+1} \subset \mathfrak{m} F_i$ が成り立つ.
(3) すべての $i \geqq 0$ に対して $b_i(M) = \mathrm{rank}_R F_i = \dim_k \mathrm{Tor}^R_i(M, k)$ が成り立つ.
(4) すべての $i \geqq 0$ に対して $b_i(M) = \mathrm{rank}_R F_i = \dim_k \mathrm{Ext}^i_R(M, k)$ が成り立つ.

証明. (1) $\iff$ (2). 形式的に $d_0 = \varepsilon$ とする. $i \geq 0$ とする. $e_1, \ldots, e_m$ を F_{i+1} の基底, $y_1, \ldots, y_r$ を F_i の基底とし, $x_j = d_{i+1}(e_j)$ とおく. x_j, y_k の $F_i/\mathfrak{m}F_i$ における像を $\overline{x_j}, \overline{y_k}$ とする. $g_i \colon F_i/\mathfrak{m}F_i \longrightarrow (\operatorname{Im} d_i)/\mathfrak{m}(\operatorname{Im} d_i)$ は d_i から誘導される全射とする. $\operatorname{Im} d_i = \operatorname{Ker} d_{i-1}$ に注意すると, 最小自由分解の構成法から, $F_\bullet$ が最小自由分解であるための必要十分条件は, 各 g_i が同型写像であることである.

さて, (1) が成り立つとすると g_i は同型写像である.
$$g_i(\overline{x_j}) = \bigl(d_i(d_{i+1}(e_i)) \bmod \mathfrak{m}(\operatorname{Im} d_i)\bigr) = 0$$
であるので $\overline{x_j} = 0$ である. つまり, $x_j \in \mathfrak{m}F_i$ である. よって, $\operatorname{Im} d_{i+1} = Rx_1 + \cdots + Rx_m \subset \mathfrak{m}F_i$ となる.

逆に (2) が成り立つとする. $y \in F_i$ を $\overline{y} \in \operatorname{Ker} g_i$ となるような元とする. $d_i(y) \in \mathfrak{m}(\operatorname{Im} d_i)$ であるので, $d_i(y) = \sum_{k=1}^{r} b_k d_i(y_k)$ ($\exists b_k \in \mathfrak{m}$) と書ける. $\operatorname{Ker} d_i = \operatorname{Im} d_{i+1}$ なので, $y = \sum_{k=1}^{r} b_k y_k + \sum_{j=1}^{m} c_j d_{i+1}(x_j)$ と書ける. $d_{i+1}(x_j) \in \mathfrak{m}F_i$ なので, $y \in \mathfrak{m}F_i$ である. したがって, $\operatorname{Ker} g_i = 0$ で, g_i は同型写像である.

(2) $\iff$ (3). $W_i = F_i \otimes_R k = F_i/\mathfrak{m}F_i$ とし, $\overline{d_i} \colon W_i \to W_{i-1}$ は d_i から誘導される k-線形写像とする. $\operatorname{Tor}_i^R(M, k) = H_i(F_\bullet \otimes_R k) = \operatorname{Ker} \overline{d_i}/\operatorname{Im} \overline{d_{i+1}}$ である. $F_\bullet$ が最小自由分解ならば, (2) が成り立つので, $\overline{d_i} \colon \operatorname{Tor}_i^R(M, k) \longrightarrow \operatorname{Tor}_{i-1}^R(M, k)$ はゼロ写像である. したがって, $\operatorname{rank}_R F_i = \dim_k \operatorname{Tor}_i^R(M, k)$ が成り立つ. 逆に (3) が成り立つとすると, $\overline{d_i}$ はゼロ写像でなくてはならないので, (2) が成り立つ.

(2) $\iff$ (4). $\operatorname{Ext}_R^i(M, k) = H^i(\operatorname{Hom}_R(F_\bullet, k))$ と, $\operatorname{Hom}_R(R^{\oplus m}, k) \cong k^{\oplus m}$ に注意すれば, 上の証明と同様である. $\square$

次の系は, [永田] で定義されている $\operatorname{hd} M$ が $\operatorname{proj} \dim_R M$ と一致することを保証する.

系 7.1.10. $(R, \mathfrak{m}, k)$ は Noether 局所環, $M \neq 0$ は有限生成 R-加群とするとき, 次は同値である.

(1) $n = \operatorname{proj\,dim}_R M$.
(2) $n = \sup\{i \in \mathbb{Z} \mid \operatorname{Tor}_i^R(M, k) \neq 0\}$.
(3) $n = \sup\{i \in \mathbb{Z} \mid \operatorname{Ext}_R^i(M, k) \neq 0\}$.
(4) $\operatorname{syz}^n M \neq 0$ かつ $\operatorname{syz}^{n+1} M = 0$.

証明. $\cdots \to P_1 \to P_0 \to M \to 0$ を勝手な射影分解とする．また，$F_\bullet$ は上のような最小自由分解とする．今までの考察から，ある自由 R-加群 N_i が存在して，

$$P_i \cong F_i \oplus N_i$$

と書けることが，i に関する帰納法で容易に証明できる．したがって，最小自由分解の長さが $\operatorname{proj\,dim}_R M$ を与える．後は，上の命題からすぐわかる． $\square$

命題 7.1.11. R, S は可換環で環準同型 $R \to S$ が存在すると仮定する．また，r は整数で，任意の $i < r$ に対し $\operatorname{Ext}_R^i(S, R) = 0$ が成り立つと仮定する．すると，任意の S-加群 M と任意の $i < r$ に対し，$\operatorname{Ext}_R^i(M, R) = 0$ が成り立つ．

証明. スペクトル系列 $E_2^{p,q} = \operatorname{Ext}_S^p\left(M, \operatorname{Ext}_R^q(S, R)\right) \Longrightarrow E^n = \operatorname{Ext}_R^n(M, R)$ と定理 5.2.3 より，即座に結論を得る． $\square$

7.2. Noether 可換環上の移入的加群の構造

まず，可換環論で使う基本的な記号の定義から始める．次の定義の中に見たことのない記号が多い人は，この先を読み進める前に，可換環論の教科書の基礎的部分を読んでおこう．

定義 7.2.1. 可換環 R の素イデアル全体の集合を

$$\operatorname{Spec} R = \{\mathfrak{p} \mid \mathfrak{p} \text{ は } R \text{ の素イデアル}\}$$

と書く．当面 $\operatorname{Spec} R$ にスキームの構造までは考えない．また，R の部分集合 I に対し，

$$V(I) = \{\mathfrak{p} \in \operatorname{Spec} R \mid \mathfrak{p} \supset I\}$$

とおく．R のイデアル $\mathfrak{a} \neq R$ に対し，
$$\sqrt{\mathfrak{a}} = \{a \in R \mid \text{ある } n \in \mathbb{N} \text{ に対し } a^n \in \mathfrak{a}\}$$
と書く．さらに，R-加群 M に対し，
$$\operatorname{Supp} M = \{\mathfrak{p} \in \operatorname{Spec} R \mid M_{\mathfrak{p}} = R_{\mathfrak{p}} \otimes_R M \neq 0\}$$
と書く．これらは，代数幾何のスキーム論における記号の転用である．

$X \subset M$ に対し，
$$\operatorname{ann}(X) = \{a \in R \mid \text{任意の } x \in X \text{ に対して } ax = 0\}$$
と書き，$\operatorname{ann}(X)$ を X の **annihilator** という．$X = \{x\}$ のときは，$\operatorname{ann}(X)$ を $\operatorname{ann}(x)$ とも書く．

R の素イデアル $\mathfrak{p}$ が，ある $x \in M$ により $\mathfrak{p} = \operatorname{ann}(x)$ と表せるとき，$\mathfrak{p}$ は M の**素因子**であるという．

M の素因子全体の集合を
$$\operatorname{Ass} M = \{\mathfrak{p} \in \operatorname{Spec} R \mid \mathfrak{p} \text{ は } M \text{ の素因子}\}$$
とか $\operatorname{Ass}_R M$ と書く．$\mathfrak{p} = \operatorname{ann}(x) \in \operatorname{Ass} M$ のとき，x 倍写像 $R/\mathfrak{p} \xrightarrow{\times x} M$ は単射であることに注意する．また，
$$\operatorname{Krull dim}_R M = \operatorname{Krull dim} M := \operatorname{Krull dim}(R/\operatorname{ann}(M))$$
と定義する．$\operatorname{Krull dim}_R M$ を $\dim M$ と書くことも多いが，本書では様々な次元が登場するので，記号を変えて区別する．

N が M の R-部分加群のとき．N が M の**準素部分加群**であるとは，「$a \in R$ に対し，$ax = 0$ を満たす $0 \neq x \in (M/N)$ が存在すれば，$a \in \sqrt{\operatorname{ann}(M/N)}$」が成り立つことをいう．$R$ のイデアル $\mathfrak{q}$ が，R の準素部分加群であるとき，$\mathfrak{q}$ は R の**準素イデアル**であるという．

素因子と準素分解との関係は以下のとおりである．用語の定義と証明は，[松村] p.47～53 など，可換環論の教科書を参照してほしい．なお，これは [永田] 第 2.2 節 (p.49～52) で解説されている「イデアルの準素イデアル分解」の加群への一般化であるが，本書では，下の形の定理を多用する．

定理 7.2.2. (準素加群分解) R は Noether 可換環, $0 \neq M$ は有限生成 R-加群, $N \subsetneq M$ は部分 R-加群とする.

(1) $\mathrm{Ass}(M/N)$ は空でない有限集合であって, $\mathrm{Ass}(M/N)$ の極小元全体の集合は, $\mathrm{Supp}(M/N)$ の極小元全体の集合と一致する.

(2) $\mathrm{Ass}(M/N) = \{\mathfrak{p}_1, \ldots, \mathfrak{p}_r\}$ とおくとき, M の準素部分加群 $N_1, \ldots, N_r$ が存在して,

$$N = N_1 \cap \cdots \cap N_r, \quad \mathrm{ann}(M/N_i) = \mathfrak{p}_i, \quad \mathrm{Ass}(M/N_i) = \{\mathfrak{p}_i\}$$

$(i = 1, \ldots, r)$ を満たす. これを N の**準素(加群)分解**という. ただし, $N_1, \ldots, N_r$ は一意的とは限らない.

定義 7.2.3. R-加群 M は, M のある部分 R-加群 $L_1 \neq 0, L_2 \neq 0$ により,

$$M = L_1 + L_2, \quad L_1 \cap L_2 = 0 \quad \text{つまり} \quad M = L_1 \oplus L_2$$

と書けるとき**可約** (decomposable) であるといい, 可約でないとき**既約**であるとか**直既約** (indecomposable) であるという.

補題 7.2.4. (Matlis) R は Noether 可換環, I は移入的 R-加群とする. このとき, 次が成り立つ.

(1) I は既約な移入的加群の直和として表せる.

(2) 上の分解は同型を除いて一意的である. つまり, $I = \bigoplus_{\lambda \in \Lambda} I_\lambda = \bigoplus_{\mu \in M} J_\mu$ がいずれも既約な移入的加群への直和分解であるならば, ある全単射 $\sigma: M \to \Lambda$ が存在して, $I_{\sigma(\mu)} \cong J_\mu$ $(\forall \mu \in M)$ を満たす. (注. $I_{\sigma(\mu)} = J_\mu$ とは限らない.)

証明. (1) $0 \neq x \in I$ をとるとき, $E_R(Rx)$ は既約な移入的 R-加群で, $E_R(Rx) \subset I$ である.

$$\mathcal{J} = \{J \subset I \mid J \text{ は既約な移入的 } R\text{-加群の直和として表せる}\}$$

とおく. $E_R(Rx) \in \mathcal{J}$ だから, $\mathcal{J} \neq \phi$ で, 容易にわかるように, $\mathcal{J}$ は包含関係について帰納的順序集合である. Zorn の補題より, $\mathcal{J}$ の極大元 J が存在する. $J \subsetneq I$ であると仮定する. 命題 3.3.13 より J は移入的である.

命題 3.3.12 より, $I = J \oplus K$ (K はある移入的 R-加群) と書ける. K は既約な移入的加群 $K_0 \neq 0$ (例えば $K_0 = E_R(Rx)$, $x \in K$) を含む. すると, $J \oplus K_0 \in \mathfrak{J}$ となり, J の極大性に矛盾する. したがって, $J = I$ である.

(2) $\pi_\lambda\colon I \to I_\lambda$, $p_\mu\colon I \to J_\mu$ は正射影, $\iota_\lambda\colon I_\lambda \to I$ は埋入写像とする. $\mu_0 \in M$ を固定し, $J^\perp := \bigoplus_{\mu \neq \mu_0} J_\mu$, $p\colon I \xrightarrow{p_{\mu_0}} J_{\mu_0} \xrightarrow{\iota_{\mu_0}} I$ とする. このとき, $q = (\mathrm{id}_I - p)\colon I \to I$ は I から $J^\perp$ への正射影で, $p \circ q = 0$, $q \circ p = 0$ を満たす. $\lambda \in \Lambda$ に対し,

$$f_\lambda\colon I_\lambda \xrightarrow{\iota_\lambda} I \xrightarrow{p} I \xrightarrow{\pi_\lambda} I_\lambda, \quad g_\lambda\colon I_\lambda \xrightarrow{\iota_\lambda} I \xrightarrow{q} I \xrightarrow{\pi_\lambda} I_\lambda$$

とおく. $f_\lambda + g_\lambda = \mathrm{id}_{I_\lambda}$ であるが, $I_\lambda = \mathrm{Im}\, f_\lambda \oplus \mathrm{Im}\, g_\lambda$ で I_λ は既約であるので, 「$f_\lambda = \mathrm{id}_{I_\lambda}$ かつ $g_\lambda = 0$」または「$f_\lambda = 0$ かつ $g_\lambda = \mathrm{id}_{I_\lambda}$」のいずれか一方が成り立つ.

$f_\lambda = \mathrm{id}_{I_\lambda}$ となる λ が存在することを示そう. 任意の $\lambda \in \Lambda$ に対し $g_\lambda = \mathrm{id}_{I_\lambda}$ であったと仮定して矛盾を導く. $0 \neq x_0 \in J_{\mu_0}$ をとり固定する. ある $\lambda_1,\ldots,\lambda_m \in \Lambda$ を選べば, $x_0 \in \bigoplus_{i=1}^m J_{\lambda_i} =: J'$ となる. $p(x_0) = x_0$ だから, $f' := \bigoplus_{i=1}^m f_{\lambda_i}\colon J' \longrightarrow J'$ とおけば, $f'(x_0) = x_0$ である. したがって, $f_{\lambda_i} \neq 0$ となる λ_i が存在する. この λ_i の 1 つを改めて λ_0 と書く. $f_{\lambda_0} \neq 0$ だから $f_{\lambda_0} = \mathrm{id}_{I_{\lambda_0}}$ であり, $\pi_{\lambda_0}\colon J_{\mu_0} \xrightarrow{\cong} I_{\lambda_0}$, $p \circ \iota_{\lambda_0}\colon I_{\lambda_0} \xrightarrow{\cong} J_{\mu_0}$ である.

$I^\perp := \bigoplus_{\lambda \neq \lambda_0} I_\lambda$ とする. $\pi_{\lambda_0}(I^\perp) = 0$ だから, $I = J_{\mu_0} \oplus I^\perp = J_{\mu_0} \oplus J^\perp$ である ($I^\perp = J^\perp$ とは限らない).

M が有限集合の場合を考える. $M = \{1,\ldots,n\}$ とおく. $\mu_0 = 1$ として上の議論を適用し, $\sigma(1) = \lambda_0$ とおく. 次に, 上の議論を $\mu_0 = 2$ に対して適用する. このとき, λ_0 を $\lambda_0 \neq \sigma(1)$ を満たすように選べることは, 容易にわかる. このような議論を繰り返せば, 単射 $\sigma\colon M \to \Lambda$ が構成でき, これは全単射になる.

以下, Λ, M が無限集合の場合を考える.

$$M_\lambda = \{\mu \in M \mid p_\mu \circ \iota_\lambda\colon I_\lambda \longrightarrow J_\mu \text{ は同型写像}\}$$

とおく. $\mu \notin M_\mu$ ならば $p_\mu \circ \iota_\lambda = 0$ であるから, $J'' := \bigoplus_{\mu \in M_\lambda} J_\mu \subset I$ とおくと, $I_\lambda \subset J''$ である. $0 \neq x \in I_\lambda$ は $x = \sum_{\mu \in M_\lambda} p_\mu \circ \iota_\lambda(x)$ と表せるのだから, M_λ は有限集合である.

前半の議論から, 勝手な $\mu \in M$ に対し, $\mu \in M_\lambda$ を満たす $\lambda \in \Lambda$ が存在するから, $\bigcup_{\lambda \in \Lambda} M_\lambda = M$ である. したがって, $\#M \leqq \#(\Lambda \times \mathbb{N}) = \#\Lambda$ である. 議論は対象だから $\#\Lambda \leqq \#M$ であり, $\#\Lambda = \#M$ となる. したがって, 全単射 $\sigma\colon M \to \Lambda$ が存在する. $\square$

命題 7.2.5. R は Noether 可換環, $\mathfrak{p}$ は R の素イデアルとする. このとき, $E_R(R/\mathfrak{p})$ は既約であり, その素因子は $\mathfrak{p}$ のみである.

逆に, I が既約な移入的 R-加群ならば, R のある素イデアル $\mathfrak{p}$ により,
$$I \cong E_R(R/\mathfrak{p})$$
となる.

証明. $E_R(R/\mathfrak{p})$ が既約であることを示す. もし $E = E_R(R/\mathfrak{p}) \supset R/\mathfrak{p}$ が可約ならば, その直和因子 $I \subset E$ をとり, $M = I \cap (R/\mathfrak{p})$ とおくと, M は $R/\mathfrak{p}$ の直和因子で, $M \neq 0, M \neq R/\mathfrak{p}$ となり, 矛盾する.

I は既約な移入的 R-加群とし, I の素因子の 1 つを $\mathfrak{p}$ とする. ある $x \in I$ により, $\mathfrak{p} = \mathrm{ann}(x)$ と書け, $Rx = R/\mathfrak{p}$ である. $I \supset E_R(Rx) = E_R(R/\mathfrak{p})$ で I は既約だから, $I = E_R(R/\mathfrak{p})$ である.

これより, $E_R(R/\mathfrak{p})$ の素因子が $\mathfrak{p}$ しかないことはすぐわかる. $\square$

補題 7.2.6. R-加群 M について, $E_R(R/\mathfrak{p})$ が $E_R(M)$ のある直和因子と同型であるための必要十分条件は, $\mathfrak{p} \in \mathrm{Ass}\,M$ である.

証明. $E_R(R/\mathfrak{p}) \cong I \subset E_R(M)$ ならば, この同型写像 $E_R(R/\mathfrak{p}) \xrightarrow{\cong} I$ による $R/\mathfrak{p}$ の像を $J \subset I$ とおけば, $I = E_R(J), J \cap M \neq \phi$ である. したがって, ある $x \in R/\mathfrak{p} \cap M$ により, $\mathfrak{p} = \mathrm{ann}(x)$ と書ける.

逆に, $\mathfrak{p} \in \mathrm{Ass}\,M$ ならば, $R/\mathfrak{p} \cong \exists J \subset M$ であるから, $E_R(R/\mathfrak{p}) \cong E_R(J) \subset E_R(M)$ であり, $E_R(J)$ と $E_R(M)$ は移入的だから, $E_R(J)$ は $E_R(M)$ の直和因子になる. $\square$

補題 7.2.4, 命題 7.2.5, 補題 7.2.6 より, 次が結論される.

定理 7.2.7. R は Noether 可換環, M は R-加群とする. このとき, 各 $\mathfrak{p} \in \mathrm{Ass}\, M$ に対してある集合の濃度 $\mu_{\mathfrak{p}}$ が存在して次が成り立つ.
$$E_R(M) \cong \bigoplus_{\mathfrak{p} \in \mathrm{Ass}\, M} E_R(R/\mathfrak{p})^{\oplus \mu_{\mathfrak{p}}}$$
ここで, 濃度 $\mu_{\mathfrak{p}}$ は M より一意的に定まる.

例 7.2.8. $E_{\mathbb{Z}}(\mathbb{Q}/\mathbb{Z}) = \mathbb{Q}/\mathbb{Z} \cong \bigoplus_{p \text{ は素数}} \dfrac{\mathbb{Z}[1/p]}{\mathbb{Z}} = \bigoplus_{p \text{ は素数}} E_{\mathbb{Z}}(\mathbb{Z}/p\mathbb{Z})$

命題 7.2.9. R は Noether 可換環, $\mathfrak{p}$ は R の素イデアル, $\mathfrak{a}$ は R のイデアルで $\mathfrak{a} \subset \mathfrak{p}$, M は有限生成 R-加群, $S = R - \mathfrak{p}$ とすると, 次が成り立つ.

(1) $E_{R_{\mathfrak{p}}}(R_{\mathfrak{p}}/\mathfrak{p} R_{\mathfrak{p}}) \cong E_R(R/\mathfrak{p})$

(2) $E_{R/\mathfrak{a}}(R/\mathfrak{p}) \cong \mathrm{Hom}_R\left(R/\mathfrak{a}, E_R(R/\mathfrak{p})\right)$

(3) $\mathrm{Hom}_R\left(R/\mathfrak{p}, E_R(R/\mathfrak{p})\right) \cong E_{R/\mathfrak{p}}(R/\mathfrak{p}) \cong R_{\mathfrak{p}}/\mathfrak{p} R_{\mathfrak{p}}$

(4) $\mathrm{Hom}_{R_{\mathfrak{p}}}\left(Q(R/\mathfrak{p}), S^{-1} E_R(R/\mathfrak{p})\right) \cong Q(R/\mathfrak{p})$

(5) $\mathrm{Ass}\, M = \mathrm{Ass}\, E_R(M)$

証明. (1) まず, $E_R(R/\mathfrak{p})$ が $R_{\mathfrak{p}}$-加群の構造を持つことを示す. $s \in R - \mathfrak{p}$ をとる. $\mathrm{Ass}\, E_R(R/\mathfrak{p}) = \{\mathfrak{p}\}$ なので, 素因子の定義により, $sx = 0$ ($x \in E_R(R/\mathfrak{p})$) ならば, $x = 0$ である. また, 移入的加群は分割可能なので, $x \in E_R(R/\mathfrak{p})$ に対し, $x = sy$ を満たす $y \in E_R(R/\mathfrak{p})$ が存在する. この y は上に述べた理由で一意的である. したがって, $\dfrac{1}{s}x = y$ であり, $E_R(R/\mathfrak{p})$ は $R_{\mathfrak{p}}$-加群の構造を持つ.

$R/\mathfrak{p} \subset R_{\mathfrak{p}}/\mathfrak{p} R_{\mathfrak{p}}$ は本質的拡大だから, $E_R(R/\mathfrak{p}) \subset E_{R_{\mathfrak{p}}}(R_{\mathfrak{p}}/\mathfrak{p} R_{\mathfrak{p}})$ も本質的拡大であり, $E_R(R/\mathfrak{p}) = E_{R_{\mathfrak{p}}}(R_{\mathfrak{p}}/\mathfrak{p} R_{\mathfrak{p}})$ を得る.

(2) 命題 3.3.10(4) より, $\mathrm{Hom}_R\left(R/\mathfrak{a}, E_R(R/\mathfrak{p})\right)$ は移入的 $R/\mathfrak{a}$-加群である. $R/\mathfrak{p} \xhookrightarrow{} E_R(R/\mathfrak{p})$ に $\mathrm{Hom}_R(R/\mathfrak{a}, \bullet)$ を作用させると, $\mathrm{Hom}_R\left(R/\mathfrak{a}, E_R(R/\mathfrak{p})\right)$ は $\mathrm{Hom}_R(R/\mathfrak{a}, R/\mathfrak{p}) = \mathrm{Hom}_{R/\mathfrak{a}}(R/\mathfrak{a}, R/\mathfrak{p}) = R/\mathfrak{p}$ を含む移入

的 $R/\mathfrak{a}$-加群であることがわかる.もし,$(R/\mathfrak{p}) \cap N = 0, N \subset \mathrm{Hom}_R\left(R/\mathfrak{a}, E_R(R/\mathfrak{p})\right)$ を満たす $R/\mathfrak{a}$-加群 N が存在すれば,$E_R(R/\mathfrak{p})$ は $R/\mathfrak{p}$ の R-加群としての本質的拡大ではないことが導かれ,矛盾する.したがって,$\mathrm{Hom}_R\left(R/\mathfrak{a}, E_R(R/\mathfrak{p})\right)$ は $R/\mathfrak{p}$ の $R/\mathfrak{a}$-加群としての本質的拡大であり,ゆえに,$R/\mathfrak{p}$ の移入的閉包である.

(3) は,(2) からすぐわかる.

(5) $\mathrm{Ass}\, M \subset \mathrm{Ass}\, E_R(M)$ は自明であるので,$\mathrm{Ass}\, M \supset \mathrm{Ass}\, E_R(M)$ を示す.$\mathfrak{q} = \mathrm{ann}(x) \in \mathrm{Ass}\, E_R(M)$ $(x \in E_R(M))$ をとる.$R/\mathfrak{q} \cong L \subset E_R(M)$ となる部分 R-加群 L が存在する.$E_R(M)$ は M の本質的拡大なので,$L \cap M \neq 0$ である.$0 \neq y \in L \cap M$ をとると,$\mathfrak{q} = \mathrm{ann}(L) \subset \mathrm{ann}(y)$ である.$a \in R$ の $\mathfrak{q}$ を法とする像を $\bar{a} \in R/\mathfrak{q}$ とする.$R/\mathfrak{q}$ は整域だから,$\bar{a}y = 0$ ならば $\bar{a} = 0$ であり,$a \in \mathfrak{q}$ となる.したがって,$ax = 0$ であり,$\mathrm{ann}(y) \subset \mathrm{ann}(x)$ となる.これより,$\mathrm{ann}(x) = \mathrm{ann}(y) \in \mathrm{Ass}\, M$ となる.

(4) 命題 7.1.6 より,$S^{-1}E_R(R/\mathfrak{p}) \cong E_{R_\mathfrak{p}}(Q(R/\mathfrak{p}))$ である.$A = R_\mathfrak{p}$,$\mathfrak{m} = \mathfrak{p}A, k = A/\mathfrak{m}$ とおくと,$Q(R/\mathfrak{p}) = A/\mathfrak{m} = k, \mathrm{Hom}_A(k, E_A(k)) = \mathrm{Hom}_{R_\mathfrak{p}}\left(Q(R/\mathfrak{p}), S^{-1}E_R(R/\mathfrak{p})\right)$ なので,証明すべき等式は,

$$k \cong \mathrm{Hom}_A(k, E_A(k)) \cong \{x \in E_A(k) \mid \mathfrak{m}x = 0\} =: V$$

である.$k \subset V$ であるが,もし,$k \subsetneq V$ とすると,$k \cap W = 0, W \neq 0$ を満たす k-部分空間 $W \subset V$ が存在する.これは,$E_A(k)$ が k の本質的拡大であることと矛盾する. □

系 7.2.10. $(R, \mathfrak{m}, k)$ は Noether 局所環とすると次が成り立つ.

$$i > 0 \text{ に対し} \quad \mathrm{Ext}_R^i(k, E_R(k)) = 0$$
$$\mathrm{Hom}_R(k, E_R(k)) = k$$

証明. $E_R(k)$ は移入的なので,$\mathrm{Ext}_R^i(k, E_R(k)) = 0$ $(i > 0)$ である.$\mathrm{Hom}_R(k, E_R(k)) = k$ は上で示した. □

7.3. Bass 数

補題 7.3.1. R は Noether 可換環, $S \subset R$ は積閉集合, M は R-加群,
$$P = \{\mathfrak{p} \in \mathrm{Ass}\, M \mid S \cap \mathfrak{p} = \phi\}$$
とする. また, 定理 7.2.7 のように
$$E_R(M) \cong \bigoplus_{\mathfrak{p} \in \mathrm{Ass}\, M} E_R(R/\mathfrak{p})^{\oplus \mu_\mathfrak{p}} \qquad (*)$$
と書けるとする. このとき, 次が成り立つ.
$$E_{S^{-1}R}(S^{-1}M) \cong \bigoplus_{\mathfrak{p} \in P} E_{S^{-1}R}(S^{-1}R/\mathfrak{p}S^{-1}R)^{\oplus \mu_\mathfrak{p}}$$

証明. 命題 7.1.6(2) より, $S \cap \mathfrak{p} = \phi$ のとき,
$$S^{-1}E_R(M) = E_{S^{-1}R}(S^{-1}M), \quad S^{-1}E_R(R/\mathfrak{p}) = E_{S^{-1}R}(S^{-1}R/\mathfrak{p}S^{-1}R)$$
である. $S \cap \mathfrak{p} \neq \phi$ のときは, $S^{-1}E_R(R/\mathfrak{p}) = 0$ なので, 式 $(*)$ の両辺に S^{-1} を左からほどこせば, 結論を得る. □

定義 7.3.2. R は可換環, $\mathfrak{p}$ は R の素イデアル, $k(\mathfrak{p}) = R_\mathfrak{p}/\mathfrak{p}P_\mathfrak{p} = Q(R/\mathfrak{p})$, M は R-加群とする.
$$\mu_n(\mathfrak{p}, M) = \dim_{k(\mathfrak{p})} \mathrm{Ext}^n_{R_\mathfrak{p}}(k(\mathfrak{p}), M_\mathfrak{p})$$
を n 次 **Bass 数**という. なお, $\mathrm{Ext}^n_{R_\mathfrak{p}}(k(\mathfrak{p}), M_\mathfrak{p})$ が無限次元 $k(\mathfrak{p})$-ベクトル空間の場合には, $\mu_n(\mathfrak{p}, M)$ はその基底の濃度を表すものとする. M が有限生成 R-加群ならば, $\mu_n(\mathfrak{p}, M)$ は有限な整数値である. $S = R - \mathfrak{p}$ とおけば, 系 7.1.2 より,
$$\mu_n(\mathfrak{p}, M) = \dim_{k(\mathfrak{p})} S^{-1} \mathrm{Ext}^n_R(R/\mathfrak{p}, M)$$
が成り立つ.

定理 3.5.3 で定義したように, R-加群 M の最小移入分解
$$0 \longrightarrow M \xrightarrow{\subset} E^0_R(M) \xrightarrow{d^0} E^1_R(M) \xrightarrow{d^1} E^2_R(M) \longrightarrow \cdots$$
に現れる n 番目の移入的 R-加群を $E^n_R(M)$ とする.

定理 7.3.3. R は Noether 可換環, M は R-加群とする. このとき, 次が成り立つ.
$$E_R^n(M) \cong \bigoplus_{\mathfrak{p} \in \operatorname{Spec} R} E_R(R/\mathfrak{p})^{\oplus \mu_n(\mathfrak{p}, M)}$$

証明. $E_R^n(M)$ は移入的 R-加群だから, 定理 7.2.7 より, ある濃度 $\lambda_\mathfrak{q}$ が存在して,
$$E_R^n(M) \cong \bigoplus_{\mathfrak{q} \in \operatorname{Ass} M} E_R(R/\mathfrak{q})^{\oplus \lambda_\mathfrak{q}}$$
という形に表すことができる. R の素イデアル $\mathfrak{p}$ を固定し $S = R - \mathfrak{p}$ として S^{-1} を左から作用させると,
$$S^{-1} E_R^n(M) \cong \bigoplus_{\mathfrak{q} \in \operatorname{Ass} S^{-1} M} S^{-1} E_R(R/\mathfrak{q})^{\oplus \lambda_\mathfrak{q}}$$
である. そこで, $\lambda_\mathfrak{p} = \dim_{k(\mathfrak{p})} \operatorname{Ext}^n_{R_\mathfrak{p}}(k(\mathfrak{p}), S^{-1}M)$ を示せばよい. R のかわりに $R_\mathfrak{p}$ を考えれば, はじめから, R は局所環であると仮定してよく, $\mathfrak{p}$ はその極大イデアル $\mathfrak{m}$ であると仮定してよい. $k = R/\mathfrak{m} = k(\mathfrak{m})$ とする. 示すべきことは, $\lambda_\mathfrak{m} = \dim_k \operatorname{Ext}^n_R(k, M)$ である.

$\mathfrak{q} \neq \mathfrak{m}$ のとき, $\operatorname{Hom}_R(k, E_R(R/\mathfrak{q})) = 0$ である. したがって, 命題 7.2.9(3), 定理 1.7.2(3) より,
$$\operatorname{Hom}_R(k, E_R^n(M)) \cong \operatorname{Hom}_R(k, E_R(k)^{\oplus \lambda_\mathfrak{m}}) = \operatorname{Hom}_R(k, E_R(k))^{\oplus \lambda_\mathfrak{m}}$$
$$= (R_\mathfrak{m} / \mathfrak{m} R_\mathfrak{m})^{\oplus \lambda_\mathfrak{m}} = k^{\oplus \lambda_\mathfrak{m}}$$
を得る. $\operatorname{Ext}^n_R(k, M)$ は複体
$$0 \to \operatorname{Hom}_R(k, E_R^0(M)) \xrightarrow{\delta^0} \operatorname{Hom}_R(k, E_R^1(M)) \xrightarrow{\delta^1} \operatorname{Hom}_R(k, E_R^2(M)) \xrightarrow{\delta^2}$$
のコホモロジー群であるから, $\delta^n = 0 \ (\forall n \in \mathbb{Z})$ を示せば, $\lambda_\mathfrak{m} = \dim_k \operatorname{Ext}^n_R(k, M)$ が得られる.

$0 \neq f \in \operatorname{Hom}_R(k, E_R^n(M))$ をとる. $\operatorname{Im} f \cong k$ でなければならない. $d^n \colon E_R^n(M) \to E_R^{n+1}(M)$ として, $\delta^n(f) = d^n \circ f$ である. $E_R^n(M)$ の定義から, $E_R^n(M)$ は $\operatorname{Ker} d^n$ の本質的拡大である. したがって, $\operatorname{Im} f \cap \operatorname{Ker} d^n \neq 0$ であり, $k \cong \operatorname{Im} f \subset \operatorname{Ker} d^n$ となる. これは, $\delta^n(f) = d^n \circ f = 0$ を意味し, $\delta^n = 0$ である. □

7.4. 完備化と Matlis の双対

本節では，$(R, \mathfrak{m}, k)$ は Noether 局所環とし，$E = E_R(k)$ とし，$\widehat{R} = \varprojlim_n R/\mathfrak{m}^n$ (完備化) と書く．R-加群 M に対し，$\widehat{M} = \widehat{R} \otimes_R M$ として M の完備化 $\widehat{M}$ を定義する．なお，$\widehat{M}$ を $M\hat{\ }$ と書く場合もある．自然な写像 $R \to \widehat{R}$ が同型写像であるとき，R は **完備** であるという．完備化の一般論については [永田] 第 5 章，[松村]§8 などを参照されたい．

定義 7.4.1. $(R, \mathfrak{m}, k)$ は Noether 局所環とする．R-加群 M に対し，
$$M^\triangledown = \mathrm{Hom}_R\left(M, E_R(k)\right)$$
と約束し，M の **Matlis 双対** という．

R が体のときは $\mathfrak{m} = (0)$ として局所環とみなせば，$E_R(k) = R$ だから，$M^\triangledown = M^\vee$ である．

命題 7.4.2. $(R, \mathfrak{m}, k)$ は Noether 局所環，M は R-加群とする．
(1) 自然な写像 $\varphi \colon M \to M^{\triangledown\triangledown}$ は単射である．
(2) N は M の部分 R-加群とする．$\varphi \colon M \xrightarrow{\cong} M^{\triangledown\triangledown}$ であるための必要十分条件は，φ によって $N \cong N^{\triangledown\triangledown}$ かつ $M/N \cong (M/N)^{\triangledown\triangledown}$ となることである．

証明. (1) $x \in M$ をとるとき，$f \in M^\triangledown = \mathrm{Hom}_R(M, E)$ に対し $f(x) \in E$ を対応させる写像を φ_x とすれば，$\varphi(x) = \varphi_x$ である．もし，$\varphi_x = 0$ ならば，任意の $f \colon M \to E$ に対し $f(x) = 0$ である．もし，$x \neq 0$ ならば，E は移入的だから，$g \colon Rx \to k \subset E$ $(g(ax) = a)$ は $\overline{g} \colon M \to E$ に延長でき，$1 = \overline{g}(x) = 0 \in k$ となり矛盾する．したがって $x = 0$ で，φ は単射である．

(2) 次の図式に蛇の補題を適用する．

$$\begin{array}{ccccccccc} 0 & \longrightarrow & N & \hookrightarrow & M & \xrightarrow{\psi_1} & M/N & \longrightarrow & 0 \\ & & {\scriptstyle f}\downarrow & & \downarrow{\scriptstyle \varphi} & & \downarrow{\scriptstyle h} & & \\ 0 & \longrightarrow & N^{\triangledown\triangledown} & \hookrightarrow & M^{\triangledown\triangledown} & \xrightarrow{\psi_2} & (M/N)^{\triangledown\triangledown} & \longrightarrow & 0 \end{array}$$

f, φ, h は単射であるが,もし,φ が全射なら f と h も全射であり,f と h が全射なら φ も全射である. □

定理 7.4.3. $(R, \mathfrak{m}, k)$ が Noether 局所環ならば,$R^{\triangledown\triangledown} \cong \widehat{R}$ が成り立つ.

証明. $E_n = \{e \in E \mid \mathfrak{m}^n e = 0\}$ とおく.$E \supset \cdots \supset E_2 \supset E_1 \supset E_0 = 0$ である.また,中山の補題より $\bigcup_{n=0}^{\infty} E_n = E$ である.

$e \in E_n$ に対し,$f_e : R/\mathfrak{m}^n \to E$ を $f_e(x) = xe$ で定める.この対応の逆対応は,$f : R/\mathfrak{m}^n \to E$ に対し $f(1) \in E$ を対応させることで得られる.したがって,
$$E_n \cong \mathrm{Hom}_R(R/\mathfrak{m}^n, E) = (R/\mathfrak{m}^n)^{\triangledown}$$
が得られる.$R^{\triangledown} = \mathrm{Hom}_R(R, E) = E$ と定理 1.7.9 より,
$$R^{\triangledown\triangledown} = \mathrm{Hom}_R(E, E) = \mathrm{Hom}_R\left(\varinjlim E_n, E\right)$$
$$\cong \varprojlim \mathrm{Hom}_R(E_n, E) \cong \varprojlim (R/\mathfrak{m}^n)^{\triangledown\triangledown}$$
である.$V_n = \mathfrak{m}^n/\mathfrak{m}^{n+1}$ は有限次元 k-ベクトル空間だから,
$$\mathrm{Hom}_R(V_n, E) = \mathrm{Hom}_R(V_n, k) = \mathrm{Hom}_k(V_n, k) \cong V_n$$
が成り立ち,$V_n^{\triangledown\triangledown} = V_n$ である.$0 \longrightarrow V_n \longrightarrow R/\mathfrak{m}^{n+1} \longrightarrow R/\mathfrak{m}^n \longrightarrow 0$ に前命題 (2) を適用すれば,n に関する帰納法で $(R/\mathfrak{m}^n)^{\triangledown\triangledown} = R/\mathfrak{m}^n$ が得られる.したがって,$R^{\triangledown\triangledown} \cong \varprojlim (R/\mathfrak{m}^n)^{\triangledown\triangledown} \cong \varprojlim R/\mathfrak{m}^n = \widehat{R}$ である. □

系 7.4.4. R は Noether 局所環,M は有限生成 R-加群とすると,
$$M^{\triangledown\triangledown} \cong \widehat{R} \otimes_R M = \widehat{M}$$
が成り立つ.

証明. 命題 1.9.14 より,
$$M^{\triangledown\triangledown} = \mathrm{Hom}_R\left(\mathrm{Hom}_R(M, E), E\right) \cong M \otimes_R \mathrm{Hom}_R(E, E)$$
$$= M \otimes_R R^{\triangledown\triangledown} \cong M \otimes_R \widehat{R} = \widehat{M}$$
□

定理 7.4.5. R は Noether 局所環とする．
(1) M, N が R-加群のとき次が成り立つ．
$$\operatorname{Tor}_n^R(M, N)^\triangledown \cong \operatorname{Ext}_R^n(M, N^\triangledown)$$
(2) さらに，M が有限生成 R-加群ならば，次が成り立つ．
$$\operatorname{Tor}_n^R(M, N^\triangledown) \cong \operatorname{Ext}_R^n(M, N)^\triangledown$$

証明．次の反変関手 $F^n(\bullet), G^n(\bullet)$ を考える．
$$F^n(\bullet) = \operatorname{Hom}_R\bigl(\operatorname{Tor}_n^R(\bullet, N), E\bigr), \quad G^n(\bullet) = \operatorname{Ext}_R^n\bigl(\bullet, \operatorname{Hom}_R(N, E)\bigr)$$
E が移入的なので $\operatorname{Hom}_R(\bullet, E)$ は完全関手であり，R-加群の完全系列 $0 \to A \to B \to C \to 0$ から，完全系列
$$0 \to F^0(C) \to F^0(B) \to F^0(A) \to F^1(C) \to F^1(B) \to \cdots$$
$$0 \to G^0(C) \to G^0(B) \to G^0(A) \to G^1(C) \to G^1(B) \to \cdots$$
が得られる．定理 4.7.4 より，$F^n(M) = R^n F^0(M), G^n(M) = R^n G^0(M)$ が成り立つ．命題 1.9.13(1) より，$F^0(\bullet) = G^0(\bullet)$ である．したがって，$F^n(\bullet) = G^n(\bullet)$ であり，結論を得る．

(2) $F^n(\bullet) = \operatorname{Tor}_n^R\bigl(M, \operatorname{Hom}_R(\bullet, E)\bigr), G^n(\bullet) = \operatorname{Hom}_R\bigl(\operatorname{Ext}_R^n(M, \bullet), E\bigr)$ とおく．命題 1.9.14 より，有限生成 R-加群 X に対し，$F^0(X) \cong G^0(X)$ が成り立つ．あとは，(1) と同様な議論で，$F^n(\bullet) = G^n(\bullet)$ が得られる．□

系 7.4.6. R は Noether 局所環，M は有限生成 R-加群，N は R-加群 とすると，次が成り立つ．
$$\operatorname{Ext}_R^n(M, N)\widehat{} \cong \operatorname{Ext}_R^n(M, \widehat{N})$$
$$\operatorname{Tor}_n^R(M, N)\widehat{} \cong \operatorname{Tor}_n^R(M, \widehat{N})$$

上の命題と命題 6.1.5 を合わせると，上記の仮定のもと，
$$\operatorname{Ext}_R^n(M, N)\widehat{} \cong \operatorname{Ext}_R^n(M, \widehat{N}) \cong \varinjlim_r \operatorname{Ext}_R^n(M, N/\mathfrak{m}^r N)$$
が得られる．これについては，さらに次の命題が成立する．

命題 7.4.7. $(R, \mathfrak{m})$ は Noether 局所環, M, N は R-加群とすると, $\mathfrak{m}$ による完備化について次が成り立つ.
$$\mathrm{Tor}_n^R(M, N)\widehat{} \cong \mathrm{Tor}_n^{\widehat{R}}(\widehat{M}, \widehat{N})$$
さらに, R が Noether 局所環で, M が有限生成 R-加群ならば, 次が成り立つ.
$$\mathrm{Ext}_R^n(M, N)\widehat{} \cong \mathrm{Ext}_{\widehat{R}}^n(\widehat{M}, \widehat{N})$$

証明. 命題 7.1.1 と $\widehat{R}$ が R-平坦であること ([松村] p.67 定理 8.1, [永田] 第 5.3 節参照) からすぐわかる. □

命題 7.4.8. $(R, \mathfrak{m}, k)$ は Noether 局所環, N は R-加群で k-ベクトル空間として $\dim_k N < \infty$ を満たすと仮定する. このとき,
$$\dim_k N = \dim_k N^\nabla$$
が成り立つ. 特に, $N \cong N^{\nabla\nabla}$ が成り立つ.

証明. $\dim_k N$ に関する帰納法で証明する. $\dim_k N = 1$ のときは, $N = k$ なので, 系 7.2.10 より $N^\nabla = k$ である. $\dim_k N > 1$ のときは, R-加群の完全系列 $0 \to L \to N \to M \to 0$ から, 完全系列 $0 \to M^\nabla \to N^\nabla \to L^\nabla \to 0$ が作れることを使えば, 帰納法で簡単に証明できる. □

定義 7.4.9. $(R, \mathfrak{m}, k)$ は局所環, M は R-加群とする.
$$\mathrm{Soc}\, M = \{x \in M \mid \mathfrak{m} \cdot x = 0\} \cong \mathrm{Hom}_R(k, M)$$
と書き, これを M の **Socle** という.

命題 7.4.10. $(R, \mathfrak{m}, k)$ は Noether 局所環, N は R-加群で, k-ベクトル空間として $\dim_k N < \infty$ を満たすと仮定する. すると次が成り立つ.
$$\dim_k N/\mathfrak{m}N = \dim_k \mathrm{Soc}(N^\nabla)$$

証明. 完全系列 $0 \to \mathfrak{m}N \xhookrightarrow{} N \to N/\mathfrak{m}N \to 0$ から構成される完全系列 $0 \to (N/\mathfrak{m}N)^\nabla \to N^\nabla \to (\mathfrak{m}N)^\nabla \to 0$ を考える. $\varphi \in N^\nabla$ に対し,

$\varphi \in (N/\mathfrak{m}N)^{\triangledown}$ となるための必要十分条件は，$\mathfrak{m}\varphi(N) = \varphi(\mathfrak{m}N) = 0$ だから，
$$(N/\mathfrak{m}N)^{\triangledown} = \{\varphi \in N^{\triangledown} \mid \mathfrak{m} \cdot \varphi = 0\} = \mathrm{Soc}(N^{\triangledown})$$
である．したがって，$\dim_k N/\mathfrak{m}N = \dim_k (N/\mathfrak{m}N)^{\triangledown} = \dim_k \mathrm{Soc}(N^{\triangledown})$ となる． □

R-加群 M に対し，M の部分 R-加群の降下列 $N_1 \supsetneq N_2 \supsetneq \cdots$ が下に有界であるとき，M は **Artin 加群**であるという．部分 R-加群の増大列に関する同様な条件を満たすとき **Noether 加群**という．R が Noether 環のとき，M が Noether 加群であることと，M が有限生成 R-加群であることは同値であった．

Artin 可換環は Krull 次元 0 の Noether 環であるが，Artin 加群は Noether 加群であるとは限らない．例えば，$\mathbb{Z}[1/p]/\mathbb{Z}$ は Artin $\mathbb{Z}$-加群であるが Noether $\mathbb{Z}$-加群ではない．

命題 7.4.11. $(R, \mathfrak{m}, k)$ は Noether 局所環，M は R-加群とする．
(1) $E_R(k)$ は Artin 加群である．
(2) M が Artin 加群ならば，ある $n \in \mathbb{N}$ と単射準同型 $\varphi \colon M \longrightarrow E_R(k)^{\oplus n}$ が存在する．
(3) $(R, \mathfrak{m}, k)$ が完備局所環で，$M^{\triangledown}$ が有限生成 R-加群ならば，M は Artin 加群である．

証明. (1) $E = E_R(k)$ とおく．部分 R-加群の降下列 $E \supset N_1 \supsetneq N_2 \supsetneq \cdots$ があるとき，$\widehat{R}$-加群の降下列 $\widehat{E} \supset \widehat{N_1} \supsetneq \widehat{N_2} \supsetneq \cdots$ が存在するから，$\widehat{E}$ が Artin $\widehat{R}$-加群であることを示せばよい．そこで，はじめから R は完備局所環であると仮定する．このとき，$R^{\triangledown} = E, E^{\triangledown} = R$ だから，E の部分 R-加群 N に対し，
$$N^{\perp} = \{f \in R = \mathrm{Hom}_R(E, E) \mid f(N) = 0\}$$
とおくと，$N^{\perp}$ は R のイデアルであり，$\mathfrak{a} = N^{\perp}$ とおくとき，
$$\mathfrak{a}^{\perp} = \{g \in E = \mathrm{Hom}_R(R, E) \mid g(\mathfrak{a}) = 0\}$$

とおけば, $\mathfrak{a}^{\perp} = N$ である. したがって, $\mathfrak{a}_j = N_j^{\perp}$ とすれば, イデアル上昇列 $\mathfrak{a}_1 \subsetneq \mathfrak{a}_2 \subsetneq \cdots \subset R$ が得られる. R は Noether 環だから, これより結論を得る.

(2) $\mathcal{K} = \{\operatorname{Ker}\psi \mid n \in \mathbb{N}$ で $\psi\colon M \to E^{\oplus n}$ は R-準同型写像 $\}$ とおく. M は Artin 加群だから, $\mathcal{K}$ には極小元 $\operatorname{Ker}\varphi$ が存在する. いま, $0 \neq \exists x \in \operatorname{Ker}\varphi$ であると仮定してみる.

$\operatorname{ann}(x) \subset \mathfrak{m}$ だから, R-準同型写像 $\psi\colon Rx \xrightarrow{\cong} R/\operatorname{ann}(x) \twoheadrightarrow R/\mathfrak{m} = k \xrightarrow{\subset} E_R(k)$ が構成できる. このとき, $\operatorname{Ker}\varphi \supsetneq \operatorname{Ker}(\varphi \oplus \psi : M \to E^{\oplus n} \oplus E)$ となり, $\operatorname{Ker}\varphi$ の極小性に矛盾する. したがって, φ は単射である.

(3) $M^{\triangledown}$ が有限生成ならば, ある $n \in \mathbb{N}$ と全射 $\varphi\colon R^{\oplus n} \twoheadrightarrow M^{\triangledown}$ が存在する. $\varphi^{\triangledown}\colon M^{\triangledown\triangledown} \longrightarrow E^{\oplus n}$ は単射である. E は Artin 加群だから, $M^{\triangledown\triangledown} \cong M$ も Artin 加群である. □

7.5. 正則列

定義 7.5.1. (正則列) R は可換環, M は R-加群とする. $a \in R$ が M-正則であるとは, 任意の $0 \neq x \in M$ に対し $ax \neq 0$ となることをいう. 言い換えると, a 倍写像 $M \xrightarrow{\times a} M$ が単射であるとき, a は M-正則というのである. このとき,

$$0 \longrightarrow M \xrightarrow{\times a} M \longrightarrow M/aM \longrightarrow 0$$

は完全系列になる.

$a \in R$ が M-正則元でないとき, a は M-非正則元とか, M-零因子であるという.

R の元の列 $\mathbf{a} = (a_1,\ldots,a_n)$ について,

(1) a_1 が M-正則で,

(2) $i = 2,\ldots,n$ に対し a_i が $M/(a_1 M + \cdots + a_{i-1}M)$-正則であり,

(3) $M \neq \mathbf{a}M = (a_1 M + \cdots + a_n M)$ が成り立つ

とき, $\mathbf{a} = (a_1,\ldots,a_n)$ は M-正則列であるとか, 単に, M-列であるという. このとき, 各 i に対し, $a_1,\ldots,a_i$ は M-正則列, $a_{i+1},\ldots,a_n$ は

$M/(a_1M + \cdots + a_iM)$-正則列であることに注意しよう.

命題 7.5.2. R は Noether 可換環, M は有限生成 R-加群, $\mathfrak{a} \subset R$ はイデアルで $\mathfrak{a}$ のすべての元は M-非正則元であると仮定する. すると, $\mathfrak{a} \subset \mathfrak{p} \in \mathrm{Ass}\, M$ を満たす素イデアル $\mathfrak{p}$ が存在する.

証明. M は有限生成だから, $\mathrm{Ass}\, M$ は有限集合である. もし, 任意の $\mathfrak{p} \in \mathrm{Ass}\, M$ に対し $\mathfrak{a} \not\subset \mathfrak{p}$ であると仮定すると, $\mathfrak{a} \not\subset \bigcup_{\mathfrak{p} \in \mathrm{Ass}\, M} \mathfrak{p}$ である ([永田] p.46 補題 2.0.5 参照). しかし, $\mathfrak{a} - \bigcup_{\mathfrak{p} \in \mathrm{Ass}\, M} \mathfrak{p}$ の元は M-正則元であるので, 矛盾する. □

命題 7.5.3. R は可換環, M は R-加群, $\mathbf{a} = (a_1, \ldots, a_n)$ は M-正則列とする. このとき, 次が成り立つ.

(1) $a_1 x_1 + \cdots + a_n x_n = 0$, $x_1, \ldots, x_n \in M$ ならば, $x_1, \ldots, x_n \in \mathbf{a}M$ である.

(2) 任意の自然数 $m_1, \ldots, m_n$ に対し, $a_1^{m_1}, \ldots, a_n^{m_n}$ も M-正則列である.

(3) $f: R \to S$ は環準同型, N は S-加群で, R-加群として平坦であり, $\mathbf{a} \cdot (M \otimes_R N) \neq M \otimes_R N$ が成り立つと仮定する. すると, $f(\mathbf{a}) = (f(a_1), \ldots, f(a_n))$ は $(M \otimes_R N)$-正則である.

(4) R が Noether 環, M が有限生成 R-加群で, $\mathbf{a} \subset \mathfrak{p} \in \mathrm{Supp}\, M$ であれば, $\mathbf{a}$ の $R_{\mathfrak{p}}$ における像を $\mathbf{a}_{\mathfrak{p}}$ とするとき, $\mathbf{a}_{\mathfrak{p}}$ は $M_{\mathfrak{p}}$-正則列である.

(5) $(R, \mathfrak{m})$ が Noether 局所環のとき, $\widehat{R} = \varprojlim R/\mathfrak{m}^n$, $\widehat{M} = \widehat{R} \otimes_R M$ とし, $\mathbf{a}$ の $\widehat{R}$ における像を $\widehat{\mathbf{a}}$ とすれば, $\widehat{\mathbf{a}}$ は $\widehat{M}$-正則列である.

証明. (1) n に関する帰納法で証明する. $n=1$ のときは自明. $n \geqq 2$ とする. $a_n x_n$ の $M/(a_1 M + \cdots + a_{n-1}M)$ における同値類が 0 だから, x_n の同値類も 0 に等しく, $x_n = a_1 y_1 + \cdots + a_{n-1} y_{n-1} \in \mathbf{a}M$ ($\exists y_i \in M$) と書ける. すると, $a_1(x_1 + a_n y_1) + \cdots + a_{n-1}(x_{n-1} + a_n y_{n-1}) = 0$ だから,

帰納法の仮定により，$x_i + a_n y_i \in a_1 M + \cdots + a_{n-1} M$ となる．したがって，$x_i \in \mathfrak{a} M$ である．

(2) $a_1^m, a_2, \ldots, a_n$ が M-正則列であることを示せば十分で，これを m に関する帰納法で証明する．$m \geqq 2$ とし，$a_1^{m-1}, a_2, \ldots, a_n$ は M-正則列と仮定する．a_1^m が M-正則であることと，$M \neq a_1^m M + a_2 M + \cdots + a_n M$ は自明．$0 \neq \overline{x} \in M/(a_1^m M + a_2 M + \cdots + a_{i-1} M)$ $(x \in M)$ ならば，$a_i \overline{x} \neq 0$ であることを示す．$a_i \overline{x} = 0$ と仮定すると，$a_i x = a_1^m x_1 + a_2 x_2 + \cdots + a_{i-1} x_{i-1}$ $(\exists x_j \in M)$ と書ける．帰納法の仮定から，$x = a_1^{m-1} y_1 + a_2 y_2 + \cdots + a_{i-1} y_{i-1}$ $(\exists y_j \in M)$ と書ける．

$$a_1^{m-1}(a_1 x_1 - a_i y_1) + a_2(x_2 - a_i y_2) + \cdots + a_{i-1}(x_{i-1} - a_i y_{i-1}) = 0$$

なので (1) より，$a_1 x_1 - a_i y_1 \in a_1^{m-1} M + a_2 M + \cdots + a_{i-1} M$ となる．よって，$a_i y_1 \in a_1 M + \cdots + a_{i-1} M$ となり，$y_1 \in a_1 M + \cdots + a_{i-1} M$ となる．これより，$x \in a_1^m M + a_2 M + \cdots + a_{i-1} M$ であり，$\overline{x} = 0$ となり矛盾する．詳しい証明は，[松村] p.148～149 定理 16.1 を参照せよ．

(3) $g_{a_1} \colon M \to M$ を a_1 倍写像 $(g_{a_1}(x) = a_1 x)$ とすると g_{a_1} は単射で，N は R-平坦なので，$g_{a_1} \otimes \mathrm{id}_N \colon M \otimes_R N \longrightarrow M \otimes_R N$ も単射で，この写像は a_1 倍写像である．したがって，a_1 は $(M \otimes_R N)$-正則である．

$$\frac{M \otimes_R N}{a_1 \cdot (M \otimes_R N)} \cong \frac{M}{a_1 M} \otimes_R N$$

なので，帰納法が進行し，証明が完了する．

(4), (5) は (3) を，$S = R_{\mathfrak{p}}$，あるいは $S = \widehat{R}$ として用いればよい． □

補題 7.5.4. (Krull の共通部分定理) R は Noether 可換環，$\mathfrak{a} \subset R$ はイデアル，M は有限生成 R-加群とすると，次が成り立つ．

$$\bigcap_{n=1}^{\infty} \mathfrak{a}^n M = \{x \in M \mid \exists a \in \mathfrak{a}, (a+1)x = 0\}$$

証明は，[永田] p.74 定理 3.0.7, [松村] p.72 定理 8.9 等を参照せよ．

命題 7.5.5. R は Noether 局所環, M は有限生成 R-加群, $a_1, \ldots, a_n$ は M-正則列とする. このとき, $a_1, \ldots, a_n$ を任意の順に並べ替えたものも M-正則列である.

証明. 任意の置換は隣接互換の合成で得られるので, $\mathbf{a}' = (a_1, \ldots, a_{i-1}, a_{i+1}, a_i, a_{i+2}, \ldots, a_n)$ が M-正則列であることを示せばよく, 結局は $\mathbf{a} = (a_1, a_2)$, $\mathbf{a}' = (a_2, a_1)$ の場合に帰着される. 示すべきことは, a_2 が M-正則であることと, a_1 が M/a_2M-正則であることだけである.

$x \in M, a_2 x = 0$ とすると, a_2 は M/a_1M-正則だから $x \in a_1 M$ である. $x = a_1 y_1$ ($\exists y_1 \in M$) と書ける. a_1 は M-正則だから, $a_1 a_2 y_1 = 0$ より $a_2 y_1 = 0$ となる. 上と同様な議論で $y_1 = a_1 y_2$ ($\exists y_2 \in M$) と書ける. 以下同様に, $y_n = a_1 y_{n+1}$ を満たす $y_{n+1} \in K$ が存在する. これは, $x \in a_1^n M$ を意味する. しかし, Krull の共通部分定理より, $\bigcap_{n=1}^{\infty} a_1^n M = 0$ だから, $x = 0$ となる. したがって, a_2 は M-正則である.

$\overline{x} \in M/a_2M, a_1 \overline{x} = 0$ とする. $\varphi \colon M \twoheadrightarrow M/a_2M$ を自然な全射として, $\varphi(x) = \overline{x}$ となるような $x \in M$ が存在し, $a_1 x = 0$ を満たす. a_1 は M-正則だから, $x = 0$ であり, $\overline{x} = 0$ となる. a_1 は M/a_2M-正則である. □

命題 7.5.6. R は可換環, M, N は R-加群, $\mathbf{a} = (a_1, \ldots, a_n)$ は M-正則列で, $\mathbf{a} \subset \mathrm{ann}(N)$ とする. このとき, 次が成立する.

$\qquad i < n$ のとき $\qquad \mathrm{Ext}_R^i(N, M) = 0 \qquad\qquad$ ①

$\qquad \mathrm{Ext}_R^n(N, M) \cong \mathrm{Hom}_R(N, M/\mathbf{a}M) = \mathrm{Hom}_{R/\mathbf{a}R}(N, M/\mathbf{a}M) \qquad$ ②

さらに, $\mathbf{a}$ が R-正則列であれば, 次が成立する.

$\qquad \mathrm{Ext}_R^{i+n}(N, M) \cong \mathrm{Ext}_{R/\mathbf{a}R}^i(N, M/\mathbf{a}M) \qquad\qquad$ ③

証明. ①, ② を n に関する帰納法で証明する. $f \colon M \to M$ を a_1 倍写像 ($f(x) = a_1 x$) とする. 完全系列 $0 \to M \xrightarrow{f} M \to M/a_1M \to 0$ から得られる完全系列

$$\cdots \to \mathrm{Ext}_R^{i-1}(N, M/a_1M) \xrightarrow{\delta^{n-1}} \mathrm{Ext}_R^i(N, M) \xrightarrow{f_*^i} \mathrm{Ext}_R^i(N, M) \to \cdots$$

を考える. f_*^i は a_1 倍写像 f から得られる写像であるが, N のほうの a_1 倍写像 $g \colon N \to N$ から得られる写像 $g_*^i \colon \mathrm{Ext}_R^i(N, M) \longrightarrow \mathrm{Ext}_R^i(N, M)$ と

も一致する．$a_1 \in \mathrm{ann}(N)$ だから，a_1 倍写像 $g: N \to N$ はゼロ写像であり，f_*^i もゼロ写像となる．

$a_1, \ldots, a_{n-1}$ は M-正則列だから，帰納法の仮定から，$i \leqq n-2$ のとき，$\mathrm{Ext}_R^i(N, M) = 0$ である．また，$a_2, \ldots, a_n$ は $M/a_1 M$-正則だから，帰納法の仮定により，$\mathrm{Ext}_R^{n-1}(N, M/a_1 M) \cong \mathrm{Hom}_R(N, M/\mathfrak{a}M)$ が成り立つ．また，$\mathrm{Ext}_R^{n-2}(N, M/a_1 M) = 0$ である．したがって，$\mathrm{Ext}_R^{n-1}(N, M) = 0$, $\mathrm{Ext}_R^n(N, M) \cong \mathrm{Ext}_R^{n-1}(N, M/a_1 M) \cong \mathrm{Hom}_R(N, M/\mathfrak{a}M)$ が得られる．

③は $n = 1$ の場合に証明すれば十分である．$a = a_1$ とおく．
$$F(\bullet) = \mathrm{Hom}_{R/aR}(\bullet, M/aM)$$
$$G^i(\bullet) = \mathrm{Ext}_R^{i+1}(\bullet, M)$$
で定まる反変関手 $F, G^i : \mathfrak{M}_{R/aR} \longrightarrow \mathfrak{M}_{R/aR}$ を考え，$G^i(\bullet) \cong R^i F(\bullet)$ であることを証明する．まず，②より，$G^0(\bullet) \cong F(\bullet)$ である．

a は R-正則だから，$0 \to aR \to R \to R/aR \to 0$ は R-自由分解で，$\mathrm{proj\,dim}_R R/aR = 1$ である．したがって，$i \geqq 1$ のとき，任意の R/aR-自由加群 P に対し，$G^i(P) = 0$ となる．また，$\{F^n\}$ は反変関手のコホモロジー連結系列であるので，定理 4.7.4 より，$G^i \cong R^i F$ が得られる．□

定義 7.5.7. R を Noether 可換環，$0 \neq M$ は有限生成 R-加群，$\mathfrak{a}$ は R のイデアルで，$\mathfrak{a}M \neq M$ であるとする．このとき，
$$\mathrm{depth}_R(\mathfrak{a}, M) = \min\{n \in \mathbb{N} \cup \{0\} \mid \mathrm{Ext}_R^n(R/\mathfrak{a}, M) \neq 0\}$$
(任意の $n \in \mathbb{N} \cup \{0\}$ に対し $\mathrm{Ext}_R^n(R/\mathfrak{a}, M) = 0$ の場合は，$\mathrm{depth}_R(\mathfrak{a}, M) = \infty$) と定義し，これを M の $\mathfrak{a}$-深度 (depth) という．$\mathrm{depth}_R(\mathfrak{a}, M)$ を $\mathrm{grade}_R(\mathfrak{a}, M)$ とか $\mathrm{grade}(\mathfrak{a}, M)$ と書き，M 上の $\mathfrak{a}$ の **grade** ということもある．また，
$$\mathrm{grade}\,M = \min\{n \in \mathbb{N} \cup \{0\} \mid \mathrm{Ext}_R^n(M, R) \neq 0\}$$
(任意の $n \in \mathbb{N} \cup \{0\}$ に対し $\mathrm{Ext}_R^n(M, R) = 0$ の場合は，$\mathrm{grade}\,M = \infty$) と定義し，これを M の **grade** という．文献により，depth と grade の使い分けが微妙に異なるので注意されたい．

$(R, \mathfrak{m})$ が Noether 局所環の場合, $\mathrm{depth}_R(\mathfrak{m}, M)$ を単に

$$\mathrm{depth}_R M \quad \text{とか} \quad \mathrm{depth}\, M$$

と書き, M の**深さ**という.

M-正則列 $a_1, \ldots, a_n$ に対し, この列の途中や前後にいかなる元を付け加えても, もはやそれが M-正則列にならないとき, $a_1, \ldots, a_n$ は**極大正則列**であるという.

例 7.5.8. $S = \mathbb{C}[X, Y]$ をその極大イデアル $\mathfrak{M} = (X, Y)$ で局所化した環を $R = S_{\mathfrak{M}}$ とし, $\mathfrak{m} = \mathfrak{M}R$, $M = R \oplus R/YR$ を考える. $X \in R$ は M-正則である. しかし, $aX + bY$ $(a, b \in R)$ が M/XM-正則になることはない. したがって, 長さ 1 の M-正則列 X は極大 M-正則列である.

定理 7.5.9. (Rees) R を Noether 可換環, M は有限生成 R-加群, $\mathfrak{a}$ は R のイデアルで, $\mathfrak{a}M \neq M$ であるとする. このとき, 次が成り立つ.

(1) $\mathfrak{a}$ の元からなる長さ n の M-正則列が存在するための必要十分条件は, 任意の $i < n$ に対し $\mathrm{Ext}_R^i(R/\mathfrak{a}, M) = 0$ となることである.

(1′) N は有限生成 R-加群, $\mathfrak{a} = \mathrm{ann}(N)$ とする. $\mathfrak{a}$ の元からなる長さ n の M-正則列が存在するための必要十分条件は, 任意の $i < n$ に対し $\mathrm{Ext}_R^i(N, M) = 0$ となることである.

(2) $\mathrm{depth}_R(\mathfrak{a}, M) < \infty$ のとき, $\mathfrak{a}$ の元からなる極大 M-正則列 $a_1, \ldots, a_n$ の長さ n は $\mathrm{depth}_R(\mathfrak{a}, M)$ に等しい.

(3) $\mathbf{a} = (a_1, \ldots, a_n) \subset \mathfrak{a}$ が M-正則列のとき, 次が成り立つ.

$$\mathrm{depth}_R(\mathfrak{a}, M/\mathbf{a}M) = \mathrm{depth}_R(\mathfrak{a}, M) - n$$

証明. (1) は (1′) で $N = R/\mathfrak{a}$ とおいた場合なので, (1′) を示す. 必要条件であることは命題 7.5.5 からわかるので, 十分条件であることを証明する.

Step 1. $\mathrm{Hom}_R(N, M) = 0$ ならば, $\mathfrak{a}$ は M-正則元 a を含むことを証明する.

$\mathfrak{a}$ のすべての元が M-非正則元であると仮定して矛盾を導く. 命題 7.5.2 より, $\mathfrak{a} \subset \exists \mathfrak{p} \in \mathrm{Ass}\, M$ が存在する. $\mathfrak{p} = \mathrm{ann}(x)$ $(\exists \in M)$ と書けるが, x 倍写像 $f: R/\mathfrak{p} \xrightarrow{\times x} M$ は単射である. $k = R_{\mathfrak{p}}/\mathfrak{p}R_{\mathfrak{p}} = (R/\mathfrak{p})_{\mathfrak{p}}$ とおけば, 単射

$f_\mathfrak{p} \colon k \to M_\mathfrak{p}$ が得られ,$\mathrm{Hom}_{R_\mathfrak{p}}(k, M_\mathfrak{p}) \neq 0$ が導かれる.$\mathfrak{p} \in V(\mathfrak{a}) = \mathrm{Supp}\, N$ だから,$N_\mathfrak{p} \neq 0$ である.中山の補題より,$N \otimes_R k \cong N_\mathfrak{p}/\mathfrak{p} N_\mathfrak{p} \neq 0$ である.したがって,$\mathrm{Hom}_k(N \otimes_R k, k) \neq 0$ である.$N_\mathfrak{p} \twoheadrightarrow N \otimes_R k \to k \to M_\mathfrak{p}$ と考えると,$\bigl(\mathrm{Hom}_R(N, M)\bigr)_\mathfrak{p} \cong \mathrm{Hom}_{R_\mathfrak{p}}(N_\mathfrak{p}, M_\mathfrak{p}) \neq 0$ が得られる.これは $\mathrm{Hom}_R(R/\mathfrak{a}, M) = 0$ と矛盾し,$\mathfrak{a}$ は M-正則元を含む.

Step 2. $\forall i < n$ に対し $\mathrm{Ext}^i_R(N, M) = 0$ ならば $\mathfrak{a}$ の元からなる長さ n の M-正則列が存在することを,n に関する帰納法で証明する.

$n = 1$ の場合は,Step 1 より M-正則元 $a_1 \in \mathfrak{a}$ が存在し,$M/a_1 M \twoheadrightarrow M/\mathfrak{a} M \neq 0$ だから,a_1 は M-正則列である.

$n \geq 2$ とし,$n-1$ まで主張は正しいと仮定する.上で示したように,M-正則元 $a_1 \in \mathfrak{a}$ が存在する.$M' = M/a_1 M$ とおけば,完全系列 $0 \to M \xrightarrow{\times a_1} M \to M' \to 0$ から導かれる Ext の完全系列により,$\mathrm{Ext}^i_R(N, M') = 0$ $(i < n-1)$ がわかる.帰納法の仮定から,$M/a_1 M$-正則列 $a_2, \ldots, a_n \in \mathfrak{a}$ が存在する.すると,$a_1, \ldots, a_n$ は求める M-正則列である.

(2) $\mathbf{a} = (a_1, \ldots, a_n) \subset \mathfrak{a}$ は極大 M-正則列とする.$d = \mathrm{depth}_R(\mathfrak{a}, M)$ とおくとき,長さ $d+1$ 以上の M-正則列は存在しないので,$n \leq d$ である.もし,$n < d$ ならば,$\mathrm{Hom}_R(R/\mathfrak{a}, M/\mathbf{a}M) \cong \mathrm{Ext}^n_R(R/\mathfrak{a}, M) = 0$ なので,$M/\mathbf{a}M$-正則元 $a_{n+1} \in \mathfrak{a}$ が存在する.このとき,$a_1, \ldots, a_{n+1}$ も M-正則列なので,$\mathbf{a}$ の極大性に矛盾する.

(3) は,上の議論から明らかであろう.□

命題 7.5.10. R は Noether 可換環,$\mathfrak{a}, \mathfrak{b}$ は R のイデアル,M は有限生成 R-加群で,$\mathfrak{a}M \neq M$,$\mathfrak{b}M \neq M$ とする.このとき,次が成り立つ.

(1) $\mathrm{depth}(\mathfrak{a}, M) = \min \bigl\{ \mathrm{depth}_{R_\mathfrak{p}} M_\mathfrak{p} \bigm| \mathfrak{p} \in V(\mathfrak{a}) \bigr\}$
    特に,$\mathfrak{m}$ が R の極大イデアルならば,$\mathrm{depth}(\mathfrak{m}, M) = \mathrm{depth}_{R_\mathfrak{m}} M_\mathfrak{m}$.
(2) $\mathrm{depth}(\sqrt{\mathfrak{a}}, M) = \mathrm{depth}(\mathfrak{a}, M)$
(3) $\mathrm{depth}(\mathfrak{a} \cap \mathfrak{b}, M) = \min \bigl\{ \mathrm{depth}(\mathfrak{a}, M), \mathrm{depth}(\mathfrak{b}, M) \bigr\}$
(4) N は有限生成 R-加群で,$\mathrm{Supp}\, N = V(\mathfrak{a})$ を満たすと仮定する.すると,次が成り立つ.
$$\mathrm{depth}_R(\mathfrak{a}, M) = \min \bigl\{ n \in \mathbb{N} \cup \{0\} \bigm| \mathrm{Ext}^n_R(N, M) \neq 0 \bigr\}$$

証明. (1) $d = \text{depth}(\mathfrak{a}, M)$ は M に含まれる極大 M-正則列 $\mathbf{a} = (a_1, \ldots, a_d)$ の長さであり, $\mathfrak{p} \in V(\mathfrak{a})$ ならば $\mathfrak{a} \subset \mathfrak{p}$ である. このことと, 命題 7.5.3(4) より,

$$\text{depth}(\mathfrak{a}, M) \leqq \text{depth}(\mathfrak{p}, M) \leqq \text{depth}_{R_\mathfrak{p}} M_\mathfrak{p}$$

が得られる. 他方, 命題 7.5.2 より, $\mathfrak{a} \subset \mathfrak{p} \in \text{Ass}\, M/\mathbf{a}M$ を満たす $\mathfrak{p}$ が存在する. 定理 7.2.2 より

$$\mathfrak{p} R_\mathfrak{p} = \{c \in R_\mathfrak{p} \mid c \cdot (M_\mathfrak{p}/\mathbf{a}M_\mathfrak{p}) = 0\}$$

なので, $\mathfrak{p} R_\mathfrak{p}$ 内で $\mathbf{a}$ をこれ以上延ばすことはできず, $\mathbf{a}$ は極大 $M_\mathfrak{p}$-正則列である.

(2), (3) の証明も同様である.

(4) $\text{Supp}\, N = V(\mathfrak{a})$ ならば, $\sqrt{\text{ann}(N)} = \sqrt{\mathfrak{a}}$ であるが, (2) より, $\mathfrak{a} = \text{ann}(N)$ の場合を考えれば十分である. すると, 前定理の (1') より, 結論が得られる. □

定理 7.5.11. $(R, \mathfrak{m})$ は Noether 局所環, $0 \neq M$ は有限生成 R-加群とする. このとき, 任意の $\mathfrak{p} \in \text{Ass}\, M$ に対して, 次が成り立つ.

$$\text{depth}_R M \leqq \text{Krull dim}\, R/\mathfrak{p} \leqq \text{Krull dim}_R M$$

証明. $\text{depth}\, M$ に関する帰納法で証明する. $\text{depth}\, M = 0$ の場合は自明なので, $\text{depth}\, M > 0$ とする. M-正則元 $a \in \mathfrak{m}$ をとる.

$$Z_\mathfrak{p} = \{Rz \mid z \in M, \mathfrak{p} z = 0\}$$

とする. M は Noether 加群だから, $Z_\mathfrak{p}$ には包含関係について極大な元 $Rz_\mathfrak{p}$ が存在する.

もし, $z_\mathfrak{p} \in aM$ ならば, $z_\mathfrak{p} = ay$ ($\exists y \in M$) と書け, a は M-正則だから $\mathfrak{p} y = 0$ となる. すると, $Rz_\mathfrak{p} \subsetneq Ry$ となるので $Rz_\mathfrak{p}$ の極大性に矛盾する. したがって, $z_\mathfrak{p} \notin aM$ である.

$z_\mathfrak{p}$ の同値類を $0 \neq \overline{z_\mathfrak{p}} \in M/aM$ とすれば, $\mathfrak{p} \overline{z_\mathfrak{p}} = 0$ である.

命題 7.5.2 より, $\mathfrak{p} \subset \exists \mathfrak{q} \in \text{Ass}\, M/aM$ であるが, $a \notin \mathfrak{p}$ (もし $a \in \mathfrak{p}$ ならば $az_\mathfrak{p} = 0$ となり矛盾する) より, a の像は $R_\mathfrak{p}$ で可逆で, $aM_\mathfrak{p} = M_\mathfrak{p}$,

$(M/aM)_\mathfrak{p} = 0$ となる. したがって, $\mathfrak{p} \notin \mathrm{Supp}(M/aM)$ であり, 特に $\mathfrak{p} \subsetneq \mathfrak{q}$ である. 帰納法の仮定により,

$$\mathrm{Krull\ dim}\, R/\mathfrak{p} > \mathrm{Krull\ dim}\, R/\mathfrak{q} \geq \mathrm{depth}_R(M/aM) = \mathrm{depth}_R M - 1$$

となり, 結論を得る. □

定理 7.5.12. R を Noether 可換環, $M \neq 0$ を R-加群とすると,

$$\mathrm{depth}(\mathrm{ann}(M), R) = \mathrm{grade}\, M \leq \mathrm{proj\ dim}_R M \qquad ①$$

が成り立つ. 特に, $\mathfrak{a}$ が R のイデアルならば,

$$\mathrm{grade}\, R/\mathfrak{a} \leq \mathrm{ht}\, \mathfrak{a} \qquad ②$$

である. さらに, M, N が有限生成 R-加群で, $\mathrm{proj\ dim}\, N < \mathrm{grade}\, M$ ならば,

$$\mathrm{Ext}^i_R(M, N) = 0 \quad (\forall i < \mathrm{grade}\, M - \mathrm{proj\ dim}\, N) \qquad ③$$

が成り立つ.

証明. ① $\mathfrak{n} = \mathrm{ann}(M)$ とおくと, $\mathrm{Supp}\, M = \mathrm{Spec}\, R/\mathfrak{n} = V(\mathfrak{n})$ なので, 命題 7.5.10(4) より,

$$\mathrm{depth}_R(\mathfrak{n}, R) = \min\{n \in \mathbb{N} \cup \{0\} \mid \mathrm{Ext}^n_R(M, R) \neq 0\} = \mathrm{grade}\, M$$

がわかる. $g = \mathrm{grade}\, M$ とおくと, $\mathrm{Ext}^g_R(M, R) \neq 0$ だから, $\mathrm{grade}\, M = g \leq \mathrm{proj\ dim}\, M$ が得られる.

② $M = R/\mathfrak{a}$ の場合を考える. $\mathbf{a} = (a_1, \ldots, a_g) \subset \mathfrak{a}$ が極大 M-列のとき, $g = \mathrm{ht}(a_1, \ldots, a_g) \leq \mathrm{ht}\, \mathfrak{a}$ である.

③ $p := \mathrm{proj\ dim}\, N$ に関する帰納法で証明する. $p = 0$ のときを考える. $i < g$ のとき, grade の定義より

$$\mathrm{Ext}^i_R(M, R^{\oplus n}) \cong \mathrm{Ext}^i_R(M, R)^{\oplus n} = 0$$

である. N は射影的 R-加群だから, M は $R^{\oplus n}$ ($\exists n$) の直和因子であるので, $i < g$ のとき, $\mathrm{Ext}^i_R(M, M) \subset \mathrm{Ext}^i_R(M, R^{\oplus n}) = 0$ である.

$p \geq 1$ とする. 完全系列 $0 \to N' \to R^{\oplus n} \to N \to 0$ ($\exists n$) が存在する. ここで, $\mathrm{proj\ dim}_R N' = \mathrm{proj\ dim}_R N - 1$ なので, 帰納法の仮定から,

$i < g - p$ のとき, $\mathrm{Ext}_R^{i+1}(M, N') = 0$ であり, $i < g$ のとき, $\mathrm{Ext}_R^i(M, R^{\oplus n}) = 0$ である. したがって, 完全系列
$$\mathrm{Ext}_R^i(M, R^{\oplus n}) \longrightarrow \mathrm{Ext}_R^i(M, N) \longrightarrow \mathrm{Ext}_R^{i+1}(M, N') \longrightarrow \mathrm{Ext}_R^{i+1}(M, R^{\oplus n})$$
より結論を得る. □

命題 7.5.13. (Ischebeck) $(R, \mathfrak{m})$ は Noether 局所環, M, N は 0 でない有限生成 R-加群とすると,
$$\mathrm{Ext}_R^i(M, N) = 0 \quad (\forall i < \mathrm{depth}_R N - \mathrm{Krull}\,\dim_R M)$$
が成り立つ.

証明. $d := \mathrm{depth}\,N$ とおく. $k := \mathrm{Krull}\,\dim M$ に関する帰納法で証明する. $k = 0$ のときは, $\mathrm{Supp}\,M = \{\mathfrak{m}\} = V(\mathfrak{m})$ だから, 命題 7.5.10(4) より主張は成立する.

$k \geqq 1$ とする. R-部分加群の列 $M = M_0 \supset M_1 \supset \cdots \supset M_n = 0$ で, $M_{j-1}/M_j \cong R/\mathfrak{p}_j\ (\exists \mathfrak{p}_j \in \mathrm{Ass}\,M)$ を満たすものが存在する. 完全系列
$$\mathrm{Ext}_R^i(M_{j-1}/M_j, N) \longrightarrow \mathrm{Ext}_R^i(M_{j-1}, N) \longrightarrow \mathrm{Ext}_R^i(M_j, N)$$
より, $\mathrm{Ext}_R^i(R/\mathfrak{p}, N) = 0\ (\forall i < d - k, \forall \mathfrak{p} \in \mathrm{Ass}\,M)$ を示せば十分である. $k \geqq 1$ より $\mathfrak{p} \subsetneq \mathfrak{m}$ なので, $a \in \mathfrak{m} - \mathfrak{p}$ がとれる. 完全系列
$$0 \longrightarrow R/\mathfrak{p} \xrightarrow{\times a} R/\mathfrak{p} \longrightarrow R/(aR + \mathfrak{p}) \longrightarrow 0$$
から得られるコホモロジー完全系列において, 帰納法の仮定から $i < d - (k-1)$ のとき $\mathrm{Ext}_R^i\bigl(R/(aR + \mathfrak{p}), N\bigr) = 0$ だから, $i < d - k$ のとき, a 倍写像
$$\mathrm{Ext}_R^i(R/\mathfrak{p}, N) \xrightarrow{\times a} \mathrm{Ext}_R^i(R/\mathfrak{p}, N)$$
は同型写像になる. つまり, $L := \mathrm{Ext}_R^i(R/\mathfrak{p}, N)\ (i < d - k)$ とおけば, $L = aL \subset \mathfrak{m}L \subset L$ だから, 中山の補題により $L = 0$ である. (Ischebeck, J.Alg. **11**, 1969, p.510-531) □

命題 7.5.14. $(R, \mathfrak{m})$ は Noether 局所環, $M \neq 0$ を R-加群とすると, 次が成り立つ.
$$\mathrm{depth}\,R \leqq \mathrm{grade}\,M + \mathrm{Krull}\,\dim_R M \leqq \mathrm{Krull}\,\dim R$$

証明. 命題 7.5.13 を $N = R$ として適用すると, $i < \operatorname{depth} R - \operatorname{Krull dim}_R M$ ならば $\operatorname{Ext}_R^i(M, R) = 0$ なので,
$$\operatorname{depth} R - \operatorname{Krull dim}_R M \leqq \operatorname{grade} M$$
である. 定理 7.5.12 より, $\operatorname{grade} M$ は $\operatorname{ann}(M)$ に含まれる極大 R-列の長さに等しい. したがって,
$$\operatorname{grade} M \leqq \operatorname{ht} \operatorname{ann}(M) \leqq \operatorname{Krull dim} R - \operatorname{coht} \operatorname{ann}(M)$$
$$= \operatorname{Krull dim} R - \operatorname{Krull dim} R/\operatorname{ann}(M)$$
$$= \operatorname{Krull dim} R - \operatorname{Krull dim} M$$
である. □

補題 7.5.15. $(R, \mathfrak{m}, k)$ は Noether 局所環, M は有限生成 R-加群, $\mathfrak{p}$ は極大でない R の素イデアルで $c = \operatorname{coht} \mathfrak{p}$, n は非負整数とする.
(1) $\mathfrak{p} \subsetneq \mathfrak{q}$ を満たす任意の素イデアル $\mathfrak{q}$ に対して $\operatorname{Ext}_R^{n+1}(R/\mathfrak{q}, M) = 0$ が成り立てば, $\operatorname{Ext}_R^n(R/\mathfrak{p}, M) = 0$ が成り立つ.
(2) 任意の $1 \leqq i \leqq c$ に対し $\operatorname{Ext}_R^{n+i}(k, M) = 0$ であれば, $\operatorname{Ext}_R^n(R/\mathfrak{p}, M) = 0$ が成り立つ.
(3) $\operatorname{Ext}_R^{n+c}(k, M) = 0$ であれば, $\operatorname{Ext}_{R_\mathfrak{p}}^n(Q(R/\mathfrak{p}), M_\mathfrak{p}) = 0$ が成り立つ.

証明. (1) $a \in \mathfrak{m} - \mathfrak{p}$ をとる. a は $R/\mathfrak{p}$-正則である. 完全系列
$$0 \longrightarrow R/\mathfrak{p} \xrightarrow{\times a} R/\mathfrak{p} \longrightarrow R/(aR + \mathfrak{p}) \longrightarrow 0$$
から得られる完全系列
$$\operatorname{Ext}_R^n(R/\mathfrak{p}, M) \xrightarrow{\times a} \operatorname{Ext}_R^n(R/\mathfrak{p}, M) \longrightarrow \operatorname{Ext}_R^{n+1}(R/(aR + \mathfrak{p}), M)$$
を考える. $aR + \mathfrak{p}$ の任意の素因子 $\mathfrak{q}$ に対し, $\operatorname{Ext}_R^{n+1}(R/\mathfrak{q}, M) = 0$ だから, $\operatorname{Ext}_R^{n+1}(R/(aR+\mathfrak{p}), M) = 0$ であることが素因子分解に関する帰納法で容易に証明できる. $N := \operatorname{Ext}_R^n(R/\mathfrak{p}, M)$ とおくとき, a 倍写像 $N \xrightarrow{\times a} N$ は全射だから, $N = aN \subset \mathfrak{m}N \subset N$ となり, 中山の補題により $N = 0$ である.

(2) $\operatorname{coht} \mathfrak{p}$ に関する帰納法で, (1) を用いて証明できる.

(3) $c=1$ の場合は (2) と命題 7.1.1 より結論を得る．$c \geqq 2$ の場合は，素イデアル列 $\mathfrak{m} = \mathfrak{p}_0 \supsetneqq \mathfrak{p}_1 \supsetneqq \cdots \supsetneqq \mathfrak{p}_c = \mathfrak{p}$ をとり，$R' = R_{\mathfrak{p}_1}$ で議論すれば，c に関する帰納法に帰着する． □

定理 7.5.16. $(R, \mathfrak{m}, k)$ は Noether 局所環，M は有限生成 R-加群，n は非負整数とする．

(1) 任意の $0 \leqq i \leqq \mathrm{Krull}\,\dim R$ に対して $\mathrm{Ext}_R^{n+i+1}(k, M) = 0$ であると仮定すると，$\mathrm{inj}\,\dim_R M \leqq n$ が成り立つ．したがって，次の等式が成り立つ．

$$\mathrm{inj}\,\dim_R M = \sup\left\{n \in \mathbb{Z} \mid \mathrm{Ext}_R^n(k, M) \neq 0\right\}$$

(2) $\mathrm{proj}\,\dim_R M = \sup\left\{n \in \mathbb{Z} \mid \mathrm{Tor}_n^R(k, M) \neq 0\right\}$ が成り立つ．特に，

$$\mathrm{gl}\,\dim R = \mathrm{proj}\,\dim_R k$$

が成り立つ．

証明． (1) 上の補題より，$\mathfrak{p} \in \mathrm{Spec}\,R$ に対し，$0 \leqq i \leqq \mathrm{ht}\,\mathfrak{p}$ のとき $\mathrm{Ext}_R^{n+i+1}(R/\mathfrak{p}, M) = 0$ であることがわかり，定理 6.2.7(2) に帰着する．

(2) R-加群の完全系列 $0 \to K \to R^{\oplus m} \to M \to 0$ をとる．K は有限生成で，補題 6.2.5 より，

$$\mathrm{proj}\,\dim_R M \leqq 1 + \mathrm{proj}\,\dim_R K, \quad \mathrm{Tor}_{n+1}^R(k, M) \cong \mathrm{Tor}_n^R(k, K) \quad (*)$$

である．$\mathrm{Tor}_R^{n+1}(k, M) = 0$ の場合に，$\mathrm{proj}\,\dim_R M \leqq n$ であることを n に関する帰納法で示せばよいが，$n \geqq 1$ の場合は $(*)$ より $n-1$ の場合に帰着されるので，$n = 0$ の場合の証明だけが残る．$\mathrm{Tor}_1^R(k, M) = 0$ より，可換図式

$$0 \longrightarrow k \otimes_R K \longrightarrow k \otimes_R R^{\oplus m} \longrightarrow k \otimes_R M \longrightarrow 0$$

が得られる．書き換えると，

$$0 \longrightarrow K/\mathfrak{m}K \longrightarrow k^{\oplus m} \longrightarrow M/\mathfrak{m}M \longrightarrow 0$$

である．ここで，あらためて，$m = \dim_k M/\mathfrak{m}M$ とし，$x_1, \ldots, x_m \in M$ を，その $\mathfrak{m}M$ を法とする同値類が k-ベクトル空間 $M/\mathfrak{m}M$ の基底になるように

とる．$M = \mathfrak{m}M + \sum_{i=1}^{m} Rx_i$ なので，中山の補題により，$M = \sum_{i=1}^{m} Rx_i$ である．はじめから，m と K をこのように選んでおけば，$k^{\oplus m} \cong M/\mathfrak{m}M$ なので，$K/\mathfrak{m}K = 0$ となる．中山の補題により，$K = 0$ であり，$M \cong R^{\oplus m}$ となる．したがって，$\mathrm{proj\,dim}_R M = 0$ である． □

命題 7.5.17. $(R, \mathfrak{m})$ は Noether 局所環で，M は有限生成 R-加群，$\mathbf{a} = (a_1, \ldots, a_r) \subset \mathfrak{m}$ は R-正則列かつ M-正則列であるとする．すると，次が成り立つ．

$$\mathrm{inj\,dim}_{R/\mathbf{a}R} M/\mathbf{a}M = \mathrm{inj\,dim}_R M - r \qquad ①$$
$$\mathrm{proj\,dim}_{R/\mathbf{a}R} M/\mathbf{a}M = \mathrm{proj\,dim}_R M \qquad ②$$

証明． ① は，上の定理と命題 7.5.6 より，すぐわかる．

② を示す．長さ $n = \mathrm{proj\,dim}_R M$ の最小自由分解 $0 \to F_n \xrightarrow{d_n} \cdots \xrightarrow{d_2} F_1 \xrightarrow{d_1} F_0 \to M \to 0$ をとる．基底 $e_1, \ldots, e_r \in F_i$ をとる．$\overline{F_i} := F_i/\mathbf{a}F_i$ における e_j の像を $\overline{e_j}$ とおくと，$\overline{F_i}$ は $\overline{e_1}, \ldots, \overline{e_r}$ を基底とする自由 $R/\mathbf{a}R$-加群である．$\overline{\mathfrak{m}} = \mathfrak{m}R/\mathbf{a}R$ とおくとき，$\overline{F_i}/\overline{\mathfrak{m}}\overline{F_i} \cong F_i/\mathfrak{m}F_i$ 等が成り立つ．d_i から誘導される同型写像 $F_i/\mathfrak{m}F_i \longrightarrow (\mathrm{syz}^i M)/\mathfrak{m}(\mathrm{syz}^i M)$ は，同型写像 $\overline{F_i}/\overline{\mathfrak{m}}\overline{F_i} \longrightarrow (\mathrm{syz}^i(M/\mathbf{a}M))/\overline{\mathfrak{m}}(\mathrm{syz}^i(M/\mathbf{a}M))$ を誘導する．したがって，

$$0 \to \overline{F_n} \longrightarrow \cdots \longrightarrow \overline{F_1} \longrightarrow \overline{F_0} \longrightarrow M/\mathbf{a}M \longrightarrow 0$$

は最小自由分解であり，$\mathrm{rank}_{R/\mathbf{a}R} \overline{F_i} = \mathrm{rank}_R F_i$ が成り立つ． □

なお，$\mathbf{a} = (a_1, \ldots, a_r)$ が R-正則列で，$M \neq 0$ が $R/\mathbf{a}R$-加群のとき，定理 6.2.14 より，$\mathrm{proj\,dim}_{R/\mathbf{a}R} M < +\infty$ ならば，

$$\mathrm{proj\,dim}_R M = r + \mathrm{proj\,dim}_{R/\mathbf{a}R} M$$

$\mathrm{inj\,dim}_{R/\mathbf{a}R} M < +\infty$ ならば，

$$\mathrm{inj\,dim}_R M = r + \mathrm{inj\,dim}_{R/\mathbf{a}R} M$$

であったことも思い出そう．

定理 7.5.18. (Auslander-Buchsbaum)　$(R, \mathfrak{m}, k)$ は Noether 局所環，$M \neq 0$ は有限生成 R-加群で $\operatorname{proj\,dim} M < \infty$ を満たすとすれば，次の等式が成立する．

$$\operatorname{proj\,dim}_R M + \operatorname{depth}_R M = \operatorname{depth} R$$

証明． $\operatorname{depth} R$ に関する帰納法で証明する．まず，$\operatorname{depth} R = 0$ のときを考える．$n = \operatorname{proj\,dim}_R M$ とし，M の最小自由分解

$$0 \longrightarrow F_n \xrightarrow{d_n} F_{n-1} \xrightarrow{d_{n-1}} \cdots \xrightarrow{d_2} F_1 \xrightarrow{d_1} F_0 \xrightarrow{\varepsilon} M \longrightarrow 0 \qquad ①$$

をとる．今，$n \geq 1$ であると仮定してみる．$\operatorname{depth} R = 0$ なので，$\mathfrak{m} \in \operatorname{Ass} R$ であり，単射 $\iota\colon k = R/\mathfrak{m} \longrightarrow M$ が存在する．

$$\begin{array}{ccc} F_n \otimes_R k & \xrightarrow{\operatorname{id}_{F_n} \otimes \iota} & F_n \otimes_R M \\ {\scriptstyle d_n \otimes \operatorname{id}_k} \downarrow & & \downarrow {\scriptstyle d_n \otimes \operatorname{id}_M} \\ F_{n-1} \otimes_R k & \xrightarrow{\operatorname{id}_{F_{n-1}} \otimes \iota} & F_{n-1} \otimes_R M \end{array}$$

上の可換図式において，$d_n \otimes \operatorname{id}_M$ と $\operatorname{id}_{F_n} \otimes \iota$ は単射なので，$d_n \otimes \operatorname{id}_k$ も単射である．したがって，k-ベクトル空間 $F_{n-1} \otimes_R k$ の基底を $F_n \otimes_R k$ の基底を延長して作ることができ，それらを F_n, F_{n-1} の生成系として選べば，$d_n(F_n)$ は F_{n-1} の直和因子であることがわかる．すると，

$$0 \longrightarrow F_{n-1}/F_n \xrightarrow{\overline{d_{n-1}}} F_{n-2} \longrightarrow \cdots \xrightarrow{d_2} F_1 \xrightarrow{d_1} F_0 \xrightarrow{\varepsilon} M \longrightarrow 0$$

も M の自由分解となり，①の極小性に矛盾する．したがって，$\operatorname{proj\,dim}_R M = n = 0$ である．すると，M は自由 R-加群なので，$\operatorname{depth}_R M = \operatorname{depth} R$ となり，$\operatorname{proj\,dim}_R M + \operatorname{depth}_R M = \operatorname{depth} R$ を得る．

次に，$\operatorname{depth} R \geq 1, \operatorname{depth}_R M \geq 1$ の場合を考える．すると，$\mathfrak{m} \notin \operatorname{Ass} R$, $\mathfrak{m} \notin \operatorname{Ass} M$ である．したがって，R-正則かつ M-正則な元 $a \in \mathfrak{m}$ が存在する．$R' = R/aR$, $M' = M/aM$ を考えれば，定理 7.5.9(3) より $\operatorname{depth} R' = \operatorname{depth} R - 1$, $\operatorname{depth} M' = \operatorname{depth} M - 1$ であり，命題 7.5.17 より $\operatorname{proj\,dim}_R M = \operatorname{proj\,dim}_{R'} M'$ なので，帰納法の仮定より，

$$\operatorname{proj\,dim}_R M + \operatorname{depth}_R M = \operatorname{proj\,dim}_R M' + \operatorname{depth}_{R'} M' + 1$$
$$= \operatorname{depth} R' + 1 = \operatorname{depth} R$$

を得る.

最後に, $\mathrm{depth}\, R \geqq 1$, $\mathrm{depth}_R M = 0$ の場合を考える. ①において, $N = \mathrm{Ker}\, \varepsilon = \mathrm{syz}^1 M$ とおき, 完全系列

$$0 \longrightarrow N \longrightarrow F_0 \longrightarrow M \longrightarrow 0$$

を考察する. ここで, $F_0 = R^{\oplus m}$ $(m = b_0(M))$ である. 最小自由分解の定義より, $\mathrm{proj\,dim}_R N = \mathrm{proj\,dim}_R M - 1$ である. 完全系列

$$0 \longrightarrow \mathrm{Hom}_R(k, N) \longrightarrow \mathrm{Hom}_R(k, F_0) \longrightarrow \mathrm{Hom}_R(k, M) \longrightarrow \mathrm{Ext}^1_R(k, N)$$

において, $\mathrm{depth}\, R \geqq 1$ だから $\mathrm{Hom}_R(k, F_0) = \mathrm{Hom}_R(k, R)^{\oplus m} = 0$ であり, $\mathrm{depth}_R M = 0$ だから $\mathrm{Hom}_R(k, M) \neq 0$ である. したがって, $\mathrm{Ext}^1_R(k, N) \neq 0$, $\mathrm{Hom}_R(k, N) = 0$ で, $\mathrm{depth}_R N = 1$ である. 上の結果から,

$$\mathrm{proj\,dim}_R M + \mathrm{depth}_R M = \mathrm{proj\,dim}_R N + \mathrm{depth}_R N = \mathrm{depth}\, R$$

が成り立つ. (参考 [松村] 定理 19.1.) □

7.6. Koszul 複体と Čech 複体

定義 7.6.1. (Koszul 複体) R は可換環, M は R-加群, $\mathbf{a} = (a_1, \ldots, a_n) \subset R$, L は $E = \{e_1, \ldots, e_n\}$ を基底とする自由 R-加群,

$$K_r = \bigwedge^r L \quad (r \text{ 個の } L \text{ の交代積})$$

とする. つまり, K_r は,

$$E_r = \{e_{i_1} \wedge \cdots \wedge e_{i_r} \mid 1 \leqq i_1 < i_2 < \cdots < i_r \leqq n\}$$

を基底とする自由 R-加群である. $r < 0$ または $r > n$ のときは $K_r = 0$ である. $d_r \colon K_r \to K_{r-1}$ を,

$$d_r(e_{i_1} \wedge \cdots \wedge e_{i_r}) = \sum_{j=1}^{r} (-1)^{j-1} a_{i_j} e_{i_1} \wedge \cdots \wedge e_{i_{j-1}} \wedge e_{i_{j+1}} \wedge \cdots \wedge e_{i_r}$$

と定義すると, $d_{r-1} \circ d_r = 0$ を満たし, $\{K_r, d_r\}$ はホモロジー複体になる. これは, 同型の意味で $a_1, \ldots, a_n$ の並ぶ順序に依存しない.

一般に，R-加群 M に対して，
$$K_r(\mathbf{a}, M) = K_r \otimes_R M, \quad \delta_r = d_r \otimes \mathrm{id}_M$$
とおくと，$\{K_r(\mathbf{a}, M), \delta_r\}$ はホモロジー複体になる．これを，**Koszul 複体**といい，$K_\bullet(\mathbf{a}, M)$ などと書く．また，そのホモロジー群を
$$H_r(\mathbf{a}, M) = H_r(K_\bullet(\mathbf{a}, M)) = \mathrm{Ker}\,\delta_r / \mathrm{Im}\,\delta_{r-1}$$
と書く．双対的に，
$$K^r = \mathrm{Hom}_R(K_r, R)$$
$$K^r(\mathbf{a}, M) = \mathrm{Hom}_R(K_r, M) \cong \mathrm{Hom}_R(K_r, R) \otimes_R M = K^r \otimes_R M$$
とおき，$d_{r+1}\colon K_{r+1} \longrightarrow K_r$ の双対写像を $d^r\colon K^r \longrightarrow K^{r+1}$ とし，さらに，$\delta^r = d^r \otimes \mathrm{id}_M \colon K^r(\mathbf{a}, M) \longrightarrow K^{r+1}(\mathbf{a}, M)$ とする．このコホモロジー複体 $\{K^r(\mathbf{a}, M), \delta^r\}$ を $K^\bullet(\mathbf{a}, M)$ などと書く．また，
$$H^r(\mathbf{a}, M) = H^r(K^\bullet(\mathbf{a}, M)) = \mathrm{Ker}\,\delta^r / \mathrm{Im}\,\delta^{r+1}$$
と書く．

$K_\bullet(\mathbf{a}, R)$, $K^\bullet(\mathbf{a}, R)$ は単に，$K_\bullet(\mathbf{a})$, $K^\bullet(\mathbf{a})$ などとも書く．

K^r, K_r は有限生成 R-自由加群なので，標準的な同型写像を通して $\mathrm{Hom}_R(K^r, R) = K_r$ とみなせることに注意する．

$\omega_n\colon K_n \to K^0 = R$ を $\omega_n(ce_1 \wedge \cdots \wedge e_n) = c$ によって定義する．そして，$0 \leqq r \leqq n$ に対し，$\omega_r\colon K_r \to K^{n-r}$ を，
$$(\omega_r(x))(y) = \omega_n(x \wedge y) \quad (x \in K_r,\, y \in K_{n-r})$$
によって定義する．

命題 7.6.2. 上の定義と同じ記号と仮定のもとに，次が成り立つ.
(1) $\omega_{r-1} \circ d_r = (-1)^{r-1} d^{n-r} \circ \omega_r$.

$$\begin{array}{ccc} K_r & \xrightarrow{d_r} & K_{r-1} \\ \omega_r \downarrow & & \downarrow \omega_{r-1} \\ K^{n-r} & \xrightarrow{d^{n-r}} & K^{n-r+1} \end{array}$$

(2) $\omega_r \otimes \mathrm{id}_M \colon K_r(\mathbf{a}, M) \longrightarrow K^{n-r}(\mathbf{a}, M)$ は同型写像である．

(3) $\omega_r \otimes \mathrm{id}_M$ から誘導される写像
$$\overline{\omega_r}: H_r(\mathbf{a}, M) \longrightarrow H^{n-r}(\mathbf{a}, M)$$
は同型写像である．

(4) $H_n(\mathbf{a}, M) \cong \{y \in M \mid a_1 y = \cdots = a_n y = 0\}$
$\cong \mathrm{Hom}_R(R/\mathbf{a}R, M)$．

(5) $H_0(\mathbf{a}, M) \cong M/\mathbf{a}M$．

(6) $0 \to M_1 \to M_2 \to M_3 \to 0$ が R-加群の完全系列ならば，R-複体の完全系列
$$0 \longrightarrow K_\bullet(\mathbf{a}, M_1) \longrightarrow K_\bullet(\mathbf{a}, M_2) \longrightarrow K_\bullet(\mathbf{a}, M_3) \longrightarrow 0$$
が誘導され，これより，ホモロジー完全系列が誘導される．

(7) $1 \leq k \leq r$ を固定し，$f_r: K_r \to K_r$ を $f_r(x) = a_k x$ で定める．また，$h_r: K_r \to K_{r+1}$ を $h_r(x) = e_k \wedge x$ で定める．すると，
$$d_{r+1} \circ h_r + h_{r-1} \circ d_r = f_r$$
が成り立つ．したがって，f_r から誘導される a_k 倍写像
$$\overline{f_r}: H_r(\mathbf{a}, M) \xrightarrow{\times a_k} H_r(\mathbf{a}, M)$$
はゼロ写像である．

証明．(1)〜(6) は簡単にわかる．
(7) を示す．$x = e_{i_1} \wedge \cdots \wedge e_{i_r} \in K_r$ とおく．
$k \notin \{i_1, \ldots, i_r\}$ のときは，
$h_{r-1} \circ d_r(x)$
$$= \sum_{j=1}^{r-1} (-1)^{j-1} a_{i_j} e_k \wedge e_{i_1} \wedge \cdots \wedge e_{i_{j-1}} \wedge e_{i_{j+1}} \wedge \cdots \wedge e_{i_r}$$
$d_{r+1} \circ h_r(x) = d_{r+1}(e_k \wedge e_{i_1} \wedge \cdots \wedge e_{i_r})$
$$= a_k e_{i_1} \wedge \cdots \wedge e_{i_r}$$
$$+ \sum_{j=1}^{r-1} (-1)^j a_{i_j} e_k \wedge e_{i_1} \wedge \cdots \wedge e_{i_{j-1}} \wedge e_{i_{j+1}} \wedge \cdots \wedge e_{i_r}$$
であるので，辺々足すと，右辺は $a_k e_{i_1} \wedge \cdots \wedge e_{i_r}$ の項だけが残って，他の項は消える．

$k = i_m \in \{i_1, \ldots, i_r\}$ のときは, $h_r(x) = 0$ で,

$$\begin{aligned}
h_{r-1} &\circ d_r(x) \\
&= e_{i_m} \wedge \sum_{j=1}^{r} (-1)^{j-1} a_{i_j} e_{i_1} \wedge \cdots \wedge e_{i_{j-1}} \wedge e_{i_{j+1}} \wedge \cdots \wedge e_{i_r} \\
&= (-1)^{2(m-1)} a_{i_m} e_{i_1} \wedge \cdots \wedge e_{i_m} \wedge \cdots \wedge e_{i_r} = a_k x
\end{aligned}$$

なので, $(d_{r-1} \circ h_r + h_{r-1} \circ d_r)(x) = f_r(x)$ が成り立つ.

$d_{r+1} \circ h_r + h_{r-1} \circ d_r = f_r$ は f_r がゼロ写像とホモトープであることを意味するので, $\overline{f_r} = 0$ である. □

定理 7.6.3. R は可換環, M は R-加群, $\mathbf{a} = (a_1, \ldots, a_n) \subset R$, $K_i = K_i(\mathbf{a}, R)$ とする.

(1) $(a_m, a_{m+1}, \ldots, a_n)$ が M-正則列ならば, 次が成り立つ.
$$H_m(\mathbf{a}, M) = H_{m+1}(\mathbf{a}, M) = \cdots = H_n(\mathbf{a}, M) = 0$$
$$H_{m-1}(\mathbf{a}, M) \cong \operatorname{Ext}_R^{n-m+1}(R/\mathbf{a}R, M)$$

(2) $(a_1, \ldots, a_n)$ が R-正則列ならば,
$$\cdots \to K_2 \xrightarrow{d_2} K_1 \xrightarrow{d_1} K_0 \twoheadrightarrow R/\mathbf{a}R \longrightarrow 0 \qquad ①$$
$(K_0 = R)$ は $R/\mathbf{a}R$ の自由分解である. したがって, 次が成立する.
$$H_i(\mathbf{a}, M) \cong \operatorname{Tor}_i^R(R/\mathbf{a}R, M)$$
$$H^i(\mathbf{a}, M) \cong \operatorname{Ext}_R^i(R/\mathbf{a}R, M)$$
$$\operatorname{Ext}_R^i(R/\mathbf{a}R, M) \cong \operatorname{Tor}_{n-i}^R(R/\mathbf{a}, M)$$

(3) $(R, \mathfrak{m})$ が Noether 局所環, $\mathbf{a} \subset \mathfrak{m}$ が R-正則列ならば, (2) の ① は $R/\mathbf{a}R$ の最小自由分解である.

証明. (1) $n - m$ に関する帰納法で証明する. 命題 7.5.6 より,
$$\operatorname{Ext}_R^{n-m+1}(R/\mathbf{a}R, M) \cong \operatorname{Hom}_R\left(R/\mathbf{a}R, M/(a_m, \ldots, a_n)M\right)$$
である. $m > n$, つまり M-正則列を考えないときは,
$$H_n(\mathbf{a}, M) \cong H^0(\mathbf{a}, M) \cong \operatorname{Hom}_R(R/\mathbf{a}R, M)$$
より定理は成立する.

$m \leqq n$ とする. 完全系列 $0 \longrightarrow M \xrightarrow{\times a_m} M \longrightarrow M/a_m M \longrightarrow 0$ より得られるホモロジー完全系列を考える. 前命題 (7) より, a_m 倍写像 $H_i(\mathbf{a}, M) \xrightarrow{\times a_m} H_i(\mathbf{a}, M)$ はゼロ写像であるから, 完全系列

$$0 \longrightarrow H_i(\mathbf{a}, M) \longrightarrow H_i(\mathbf{a}, M/a_m M) \longrightarrow H_{i-1}(\mathbf{a}, M) \longrightarrow 0$$

が得られる. $(a_{m+1},\ldots, a_n)$ は $M/a_m M$-正則列なので, 帰納法の仮定から,
$$H_{m+1}(\mathbf{a}, M/a_m M) = \cdots = H_n(\mathbf{a}, M/a_m M) = 0$$
$$H_m(\mathbf{a}, M/a_m M) \cong \mathrm{Hom}_R\bigl(R/\mathbf{a}R,\, M/(a_m,\ldots, a_n)M\bigr)$$

が成り立つ. これと, 上の完全系列より, 結論を得る.

(2) 上の結果から, $H_i(\mathbf{a}, R) = 0 \ (\forall i \geqq 1), H_0(\mathbf{a}, R) = R/\mathbf{a}R$ である. したがって, $\cdots \to K_2 \xrightarrow{d_2} K_1 \xrightarrow{d_1} K_0 \to R/\mathbf{a}R \longrightarrow 0$ は完全系列になり, これは $R/\mathbf{a}R$ の自由分解になる. また, 前命題 (3) より,

$$\mathrm{Tor}_i^R(R/\mathbf{a}R, M) \cong H_i(\mathbf{a}, M) \cong H^{n-i}(\mathbf{a}, M) \cong \mathrm{Ext}_R^{n-i}(R/\mathbf{a}R, M).$$

(3) $d_i: K_i \to K_{i-1}$ から誘導される $\overline{d_i}: K_i \otimes_R k \longrightarrow K_{i-1} \otimes_R k$ はゼロ写像であるので, $\mathrm{Tor}_i^R(R/\mathbf{a}R, k) \cong H_i(\mathbf{a}, k) \cong K_i \otimes_R k$ である. 命題 7.1.9 より, ①は最小自由分解である. □

定理 7.6.4. R は Noether 環, M は有限生成 R-加群, $\mathbf{a} = (a_1,\ldots, a_n) \subset R$ とする.

(1) 任意の i に対し $H_i(\mathbf{a}, M) = 0$ となるための必要十分条件は $M = \mathbf{a}M$ である.

(2) ある i に対し $H_i(\mathbf{a}, M) = 0$ と仮定する. 必要なら適当に並べ変え, $(a_1,\ldots, a_m)$ は $\{a_1,\ldots, a_n\}$ に含まれる長さ最大の M-正則列であるとする. すると, 次が成り立つ.

$$n - m = \max\bigl\{i \in \mathbb{Z} \bigm| H_i(\mathbf{a}, M) \neq 0\bigr\}$$

証明. (1) $H_0(\mathbf{a}, M) \cong M/\mathbf{a}M$ だから, $H_0(\mathbf{a}, M) = 0$ ならば $M = \mathbf{a}M$ である.

逆に, $M = \mathbf{a}M$ と仮定する. $\mathfrak{p} \subset R$ を任意の素イデアル, $M_\mathfrak{p} = R_\mathfrak{p} \otimes_R M$ とする. $R_\mathfrak{p}$ は R-平坦だから,

$$R_\mathfrak{p} \otimes_R H_i(\mathbf{a}, M) \cong H_i(\mathbf{a}, M_\mathfrak{p})$$

が成り立つ．もし，$\mathfrak{a} \subset \mathfrak{p}$ ならば，$\mathfrak{a} M_\mathfrak{p} = M_\mathfrak{p}$ なので中山の補題により $M_\mathfrak{p} = 0$ である．また，$a_k \notin \mathfrak{p}$ を満たす a_k が存在すれば，命題 7.6.2(7) より，$a_k H_i(\mathbf{a}, M_\mathfrak{p}) = 0$ で，a_k は $R_\mathfrak{p}$ で可逆なので，$H_i(\mathbf{a}, M_\mathfrak{p}) = 0$ となる．

以上より，任意の素イデアル $\mathfrak{p}$ について $R_\mathfrak{p} \otimes_R H_i(\mathbf{a}, M) = 0$ なので，$H_i(\mathbf{a}, M) = 0$ である．

(2) 前定理より，$i > n - m$ ならば $H_i(\mathbf{a}, M) = 0$ で，$H_{n-m}(\mathbf{a}, M) \cong \mathrm{Ext}_R^m(R/\mathbf{a}R, M)$ である．定理 7.5.9 より，$\mathrm{Ext}_R^m(R/\mathbf{a}R, M) \neq 0$ なので，結論を得る． □

定理 7.6.5. $(R, \mathfrak{m})$ は Noether 局所環，$0 \neq M$ は有限生成 R-加群で，$\mathrm{inj\,dim}_R M < \infty$ であると仮定する．このとき，次が成り立つ．

$$\mathrm{Krull\,dim}_R M \leq \mathrm{inj\,dim}_R M = \mathrm{depth}_R R \leq \mathrm{Krull\,dim}\, R$$

証明． $n = \mathrm{Krull\,dim}_R M$，$\mathfrak{p}_0 \subsetneq \mathfrak{p}_1 \subsetneq \cdots \subsetneq \mathfrak{p}_n = \mathfrak{m} \in \mathrm{Supp}\, M$ を長さ最大の素イデアル列とする．i に関する帰納法で，

$$\mathrm{Ext}_{R_{\mathfrak{p}_i}}^i(Q(R/\mathfrak{p}_i), M_{\mathfrak{p}_i}) \neq 0 \qquad (*)$$

を証明する．$i = 0$ のときは $\mathfrak{p}_0 R_{\mathfrak{p}_0} \in \mathrm{Ass}\, M_{\mathfrak{p}_0}$ よりすぐわかる．

$i > 0$ とする．印刷の都合上 $A_i = R_{\mathfrak{p}_i}$，$k_i = Q(R/\mathfrak{p}_i)$，$S_i = R - \mathfrak{p}_i$，$M_i = M_{\mathfrak{p}_i}$ とおく．系 7.1.2 と帰納法の仮定より，

$$S_i^{-1} \mathrm{Ext}_{A_i}^{i-1}(A_i/\mathfrak{p}_i A_i, M_i) \cong \mathrm{Ext}_{A_{i-1}}^{i-1}(k_{i-1}, M_{i-1}) \neq 0$$

である．補題 7.5.15 より，$\mathrm{Ext}_{A_i}^i(k_i, M_i) \neq 0$ が得られる．これより，$\mathrm{Krull\,dim}_R M \leq \mathrm{inj\,dim}_R M$ である．

$\mathrm{depth}_R R \leq \mathrm{Krull\,dim}\, R$ は命題 7.5.14 で示した．

$r = \mathrm{inj\,dim}_R M$，$d = \mathrm{depth}_R R$ とし，$r = d$ を示す．$\mathbf{a} = (a_1, \ldots, a_d) \subset \mathfrak{m}$ を極大 R-正則列とする．定理 7.6.3(3) より，$\mathrm{proj\,dim}\, R/\mathbf{a}R = d$ である．定理 7.6.4 より，$H_0(\mathbf{a}, M) \neq 0$ である．また，定理 7.6.3，命題 7.6.2 より，

$$\mathrm{Ext}_R^d(R/\mathbf{a}R, M) \cong H^d(\mathbf{a}, M) \cong H_0(\mathbf{a}, M) = M/\mathbf{a}M \neq 0$$

である．したがって，$r \geq d$ である．他方，$\mathrm{depth}\, R/\mathbf{a}R = 0$ なので，$\mathfrak{m} \in \mathrm{Ass}\, R/\mathbf{a}R$ であり，単射 R-準同型 $k \hookrightarrow R/\mathbf{a}R$ が存在し，この単射

より
$$\varphi: \mathrm{Ext}_R^r(R/\mathbf{a}R, M) \longrightarrow \mathrm{Ext}_R^r(k, M)$$
が得られる.任意の R-加群 N に対し $\mathrm{Ext}_R^{r+1}(N, M) = 0$ だから,φ は全射である.定理 7.5.16 より,$\mathrm{Ext}_R^r(k, M) \neq 0$ だから,$\mathrm{Ext}_R^r(R/\mathbf{a}R, M) \neq 0$ であり,定理 7.5.18 より,$d = \mathrm{proj\,dim}_R R/\mathbf{a}R \geqq r$ となる. □

上の定理から,Noether 局所環 R 上の有限生成加群 $M \neq 0$ については,$\mathrm{inj\,dim}_R M = \mathrm{depth}_R R$ または $\mathrm{inj\,dim}_R M = \infty$ のいずれかしかありえないが,定理 7.7.11 で説明するように,R が正則局所環でない限り,$\mathrm{inj\,dim}_R M = \infty$ となるような M が存在する.

命題 7.6.6. (Ischebeck) $(R, \mathfrak{m}, k)$ は Noether 局所環,M, N は 0 でない有限生成 R-加群とする.さらに,$\mathrm{proj\,dim}_R M < \infty$ または $\mathrm{inj\,dim}_R N < \infty$ であれば,
$$\mathrm{depth}\,R - \mathrm{depth}_R M = \sup\{i \in \mathbb{Z} \mid \mathrm{Ext}_R^i(M, N) \neq 0\}$$
が成り立つ.

証明. $s = s(M) = \sup\{i \in \mathbb{Z} \mid \mathrm{Ext}_R^i(M, N) \neq 0\}$,$p = \mathrm{depth}\,R - \mathrm{depth}_R M$ とおく.定理 7.5.18 より,$p = \mathrm{proj\,dim}\,M \geqq s$ である.以下,$p \leqq s$ を示す.

(1) $\mathrm{proj\,dim}_R M < \infty$ の場合を考える.系 7.1.10 より $\mathrm{Ext}_R^p(M, k) \neq 0$ である.容易にわかるように,全射 $N \twoheadrightarrow k$ が存在し,これより全射 $\mathrm{Ext}_R^p(M, N) \twoheadrightarrow \mathrm{Ext}_R^p(M, k) \neq 0$ が得られるので,$p \leqq s$ である.

(2) $q := \mathrm{inj\,dim}_R N < \infty$ の場合を考える.定理 7.6.5 より $q = \mathrm{depth}\,R$ であり,定理 7.5.16 より $\mathrm{Ext}_R^q(k, N) \neq 0$ となる.以下,$\mathrm{depth}_R M$ に関する帰納法で $p = s$ を証明する.

$\mathrm{depth}_R M = 0$ の場合を考える.$p = \mathrm{depth}\,R = q$ である.$\mathrm{depth}_R M = 0$ だから単射 $k \rightarrow M$ が存在し,これより,全射 $\mathrm{Ext}_R^q(M, N) \twoheadrightarrow \mathrm{Ext}_R^q(k, N) \neq 0$ が得られるので,$\mathrm{Ext}_R^q(M, N) \neq 0$ であり,$p = q \leqq s$ となる.

$\mathrm{depth}_R M > 0$ の場合を考える.$a \in \mathfrak{m}$ を M-正則元とする.完全系列

$0 \to M \xrightarrow{\times a} M \to M/aM \to 0$ より，完全系列

$$\operatorname{Ext}_R^i(M,N) \xrightarrow{\times a} \operatorname{Ext}_R^i(M,N) \longrightarrow \operatorname{Ext}_R^{i+1}(M/aM,N) \longrightarrow \operatorname{Ext}_R^{i+1}(M,N)$$

が存在する．これより，もし，$\operatorname{Ext}_R^{i+1}(M/aM,N) = 0$ ならば $\operatorname{Ext}_R^i(M,N) = 0$ であり，また，もし，$\operatorname{Ext}_R^{i+1}(M/aM,N) \neq 0$ かつ $\operatorname{Ext}_R^{i+1}(M,N) = 0$ ならば $\operatorname{Ext}_R^i(M,N) \neq 0$ である．これは，$s(M/aM) = s(M) + 1$ であることを意味する．

他方，定理 7.5.9 より $\operatorname{depth}_R M/aM = \operatorname{depth}_R M - 1$ である．帰納法の仮定により，$\operatorname{depth}_R M/aM - \operatorname{depth}_R M/aM = s(M/aM)$ が成り立っているので，これより，$p = s$ が成り立つ． □

定義 7.6.7. (Čech 複体) R は可換環，$a_1,\ldots,a_n \in R$ とし，この列を $\mathbf{a} = (a_1,\ldots,a_n)$ とおく．このとき，以下のように複体 $\{C^r, d^r\}$ を構成する．$\{1,2,\ldots,n\}$ の r 個の元からなる部分集合全体の集合を

$$\mathfrak{I}_r = \{I \subset \{1,2,\ldots,n\} \mid \#I = r\}$$

とする．$I = \{i_1, i_2, \ldots, i_r\} \in \mathfrak{I}_r$ に対し，

$$R_I = R[1/a_{i_1}a_{i_2}\ldots a_{i_r}] := R[T]/(1 - a_{i_1}a_{i_2}\ldots a_{i_r}T)$$

とおく．$I \subset J$ のとき，$J - I = \{j_1,\ldots,j_m\}$ とおけば，

$$R_J \cong R_I[1/a_{j_1}a_{j_2}\cdots a_{j_m}]$$

だから，自然な写像 $\rho_{IJ}\colon R_I \to R_J$ が存在する．さて，

$$C^r = \bigoplus_{I \subset \mathfrak{I}_r} R_I$$

とおく．いま，$J = \{j_0, j_1,\ldots,j_r\} \in \mathfrak{I}_{r+1}$ で，$j_0 < j_1 < \ldots < j_r$ であるとする．$k = 0, 1,\ldots, r$ に対し，$J_k = J - \{j_k\} \in \mathfrak{I}_r$ とおく．

$I \in \mathfrak{I}_r, x \in R_I$ をとる．もし，$J \in \mathfrak{I}_{r+1}$ に対し，ある k が存在して $J_k = I$ となるならば，$y_J = (-1)^k \rho_{IJ}(x)$ とおき，$I \not\subset J$ のときは $y_J = 0$ とおく．そして，

$$d^r(x) = \sum_{J \in \mathfrak{I}_{r+1}} y_J$$

とし，これを線形に拡張して $d^r \colon C^r \to C^{r+1}$ を定める．

このように定義した d^r が $d^r \circ d^{r-1} = 0$ を満たすことは容易に確認できる．このとき，$C^r = \check{C}^r(\mathbf{a}) = \check{C}^r_R(\mathbf{a})$, $\check{C}^\bullet(\mathbf{a}) = \{C^r, d^r\}$ と書き，これを **Čech 複体**という．

なお，層のコホモロジーで登場する Čech 複体とは，C^r の添え字 r が 1 ずれることに注意する．

さて，$m \in \mathbb{N}$ に対し，$\mathbf{a}^m = (a_1^m, a_2^m, \ldots, a_n^m)$ とおく．$\mathbf{a}^m$ から得られる Koszul 複体 $K_r(\mathbf{a}^m) = K_r(\mathbf{a}^m, R)$, $K^r(\mathbf{a}^m) = K^r(\mathbf{a}^m, R)$ を考える．

$$K_r(\mathbf{a}^m) = \bigwedge^r (Re_1 \oplus \cdots \oplus Re_n)$$

であるが，$f_r^{m+1,m}: K_r(\mathbf{a}^{m+1}) \longrightarrow K_r(\mathbf{a}^m)$ を

$$f_r^{m+1,m}(e_{i_1} \wedge \cdots \wedge e_{i_r}) = a_{i_1} \cdots a_{i_r} \cdot e_{i_1} \wedge \cdots \wedge e_{i_r}$$

によって定める．$f_r^{m+1,m}$ はホモロジー複体の準同型写像で，微分と可換である．また，$f_r^{m+1,m}$ の双対写像として，$f^r_{m,m+1}: K^r(\mathbf{a}^m) \longrightarrow K^r(\mathbf{a}^{m+1})$ を定める．$\{K^\bullet(\mathbf{a}^m), f^\bullet_{m,m+1}\}_{m \in \mathbb{N}}$ は複体の帰納系をなし，次が成り立つ．

定理 7.6.8. 上の定義の記号と仮定のもとで，次が成り立つ．

$$\varinjlim_m K^r(\mathbf{a}^m) \cong \check{C}^r(\mathbf{a})$$

$$\varinjlim_m H^r(\mathbf{a}^m, M) \cong H^r\big(M \otimes_R \check{C}^r(\mathbf{a})\big)$$

証明．$K_r(\mathbf{a}^m)$ の標準基底 $\{e_{i_1} \wedge \cdots \wedge e_{i_r} \mid 1 \leqq i_1 < \cdots < i_r \leqq d\}$ の双対基底として $K^r(\mathbf{a}^m)$ の基底 $\{(e_{i_1} \wedge \cdots \wedge e_{i_r})^\vee \mid 1 \leqq i_1 < \cdots < i_r \leqq n\}$ を構成する．$\varphi_m^r: K^r(\mathbf{a}^m) \longrightarrow \check{C}^r(\mathbf{a})$ を，

$$\varphi_m^r((e_{i_1} \wedge \cdots \wedge e_{i_r})^\vee) = \frac{1}{(a_{i_1} a_{i_2} \cdots a_{i_r})^m} \in R_I \subset \check{C}^r(\mathbf{a})$$

($I = \{i_1, \ldots, i_r\}$) によって定める．これが複体の準同型写像であることや，$\varphi_m^r = \varphi_{m+1}^r \circ f^r$ が成り立つことは容易に確認できる．そこで，

$$\varphi = \left(\varinjlim_m \varphi_m^r\right): \varinjlim_m K^r(\mathbf{a}^m) \longrightarrow \check{C}^r(\mathbf{a})$$

とおく. φ_m^r の直和因子への制限として得られる $g_m \colon R \cong R(e_{i_1} \wedge \cdots \wedge e_{i_r})^\vee) \longrightarrow R_I$ を考える. g_m は単射である. また, R_I の元 y は m を十分大きな自然数とすれば, $y = x/(a_{i_1} \cdots a_{i_r})^m$ $(x \in R)$ という形に書けるから, $y = g_m(x) \in \operatorname{Im} g_m$ である. したがって, φ は同型写像である.

コホモロジーの同型は, このことと, 演習問題 2.6 からわかる. □

$\{K_\bullet(\mathbf{a}^m), f_\bullet^{m+1,m}\}_{m \in \mathbb{N}}$ は複体の射影系をなすので,
$$K_\infty^r(\mathbf{a}, M) = \varinjlim_m \operatorname{Hom}_R\left(K_r(\mathbf{a}^m), M\right)$$
が定義でき, 自然に微分が誘導されて複体をなす.

命題 7.6.9. 上の仮定と記号のもとに, 次が成り立つ.
$$K_\infty^r(\mathbf{a}, M) \cong M \otimes_R \check{C}^{n-r}(\mathbf{a}, M)$$
$$H_r\left(K_\infty^\bullet(\mathbf{a}, M)\right) \cong H^{n-r}\left(\check{C}^\bullet(\mathbf{a}, M)\right)$$

証明. 同型 $\operatorname{Hom}_R\left(K_r(\mathbf{a}^m), M\right) \cong M \otimes_R K_r(\mathbf{a}^m)$ と帰納系をなす写像の可換性からわかる. □

7.7. CM 環と Gorenstein 環

定義 7.7.1. $(R, \mathfrak{m})$ は局所環で, $d = \operatorname{Krull} \dim R$ とする. もし, $(a_1, \ldots, a_d) \subset \mathfrak{m}$ は準素イデアルで, $\sqrt{(a_1, \ldots, a_d)} = \mathfrak{m}$ を満たすとき, $a_1, \ldots, a_d$ は R の**パラメータ系**であるという.

パラメータ系 $a_1, \ldots, a_d$ が R-正則列であるとき, $a_1, \ldots, a_d$ は**正規パラメータ系**であるという.

上の正規パラメータ系の定義は, [永田] の正規パラメータ系の定義 ([永田] p.155) と異なっているが, [永田] 定理 6.5.4 より, 両者の定義が同値であることがわかる.

定義 7.7.2. $(R, \mathfrak{m}, k)$ は Noether 局所環, M は有限生成 R-加群で, $M \neq 0$ とする. 定理 7.5.11 より, 一般に, $\operatorname{depth}_R M \leqq \operatorname{Krull} \dim_R M$ で

あるが，もし，
$$\mathrm{depth}_R M = \mathrm{Krull\ dim}_R M$$
が成り立つとき，M は **Cohen-Macaulay 加群**であるとか，略して **CM 加群**であるという．R が R-加群として CM 加群であるとき，R を **Cohen-Macaulay 環**であるとか，**CM 環**という．

M が CM 加群であることは，
$$i < \mathrm{Krull\ dim\,} M \text{ ならば } \mathrm{Ext}^i_R(k, M) = 0$$
が成り立つことと同値である．

Noether 局所環 R が正規パラメータ系を持てば，それは極大 R-正則列であり，$\mathrm{depth\,} R = d = \mathrm{Krull\ dim\,} R$ が成り立ち，R は CM 局所環になる．

CM 加群の条件を弱めて，有限生成とは限らない R-加群 M に対し，M-正則列になるような R のパラメータ系が存在するとき，M は (広義の)**big CM 加群**であるという．R の任意のパラメータ系が M-正則列になるとき，M は**平衡 big CM 加群**であるという．ただし，平衡 big CM 加群を，単に，big CM 加群とよぶことも多い．

定理 7.7.3. Noether 局所環 $(R, \mathfrak{m})$ に対し，以下の (1)〜(3) は同値である．

(1) R は CM 環である．すなわち，$\mathrm{depth\,} R = \mathrm{Krull\ dim\,} R$．

(2) R は正規パラメータ系を持つ．

(3) $\mathfrak{a}$ が R のイデアルで，$h = \mathrm{ht\,}\mathfrak{a}$ とするとき，$\mathfrak{a}$ が h 個の元で生成されるならば，$\mathfrak{a}$ のすべての素因子 $\mathfrak{p}$ は $\mathrm{ht\,}\mathfrak{p} = \mathrm{ht\,}\mathfrak{a}$ を満たす．ただし，$\mathfrak{a} = (0)$，$h = 0$ の場合も含む．

本定理の証明は初版第 1 刷では省略されていたが，第 2 刷において，初版第 2 刷の補遺 (p.334) に掲載した．

命題 7.7.4. $(R, \mathfrak{m})$ は CM 局所環，$a_1, \ldots, a_n \in \mathfrak{m}$ とする．このとき，次の (1), (2) は同値である．

(1) $a_1, \ldots, a_n$ は R-正則列である．

(2) $\mathrm{ht}(a_1, \ldots, a_n) = n$．

したがって，R の任意のパラメータ系は，正規パラメータ系である．

証明. (1) $\Longrightarrow$ (2). $I_k = (a_1,\ldots, a_k)$ ($k \leq n$) とおく. 一般に, ht $I_{k+1} \leq 1 + $ht I_k なので, ht $I_k \leq k$ である. しかし, a_{k+1} が (R/I_k)-正則元ならば, ht $I_{k+1} > $ ht I_k なので, (2) を得る.

(2) $\Longrightarrow$ (1) を Krull dim R に関する帰納法で証明する. Krull dim $R = 0$ のときは $n = 0$ なので, 何も証明することはない. Krull dim $R \geq 1$ とする.

もし, $n < $ Krull dim R ならば, $\mathfrak{m}$ は I の極小素因子でないので, $a_{n+1} \in \mathfrak{m}$ を I_n のどの極小素因子にも含まれないように選ぶことができる. $I_{n+1} = (a_1,\ldots, a_{n+1})$ とおけば, ht $I_{n+1} = n + 1$ である. この操作を続けることにより, $n = $ Krull dim R の場合に帰着できる.

$\mathfrak{p} := \mathrm{ann}(a_1) \in \mathrm{Ass}\, R$ とすると,

$$\mathrm{Krull\, dim}\, R/\mathfrak{p} \geq \mathrm{depth}\, R = \mathrm{Krull\, dim}\, R$$

なので, $\mathfrak{p} = (0)$ であり, a_1 は R-正則元である. $R' := R/a_1 R$ は Noether 局所環で, 定理 7.5.9(3) より,

$$\mathrm{Krull\, dim}\, R' = \mathrm{Krull\, dim}\, R - 1 = \mathrm{depth}\, R - 1 = \mathrm{depth}\, R'$$

が成り立つから, R' も CM 局所環である. $a_2,\ldots, a_n$ の R' における同値類は, 帰納法の仮定により R'-正則列であるので, $a_1,\ldots, a_n$ は R-正則列である. $\square$

命題 7.7.5. $(R, \mathfrak{m})$ は Noether 局所環, $\mathfrak{a} \subsetneq R$ はイデアル, M は CM R-加群, $\mathfrak{p} \in \mathrm{Ass}\, M$ とする. このとき, 以下が成り立つ.

$$\mathrm{Krull\, dim}\, R/\mathfrak{p} = \mathrm{Krull\, dim}_R M = \mathrm{depth}_R M \qquad \text{①}$$
$$\mathrm{depth}(\mathfrak{a}, M) + \mathrm{Krull\, dim}_R M/\mathfrak{a}M = \mathrm{Krull\, dim}\, M \qquad \text{②}$$

さらに, R が CM 局所環ならば次の等式が成り立つ.

$$\mathrm{depth}(\mathfrak{a}, R) = \mathrm{grade}\, R/\mathfrak{a} = \mathrm{ht}\, \mathfrak{a} \qquad \text{③}$$

証明. ① 定理 7.5.11 より, $\mathrm{depth}_R M \leq \mathrm{Krull\, dim}\, R/\mathfrak{p} \leq \mathrm{Krull\, dim}_R M$ であるが, $\mathrm{Krull\, dim}_R M = \mathrm{depth}_R M$ なのでこれらは一致する.

② $\mathrm{depth}(\mathfrak{a}, M) = 0$ のときは, 命題 7.5.2 より $\mathfrak{a} \subset \mathfrak{p} \in \mathrm{Ass}\, M$ を満たす素イデアル $\mathfrak{p}$ が存在する. $M' = M/\mathfrak{a}M$ とおくとき, $\mathfrak{p} \in \mathrm{Ass}\, M'$ なので, ① より, $\mathrm{Krull\, dim}\, M' = \mathrm{Krull\, dim}\, R/\mathfrak{p} = \mathrm{Krull\, dim}_R M$ である.

$\mathrm{depth}(\mathfrak{a}, M) \geqq 1$ のときは，M-正則元 $a \in \mathfrak{a}$ が存在する．定理 7.5.9(3) より，

$$\mathrm{depth}(\mathfrak{a}, M/aM) = \mathrm{depth}(\mathfrak{a}, M) - 1, \quad \mathrm{depth}\, M/aM = \mathrm{depth}\, M - 1$$

であり，$\mathrm{Krull\,dim}_R M/aM = \mathrm{Krull\,dim}_R M - 1$ だから，$\mathrm{depth}(\mathfrak{a}, M)$ に関する帰納法で結論を得る．

③ 定理 7.5.12 より，$\mathrm{depth}(\mathfrak{a}, R) = \mathrm{grade}\, R/\mathfrak{a} \leqq \mathrm{ht}\,\mathfrak{a}$ である．$h := \mathrm{ht}\,\mathfrak{a}$ とおくと，ある $a_1, \ldots, a_h \in \mathfrak{a}$ を選んで，$\mathrm{ht}(a_1, \ldots, a_h) = h$ となるようにできる．前命題より，$a_1, \ldots, a_h$ は R-正則列である．したがって，$\mathrm{depth}(\mathfrak{a}, R) \geqq \mathrm{ht}\,\mathfrak{a}$ である． □

命題 7.7.6. $(R, \mathfrak{m})$ は Noether 局所環，$\mathfrak{p} \subset R$ は素イデアル，M は CM R-加群であるとする．すると，$M_\mathfrak{p}$ は CM $R_\mathfrak{p}$-加群である．

特に，R が CM 環ならば，$R_\mathfrak{p}$ も CM 環である．

証明． $t := \mathrm{depth}_R(\mathfrak{p}, M)$ に関する帰納法で証明する．$t = 0$ のときを考える．命題 7.5.2 より，$\mathfrak{p} \subset \exists \mathfrak{q} \in \mathrm{Ass}\, M$ である．前命題より，

$$\mathrm{Krull\,dim}\, R/\mathfrak{q} = \mathrm{Krull\,dim}_R M \geqq \mathrm{Krull\,dim}\, R/\mathfrak{p} \geqq \mathrm{Krull\,dim}\, R/\mathfrak{q}$$

なので，$\mathfrak{p} = \mathfrak{q} \in \mathrm{Ass}\, M$ である．したがって，

$$0 = \mathrm{Krull\,dim}_{R_\mathfrak{p}} M_\mathfrak{p} \geqq \mathrm{depth}_{R_\mathfrak{p}} M_\mathfrak{p}$$

が得られる．

$t \geqq 1$ のときを考える．M-正則元 $a \in \mathfrak{p}$ をとる．$M' = M/aM$ とおくと，定理 7.5.9(3) より，$\mathrm{depth}_R(\mathfrak{p}, M') = \mathrm{depth}_R(\mathfrak{p}, M) - 1$ である．また，$\mathrm{Krull\,dim}_R M' = \mathrm{Krull\,dim}\, M - 1$ なので，M' も CM 加群である．帰納法の仮定から，$M'_\mathfrak{p}$ は CM $R_\mathfrak{p}$-加群である．したがって，

$$\mathrm{depth}_{R_\mathfrak{p}} M_\mathfrak{p} = \mathrm{depth}_{R_\mathfrak{p}} M'_\mathfrak{p} + 1 = \mathrm{Krull\,dim}_{R_\mathfrak{p}} M'_\mathfrak{p} + 1 = \mathrm{Krull\,dim}_{R_\mathfrak{p}} M_\mathfrak{p}$$

となり，$M_\mathfrak{p}$ も CM $R_\mathfrak{p}$-加群である． □

定義 7.7.7. R は Noether 可換環 R とする．R の任意の極大イデアル $\mathfrak{m}$ に対し，局所化 $R_\mathfrak{m}$ が CM 局所環になるとき，R は **CM 環**であると定

義する．このとき，R の任意の素イデアル $\mathfrak{p}$ に対し，$R_\mathfrak{p}$ は CM 局所環になることに注意する．

$(R, \mathfrak{m}, k)$ は Noether 局所環，$M \neq 0$ は有限生成 R-加群で，$n = \operatorname{depth}_R M$ のとき，
$$r(M) = \dim_k \operatorname{Ext}_R^n(k, M)$$
と定義し，$r(M)$ を M の **type** という．

$\mathbf{a} = (a_1, \ldots, a_n)$ を極大 M-正則列とすると，定義 7.4.9，命題 7.5.6 より，
$$\operatorname{Soc}(M/\mathbf{a}M) \cong \operatorname{Hom}_R(k, M/\mathbf{a}M) \cong \operatorname{Ext}_R^n(k, M)$$
なので，
$$r(M) = \dim_k \operatorname{Soc}(M/\mathbf{a}M)$$
が成り立つ．

定理 7.7.8. $(R, \mathfrak{m}, k)$ は Noether 局所環で，Krull $\dim R = n < \infty$ とすれば，以下の条件 (1)〜(6) は同値である．

(1) inj $\dim_R R < \infty$.

(2) inj $\dim_R R = \operatorname{depth}_R R = $ Krull $\dim R = n$.

(3) $\operatorname{Ext}_R^i(k, R) \cong \begin{cases} 0 & (i \neq n \text{ のとき}) \\ k & (i = n \text{ とき}) \end{cases}$

(4) $\operatorname{Ext}_R^m(k, R) = 0$ となるような $m > n$ が存在する．

(5) $\operatorname{Ext}_R^i(k, R) \cong \begin{cases} 0 & (i < n \text{ のとき}) \\ k & (i = n \text{ とき}) \end{cases}$

(6) R は CM 局所環で，$\operatorname{Ext}_R^n(k, R) = k$ である．つまり，R は $r(R) = 1$ の CM 局所環である．

R が上の定理のいずれかの条件を満たすとき，R は **Gorenstein 環**であるという．

証明. (1) $\Longrightarrow$ (2) は定理 7.6.5 よりわかる．

(2) $\Longrightarrow$ (3) $s := \sup\{i \in \mathbb{Z} \mid \operatorname{Ext}_R^i(k, R) \neq 0\}$ とおくと，命題 7.6.6 より，$\operatorname{depth} R - \operatorname{depth}_R k = s$ である．$\mathfrak{m}$ 内に k-正則元は存在しないから $\operatorname{depth}_R k = 0$ であり，また，上の議論から，$\operatorname{depth} R = \operatorname{inj} \dim R = $ Krull $\dim R = n$ である．したがって，$i > n$ ならば，$\operatorname{Ext}_R^i(k, R) = 0$ であ

り, $\operatorname{Ext}_R^n(k, R) \neq 0$ である. R は CM だから極大 R-正則列 $\mathbf{a} = (a_1, \ldots, a_n) \subset \mathfrak{m} = \operatorname{ann}(k)$ が存在し, 命題 7.5.6 より, $i < n$ のとき $\operatorname{Ext}_R^i(k, R) = 0$ である. $R' = R/\mathbf{a}R$ とおくと, 再び命題 7.5.6 より,

$$\operatorname{Ext}_R^n(k, R) \cong \operatorname{Hom}_{R'}(k, R')$$

となる. 定理 7.6.5 より, $\operatorname{depth} R' = \operatorname{inj\,dim} R' = \operatorname{Krull\,dim} R' = 0$ だから, $\mathfrak{m}'$ を R' の唯一の極大イデアルとすると, $\mathfrak{m}' \in \operatorname{Ass} R'$ で, したがって, 単射 $k \hookrightarrow R'$ 存在する. これより, 全射 $R' = \operatorname{Hom}_{R'}(R', R') \twoheadrightarrow \operatorname{Hom}_{R'}(k, R')$ が得られるので, $\operatorname{Hom}_{R'}(k, R') \cong k$ である.

(3) $\Longrightarrow$ (4) は自明.

(4) $\Longrightarrow$ (1) を $n = \operatorname{Krull\,dim} R$ に関する帰納法で証明する. $n = 0$ の場合は, (4) が成り立てば定理 7.5.16 より $\operatorname{inj\,dim} R < \infty$ となる.

$n \geqq 1$ とする. $T^i(M) := \operatorname{Ext}_R^i(M, R)$ とおく. $\mathfrak{m} \supsetneq \mathfrak{p} \in \operatorname{Spec} R$ をとり, $c = \operatorname{coht} \mathfrak{p}$ とおく. 補題 7.5.15 より, $T^m(k) = \operatorname{Ext}_R^m(k, R) = 0$ から $\operatorname{Ext}_{R_\mathfrak{p}}^{m-c}(Q(R/\mathfrak{p}), R_\mathfrak{p}) = 0$ が得られる. すると帰納法の仮定で, $\operatorname{inj\,dim} R_\mathfrak{p} < \infty$ が得られる. (1) $\Longrightarrow$ (2) の結果を使うと, $i > n$ のとき, 任意の有限生成 R-加群 M に対し,

$$\left(T^i(M)\right)_\mathfrak{p} = \left(\operatorname{Ext}_R^i(M, R)\right)_\mathfrak{p} \cong \operatorname{Ext}_{R_\mathfrak{p}}^i(M_\mathfrak{p}, R_\mathfrak{p}) = 0$$

となる. したがって, $\operatorname{Supp} T^i(M) \subset \{\mathfrak{m}\}$ である. $T^i(M)$ は有限生成 R-加群だから, $T^m(M)$ は有限次元 k-ベクトル空間である.

さて, R の任意の素イデアル $\mathfrak{p}$ に対して $T^m(R/\mathfrak{p}) = 0$ であることを背理法で示す. そうすれば, 定理 7.5.16 より $\operatorname{inj\,dim} R < \infty$ が得られる.

$T^m(R/\mathfrak{p}) \neq 0$ を満たす素イデアル $\mathfrak{p}$ の中で極大なものの 1 つを $\mathfrak{q}$ とする. $T^m(R/\mathfrak{m}) = 0$ なので $\mathfrak{q} \subsetneq \mathfrak{m}$ である. $a \in \mathfrak{m} - \mathfrak{q}$ をとり, $\mathfrak{a} = \mathfrak{q} + aR$ とおく. $\operatorname{ht} \mathfrak{a} > \operatorname{ht} \mathfrak{q}$ だから, $\mathfrak{a} = \mathfrak{a}_0 \supsetneq \mathfrak{a}_1 \supsetneq \cdots \supsetneq \mathfrak{a}_k = \mathfrak{q}, \mathfrak{a}_j/\mathfrak{a}_{j+1} \cong R/\mathfrak{p}_j$ ($\mathfrak{p}_j$ は R の素イデアルで, $\mathfrak{p}_j \supsetneq \mathfrak{q}$) を満たすイデアル列が存在する. $\mathfrak{q}$ の極大性から $T^m(R/\mathfrak{p}_j) = 0$ なので, $T^m(T/\mathfrak{a}) = 0$ が得られる. したがって, 完全系列 $0 \to R/\mathfrak{q} \xrightarrow{\times a} R/\mathfrak{q} \to R/\mathfrak{a} \to 0$ から, 完全系列

$$0 = T^m(R/\mathfrak{a}) \longrightarrow T^m(R/\mathfrak{q}) \xrightarrow{\times a} T^m(R/\mathfrak{q}) \qquad \text{①}$$

が得られる．$T^m(R/\mathfrak{q})$ は有限次元 k-ベクトル空間だから，①の a 倍写像は同型写像になり，中山の補題により，$T^m(R/\mathfrak{q}) = 0$ が導かれ，矛盾する．

(3) $\Longrightarrow$ (5) は自明．

(5) $\Longrightarrow$ (2)　$n = 0$ の場合を考える．$E = E_R(k) = R^\nabla$ とおく．命題 7.4.11 より，$R \subset E^{\oplus r}$ ($\exists r \in \mathbb{N}$) とみなせる．R は Artin 環だから，命題 7.4.8 より $\dim_k E = \dim_k R < \infty$ である．したがって，$R \cong E$ で，$\mathrm{inj}\dim_R R = \mathrm{inj}\dim_R E = 0$ である．(補題 8.1.3 を参考にせよ．)

$n \geqq 1$ の場合を考える．(2) $\Longrightarrow$ (3) のように $R' = R/\mathbf{a}R$ とおく．上の議論から，$\mathrm{inj}\dim_{R'} R' = 0$ なので，命題 7.5.17 より $\mathrm{inj}\dim_R R = n$ が得られる．

(3) $\Longrightarrow$ (6) と (6) $\Longrightarrow$ (5) は，定義 7.7.2 の中の注意からわかる．([松村] 定理 18.1 参照)　$\square$

命題 7.7.9.　R は Noether 局所環，$S \subset R$ は積閉集合とする．
(1)　R が Gorenstein 環ならば，$S^{-1}R$ も Gorenstein 環である．
(2)　$\mathbf{a}$ は極大 R-正則列とする．もし R が Gorenstein 環ならば，$R/\mathbf{a}R$ も Gorenstein 環である．逆に，R が局所環で，$R/\mathbf{a}R$ が Gorenstein 環ならば，R は Gorenstein 環である．
(3)　R が Gorenstein であることと，完備化 $\widehat{R}$ が Gorenstein であることは同値である．

証明．(1) R が Gorensten 環ならば，系 7.1.4 より，$\mathrm{inj}\dim_{S^{-1}R} S^{-1}R \leqq \mathrm{inj}\dim_R R < \infty$ なので，$S^{-1}R$ も Gorensten 環である．

(2) R が Gorenstein 局所環ならば，$\mathbf{a} = (a_1, \ldots, a_r)$ とするとき，命題 7.5.17 より，
$$\mathrm{inj}\dim_{R/\mathbf{a}R} R/\mathbf{a}R = \mathrm{inj}\dim_R R - r < \infty$$
なので，$R/\mathbf{a}R$ も Gorenstein 環である．逆も，命題 7.5.17 より同様に帰結される．

(3) 命題 7.4.7 より，$\mathrm{Ext}_R^n(k, R)\widehat{} \cong \mathrm{Ext}_{\widehat{R}}^n(k, \widehat{R})$ が成り立つ．これより，結論を得る．$\square$

定義 7.7.10. R が Noether 可換環とする. R の任意の極大イデアル $\mathfrak{m}$ に対し局所環 $R_\mathfrak{m}$ が Gorenstein 環であるとき, R は **Gorenstein 環** であるという. このとき, R の任意の素イデアル $\mathfrak{p}$ に対し局所環 $R_\mathfrak{p}$ は Gorenstein 環であることに注意する.

Noether 局所環 $(R, \mathfrak{m}, k)$ が,

$$\dim_k \mathfrak{m}/\mathfrak{m}^2 = \text{Krull dim}\, R < \infty$$

を満たすとき, R は**正則局所環**であるという. このとき, $d = \text{Krull dim}\, R$ として, $a_1, \ldots, a_d \in \mathfrak{m}$ をそれらの $\mathfrak{m}^2$ を法とする同値類が k-ベクトル空間 $\mathfrak{m}/\mathfrak{m}^2$ の基底になるように選ぶことができる. このとき, $a_1, \ldots, a_d$ は R の**正則パラメータ系**であるという.

また, Noether 環 R の任意の極大イデアル $\mathfrak{m}$ に対し, $R_\mathfrak{m}$ が正則局所環であるとき, R は**正則環**であるという.

定理 7.7.11. (Serre) $(R, \mathfrak{m})$ は Noether 局所環, $k = R/\mathfrak{m}$ とすれば, このとき, 次の (1)〜(5) は同値である.

(1) R は正則局所環である.
(2) $\text{gl dim}\, R = \text{Krull dim}\, R$.
(3) $\text{gl dim}\, R < \infty$.
(4) 任意の有限生成 R-加群に対し $\text{proj dim}_R M < \infty$.
(5) $\text{proj dim}_R k < \infty$.

証明. (1) $\implies$ (2) $d = \text{Krull dim}\, R$, $\mathbf{a} = (a_1, \ldots, a_d)$ を正則パラメータ系とし, Koszul 複体 $K^n = K^n(\mathbf{a}, R)$ を考える. 定理 7.6.3 より,

$$\cdots \to K_2 \longrightarrow K_1 \longrightarrow K_0 \longrightarrow k \longrightarrow 0$$

は $k = R/\mathbf{a}R$ の最小自由分解であるから, $K_d \neq 0$, $K_{d+1} = 0$ より, $\text{gl dim}\, R \geq \text{proj dim}\, k = d$ である.

任意の有限生成 R-加群 M をとる. k は長さ d の自由分解を持つのだから, $i > d$ のとき, $\text{Tor}_i^R(M, k) = 0$ である. したがって, 系 7.1.10 より, $\text{proj dim}_R M \leq d$ である. 命題 6.2.11 より $\text{gl dim}\, R \leq d$ である.

(2) $\implies$ (3), (3) $\implies$ (4), (4) $\implies$ (5) は自明.

(5) $\Longrightarrow$ (1). $\mathfrak{m} \neq (0)$ と仮定する．$\mathfrak{m} = \mathrm{syz}^1 k$ であるから，$\mathfrak{m}$ は長さ $p := \mathrm{proj\,dim}\, k - 1$ の最小自由分解

$$0 \longrightarrow L_p \xrightarrow{d_p} \cdots \longrightarrow L_2 \xrightarrow{d_2} L_1 \xrightarrow{d_1} L_0 \xrightarrow{\varepsilon} \mathfrak{m} \longrightarrow 0$$

を持つ．$x_1,\ldots, x_k$ を L_0 の基底として，もし，$\varepsilon(x_j) \in \mathfrak{m}$ がすべてゼロ因子ならば，容易にわかるように最小自由分解は無限長になる．したがって，ある R-正則元 $a \in \mathfrak{m} - \mathfrak{m}^2$ が存在する．

$d := \mathrm{Krull\,dim}\, R$ に関する帰納法を開始しよう．もし，$d = 0$ ならば，R は Artin 環で $\mathfrak{m}$ は R の非零因子全体からなるイデアルである．上の考察から，$\mathfrak{m} = (0)$ でなければならず，R は体であって，これも正則局所環とみなせる．

$d \geqq 1$ とする．$a_2,\ldots, a_m \in \mathfrak{m}$ を，それらの $\mathfrak{m}^2$ を法とする同値類 $\overline{a}, \overline{a_2},\ldots, \overline{a_m}$ が k-ベクトル空間 $\mathfrak{m}/\mathfrak{m}^2$ の基底になるように選ぶ（一般には，$m \geqq \mathrm{Krull\,dim}\, R$ である）．$\mathfrak{b} = a_2 R + \cdots + a_m R \subset R$, $R' = R/aR$, $\mathfrak{m}' = \mathfrak{m} R' = \mathfrak{m}/aR$ とおく．

$z = a_2 b_2 + \cdots + a_m b_m = ab \in \mathfrak{b} \cap aR$ をとる．$\overline{a}, \overline{a_2},\ldots, \overline{a_m}$ は $R/\mathfrak{m}$ 上一次独立であるから，$b \in \mathfrak{m}$ であり，$z \in a\mathfrak{m}$ である．したがって，$\mathfrak{b} \cap aR \subset a\mathfrak{m}$ である．これより，自然な写像

$$f: \mathfrak{m}/aR = (\mathfrak{b} + aR)/aR \cong \mathfrak{b}/(\mathfrak{b} \cap aR) \xhookrightarrow{\quad} \mathfrak{m}/a\mathfrak{m} \twoheadrightarrow \mathfrak{m}/aR$$

が得られる．$f(x_i') = x_i'$（x_i' は x_i の aR を法とする同値類）なので，$\mathfrak{m}/aR$ は $\mathfrak{m}/a\mathfrak{m}$ の直和因子である．したがって，命題 7.5.17 より，

$$\mathrm{proj\,dim}_{R'} \mathfrak{m}/aR \leqq \mathrm{proj\,dim}_{R'} \mathfrak{m}/a\mathfrak{m} = \mathrm{proj\,dim}_R \mathfrak{m} < \infty$$

である．すると，帰納法の仮定から，R' は正則局所環である．$\overline{a_2},\ldots, \overline{a_m}$ は $\mathfrak{m}'$ の極小な生成系なので，R' の正則パラメータ系である．したがって，$m - 1 = \mathrm{Krull\,dim}\, R' = \mathrm{Krull\,dim}\, R - 1$ で，$m = d$ を得る．すると，$a, a_2,\ldots, a_d$ は R の正則パラメータ系になり，R は正則局所環である． □

命題 7.7.12. 正則局所環は Gorenstein 環である．

証明. $(R, \mathfrak{m})$ を正則局所環, $d = \mathrm{Krull}\dim R$, $\mathbf{a} = (a_1,\ldots, a_d)$ を正則パラメータ系とすると, $\mathbf{a}$ は R-正則列なので, $\mathbf{a}$ は正規パラメータ系である. したがって, R は CM 局所環である. 命題 7.5.6 より,

$i < d$ のとき $\quad \mathrm{Ext}^i_R(k, R) = 0$

$\mathrm{Ext}^d_R(k, R) \cong \mathrm{Hom}_R(k, R/\mathbf{a}R) = \mathrm{Hom}_k(k, k) \cong k$

$\mathrm{Ext}^{i+d}_R(k, R) \cong \mathrm{Ext}^i_{R/\mathbf{a}R}(k, R/\mathbf{a}R) = \mathrm{Ext}^i_k(k, k) = 0 \quad (i \geqq 1)$

であるので, R は Gorenstein 環である. □

参考 7.7.13. 正則局所環は正規環 (整閉整域) であり, UFD である.

証明はイデアル論的なので本書では省略する. [松村] 定理 14.3, 定理 19.4, 定理 20.3, または, [永田] 定理 6.5.13, 第 7 章の p.173〜175 を参照せよ.

演習問題 7.

7.1. R は Noether 可換環，$\mathfrak{a}$ は R のイデアル，I は移入的 R-加群とする．
(1) $N(\mathfrak{a}) := \{x \in I \mid \text{ある } n \in \mathbb{N} \text{ に対し } \mathfrak{a}^n \cdot x = 0\}$ は移入的 R-加群であることを示せ．
(2) $\mathfrak{p}$ が R の素イデアルのとき，$E_R(R/\mathfrak{p}) = N(\mathfrak{p})$ であることを示せ．

(解答は [Lam] p.106〜107 を見よ．)

7.2. k は体，$R = k[X_1, \ldots, X_n]$ は多項式環とすると，
$$E_R(k) \cong k[1/X_1, \ldots, 1/X_n]$$
であることを証明せよ．

(解答は [Lam] 命題 3.91(1) を見よ．)

7.3. R は可換環，M は R-加群，$\mathbf{a} = (a_1, \ldots, a_n) \subset R$ とする．
(1) $a_{n+1}, a_{n+2}, \ldots, a_{n+m} \in \{a_1, \ldots, a_n\}$ をとり，$\mathbf{b} = (a_1, \ldots, a_{n+m})$ とする．このとき，
$$K_\bullet(\mathbf{b}) \cong K_\bullet(\mathbf{a}) \otimes_R \bigwedge^m R$$
$$H_\bullet(\mathbf{b}, M) \cong H_\bullet(\mathbf{a}, M) \otimes_R \bigwedge^m R$$
が成り立つことを示せ．ここで，$\bigwedge^m R$ はゼロ写像を微分として複体と考える．
(2) $\mathfrak{a}$ は R の有限生成イデアルで，$\mathfrak{a} = (a_1, \ldots, a_n) = (b_1, \ldots, b_m)$ であるとする．$\mathbf{a} = (a_1, \ldots, a_n)$, $\mathbf{b} = (b_1, \ldots, b_m)$ とするとき，
$$H_i(\mathbf{a}, M) = 0 \quad (n - k + 1 \leqq \forall i \leqq n)$$
が成り立つための必要十分条件は，
$$H_i(\mathbf{b}, M) = 0 \quad (m - k + 1 \leqq \forall i \leqq m)$$
が成り立つことであることを証明せよ．

(3) $(R, \mathfrak{m})$ が Noether 局所環, $\mathfrak{a} = (a_1,\ldots, a_n) = (b_1,\ldots, b_n)$ で, $\mathfrak{a}$ は $n-1$ 個以下の元では生成できないと仮定する. このとき,

$$K_\bullet(\mathbf{a}) \cong K_\bullet(\mathbf{b})$$

であることを証明せよ.
(解答は [BH] p.52〜53 を見よ.)

7.4. R は可換環, $a_1,\ldots, a_n \in R$ は R-正則列で, $a_1,\ldots, a_n$ の任意の置換 (並べ替え) も R-正則列であると仮定する. また, $\mathfrak{a}$ は $a_1,\ldots, a_n$ の単項式何個かで生成されるイデアルとする. このとき,

$$\operatorname{proj\,dim}_R R/\mathfrak{a} \leq n$$

であることを証明せよ.
(解答は [Str] p.72 定理 5.1.8 を見よ.)

7.5. R は Noether 可換環, M, N は有限生成 R-加群とする. このとき, $M \otimes_R N = 0$ であることと, 任意の $i \geq 0$ に対し $\operatorname{Ext}_R^i(M, N) = 0$ であることは, 同値であることを証明せよ.
(解答は [Str] p.122 系 7.2.3 を見よ.)

7.6. k は体とし, k 上の n 変数形式的巾級数環 $R = k[[X_1,\ldots, X_n]]$ を考える. R-加群 k の最小自由分解

$$\cdots \to F_n \xrightarrow{d_n} F_{n-1} \xrightarrow{d_{n-1}} \cdots \xrightarrow{d_2} F_1 \xrightarrow{d_1} F_0 \xrightarrow{\varepsilon} k \longrightarrow 0$$

を定義 7.1.8 のように構成する. このとき, $F_0 \cong S$,

$$F_r \cong \bigoplus_{1 \leq i_1 < \cdots < i_r \leq n} R \cdot X_{i_1} X_{i_2} \cdots X_{i_r}$$

であり, 特に $\operatorname{proj\,dim}_R k = n$ であることを示せ. さらに, $k = \mathbb{C}, \mathbb{R}$ 等の場合には, k 上の収束巾級数環でも同様であることを示せ.

7.7. n は自然数とする. 可換とは限らない左かつ右 Noether 環 R に対し, $\operatorname{inj\,dim}_R \leq n$ かつ, 右 R-加群としても R は長さ n 以下の右 R-移

入分解を持つとき，R は n-**岩永-Gorenstein** 環であるという．このとき，R-加群 M に対し，以下の (1)〜(6) は同値であることを証明せよ．

(1) $\operatorname{inj\,dim}_R M < \infty$

(2) $\operatorname{proj\,dim}_R M < \infty$

(3) $\operatorname{flat\,dim}_R M < \infty$

(4) $\operatorname{inj\,dim}_R M \leqq n$

(5) $\operatorname{proj\,dim}_R M \leqq n$

(6) $\operatorname{flat\,dim}_R M \leqq n$

(解答は [EJ] 定理 9.1.10 を見よ.)

第8章

標準加群と局所コホモロジー

8.1. 標準加群

非特異射影多様体 X 上には,微分形式によって定義される標準因子 K_X というものが存在する.それに対応する直線束 $\mathcal{O}_X(K_X)$ は標準加群とも呼ばれる.この標準加群をホモロジー代数を用いて可換環論で定義しよう.

定義 8.1.1. R-加群 M が**極大 CM** 加群であるとは,
$$\mathrm{depth}_R M = \mathrm{Krull}\dim_R M = \mathrm{Krull}\dim R$$
が成り立つことをいう.

定義 8.1.2. $(R, \mathfrak{m}, k)$ は CM 局所環とする.R-加群 K_R が R の**標準加群** (canonical module) であるとは,
$$\mathrm{Ext}^i_R(k, K_R) \cong \begin{cases} k & (i = \mathrm{Krull}\dim R) \\ 0 & (i \neq \mathrm{Krull}\dim R) \end{cases}$$
が成り立つことをいう.

命題 7.5.10(4) より,標準加群は極大 CM 加群である.以下,K_R の一意性と存在するための条件を順に考察していこう.

補題 8.1.3. $(R, \mathfrak{m}, k)$ は Noether 局所環で $\mathrm{Krull}\dim R = 0$ (すなわち,R は Artin 局所環) と仮定する.すると $E = E_R(k)$ は有限生成 R-加群であり,次の (1)〜(4) を満たす.

(1)　$\mathrm{ann}(E) = 0$ (つまり E は**忠実**)

(2) $\dim_k E = \dim_k R$

(3) $\mathrm{Hom}_R(k, E) \cong k$

(4) $\dim_k E/\mathfrak{m}E = \dim_k \mathrm{Hom}_R(k, R)$

逆に，有限生成 R-加群 M が，$\mathrm{ann}(M) = 0$, $\mathrm{Hom}_R(k, M) \cong k$ を満たせば，$M \cong E$ である．

証明． $R^\triangledown = E$, $E^\triangledown = R$ に注意する．命題 7.4.8 より，$\dim_k E = \dim_k E^\triangledown = \dim_k R < \infty$ である．特に，E は有限生成 R-加群である．また，

$$R \cong R^{\triangledown\triangledown} = \mathrm{Hom}_R\bigl(\mathrm{Hom}_R(R, E), E\bigr) \cong \mathrm{Hom}_R(E, E)$$

である．ここで，同型写像 $\varphi\colon R \to \mathrm{Hom}_R(E, E)$ は，$c \in R$ に対し c 倍写像 $f_c \in \mathrm{Hom}_R(E, E)$ ($f_c(x) = cx$) を対応させることによって得られる．もし，$0 \neq \exists c \in \mathrm{ann}(E)$ であれば，$f_c = 0$ であり，φ は同型でない．したがって，$\mathrm{ann}(E) = 0$ である．命題 7.4.10 より，

$$\dim_k E/\mathfrak{m}E = \dim_k \mathrm{Soc}(E^\triangledown) = \dim_k \mathrm{Soc}\, R = \dim_k \mathrm{Hom}_R(k, R),$$

$$1 = \dim_k R/\mathfrak{m}R = \dim_k \mathrm{Soc}(R^\triangledown) = \dim_k \mathrm{Soc}\, E = \dim_k \mathrm{Hom}_R(k, E)$$

である．

逆に，有限生成 R-加群 M が，$\mathrm{ann}(M) = 0$, $\mathrm{Hom}_R(k, M) \cong k$ をみたすと仮定する．

$$\dim_k M^\triangledown/\mathfrak{m}M^\triangledown = \dim_k \mathrm{Soc}\, M = \dim_k \mathrm{Hom}_R(k, M) = 1$$

だから，全射 $\psi\colon M^\triangledown \twoheadrightarrow M^\triangledown/\mathfrak{m}M^\triangledown \cong k$ により $\psi(y) = 1$ となるような $y \in M^\triangledown$ を選べる．$\mathfrak{m}M^\triangledown + Ry = M^\triangledown$ だから，中山の補題により $M^\triangledown = Ry = R/\mathfrak{a}$ ($\mathfrak{a}$ は R のあるイデアル) と書ける．$M \cong M^{\triangledown\triangledown} = \mathrm{Hom}_R(R/\mathfrak{a}, E)$ であるが，もし $0 \neq \exists a \in \mathfrak{a}$ であれば，任意の $f \in \mathrm{Hom}_R(R/\mathfrak{a}, E)$ に対し $af = 0$ となり $\mathrm{ann}(M) = 0$ に矛盾する．したがって，$\mathfrak{a} = 0$ で，$M \cong E$ となる． □

補題 8.1.4. $(R, \mathfrak{m}, k)$ は CM 局所環，C は極大 CM R-加群で，Krull $\dim R = d < \infty$ とする．

(1) M が極大 CM R-加群で，すべての $j \geq 1$ に対し $\mathrm{Ext}_R^j(M, C) = 0$ が成り立つと仮定すれば，$\mathrm{Hom}_R(M, C)$ も極大 CM 加群で，任意

の R-正則列 $\mathbf{a}$ に対し,
$$\mathrm{Hom}_R(M, C) \otimes_R R/\mathbf{a}R \cong \mathrm{Hom}_{R/\mathbf{a}R}(M/\mathbf{a}M, C/\mathbf{a}C)$$
が成り立つ.

(2) $\mathrm{inj\,dim}\,C < \infty$ であり, M は CM 加群で Krull $\dim_R M = t$ と仮定すると, $j \neq d-t$ に対し $\mathrm{Ext}_R^j(M, C) = 0$ であり, $\mathrm{Ext}_R^{d-t}(M, C)$ は CM 加群で, Krull $\dim_R \mathrm{Ext}_R^{d-t}(M, C) = t$ を満たす.

証明. (1) $a \in \mathfrak{m}$ は R-正則元とする. 命題 7.5.13 より, $\mathrm{Hom}_R(M/aM, C) = 0$ である. 完全系列
$$0 \longrightarrow M \xrightarrow{\times a} M \longrightarrow M/aM \longrightarrow 0 \qquad \text{①}$$
と $\mathrm{Ext}_R^j(M, C) = 0$ $(j \geq 1)$ より, $\mathrm{Ext}_R^i(M/aM, C) = 0$ $(i \geq 2)$ が得られ, また, 完全系列
$$0 \longrightarrow \mathrm{Hom}_R(M, C) \xrightarrow{\times a} \mathrm{Hom}_R(M, C) \longrightarrow \mathrm{Ext}_R^1(M/aM, C) \longrightarrow 0$$
が得られる. これより,
$$\mathrm{Ext}_R^1(M/aM, C) \cong \frac{\mathrm{Hom}_R(M, C)}{a \cdot \mathrm{Hom}_R(M, C)} \cong \mathrm{Hom}_R(M, C) \otimes_R R/aR$$
である.

ある $0 \neq x \in C$ に対し $ax = 0$ であるとすると, $\mathrm{ann}(x) \in \mathrm{Ass}\,C$ となるが, Krull $\dim R/\mathrm{ann}(x) <$ Krull $\dim C =$ Krull $\dim R$ だから, 命題 7.7.5 と矛盾する. したがって, a は C-正則元である. また, a 倍写像が単射であるから, a は $\mathrm{Hom}_R(M, C)$-正則元であり, 命題 7.5.6 より,
$$\mathrm{Hom}_R(M, C) \otimes_R R/aR \cong \mathrm{Ext}_R^1(M/aM, C) \cong \mathrm{Hom}_{R/aR}(M/aM, C/aC)$$
が得られる. あとは, 正則列の長さに関する帰納法で, (1) が証明される.

(2) 命題 7.5.13 より, $j < d-t$ に対し $\mathrm{Ext}_R^j(M, C) = 0$ である.

さて, t に関する帰納法で, $j > d-t$ に対し $\mathrm{Ext}_R^j(M, C) = 0$ であることを証明する. $t = 0$ のときは, 定理 7.6.5 より $j > d$ に対し $\mathrm{Ext}_R^j(M, C) = 0$ である. $t \geq 1$ とする. 完全系列 ① より, 完全系列
$$\mathrm{Ext}_R^j(M, C) \xrightarrow{\times a} \mathrm{Ext}_R^j(M, C) \longrightarrow \mathrm{Ext}_R^{j+1}(M/aM, C)$$

が得られる．Krull $\dim_R M/aM =$ Krull $\dim_R M - 1 = t - 1$ なので，帰納法の仮定から，$j+1 > d-(t-1)$ に対し $\mathrm{Ext}_R^{j+1}(M/aM, C) = 0$ である．したがって，中山の補題により，$\mathrm{Ext}_R^j(M, C) = 0$ $(j > d-t)$ を得る．

最後に，$\mathrm{Ext}_R^{d-t}(M, C)$ は CM 加群であることを，t に関する帰納法で証明する．(Krull $\dim_R \mathrm{Ext}_R^{d-t}(M, C) = t$ は CM 性から従う．)

$t=0$ のときは，$\dim_k M$ に関する帰納法で，$\mathrm{Ext}_R^d(M, C) \cong M$ を証明する．まず，$\dim_k M = 1$ ならば，$\mathrm{Ext}_R^d(M, C) = \mathrm{Ext}_R^d(k, C) \cong k$ である．また，$0 \to M' \to M \to M'' \to 0$ が Krull 次元 0 の R-加群の完全系列のとき，M', M'' も CM 加群で，自然な完全系列

$$0 \longrightarrow \mathrm{Ext}_R^d(M'', C) \longrightarrow \mathrm{Ext}_R^d(M, C) \longrightarrow \mathrm{Ext}_R^d(M', C) \longrightarrow 0$$

が存在するから，$\mathrm{Ext}_R^d(M', C) \cong M'$, $\mathrm{Ext}_R^d(M'', C) \cong M''$ ならば $\mathrm{Ext}_R^d(M, C) \cong M$ が成立する．

$t \geqq 1$ とする．

$$0 \longrightarrow \mathrm{Ext}_R^{d-t}(M, C) \xrightarrow{\times a} \mathrm{Ext}_R^{d-t}(M, C) \longrightarrow \mathrm{Ext}_R^{d-t+1}(M/aM, C) \longrightarrow 0$$

において，a 倍写像は単射だから，a は $\mathrm{Ext}_R^{d-t}(M, C)$-正則元である．帰納法の仮定から $\mathrm{Ext}_R^{d-t+1}(M/aM, C)$ は CM 加群なので，長さ $t-1$ の正則列を持ち，それに a を付け加えたものが長さ t の $\mathrm{Ext}_R^{d-t}(M, C)$-正則列になる．したがって，$\mathrm{Ext}_R^{d-t}(M, C)$ は CM 加群である． □

定理 8.1.5. (標準加群の一意性) $(R, \mathfrak{m}, k)$ は CM 局所環で，K_R, K_R' は R の標準加群であるとする．このとき，次が成り立つ．

(1) inj $\dim_R K_R =$ Krull $\dim R$ である．

(2) $\mathbf{a} = (a_1, \ldots, a_n)$ が極大 R-正則列ならば，次が成り立つ．

$$K_R/\mathbf{a}K_R \cong E_{R/\mathbf{a}R}(k)$$

(3) $K_R \cong K_R'$ である．

(4) $\mathrm{Hom}_R(K_R, K_R') \cong R$ であって，この同型写像で $1 \in R$ に対応する $\mathrm{Hom}_R(K_R, K_R')$ の元は同型写像である．

(5) $\mathbf{a} = (a_1, \ldots, a_n)$ が R-正則列ならば，$\mathbf{a}$ は K_R-正則列である．

証明. (1) 定理 7.5.16 と K_R の定義より，すぐわかる．

(2) $\operatorname{inj dim}_{R/\mathbf{a}R} K_R/\mathbf{a}K_R = \operatorname{inj dim}_R K_R - n = 0$ なので，$K_R/\mathbf{a}K_R$ は移入的 $R/\mathbf{a}R$-加群である．命題 7.5.6 より，
$$\operatorname{Hom}_{R/\mathbf{a}R}(k, K_R/\mathbf{a}K_R) \cong \operatorname{Ext}_R^n(k, K_R) \cong k$$
であるので，$K_R/\mathbf{a}K_R$ は既約な $R/\mathbf{a}R$-加群である．命題 7.2.5 より，$K_R/\mathbf{a}K_R \cong E_{R/\mathbf{a}R}(k)$ である．

(3), (4) $K_R'/\mathbf{a}K_R' \cong E_{R/\mathbf{a}R}(k)$ である．$A = R/\mathbf{a}R, E = E_{R/\mathbf{a}R}(k)$ とし，上の補題を $C = K_R'$ として用いると，
$$\operatorname{Hom}_R(K_R, K_R') \otimes_R A \cong \operatorname{Hom}_A(K_R/\mathbf{a}K_R, K_R'/\mathbf{a}K_R')$$
$$\cong \operatorname{Hom}_A(E, E) = E^\nabla \cong A$$
を得る．$f \in M := \operatorname{Hom}_R(K_R, K_R')$ は，上の同型によって $f \otimes 1$ が $1 \in A$ に対応するような元とする．すると，$M/\mathbf{a}M \cong M \otimes_R A \cong A$ より，
$$M = Rf + \mathbf{a}M \subset Rf + \mathfrak{m}M \subset M$$
だから，中山の補題により，$\operatorname{Hom}_R(K_R, K_R') = M = Rf$ となる．

$\varphi\colon R \to Rf$ は $\varphi(1) = f$ で定まる R-準同型とする．φ から誘導される $\overline{\varphi}\colon A \to A$ は恒等写像である．このとき φ が単射であることを n に関する帰納法で証明する．容易にわかるように，$n = 1$ の場合に示せば十分である．

今，$0 \neq \exists x \in \operatorname{Ker}\varphi$ であると仮定してみる．$x = a_1 x_1$ $(x_1 \in R)$ と書ける．a_1 は R-正則だから，$\varphi(x_1) = 0$ である．したがって，$x_1 = a_1 x_2$ $(x_2 \in R)$ と書ける．これをくりかえすと，$x = a_1^n x_n$ $(x_n \in R)$ と書けることがわかり，$x \in \bigcap_{n=1}^\infty (a_1^n)R \subset \bigcap_{n=1}^\infty \mathfrak{m}^n = 0$ を得て矛盾する．したがって，φ は同型写像で，$\operatorname{Hom}_R(K_R, K_R') = M \cong R$ である．

同様に，$R \cong \operatorname{Hom}_R(K_R', K_R)$ である．この同型で $1 \in R$ に対応する $g \in \operatorname{Hom}_R(K_R', K_R)$ をとる．$g \circ f \in \operatorname{Hom}_R(K_R, K_R) \cong R$ の同値類は $\operatorname{id}_E \in \operatorname{Hom}_A(E, E)$ に対応するから，$g \circ f$ は $1 \in R$ に対応する．同型写像 $R \xrightarrow{\cong} \operatorname{Hom}_R(K_R, K_R)$ は $c \in R$ に c 倍写像 $f_c \in \operatorname{Hom}_R(K_R, K_R)$ ($f_c(x) = cx$) を対応させることによって得られるので，$g \circ f = \operatorname{id}_{K_R}$ である．したがって，$f\colon K_R \to K_R'$ は同型写像である．

(5) $a_1 \in R$ は R-正則だから，a_1 倍写像 $f_{a_1}: K_R \to K_R$ は単射になり，a_1 は K_R-正則である．以下同様に，$\mathbf{a}_i = (a_1, \ldots, a_{i-1})$, $A_i = R/\mathbf{a}_i R$ とおく．命題 7.5.5 より a_i は R-正則であるので，a_i は K_R-正則である．特に，a_i は $K_R/\mathbf{a}_i K_R$-正則である．したがって，$\mathbf{a}$ は K_R-正則列である． □

定理 8.1.6. 一般に，CM 局所環 $(R, \mathfrak{m}, k)$ に対し，K_R は R の標準加群を表すものとする．このとき，次が成り立つ．

(1) $\mathbf{a} = (a_1, \ldots, a_n)$ が R-正則列ならば，$K_{R/\mathbf{a}R} \cong K_R/\mathbf{a}K_R$．

(2) R の素イデアル $\mathfrak{p}$ に対し，$K_{R_\mathfrak{p}} \cong (K_R)_\mathfrak{p}$．

(3) $\widehat{K_R} \cong K_{\widehat{R}}$ ($\mathfrak{m}$ による完備化)．

証明. (1) 前定理 (5) より $\mathbf{a}$ は K_R-正則列だから，命題 7.5.17 より，

$$\operatorname{inj\,dim}_{R/\mathbf{a}R} K_R/\mathbf{a}K_R = \operatorname{inj\,dim}_R K_R - n \leqq \operatorname{Krull\,dim} R - n$$

である．$\mathbf{a}$ を後ろに延長して極大 R-正則列 $\mathbf{b} = (b_1, \ldots, b_d)$ を作れば，命題 7.5.6 より，

$$\operatorname{Ext}^{d-n}_{R/\mathbf{a}R}(k, K_R/\mathbf{a}K_R) \cong \operatorname{Hom}_k(k, K_R/\mathbf{b}K_R) \cong \operatorname{Ext}^d_R(k, K_R) \cong k$$

であることがわかる．これらの正則列に関する考察から $K_R/\mathbf{a}K_R$ が極大 CM 加群であることは容易に確認できる．したがって，前定理 (3) より，$K_R/\mathbf{a}K_R \cong K_{R/\mathbf{a}R}$ である．

(2) 系 7.1.4, 前定理 (1) より，

$$\operatorname{inj\,dim}_{R_\mathfrak{p}} (K_R)_\mathfrak{p} \leqq \operatorname{inj\,dim}_R K_R = \operatorname{Krull\,dim} R$$

である．$\mathbf{a} = (a_1, \ldots, a_r) \subset \mathfrak{m}$ は，その $R_\mathfrak{p}$ における像が極大 $R_\mathfrak{p}$-正則列を与えるようなものとする ($r = \operatorname{Krull\,dim} R_\mathfrak{p}$)．$M := (K_R)_\mathfrak{p}/\mathbf{a}(K_R)_\mathfrak{p}$, $A = R_\mathfrak{p}/\mathbf{a}R_\mathfrak{p}$, $\overline{\mathfrak{p}} = \mathfrak{p}R_\mathfrak{p}/\mathbf{a}R_\mathfrak{p}$ とおく．命題 7.5.17 より，$\operatorname{inj\,dim}_A M = 0$ だから，M は移入的 A-加群である．$\operatorname{Krull\,dim} A = 0$ なので，$\operatorname{Ass} M = \operatorname{Spec} A = \{\overline{\mathfrak{p}}\}$ である．定理 7.2.7 より，

$$M = E_A(M) \cong E_A(A/\overline{\mathfrak{p}})^{\oplus \mu}$$

(μ はある濃度) と書ける．他方，$S = R/\mathbf{a}R - \mathfrak{p}R/\mathbf{a}R$ とおくと，前定理と (1) より，

$$\begin{aligned}\operatorname{Hom}_A(M, M) &\cong S^{-1} \operatorname{Hom}_{R/\mathbf{a}R}(K_R/\mathbf{a}K_R, K_R/\mathbf{a}K_R) \\ &\cong S^{-1} \operatorname{Hom}_{R/\mathbf{a}R}(K_{R/\mathbf{a}R}, K_{R/\mathbf{a}R}) \\ &\cong S^{-1}(R/\mathbf{a}R) = A\end{aligned}$$

となる．したがって，$M \cong E_A(A/\overline{\mathfrak{p}})$ が得られる．命題 7.5.6, 補題 8.1.3 より

$$\operatorname{Ext}^r_{R_\mathfrak{p}}(k, (K_R)_\mathfrak{p}) \cong \operatorname{Hom}_A(k, M) = \operatorname{Hom}_A(k, E_A(A/\overline{\mathfrak{p}})) \cong k$$

なので，$(K_R)_\mathfrak{p}$ は $R_\mathfrak{p}$ の標準加群であり，前定理 (3) より，$(K_R)_\mathfrak{p} \cong K_{R_\mathfrak{p}}$ となる．

(3) 命題 7.4.7 より，$\widehat{\operatorname{Ext}^i_R(k, K_R)} \cong \operatorname{Ext}^i_{\widehat{R}}(k, \widehat{K_R})$ が成り立つ ($\widehat{k} = k$ に注意せよ)．これと，$\operatorname{Krull\,dim}\widehat{R} = \operatorname{Krull\,dim}R$ ([永田] p.127 定理 5.2.10 参照) より，即座に結論を得る． □

代数多様体の局所環では，Gorenstein 環の定義として，標準因子が Cartier 因子になること，あるいは，dualizing sheaf が invertible であること，などが採用させるが，その正当性は次の定理によって保証される．

定理 8.1.7. $(R, \mathfrak{m}, k)$ は CM 局所環とする．このとき，次の 2 条件は同値である．

(1) R は Gorenstein 環である．
(2) 標準加群 K_R が存在し，$K_R \cong R$ である．

証明． R が Gorenstein 環ならば，定理 7.7.8(3) より，R が標準加群の定義を満たす．標準加群の一意性より，$K_R \cong R$ である．逆に，$K_R \cong R$ ならば定理 7.7.8(3) が成り立ち，R は Gorenstien 環である． □

次の定理は，[H] p.240〜242 と比較しながら読むとよい．

定理 8.1.8. $(S, \mathfrak{n})$ と $(R, \mathfrak{m})$ は CM 局所環，$\varphi: S \to R$ は準同型写像で，$\varphi(\mathfrak{n}) \subset \mathfrak{m}$ を満たすとする．また，R は有限生成 $\varphi(S)$-加群であるとす

る. $t = \operatorname{Krull dim} S - \operatorname{Krull dim} R \geqq 0$ とする. もし, 標準加群 K_S が存在すれば, K_R も存在し,
$$K_R \cong \operatorname{Ext}_S^t(R, K_S)$$
が成り立つ.

証明. $k = S/\mathfrak{n}$ とおく.

(i) まず, $t = 0$, つまり $\operatorname{Krull dim} R = \operatorname{Krull dim} S = n$ の場合を考える. $\mathbf{a} = (a_1,\ldots, a_n) \subset \mathfrak{n}$ を極大 S-正則列とする.

(i-1) $n = 0$ の場合を考える. 定理 8.1.5(2) より,
$$K_S = K_S/\mathbf{a}K_S \cong E_{S/\mathbf{a}S}(k) = E_S(k), \quad K_R \cong E_R(R/\mathfrak{m})$$
である. 命題 3.3.10(4) より, $\operatorname{Hom}_S(R, E_S(k))$ は移入的 R-加群である. R の素イデアルは $\mathfrak{m}$ しか存在しないので, 定理 7.2.7 より,
$$\operatorname{Hom}_S(R, E_S(k)) \cong E_R(R/\mathfrak{m})^{\oplus \mu} \quad (\mu \text{ はある濃度})$$
と書ける. R を S-加群とみなしたときの Matris 双対を R^∇ とすれば, 命題 7.4.8 より, k-加群として,
$$R \cong R^\nabla \cong \operatorname{Hom}_S(R, E_S(k)) \cong E_R(R/\mathfrak{m})^{\oplus \mu}$$
が成り立つ. 他方補題 8.1.3(2) より, k-加群として $R \cong E_R(R/\mathfrak{m})$ なので, $\mu = 1$ が得られる. 以上より, $K_R \cong \operatorname{Hom}_S(R, K_S)$ が得られる.

(i-2) $n > 0$ の場合を考える. 定理 8.1.5(5) より, $\mathbf{a}$ は K_S-正則列であり, 極大である. $C = \operatorname{Hom}_S(R, K_S)$ とおく. 補題 8.1.4(2) より, C は CM 加群で,
$$\operatorname{Krull dim}_S C = \operatorname{Krull dim}_S \operatorname{Hom}_S(R, K_S) = \operatorname{Krull dim} R = n$$
である. 補題 8.1.4(1), 定理 8.1.5(2) と (i-1) の結果より,
$$\begin{aligned}C/\mathbf{a}C &\cong \operatorname{Hom}_S(R, K_S) \otimes_S S/\mathbf{a}S \cong \operatorname{Hom}_{S/\mathbf{a}S}(R/\mathbf{a}R, K_S/\mathbf{a}K_S) \\ &\cong \operatorname{Hom}_{S/\mathbf{a}S}(R/\mathbf{a}R, E_{S/\mathbf{a}S}(k)) \cong \operatorname{Hom}_{S/\mathbf{a}S}(R/\mathbf{a}R, K_{S/\mathbf{a}S}) \\ &\cong K_{R/\mathbf{a}R}\end{aligned}$$
が成り立つ. 命題 7.5.6 より,
$$\operatorname{Ext}_R^i(k, C) \cong \operatorname{Ext}_{R/\mathbf{a}R}^{i-n}(k, C/\mathbf{a}C) \cong \operatorname{Ext}_{R/\mathbf{a}R}^{i-n}(k, K_{R/\mathbf{a}R})$$

が成り立つので，標準加群の定義により，C は R の標準加群である．

(ii) $t > 0$ の場合を考える．

Krull dim R = Krull dim $S/\operatorname{Ker}\varphi$ に注意する．命題 7.7.5 ③ より，S-正則列 $\mathbf{a} = (a_1,\ldots,a_t) \subset \mathfrak{n}$ で，$a_i \in \operatorname{Ker}\varphi$ $(1 \leq i \leq t)$ を満たすものが存在する．定理 8.1.6(1) より，$K_{S/\mathbf{a}S} \cong K_S/\mathbf{a}K_S$ である．Krull dim $S/\mathbf{a}S$ = Krull dim R だから，命題 7.5.6 と (i) の結果より，

$$\operatorname{Ext}_S^t(R, K_S) \cong \operatorname{Hom}_{S/\mathbf{a}S}(R, K_S/\mathbf{a}K_S) \cong \operatorname{Hom}_{S/\mathbf{a}S}(R, K_{S/\mathbf{a}K_S}) \cong K_R$$

が得られる． □

定理 8.1.9. $(R, \mathfrak{m}, k)$ は CM 局所環とする．このとき，次の 2 条件は同値である．

(1) R は標準加群 K_R を持つ．
(2) ある Gorenstein 局所環 $(S, \mathfrak{n})$ と，全射準同型写像 $\varphi\colon S \twoheadrightarrow R$ で，$\varphi(\mathfrak{n}) = \mathfrak{m}$ を満たすものが存在する．

証明. (2) $\Longrightarrow$ (1) は定理 8.1.7, 定理 8.1.8 よりわかる．

(1) $\Longrightarrow$ (2) を示そう．S と φ を構成すればよい．

$S = R \oplus K_R$ とおき，積を $(a,x)(b,y) = (ab, ay+bx)$ と定めて可換環にする（[永田] p.26, p.135 イデアル化の原理参照）．$\varphi\colon S = R \oplus K_R \longrightarrow R$ を $\varphi(a,x) = a$ で定める．

$$\mathfrak{n} = \{(a,x) \in R \oplus K_R = S \mid a \in \mathfrak{m}, x \in K_R\}$$

とおく．$\varphi^{-1}(\mathfrak{m}) = \mathfrak{n}$ だから，$\mathfrak{n}$ は S の極大イデアルである．S が $\mathfrak{n}$ 以外に極大イデアルを持たないことは容易にわかる．また，S が Noether 環であることも，イデアルの昇鎖条件を確認することにより，容易にわかる．$\mathbf{a} = (a_1,\ldots,a_n) \subset \mathfrak{m}$ は極大 R-正則列とする．定理 8.1.5(5) より，$\mathbf{a}$ は K_R-正則列である．したがって，$\mathbf{a}$ は S-正則列になる．素イデアル列を考察すれば，Krull dim S = Krull dim R であることは容易にわかる．したがって，$\mathbf{a}$ は極大 S-正則列であり，S は CM 局所環である．

命題 7.7.9(2) より，$S/\mathbf{a}S$ が Gorenstein であることを示せば，S が Gorenstein であることがわかる．定理 8.1.5(2), 定理 8.1.6(1) より，$K_{R/\mathbf{a}R} \cong$

$K_R/\mathbf{a}K_R \cong E_{R/\mathbf{a}R}(k)$ であるので,
$$S/\mathbf{a}S \cong (R/\mathbf{a}R) \oplus (K_R/\mathbf{a}K_R) \cong (R/\mathbf{a}R) \oplus E_{R/\mathbf{a}R}(k)$$
である. したがって, R のかわりに $R/\mathbf{a}R$ を考えることにより最初から Krull dim $R = 0$ であると仮定してよい. このとき, $S = R \oplus E_R(k)$ である. 定理 7.7.8(5) より示すべきことは, $\mathrm{Hom}_S(k, S) \cong k$ である.
$$\mathrm{Hom}_S(k, S) \cong \mathrm{Soc}\, S = \{(a, x) \in R \oplus E_R(k) = S \mid \mathfrak{n} \cdot (a, x) = (0, 0)\}$$
$$= \{(a, x) \in R \oplus E_R(k) \mid \mathfrak{m} \cdot (a, x) = (0, 0) \text{ かつ } aE_R(k) = 0\}$$
に注意する.

今, $(a, x) \in \mathrm{Soc}\, S$ で $a \neq 0$ を満たすものが存在すると仮定して矛盾を導く. $a \in \mathrm{Soc}\, R$ であることに注意する. 移入的 R-加群 I を 1 つ固定する. 完全系列 $R \xrightarrow{\times a} R \longrightarrow R/aR \longrightarrow 0$ から, 完全系列
$$0 \longrightarrow \mathrm{Hom}_R(R/aR, I) \longrightarrow \mathrm{Hom}_R(R, I) \xrightarrow{\times a} \mathrm{Hom}_R(R, I)$$
が得られる. $E_R(k) \subset \mathrm{Hom}_R(R, I)$, $E_{R/aR}(k) \subset \mathrm{Hom}_R(R/aR, I)$ と選ぶことができるから, これより完全系列
$$0 \longrightarrow E_{R/aR}(k) \longrightarrow E_R(k) \xrightarrow{\times a} E_R(k)$$
が得られる. 補題 8.1.3(2) により,
$$\dim_k E_{R/aR}(k) = \dim_k R/aR < \dim_k R = \dim_k E_R(k)$$
である. したがって, $E_R(k) \xrightarrow{\times a} E_R(k)$ はゼロ写像ではない. したがって, $ay \neq 0$ を満たす $y \in E_R(k)$ が存在する. これは, $aE_R(k) = 0$ と矛盾する. したがって, $a = 0$ であって,
$$\mathrm{Soc}\, S = \{(0, x) \in R \oplus E_R(k) \mid \mathfrak{m}x = 0\} \cong \mathrm{Soc}\, E_R(k)$$
となる. 補題 8.1.3(3) より, $\mathrm{Soc}\, E_R(k) \cong \mathrm{Hom}_R(k, E_R(k)) \cong k$ であるので, S は Gorenstein 環である. □

代数多様体の局所環は正則局所環からの準同型写像による像になっているので, それが CM 環であれば標準加群が存在するのである.

定義 8.1.10. R は CM 環とする．K_R が R の**標準加群**であるとは，K_R は有限生成 R-加群であって，R の任意の極大イデアル $\mathfrak{m}$ に対して，K_R の $\mathfrak{m}$ による局所化 $(K_R)_\mathfrak{m}$ が $R_\mathfrak{m}$ の標準加群になることである．

定理 8.1.6(2) より，R が CM 局所環の場合，上の定義は定義 8.1.1 と同値になる．代数多様体では，標準因子は線形同値を除いて一意的であったが，このことのアフィン多様体での言い換えは次の命題になる．

命題 8.1.11. R は CM 環で，K_R と K_R' は R の標準加群とする．すると，あるランク 1 の局所自由 R-加群 L が存在して，
$$K_R' \cong K_R \otimes_R L$$
となる．

証明. $L = \mathrm{Hom}_R(K_R, K_R')$ とおく．R の任意の素イデアル $\mathfrak{p}$ に対し，定理 8.1.6(2) より，$(K_R)_\mathfrak{p} \cong K_{R_\mathfrak{p}}$ 等が成り立つ．定理 8.1.5(4) より，
$$L_\mathfrak{p} = \mathrm{Hom}_{R_\mathfrak{p}}\big((K_R)_\mathfrak{p}, (K_R')_\mathfrak{p}\big) \cong R_\mathfrak{p}$$
が成り立つ．定理 3.2.9 より，L はランク 1 の局所自由 R-加群である．このとき，$L^{-1} := \mathrm{Hom}_R(L, R)$ もランク 1 の局所自由 R-加群で，$L \otimes_R L^{-1} \cong R$ であることに注意する．

写像 $f: K_R \otimes_R L \longrightarrow K_R'$ を，$f(x \otimes h) = h(x)$ $(x \in K_R, f \in \mathrm{Hom}_R(K_R, K_R'))$ で定める．$g': K_R' \otimes_R L^{-1} \longrightarrow K_R$ も同様に定義でき，これに $\otimes_R L$ して，$g: K_R' \longrightarrow K_R \otimes_R L$ が定義でき，$g = f^{-1}$ となる． $\square$

8.2. 局所コホモロジーの定義と基本性質

定義 8.2.1. R は Noether 可換環，$\mathfrak{a}$ は R のイデアル，M は R-加群とする．このとき，**局所コホモロジー群**を
$$H_\mathfrak{a}^n(M) = \varinjlim_r \mathrm{Ext}_R^n(R/\mathfrak{a}^r, M)$$
と定義する．また，
$$\Gamma_\mathfrak{a}(M) = \{x \in M \mid \text{ある } r \in \mathbb{N} \text{ に対し } \mathfrak{a}^r x = 0\}$$
$$D_\mathfrak{a}(M) = \varinjlim_r \mathrm{Hom}_R(\mathfrak{a}^r, M)$$

と定義する．

$\widehat{R} = \varprojlim_r R/\mathfrak{a}^r$ とおくとき，自然な全射 $\widehat{R} \twoheadrightarrow R/\mathfrak{a}^r$ から，準同型写像

$$\varphi \colon H_\mathfrak{a}^n(M) = \varinjlim_r \operatorname{Ext}_R^n(R/\mathfrak{a}^r, M) \longrightarrow \operatorname{Ext}_R^n(\widehat{R}, M)$$

が構成できるが，φ は必ずしも同型でないので注意すること．以下に，自明な性質を命題としてまとめておく．

命題 8.2.2. 上の記号のもとに以下が成り立つ．
(1) $\Gamma_\mathfrak{a}(M) \cong \varinjlim_r \operatorname{Hom}_R(R/\mathfrak{a}^r, M) \cong H_\mathfrak{a}^0(M)$
(2) $\Gamma_\mathfrak{a} \colon \mathfrak{M}_R \to \mathfrak{M}_R$, $D_\mathfrak{a} \colon \mathfrak{M}_R \to \mathfrak{M}_R$ は左半完全共変関手である．
(3) $H_\mathfrak{a}^n(M) = R^n \Gamma_\mathfrak{a}(M)$.
(4) $0 \to L \to M \to N \to 0$ が R-加群の完全系列ならば，以下の完全系列が存在する．

$$\begin{array}{ccccccc}
0 & \longrightarrow & \Gamma_\mathfrak{a}(L) & \longrightarrow & \Gamma_\mathfrak{a}(M) & \longrightarrow & \Gamma_\mathfrak{a}(N) \\
& \longrightarrow & H_\mathfrak{a}^1(L) & \longrightarrow & H_\mathfrak{a}^1(M) & \longrightarrow & H_\mathfrak{a}^1(N) \\
& \longrightarrow & H_\mathfrak{a}^2(L) & \longrightarrow & H_\mathfrak{a}^2(M) & \longrightarrow & H_\mathfrak{a}^2(N) & \to \cdots
\end{array}$$

(5) 完全系列

$$0 \longrightarrow \Gamma_\mathfrak{a}(M) \longrightarrow M \longrightarrow D_\mathfrak{a}(M) \longrightarrow H_\mathfrak{a}^1(M) \longrightarrow 0$$

が存在する．また，$i \geqq 1$ に対し，次が成り立つ．

$$H_\mathfrak{a}^{i+1}(M) \cong R^i D_\mathfrak{a}(M) \cong \varinjlim_r \operatorname{Ext}_R^i(\mathfrak{a}^r, M)$$

(6) $\mathfrak{a}, \mathfrak{b}$ が R のイデアルで，$\sqrt{\mathfrak{a}} = \sqrt{\mathfrak{b}}$ ならば $H_\mathfrak{a}^n(M) = H_\mathfrak{b}^n(M)$ である．
(7) $\mathfrak{a}, \mathfrak{b}$ が R のイデアルのとき，

$$H_{\mathfrak{a} \cap \mathfrak{b}}(M) = H_{\mathfrak{a}\mathfrak{b}}(M) = \varinjlim_r \operatorname{Ext}_R^n\left(R/(\mathfrak{a}^r \cap \mathfrak{b}^r), M\right)$$

証明. (1), (2), (4) は簡単.

(3) M の移入分解 $0 \longrightarrow M \longrightarrow I^0 \xrightarrow{d^0} I^1 \xrightarrow{d^1} I^2 \xrightarrow{d^2} I^3 \rightarrow \cdots$ をとり，M をはずして複体 $I^\bullet$ を作る．

$$R^n \Gamma_{\mathfrak{a}}(M) = H^n(\Gamma_{\mathfrak{a}}(I^\bullet)) \cong H^n\left(\varinjlim \mathrm{Hom}_R(R/\mathfrak{a}^r, I^\bullet)\right)$$
$$\cong \varinjlim H^n\left(\mathrm{Hom}_R(R/\mathfrak{a}^r, I^\bullet)\right) = \varinjlim \mathrm{Ext}_R^n(R/\mathfrak{a}^r, M) = H_{\mathfrak{a}}^n(M)$$

となる．

(5) $R^i D_{\mathfrak{a}}(M) \cong \varinjlim \mathrm{Ext}_R^i(\mathfrak{a}^r, M)$ の証明は上と同様である．R は射影的なので，$\mathrm{Ext}_R^i(R, M) = 0 \ (i \geqq 1)$ であることに注意すると，完全系列
$$0 \longrightarrow \mathrm{Hom}_R(R/\mathfrak{a}^r, M) \longrightarrow M \longrightarrow \mathrm{Hom}_R(\mathfrak{a}^r, M)$$
$$\longrightarrow \mathrm{Ext}_R^1(R/\mathfrak{a}^r, M) \longrightarrow 0$$
が得られる．この帰納的極限をとると，所要の完全系列を得る (演習問題 2.6 参照)．また，$i \geqq 1$ のとき，
$$\mathrm{Ext}_R^i(\mathfrak{a}^r, M) \cong \mathrm{Ext}_R^{i+1}(R/\mathfrak{a}^r, M)$$
なので，これを利用して所要の同型を得る．

(6) 容易にわかるように $\Gamma_{\mathfrak{a}}(M) = \Gamma_{\mathfrak{b}}(M)$ なので，(3) より結論を得る．

(7) $\sqrt{\mathfrak{ab}} = \sqrt{\mathfrak{a} \cap \mathfrak{b}}$ より，$H_{\mathfrak{a} \cap \mathfrak{b}}(M) = H_{\mathfrak{ab}}(M)$ である．また，Artin-Rees の補題 (補題 7.1.5) より，$r \in \mathbb{N}$ に対し，ある $k = k(r) \in \mathbb{N}$ が存在して，
$$\mathfrak{a}^{r+k} \cap \mathfrak{b}^{r+k} \subset (\mathfrak{a} \cap \mathfrak{b})^r \subset \mathfrak{a}^r \cap \mathfrak{b}^r$$
となるので，残りの部分が得られる． □

命題 8.2.3. (Mayer-Vietoris 完全系列) R は可換環，$\mathfrak{a}, \mathfrak{b} \subset R$ はイデアル，M は R-加群とする．このとき，次の完全系列が存在する．

$$\begin{aligned}
0 &\longrightarrow H_{\mathfrak{a}+\mathfrak{b}}^0(M) \longrightarrow H_{\mathfrak{a}}^0(M) \oplus H_{\mathfrak{b}}^0(M) \longrightarrow H_{\mathfrak{a} \cap \mathfrak{b}}^0(M) \\
&\longrightarrow H_{\mathfrak{a}+\mathfrak{b}}^1(M) \longrightarrow H_{\mathfrak{a}}^1(M) \oplus H_{\mathfrak{b}}^1(M) \longrightarrow H_{\mathfrak{a} \cap \mathfrak{b}}^1(M) \\
&\longrightarrow H_{\mathfrak{a}+\mathfrak{b}}^2(M) \longrightarrow H_{\mathfrak{a}}^2(M) \oplus H_{\mathfrak{b}}^2(M) \longrightarrow H_{\mathfrak{a} \cap \mathfrak{b}}^2(M) \rightarrow \cdots
\end{aligned}$$

証明. 自然数 $n \geqq m$ に対し，以下の可換図式が存在する．

$$\begin{array}{ccccccccc} 0 & \longrightarrow & \dfrac{R}{\mathfrak{a}^n \cap \mathfrak{b}^n} & \longrightarrow & \dfrac{R}{\mathfrak{a}^n} \oplus \dfrac{R}{\mathfrak{b}^n} & \longrightarrow & \dfrac{R}{\mathfrak{a}^n + \mathfrak{b}^n} & \longrightarrow & 0 \\ & & \downarrow & & \downarrow h & & \downarrow & & \\ 0 & \longrightarrow & \dfrac{R}{\mathfrak{a}^m \cap \mathfrak{b}^m} & \longrightarrow & \dfrac{R}{\mathfrak{a}^m} \oplus \dfrac{R}{\mathfrak{b}^m} & \longrightarrow & \dfrac{R}{\mathfrak{a}^m + \mathfrak{b}^m} & \longrightarrow & 0 \end{array}$$

ここで，横の 2 本の系列は完全である．この図式に左半完全関手 $\mathrm{Hom}_R(\bullet, M)$ をほどこすと，コホモロジー完全系列

$$\cdots \to \mathrm{Ext}_R^i(R/(\mathfrak{a}^n + \mathfrak{b}^n), M) \longrightarrow \mathrm{Ext}_R^i(R/\mathfrak{a}^n \oplus R/\mathfrak{b}^n, M)$$
$$\longrightarrow \mathrm{Ext}_R^i(R/(\mathfrak{a}^n \cap \mathfrak{b}^n), M) \to \cdots$$

が得られる．$\mathfrak{a}^n + \mathfrak{b}^n = (\mathfrak{a} + \mathfrak{b})^n$ や，

$$\mathrm{Ext}_R^i(R/\mathfrak{a}^n \oplus R/\mathfrak{b}^n, M) \cong \mathrm{Ext}_R^i(R/\mathfrak{a}^n, M) \oplus \mathrm{Ext}_R^i(R/\mathfrak{b}^n, M)$$

等に注意して，上のコホモロジー完全系列に完全関手 $\varinjlim_n$ をほどこすと，求める完全系列を得る． □

命題 8.2.4. R は Noether 可換環，M は R-加群とする．

(1) $\mathfrak{a} = (a_1, a_2, \ldots, a_m)$ $(a_j \in R)$ に対しては，

$$H_{\mathfrak{a}}^i(M) = 0 \quad (\forall i \geqq m+1)$$

(2) 任意の R のイデアル $\mathfrak{a} \subsetneqq R$ に対し $H_{\mathfrak{a}}^1(M) = 0$ が成り立てば，任意のイデアル $\mathfrak{a} \subsetneqq R$ と $\forall i \geqq 1$ に対し $H_{\mathfrak{a}}^i(M) = 0$ が成り立つ．

証明. (1) m に関する帰納法で証明する．$m = 0$ のときは，

$$H_{(0)}^i(M) = \varinjlim \mathrm{Ext}_R^i(R, M) = 0 \quad (i \geqq 1).$$

$m = 1$ のときを考える．$\mathfrak{a} = (a)$ とする．

$$\varinjlim \mathrm{Hom}_R(a^r R, M) \cong M[1/a] := R[T]/(1 - aT) \otimes_R M$$

に注意する．実際，$f \in \varinjlim \mathrm{Hom}_R(a^r R, M)$ はある $f_n \colon a^n R \to M$ $(\exists n \in \mathbb{N})$ の同値類であるが，$f_n(a^n) = x$ のとき，f に $x/a^n \in M[1/a]$ を対応させ

ることによって，上の同型が得られる．$F(M) = M[1/a]$ で定まる関手 F は完全関手なので，
$$H^i_{(a)}(M) \cong R^{i-1}D_{(a)}(M) \cong R^{i-1}F(M) = 0 \quad (i \geqq 2)$$
である．

$m \geqq 2$ のとき，$\mathfrak{b} = (a_1,\ldots, a_{m-1})$, $\mathfrak{c} = (a_m)$ とおけば，前命題と命題 8.2.2(7) より，完全系列
$$\cdots \to H^{n-1}_{\mathfrak{bc}}(M) \longrightarrow H^n_{\mathfrak{a}}(M) \longrightarrow H^n_{\mathfrak{b}}(M) \oplus H^n_{\mathfrak{c}}(M) \to \cdots$$
が存在する．$\mathfrak{bc} = (a_1 a_m, a_2 a_m,\ldots, a_{m-1} a_m)$ なので，帰納法の仮定から結論を得る．

(2) の証明は，(1) の証明を見れば自ずとわかるであろう． □

命題 8.2.5. (base change) R, S は Noether 可換環, $f\colon R \to S$ は環準同型, $\mathfrak{a} \subset R$ はイデアル, M は S-加群とする．
(1) I が移入的 S-加群, $i \geqq 1$ ならば, $H^i_{\mathfrak{a}}(I) = 0$ である．
(2) $H^i_{\mathfrak{a}S}(M) \cong H^i_{\mathfrak{a}}(M)$ $(\forall i \in \mathbb{Z})$ が成り立つ．
(3) S が R-平坦ならば, R-加群 L に対して次が成り立つ．
$$H^i_{\mathfrak{a}S}(S \otimes_R L) \cong S \otimes_R H^i_{\mathfrak{a}}(L)$$

証明. (1) 制限写像 $\mathrm{Hom}_S(\mathfrak{a}^r S, I) \to \mathrm{Hom}_R(\mathfrak{a}^r, I)$ が全射であることは容易にわかる．これより全射 $D_{\mathfrak{a}S}(I) \twoheadrightarrow D_{\mathfrak{a}}(I)$ が誘導される (実際には同型)．
$$0 \longrightarrow \varGamma_{\mathfrak{a}S}(I) \longrightarrow I \longrightarrow D_{\mathfrak{a}S}(I) \longrightarrow H^1_{\mathfrak{a}S}(I) = 0$$
は完全だから，$I \twoheadrightarrow D_{\mathfrak{a}S}(I) \twoheadrightarrow D_{\mathfrak{a}}(I)$ は全射であり，完全系列
$$0 \longrightarrow \varGamma_{\mathfrak{a}}(I) \longrightarrow I \longrightarrow D_{\mathfrak{a}}(I) \longrightarrow H^1_{\mathfrak{a}}(I) \longrightarrow 0$$
より, $H^1_{\mathfrak{a}}(I) = 0$ を得る．$\mathfrak{a}$ は任意だから，前命題 (2) より，結論を得る．

(2) まず,
$$\begin{aligned}\varGamma_{\mathfrak{a}S}(M) &= \{x \in M \mid \text{ある } n \in \mathbb{N} \text{ に対し } \mathfrak{a}^n S x = 0\} \\ &= \{x \in M \mid \text{ある } n \in \mathbb{N} \text{ に対し } \mathfrak{a}^n x = 0\} \\ &= \varGamma_{\mathfrak{a}}(M)\end{aligned}$$

に注意する．制限写像は関手の連結系列の自然変換 $\{R^n\Gamma_{\mathfrak{a}S}\} \longrightarrow \{R^n\Gamma_{\mathfrak{a}}\}$ を誘導する．移入的 S-加群 I に対して，$H^i_{\mathfrak{a}S}(I) = 0$ であり，(1) より $H^i_{\mathfrak{a}}(I) = 0$ も成立する．命題 4.7.3 (1) の証明を見れば，この場合にも，$H^i_{\mathfrak{a}S}(M) \cong H^i_{\mathfrak{a}}(M)$ が成り立つことがわかる．

(3) S は R-平坦なので，命題 1.9.15 より，
$$S \otimes_R \operatorname{Hom}_R(\mathfrak{a}^r, L) \cong \operatorname{Hom}_S(\mathfrak{a}^r S, S \otimes_R L)$$
である．前命題 (5) より，
$$H^1_{\mathfrak{a}S}(S \otimes_R L) \cong \varinjlim \operatorname{Hom}_S(\mathfrak{a}^r S, S \otimes_R L)$$
$$\cong S \otimes_R \varinjlim \operatorname{Hom}_R(\mathfrak{a}^r, L) \cong S \otimes_R H^1_{\mathfrak{a}}(L)$$
である．したがって，I が移入的 R-加群のとき，$H^1_{\mathfrak{a}S}(S \otimes_R I) = 0$ である．前命題 (2) の証明の論法により，結論を得る． $\square$

系 8.2.6. R は Noether 可換環，$\mathfrak{a}$ は R のイデアル，$S \subset R$ は積閉集合，M は R-加群とすと，次が成り立つ．
$$S^{-1}H^i_{\mathfrak{a}}(M) \cong H_{\mathfrak{a}S^{-1}R}(S^{-1}M)$$

定理 8.2.7. $(R, \mathfrak{m}, k)$ は Noether 局所環，M は有限生成 R-加群とする．このとき，次が成り立つ．

(1) R の素イデアル $\mathfrak{p}$ に対し，
$$\Gamma_{\mathfrak{m}}(E_R(R/\mathfrak{p})) \cong \begin{cases} E_R(k) & (\mathfrak{p} = \mathfrak{m} \text{ のとき}) \\ 0 & (\mathfrak{p} \neq \mathfrak{m} \text{ のとき}) \end{cases}$$

(2) $E = E_R(k)$, $\mu_i = \mu_i(\mathfrak{m}, M)$ (Bass 数) とすると，M の最小移入分解の微分 $\widetilde{d^i} \colon E^i_R(M) \longrightarrow E^{i+1}_R(M)$ の制限として R-準同型 $d^i \colon E^{\oplus \mu_i} \longrightarrow E^{\oplus \mu_{i+1}}$ が自然に誘導されて，
$$H^i_{\mathfrak{m}}(M) = \operatorname{Ker} d^i / \operatorname{Im} d^{i-1}$$
が成り立つ．

(3) $H^i_{\mathfrak{m}}(M)$ は Artin 加群である．

(4) 非負整数 i を固定したとき，
$$H^i_{\mathfrak{m}}(M) = 0 \iff \operatorname{Ext}^i_R(k, M) = 0.$$

(5) R が Gorenstein 環ならば,
$$H_{\mathfrak{m}}^i(R) \cong \begin{cases} E_R(k) & (i = \text{Krull dim } R \text{ のとき}) \\ 0 & (i \neq \text{Krull dim } R \text{ のとき}) \end{cases}$$

(6) $n = \text{Krull dim } R$ とする. M が有限生成 R-加群で, $\text{inj dim}_R M < \infty$ かつ $H_{\mathfrak{m}}^n(M) \neq 0$ であれば, R は CM 環である.

(7) $\widehat{N} = \varprojlim_r (R/\mathfrak{m}^r \otimes_R N)$ とおくとき, 任意の $i \geqq 0$ に対し,
$$H_{\mathfrak{m}}^i(M) \cong \widehat{R} \otimes_R H_{\mathfrak{m}}^i(M) \cong H_{\mathfrak{m}\widehat{R}}^i(\widehat{M})$$

が成り立つ.

証明. (1) $\mathfrak{p} \neq \mathfrak{m}$ の場合を考える. $0 \neq \exists f \in \text{Hom}_R(R/\mathfrak{m}^r, E_R(R/\mathfrak{p}))$ と仮定する. $x \in \mathfrak{m}^r - \mathfrak{p}$ をとり, x の $R/\mathfrak{p} \subset E_R(R/\mathfrak{p})$ における像を $\overline{x} \neq 0$ とする. $\overline{x} f(1) = f(x \bmod \mathfrak{m}^r) = 0$ であるが, $R/\mathfrak{p}$ は整域だから, $f(1) = 0$ となり, $f \neq 0$ と矛盾する. したがって, $\Gamma_{\mathfrak{m}}(E_R(R/\mathfrak{p})) = 0$ である.

$\mathfrak{p} = \mathfrak{m}$ の場合を考える. 以下, $E = E_R(k)$ とおく.
$$\Gamma_{\mathfrak{m}}(E) = \{y \in E \mid \text{ある } r \in \mathbb{N} \text{ に対し } \mathfrak{m}^r y = 0\} \subset E$$
である. 逆に, $0 \neq z \in E$ をとる. $\text{Ass } Rz \subset \text{Ass } E = \{\mathfrak{m}\}$ なので, ある $r \in \mathbb{N}$ をとると $\mathfrak{m}^r z = 0$ となる. したがって, $\Gamma_{\mathfrak{m}}(E) = E$ である.

(2) 定理 7.3.3 と (1) より,
$$\Gamma_{\mathfrak{m}}(E_R^i(M)) \cong E^{\oplus \mu_i}$$
と書ける. 命題 7.4.11(1) より E は Artin 加群であるので, $E^{\oplus \mu_i}$ も Artin 加群である. 複体 $E^\bullet = \{\Gamma_{\mathfrak{m}}(E_R^i(M))\}$ は,
$$E^\bullet : 0 \longrightarrow E^{\oplus \mu_0} \xrightarrow{d^0} E^{\oplus \mu_1} \xrightarrow{d^1} E^{\oplus \mu_2} \xrightarrow{d^2} \cdots$$
と書ける. よって,
$$H_{\mathfrak{m}}^i(M) = R^i \Gamma_{\mathfrak{m}}(M) = H^i(\Gamma_{\mathfrak{m}}(E_R^\bullet(M)) = \text{Ker } d^i / \text{Im } d^{i-1}$$
である.

(3) 上の議論から, $H_{\mathfrak{m}}^i(M) = \text{Ker } d^i / \text{Im } d^{i-1}$ は Artin 加群である.

(4) 素イデアル $\mathfrak{p} \neq \mathfrak{m}$ に対し，$\mathrm{Hom}_R(R/\mathfrak{m}, E_R(R/\mathfrak{p})) = 0$ であるから，
$$\mathrm{Ext}_R^i(k, M) = H^i\bigl(\mathrm{Hom}_R(k, E_R^\bullet(M))\bigr) = H^i\bigl(\mathrm{Hom}_R(k, E^\bullet)\bigr)$$
となる．ここで，複体
$$0 \longrightarrow \mathrm{Hom}_R(k, E^{\oplus \mu_0}) \xrightarrow{d_*^0} \mathrm{Hom}_R(k, E^{\oplus \mu_1}) \xrightarrow{d_*^1} \mathrm{Hom}_R(k, E^{\oplus \mu_2}) \xrightarrow{d_*^2} \cdots$$
は複体 $E^\bullet$ に関手 $\mathrm{Hom}_R(k, \bullet)$ を作用させて得られるものであるが，$\mathrm{Hom}_R(k, E) \cong k$ より，複体 $\{\mathrm{Hom}_R(k, E^\bullet)\}$ は
$$C^\bullet : 0 \longrightarrow k^{\oplus \mu_0} \xrightarrow{\delta^1} k^{\oplus \mu_1} \xrightarrow{\delta^2} k^{\oplus \mu_2} \to \cdots$$
と書ける．

$\mathrm{Ext}_R^i(k, M) = 0$, すなわち，$\mathrm{Ker}\,\delta^i = \mathrm{Im}\,\delta^{i-1}$ と仮定する．補題 8.1.3 の同型 $\mathrm{Hom}_R(k, E) \cong k$ は $f \in \mathrm{Hom}_R(k, E)$ に $f(1) \in k \subset E$ を対応させることによって得られるから，$x \in k^{\oplus \mu_i}$ に対し，$f(1) = x \in k^{\oplus \mu_i} \subset E^{\oplus \mu_i}$ によって，$f \in \mathrm{Hom}_R(k, E^{\oplus \mu_i})$ を定めるとき，$d^i(x) = d^i(f(1)) = (d_*^i(f))(1) = \delta^i(x) \in k^{\oplus \mu_{i+1}}$ が成り立つ．したがって，$\mathrm{Ker}\,d^i = \mathrm{Im}\,d^{i-1}$ が成り立ち，$H_\mathfrak{m}^i(M) = 0$ を得る．

逆に，$\mathrm{Ker}\,d^i = \mathrm{Im}\,d^{i-1}$ ならば，$\mathrm{Ker}\,\delta^i = \mathrm{Im}\,\delta^{i-1}$ である．

(5) $n := \mathrm{Krull}\,\dim R$ として，R が Gorenstein 環であるとは，
$$\mathrm{Ext}_R^i(k, R) \cong \begin{cases} 0 & (i \neq n \text{ のとき}) \\ k & (i = n \text{ とき}) \end{cases}$$
が成り立つことであった．(4) より，$i = n$ のところの考察だけが残される．
$$\mathrm{Ker}\,d_*^n / \mathrm{Im}\,d_*^{n-1} \cong \mathrm{Ker}\,\delta^n / \mathrm{Im}\,\delta^{n-1} = \mathrm{Ext}_R^n(k, R)$$
なので，もし，$\mathrm{Ker}\,d^n / \mathrm{Im}\,d^{n-1} \cong E$ ならば，$\mathrm{Ext}_R^n(k, R) \cong k$ である．

(6) 定理 7.6.5 より $\mathrm{inj}\,\dim_R M = \mathrm{depth}_R R \leqq \mathrm{Krull}\,\dim R = n$ である．そこで，$n \leqq \mathrm{inj}\,\dim_R M$ を示せば，$\mathrm{depth}\,R = \mathrm{Krull}\,\dim R$ となり，R は CM 環であることがわかる．完備化してもこれらの値は変わらないから，R は完備 $(R = \widehat{R})$ であると仮定する．(2) の証明から，$H_\mathfrak{m}^n(M) \neq 0$ であれば，$E^{\oplus \mu_n} \neq 0$ であるから，$E_R^n(M) \neq 0$ となり，$\mathrm{inj}\,\dim_R M \geqq n$ が得られる．

(7) $H_\mathfrak{m}^i(M)$ は Artin 加群なので，$\dim_k N_j < \infty$ を満たすある部分加群列 $N_1 \subset N_2 \subset \cdots \subset H_\mathfrak{m}^i(M)$ により，$H_\mathfrak{m}^i(M) = \varinjlim_j N_j$ と書ける．このとき，$\widehat{R} \otimes_R N_j \cong N_j$ であるので，

$$\widehat{R} \otimes_R H_\mathfrak{m}^i(M) \cong \widehat{R} \otimes_R \left(\varinjlim_j N_j \right) \cong \varinjlim_j \left(\widehat{R} \otimes_R N_j \right) \cong \varinjlim_j H_\mathfrak{m}^i(M)$$

となる．また，命題 7.4.7 より，

$$\begin{aligned}\widehat{R} \otimes_R H_\mathfrak{m}^i(M) &\cong \widehat{R} \otimes_R \left(\varinjlim_r \mathrm{Ext}_R^i(R/\mathfrak{m}^r, M) \right) \\ &\cong \varinjlim_r \left(\widehat{R} \otimes_R \mathrm{Ext}_R^i(R/\mathfrak{m}^r, M) \right) \\ &\cong \varinjlim_r \mathrm{Ext}_{\widehat{R}}^i \left(\widehat{R}/\mathfrak{m}^r\widehat{R}, \widehat{M} \right) = H_{\mathfrak{m}\widehat{R}}^i(\widehat{M})\end{aligned}$$

が得られる． □

上の命題の (6) について，$H_\mathfrak{m}^n(M) \neq 0$ という条件をはずして，$\mathrm{inj\,dim}_R M < \infty$ であるような有限生成 R-加群 M が存在すれば，R は CM 環であることが証明されている．これについては，[BH] p.362-363 の解説，あるいは，[松村] p.163 の注 (Bass の予想) を参照せよ．

定理 8.2.8. R は Noether 可換環，M は R-加群とし，R の元の列 $\mathbf{a} = (a_1,\ldots, a_m)$ を考える．$\mathbf{a}$ で生成される R のイデアルを $\mathfrak{a} = (a_1,\ldots, a_m)$ とする．すると，

$$H_\mathfrak{a}^i(M) \cong H^i\bigl(M \otimes_R \check{C}^\bullet(\mathbf{a})\bigr) \cong \varinjlim_r H^i(\mathbf{a}^r, M)$$

が成り立つ．

特に，$(R, \mathfrak{m}, k)$ が Noether 局所環で，$\mathbf{a} = (a_1,\ldots, a_m) \subset \mathfrak{m}$ がパラメータ系のとき，次が成り立つ．

$$H_\mathfrak{m}^i(M) \cong H^i\bigl(M \otimes_R \check{C}^\bullet(\mathbf{a})\bigr) \cong \varinjlim_r H^i(\mathbf{a}^r, M)$$

証明. $\check{C}^i = \check{C}^i(\mathbf{a})$, $\check{C}^\bullet = \check{C}^\bullet(\mathbf{a})$ とおく. $x \in M$ に対し,

$$x \in \mathrm{Ker}\left(M \longrightarrow \bigoplus_{j=1}^{m} M[a_j^{-1}]\right) = H^0(M \otimes_R \check{C}^\bullet)$$

$\iff$ 任意の $j = 1, \ldots, m$ に対し,ある $e_j \in \mathbb{N}$ が存在して $a_j^{e_j} x = 0$

$\iff$ ある $e \in \mathbb{N}$ が存在して,$\mathbf{a}^e x = 0$

$\iff$ $x \in \Gamma_\mathfrak{a}(M)$

であるので,$H^0(M \otimes_R \check{C}^\bullet) \cong \Gamma_\mathfrak{a}(M)$ が成り立つ.

M の移入分解 $0 \longrightarrow M \longrightarrow I^0 \xrightarrow{d^0} I^1 \xrightarrow{d^1} I^2 \xrightarrow{d^2} I^3 \rightarrow \cdots$ をとり,2 重複体 $C^{p,q} = I^p \otimes_R \check{C}^q$ を作る.まず,スペクトル系列

$$^I E_2^{p,q} = H_I^p\bigl(H_{II}^q(C)\bigr) \implies E^n = H^n(C)$$

を考える.$H^0(I^p \otimes_R \check{C}^\bullet) \cong \Gamma_\mathfrak{a}(I^p)$ より,

$$^I E_2^{p,0} = H_I^p\bigl(H_{II}^0(C)\bigr) = R^p \Gamma_\mathfrak{a}(M) \cong H_\mathfrak{a}^p(M)$$

が成り立つ.$\check{C}^q$ は自由 R-加群なので,$q \geqq 1$ のとき $H_{II}^q(C) = 0$ である.これより,$p \geqq 0$, $q \geqq 1$ のとき $^I E_2^{p,q} = 0$ である.定理 5.2.1 より,任意の n に対し,$H_\mathfrak{a}^n(M) \cong {}^I E_2^{n,0} \cong E^n$ が成り立つ.

他方,スペクトル系列

$$^{II} E_2^{q,p} = H_{II}^q\bigl(H_I^p(C)\bigr) \implies E^n = H^n(C)$$

を考えよう.I が移入的 R-加群のとき,$p \geqq 1$ に対し $H_I^p(C) = H^p(I \otimes_R \check{C}^\bullet) = 0$ が成り立つことを証明すれば,$p \geqq 1$, $q \geqq 0$ のとき $^{II} E_2^{q,p} = 0$ であるので,

$$H^n(C) = E^n \cong {}^{II} E_2^{n,0} = H_{II}^n\bigl(H_I^0(C)\bigr) = H^n(M \otimes_R \check{C}^\bullet)$$

が得られ,結論を得る.

以下,E が移入的 R-加群の場合に,$H^p(E \otimes_R \check{C}^\bullet) = 0$ を示す.E が既約な移入加群の場合に証明すれば十分である.すると,R のある素イデアル $\mathfrak{p}$ により,$E = E_R(R/\mathfrak{p})$ と書ける.

まず,$\mathfrak{p} \supset \mathfrak{a}$ の場合を考える.$x \in E_R(R/\mathfrak{p})$ をとるとき,$a_j x = 0$ だから,

$$E_R(R/\mathfrak{p}) \otimes R[T]/(1 - a_{j_1} a_{j_2} \cdots a_{j_m} T) = 0$$

である.したがって，$i \geqq 1$ に対し $E_R(R/\mathfrak{p}) \otimes_R \check{C}^i = 0$ であり，$H^i(E_R(R/\mathfrak{p}) \otimes_R \check{C}^{\bullet}) = 0$ $(i \geqq 1)$ である.

$\mathfrak{p} \not\supset \mathfrak{a}$ の場合を考える.$E = E_R(R/\mathfrak{p})$ とおく.適当にパラメータ系を並び替え，$a_1 \notin \mathfrak{p}$ と仮定してよい.このとき，a_1 倍写像 $E \xrightarrow{\times a_1} E$ は同型写像なので，$a_1 E$ は移入的 R-加群である.$R/\mathfrak{p} = a_1(R/\mathfrak{p}) \subset a_1 E \subset E$ で E は $R/\mathfrak{p}$ を含む最小の移入加群なので，$a_1 E = E$ である.定義 7.6.7 のように，$\check{C}^n = \bigoplus_{I \subset \mathfrak{I}_n} R_I$ とおく.

$$\varphi^n : E \otimes_R \check{C}^n \longrightarrow E \otimes_R \check{C}^{n-1}$$

を以下のように定義する.$1 \in I \in \mathfrak{I}_n$ のときは，$K = I - \{1\} \in \mathfrak{I}_{n-1}$ に対し，

$$\varphi_{IK}^n : E \otimes_R R_I \longrightarrow E \otimes_R R_K$$

を $\varphi_{IK}^n(x \otimes 1) = x \otimes 1$ で定義し，$1 \in K \in \mathfrak{I}_{n-1}$ の場合には $\varphi_{IK}^n = 0$ とする.また，$1 \notin I$ の場合には，$\varphi_{IK}^n = 0$ とする.そして，これらの φ_{IK}^n によって φ^n を定める.

$$d^{n-1} \circ \varphi^n + \varphi^{n+1} \circ d^n = \mathrm{id} \qquad ①$$

を確かめる.これが示されれば恒等写像 $\mathrm{id} : E \otimes_R \check{C}^{\bullet} \longrightarrow E \otimes_R \check{C}^{\bullet}$ が 0 にホモトープなので，恒等写像

$$\overline{\mathrm{id}} : H^n(E \otimes_R \check{C}^{\bullet}) \longrightarrow H^n(E \otimes_R \check{C}^{\bullet})$$

がゼロ写像と等しくなり，$H^n(E \otimes_R \check{C}^{\bullet}) = 0$ が証明される.① を示すには，$x_I = x \otimes 1 \in E \otimes_R R_I \subset \check{C}^n$ に対して，

$$d^{n-1}(\varphi^n(x_I)) + \varphi^{n+1}(d^n(x_I)) = x_I \in E \otimes_R R_I \subset E \otimes_R \check{C}^n \qquad ②$$

が成り立つことを示せばよい.

$1 \notin I \in \mathfrak{I}_n$ の場合を考える.$\varphi^n(x_I) = 0$ で，

$$d^n(x_I) = \sum_{I \subset J \in \mathfrak{I}_{n+1}} y_J \in \bigoplus_{J \in \mathfrak{I}_{n+1}} E \otimes_R R_J \quad (y_J = \pm x \otimes 1 \in E \otimes_R R_J) \qquad ③$$

と書ける.しかし，$1 \notin J$ の場合は $\varphi^{n+1}(y_J) = 0$ なので，$J = I \cup \{1\}$ の場合のみ，$\varphi^{n+1}(y_J) = x_I \neq 0$ となり得る.以上より，② が成り立つ.

$1 \in I \in \mathfrak{I}_n$ の場合を考える．③に φ^{n+1} をほどこす．各 $I \subset J \in \mathfrak{I}_{n+1}$ に対し，$J' = J - \{1\} \in \mathfrak{I}_n$ とおき，y_J の $E \otimes_R R_{J'}$ への自然な像を $y_{J'}$ とおくと，

$$\varphi^{n+1}(d^n(x_I)) = \sum_{I \subset J \in \mathfrak{I}_{n+1}} y_{J'}$$

となる．ここで，$y_{J'} = \pm x \otimes 1$ であるが，符号 $\pm$ は $j_J \in J - I$ が J の元の中で小さいほうから偶数番目のとき $+$, 奇数番目のとき $-$ として決まる．$K = I - \{1\} \in \mathfrak{I}_{n-1}$ とおくと，$J' = K \cup \{j_J\}$ と表せることに注意する．ただし，J' の元を昇順に並べるとき，j_J は J の中より 1 つ前にずれる．$\varphi^n(x_I) = x_K = x \otimes 1 \in E \otimes_R R_K \subset \check{C}^{n-1}$ であるが，今の説明から，

$$d^{n-1}(\varphi^n(x_I)) = d^{n-1}(x_K) = x_I - \sum_{I \subset J \in \mathfrak{I}_{n+1}} y_{J'}$$

であることがわかり，②が成り立つ．

$\mathbf{a}$ がパラメータ系のときは，$\sqrt{(a_1,\ldots,a_m)} = \mathfrak{m}$ なので，$\mathfrak{a} = (a_1,\ldots,a_m)$ とおけば，$H^i_{\mathfrak{m}}(M) \cong H^i_{\mathfrak{a}}(M)$ となり，結論を得る． □

命題 8.2.9. $(R, \mathfrak{m})$ と $(S, \mathfrak{n})$ は局所環で，$\varphi \colon R \to S$ は $\varphi(\mathfrak{m}) \subset \mathfrak{n}$ を満たすとする．さらに，$\mathfrak{m}S = \varphi(\mathfrak{m})S$ は準素イデアルで $\sqrt{\mathfrak{m}S} = \mathfrak{n}$ を満たすと仮定する．このとき，任意の S-加群 M に対し，

$$H^n_{\mathfrak{m}}(M) \cong H^n_{\mathfrak{n}}(M) \quad (\forall n \geqq 0)$$

が成り立つ．

証明． $\mathfrak{m} = (a_1,\ldots,a_r)$, $b_i = \varphi(a_i)$ とする．$\mathbf{a} = (a_1,\ldots,a_r)$ から得られる R 上の Čech 複体を $\check{C}^\bullet = \check{C}^\bullet_R(\mathbf{a})$ とし，$\mathbf{b} = (b_1,\ldots,b_r)$ から得られる S 上の Čech 複体を $\check{D}^\bullet = \check{C}^\bullet_S(\mathbf{b})$ とおく．このとき，

$$\check{C}^\bullet \otimes_R M \cong \check{D}^\bullet \otimes_S M$$

が成り立つことを確かめよう．定義 7.6.7 の記号を用いる．

$$\check{C}^n = \bigoplus_{I \subset \mathfrak{I}_n} R_I, \quad R_I = R[T]/(1 - a_{i_1} a_{i_2} \ldots a_{i_n} T)$$

$$\check{D}^n = \bigoplus_{I \subset \mathfrak{I}_n} S'_I, \quad S_I = S[T]/(1 - b_{i_1} b_{i_2} \ldots b_{i_n} T)$$

である．$M_I = R_I \otimes_R M$, $M_I' = S_I \otimes_S M$ は，
$$M_I = \left\{ \frac{x}{a} \,\middle|\, x \in M, a = a_{i_1}^{m_1} \cdots a_{i_n}^{m_n} \right\}$$
$$M_I' = \left\{ \frac{x}{b} \,\middle|\, x \in M, b = b_{i_1}^{m_1} \cdots b_{i_n}^{m_n} \right\}$$
とも書ける．ただし，「$x/a = x'/a' \iff$ ある非零因子 $c \in R$ が存在して $cax' = ca'x$」である．このとき，上の表示において
$$\psi\left(\frac{x}{a_{i_1}^{m_1} \cdots a_{i_n}^{m_n}}\right) = \frac{x}{b_{i_1}^{m_1} \cdots b_{i_n}^{m_n}}$$
によって矛盾なく $\psi: M_I \to M_I'$ が定義でき，これが同型写像であることを確かめるのは難しくない． □

次の定理の (3) の証明には，可換環論の知識が多少必要である．ただし，代数幾何ではポピュラーな定理しか使わない．

定理 8.2.10. (Grothendieck) $(R, \mathfrak{m}, k)$ は Noether 局所環，M は有限生成 R-加群，$t = \mathrm{depth}_R M$, $d = \mathrm{Krull\,dim}_R M$ とする．このとき，次が成り立つ．
 (1) $i < t$ または $i > d$ のとき，$H_\mathfrak{m}^i(M) = 0$
 (2) $H_\mathfrak{m}^t(M) \neq 0$
 (3) $H_\mathfrak{m}^d(M) \neq 0$

証明． (1) $i < t$ ならば $H_\mathfrak{m}^i(M) = 0$ であることは，定理 8.2.7(4) よりわかる．$i > d$ の場合を考える．$S = R/\mathrm{ann}(M)$ とし，$f: R \to S$ を自然な全射，$\mathfrak{n} = f(\mathfrak{m})$ とする．前命題より $H_\mathfrak{m}^i(M) \cong H_\mathfrak{n}^i(M)$ なので，はじめから $\mathrm{ann}(M) = 0$ と仮定してよい．すると，$\mathrm{Krull\,dim}_R M = \mathrm{Krull\,dim}\,R = d$ となる．$\mathbf{a} = (a_1, \ldots, a_d)$ を R のパラメータ系とする．$\check{C}^\bullet = \check{C}_R^\bullet(\mathbf{a})$ とおくとき，$i > d$ ならば $\check{C}^i = 0$ なので，定理 8.2.8 より $H_\mathfrak{m}^i(M) = 0$ となる．

 (2) t に関する帰納法で証明する．$t = 0$ の場合は $0 \neq \mathrm{Soc}\,M \subset H_\mathfrak{m}^0(M)$ である．$t > 0$ とする．M-正則元 $a \in \mathfrak{m}$ をとる．完全系列 $0 \longrightarrow M \xrightarrow{\times a} M \longrightarrow M/aM \longrightarrow 0$ より，完全系列
$$0 = H_\mathfrak{m}^{t-1}(M) \longrightarrow H_\mathfrak{m}^{t-1}(M/aM) \longrightarrow H_\mathfrak{m}^t(M)$$

を得る．帰納法の仮定から，$H_\mathfrak{m}^{t-1}(M/aM) \neq 0$ なので，$H_\mathfrak{m}^t(M) \neq 0$ である．

(3) 定理 8.2.7(7) より R は完備局所環と仮定してよい．極小素因子 $\mathfrak{p} \in \operatorname{Ass} M$ で $\operatorname{Krull dim} M = \operatorname{Krull dim} R/\mathfrak{p}$ となるものをとる．完全系列
$$H_\mathfrak{m}^d(M) \longrightarrow H_\mathfrak{m}^d(M/\mathfrak{p}M) \longrightarrow H_\mathfrak{m}^{d+1}(\mathfrak{p}M) = 0$$
が存在するので，$H_\mathfrak{m}^d(M/\mathfrak{p}M) \neq 0$ を示せよい．$f: R \to S := R/\mathfrak{p}$ として前命題を適用すれば，最初から R は Noether 完備局所整域で，$\operatorname{Krull dim} M = \operatorname{Krull dim} R = d$ であると仮定してよい．完備局所環の構造定理 ([永田] 系 8.1.7・系 8.1.8, [松村] 定理 29.4 参照) より，R はある完備正則局所環の準同型像と表せる．再び前命題より，R は完備正則局所環と仮定してよい．正則局所環は Gorenstein 環であった (命題 7.7.12)．

$\iota: M \longrightarrow Q(R) \otimes_R M$ を自然な写像とし，$L = \operatorname{Ker} \iota, N = \operatorname{Im} \iota$ として完全系列 $0 \to L \to M \to N \to 0$ をつくる．(1) より，完全系列
$$H_\mathfrak{m}^d(M) \longrightarrow H_\mathfrak{m}^d(N) \longrightarrow H_\mathfrak{m}^{d+1}(L) = 0$$
が存在する．N は torsion free なので，$r = \operatorname{rank} N$ とするとき単射 $g: N \to R^{\oplus r}$ が存在する．$Q = \operatorname{Coker} g$ とすれば，$\operatorname{Krull dim} Q < \operatorname{Krull dim} N = d$ である．完全系列 $0 \to N \to R^{\oplus r} \to Q \to 0$ と (1) より完全系列，
$$H_\mathfrak{m}^d(N) \longrightarrow H_\mathfrak{m}^d(R)^{\oplus r} \longrightarrow H_\mathfrak{m}^d(Q) = 0$$
が得られる．R は Gorenstein 環なので，$H_\mathfrak{m}^d(R) \cong E_R(k) \neq 0$ であり，$H_\mathfrak{m}^d(M) \neq 0$ を得る． □

系 8.2.11. $(R, \mathfrak{m}, k)$ は Noether 局所環で，$d = \operatorname{Krull dim} R < \infty$ とする．このとき，R が CM 環であるための必要十分条件は，$i \neq d$ のとき $H_\mathfrak{m}^i(R) = 0$ となることである．

命題 8.2.12. $(R, \mathfrak{m}, k)$ は Noether 局所環，M は R-加群，$d = \operatorname{Krull dim} R$, $\mathbf{a} = (a_1, \ldots, a_d) \subset \mathfrak{m}$ はパラメータ系とする．このとき，次が成り立つ．

(1) $H_\mathfrak{m}^i(M) \cong \operatorname{Tor}_{d-i}^R(H_\mathfrak{m}^d(R), M) \quad (\forall i \in \mathbb{Z})$

(2) $\operatorname{flat dim}_R H_\mathfrak{m}^d(R) = \operatorname{Krull dim} R$

証明. (1) 定理 8.2.8 より,
$$\cdots \to \check{C}^2(\mathbf{a}) \longrightarrow \check{C}^1(\mathbf{a}) \longrightarrow \check{C}^0(\mathbf{a}) \longrightarrow H_\mathfrak{m}^0(M) \longrightarrow 0$$
は $H_\mathfrak{m}^0(R)$ の平坦分解を与える. したがって, 命題 7.6.9 等より,
$$\cdots \to K_\infty^1(\mathbf{a}, R) \longrightarrow K_\infty^0(\mathbf{a}, R) \longrightarrow H_\mathfrak{m}^d(R) \longrightarrow 0$$
は $H_\mathfrak{m}^d(R)$ の平坦分解を与える.
$$\operatorname{Tor}_{d-i}^R(H_\mathfrak{m}^d(R), M) \cong H_{d-i}\big(K_\infty^\bullet(\mathbf{a}, R) \otimes_R M\big) \cong H_{d-i}\big(K_\infty^\bullet(\mathbf{a}, M)\big)$$
$$\cong H^i\big(\check{C}^\bullet(\mathbf{a}, M)\big) \cong H_\mathfrak{m}^i(M)$$
となる.

(2) 定理 8.2.10 と上の (1) よりすぐわかる. □

定理 8.2.13. (Grothendieck) $(R, \mathfrak{m}, k)$ は CM 局所環で標準加群 K_R を持つと仮定する. また, $d = \operatorname{Krull dim} R$, M は有限生成 R-加群とする. このとき, 任意の整数 i に対し次が成り立つ.
(1) $H_\mathfrak{m}^{d-i}(M)^\triangledown \cong \operatorname{Ext}_R^i(M, K_R)$
(2) $H_\mathfrak{m}^{d-i}(M) \cong \operatorname{Ext}_R^i(M, K_R)^\triangledown$

証明. $i < 0$ や $i > d$ のときは, どの項も 0 なので, $0 \leqq i \leqq d$ と仮定する.

Step 1. まず, R が完備 Gorenstein 局所環の場合に証明する. 前命題, 定理 8.2.7, 定理 7.4.5(1), 定理 8.1.7 より,
$$H_\mathfrak{m}^{d-i}(M)^\triangledown \cong \operatorname{Tor}_i^R(M, H_\mathfrak{m}^d(R))^\triangledown = \operatorname{Tor}_i^R(M, E_R(k))^\triangledown$$
$$\cong \operatorname{Tor}_i^R(M, R^\triangledown)^\triangledown \cong \operatorname{Ext}_R^i(M, R^{\triangledown\triangledown}) \cong \operatorname{Ext}_R^i(M, K_R)$$
である (ここまで, M が有限生成であることは不要). この両辺の Matris 双対をとることにより (2) も得られる.

Step 2. 次に, R が Gorenstein 局所環の場合に証明する. 定理 8.2.7, 命題 7.4.7 より, $\mathfrak{m}$ による完備化に対し,
$$H_\mathfrak{m}^{d-i}(M) \cong H_{\mathfrak{m}\widehat{R}}^{d-i}(\widehat{M}) \cong \operatorname{Hom}_{\widehat{R}}\big(\operatorname{Ext}_{\widehat{R}}^i(\widehat{M}, K_{\widehat{R}}), E_{\widehat{R}}(k)\big)$$
$$\cong \operatorname{Hom}_{\widehat{R}}\big(\operatorname{Ext}_R^i(M, K_R)\widehat{}, E_{\widehat{R}}(k)\big)$$
$$\cong \operatorname{Hom}_R\big(\operatorname{Ext}_R^i(M, K_R), E_R(k)\big)\widehat{}$$

であるが, $H_\mathfrak{m}^i(M)$ は Artin 加群なので (2) が得られる. この Matris 双対をとると (1) が得られる.

Step 3. R が CM 局所環の場合を考える. 標準加群 K_R が存在するので, 定理 8.1.9 より, ある Gorenstein 局所環 $(S, \mathfrak{n})$ と, 全射準同型写像 $\varphi\colon S \to R$ で, $\varphi(\mathfrak{n}) = \mathfrak{m}$ を満たすものが存在する. 定理 8.1.8 より, $K_R \cong \operatorname{Ext}_S^t(R, S)$ $(t = \operatorname{Krull dim} S - \operatorname{Krull dim} R)$ である. $s = d + t = \operatorname{Krull dim} S$ とおく. $\mathfrak{n}R = \mathfrak{m}$, 命題 8.2.5(2) と上の結果より,

$$H_\mathfrak{m}^i(M) \cong H_\mathfrak{n}^i(M) \cong \operatorname{Hom}_S\left(\operatorname{Ext}_S^{s-i}(M, S), E_S(k)\right)$$

である. M は R-加群なので, $L := \operatorname{Ext}_S^{s-i}(M, S)$ は R-加群の構造を持つ. $R = S/\operatorname{Ker}\varphi$ であるので, $x \in L$, $a \in \operatorname{Ker}\varphi \subset S$ に対し $ax = 0$ である.

$$E = \left\{y \in E_S(k) \mid (\operatorname{Ker}\varphi) \cdot y = 0\right\}$$

とおく. $f \in \operatorname{Hom}_S(L, E_S(k))$, $x \in L$, $a \in \operatorname{Ker}\varphi \subset S$ に対し $af(x) = f(ax) = 0$ なので, $f(x) \in E$ であり, $f \in \operatorname{Hom}_R(L, E)$ とみなせる. この対応 $\psi\colon \operatorname{Hom}_S(L, E_S(k)) \longrightarrow \operatorname{Hom}_R(L, E)$ が全単射であることは容易にわかる. 命題 7.2.9 より,

$$E_R(k) = E_{S/\operatorname{Ker}\varphi}(S/\mathfrak{n}) \cong \operatorname{Hom}_S\left(S/\operatorname{Ker}\varphi, E_S(k)\right) \cong E$$

なので, $H_\mathfrak{m}^i(M) \cong \operatorname{Hom}_R\left(\operatorname{Ext}_S^{s-i}(M, S), E_R(k)\right)$ が証明された. あと

$$\operatorname{Ext}_S^{s-i}(M, S) \cong \operatorname{Ext}_R^{d-i}\left(M, \operatorname{Ext}_S^{s-d}(R, S)\right) \qquad ①$$

を示せばよい. 定理 6.1.8 より, 次のスペクトル系列が存在する.

$$E_2^{p,q} = \operatorname{Ext}_R^p(M, \operatorname{Ext}_S^q(R, S)) \implies E^n = \operatorname{Ext}_S^n(M, S)$$

S は Gorenstein 環だから, 命題 7.5.13 より, $q \neq \operatorname{depth} S - \operatorname{Krull dim} R = s - d$ のとき $\operatorname{Ext}_S^q(R, S) = 0$ である. したがって, $q \neq s - d$ のとき $\forall p \in \mathbb{Z}$ に対して $E_2^{p,q} = 0$ である. 定理 5.2.3(2) より ① を得る. □

系 8.2.14. $(R, \mathfrak{m}, k)$ は CM 局所環で標準加群 K_R を持つとする. M は有限生成 R-加群で, $n = \operatorname{Krull dim} R$, $d = \operatorname{depth} M$, $m = \operatorname{Krull dim}_R M$ とする.

(1) $i < n - m$ または $i > n - d$ ならば $\operatorname{Ext}_R^i(M, K_R) = 0$ である.

(2) $\operatorname{Ext}_R^{n-m}(M, K_R) \neq 0, \operatorname{Ext}_R^{n-d}(M, K_R) \neq 0$ である.

(3) $\operatorname{Krull dim}_R \operatorname{Ext}_R^i(M, K_R) \leqq n - i \quad (i \geqq 0)$ である.

証明. (1), (2) を示すには, R が完備であると仮定してよい. すると, 前定理と定理 8.2.10 より結論が得られる.

(3) 極小素因子 $\mathfrak{p} \in \operatorname{Ass} \operatorname{Ext}_R^i(M, K_R)$ で, $\operatorname{Krull dim} \operatorname{Ext}_R^i(M, K_R) = \operatorname{Krull dim} R/\mathfrak{p}$ となるものをとる.

$$\operatorname{Krull dim} R/\mathfrak{p} = \operatorname{Krull dim} R - \operatorname{ht} \mathfrak{p} = \operatorname{Krull dim} R - \operatorname{Krull dim} R_\mathfrak{p}$$

である. $S = R - \mathfrak{p}$ として, 系 7.1.2 より,

$$\operatorname{Ext}_{R_\mathfrak{p}}^i(M_\mathfrak{p}, K_{R_\mathfrak{p}}) \cong S^{-1} \operatorname{Ext}_R(M, K_R) \neq 0$$

である. (1) より,

$$i \leqq \operatorname{Krull dim} R_\mathfrak{p} - \operatorname{depth} M_\mathfrak{p} \leqq n - \operatorname{Krull dim} \operatorname{Ext}_R^i(M, K_R)$$

である. □

本書では, CM 環の説明はここまでとするが, CM 環のホモロジー代数に関するもっと進んだ勉強をしたい方は, [BH] の第 8～9 章を読んでいただきたい. また, CM 環の概念を拡張した Buchsbaum 環というものがあり, 局所コホモロジーの理論は Buchsbaum 環の理論で中心的役割を果たす. この話題については [SV] などを参照されたい.

8.3. 次数付き環の素イデアル

ホモロジー代数の話題ではないが, 次数付き環の素イデアル論を解説した和書が見当たらないので, 要点を解説しておく. 次数付き環に関する用語や記号は, 可換環論と代数幾何で異なるだけでなく, 可換環論の中や代数幾何の中でもあまり統一されていない. いくつか, 本書特有の用語や記号を使わせて頂くが, お許しいただきたい.

第 8 章 標準加群と局所コホモロジー   291

定義 8.3.1. $R = \bigoplus_{n \in \mathbb{Z}} R_n$ (各 R_n は R_0-加群) が可換環で，任意の i, $j \in \mathbb{Z}$ に対し $R_i R_j \subset R_{i+j}$ を満たすとき，R は**次数付き環**であるとか，$\mathbb{Z}$-**次数付き環**であるという．すべての $n < 0$ に対し $R_n = 0$ であるような次数付き環 $R = \bigoplus_{n=0}^{\infty} R_n$ を**正の次数付き環**とか $\mathbb{N}$-**次数付き環**という．

また，$M = \bigoplus_{n \in \mathbb{Z}} M_n$ が R-加群であって，任意の $i, j \in \mathbb{Z}$ に対し $R_i M_j \subset M_{i+j}$ を満たすとき，M は R-**次数付き加群**であるという．

$x \in M$ はある $n \in \mathbb{Z}$ が存在して $x \in M_n$ となるとき，x は**斉次元**であるという．$a \in R$ についても同様である．

R のイデアル $\mathfrak{a}$ は，$\mathfrak{a} = \bigoplus_{n \in \mathbb{Z}} (\mathfrak{a} \cap R_n)$ を満たすとき**斉次イデアル**であるという．斉次元で生成されるイデアルは斉次イデアルであり，逆に斉次イデアルは斉次元から成る集合を生成系として選べる．

任意の斉次元 $x, y \in R - \mathfrak{p}$ に対し $xy \notin \mathfrak{p}$ であるとき $\mathfrak{p}$ は**斉次素イデアル**であるという．これは，斉次イデアル $\mathfrak{p}$ が (次数構造を考えないとき) 素イデアルであることと同値であり，$R/\mathfrak{p}$ が次数付き整域になることと同値である．

斉次極大イデアルという用語は注意を要する．$R \supsetneq \mathfrak{a} \supsetneq \mathfrak{m}$ を満たす斉次イデアル $\mathfrak{a}$ が存在しないような斉次イデアル $\mathfrak{m}$ を斉次極大イデアルとよぶ場合もあるし，正の次数付き環 $R = \bigoplus_{n=0}^{\infty} R_n$ においては**無縁イデアル** $R_+ = \bigoplus_{n=1}^{\infty} R_n$ を含まない斉次素イデアルの中で極大なイデアル $\mathfrak{m}$ を指す場合もある．本書では，前者の意味で用いる．つまり，R 以外の斉次イデアルの中で極大なものを，斉次極大イデアルとよぶ．

$\mathfrak{m}$ が斉次極大イデアルのとき，$R/\mathfrak{m}$ の 0 でない任意の斉次元は可逆元であるが，$R/\mathfrak{m}$ は体であるとは限らない (命題 8.3.4 参照)．つまり，斉次極大イデアルは，極大イデアルであるとは限らない．

斉次極大イデアルをただ 1 つしか持たない次数付き環を**局所次数付き環**という．局所次数付き環は普通の環としては局所環であるとは限らない．例えば，体 k 上の多項式環 $R = k[X_1, \ldots, X_n]$ は，通常の次数構造を考え

るとき，無縁イデアル $R_+ = \bigoplus_{n=1}^{\infty} R_n$ を唯一の極大イデアルとする局所次数付き環であるが，普通の環としては局所環でない．また，正の次数付き環 $R = \bigoplus_{n=0}^{\infty} R_n$ において，その 0 次部分 $(R_0, \mathfrak{m}_0)$ が局所環であれば，R は $\mathfrak{m} = \mathfrak{m}_0 + R_+$ を唯一の斉次極大イデアルとする局所次数付き環である．(この部分は，代数幾何の用語と大幅に異なるので，要注意.)

$0 \neq f \in R_d \subset R$ が d 次の斉次元のとき，$M[1/f]$ の n 次部分は，

$$M[1/f]_n = \left\{ \frac{x}{f^m} \in M[1/f] \,\middle|\, m \in \mathbb{N}, x \in M_{md+n} \right\}$$

であるとして，$M[1/f]$ に次数構造を定める．$M[1/f]$ は $R[1/f]$-次数付き加群になる．

また，$\mathfrak{p} \subset R$ が斉次素イデアルのとき，M の $\mathfrak{p}$ による局所化を，本書では，

$$\left(M_{[\mathfrak{p}]}\right)_n = \bigcup_{i \in \mathbb{Z}} \left\{ \frac{x}{a} \in M_\mathfrak{p} \,\middle|\, x \in M_{i+n}, a \in R_i \cap (R - \mathfrak{p}) \right\}$$
$$M_{[\mathfrak{p}]} = \bigoplus_{n \in \mathbb{N}} \left(M_{[\mathfrak{p}]}\right)_n$$

と書いて，次数構造を考えない局所化 $M_\mathfrak{p}$ と区別する．$M_{[\mathfrak{p}]} \subset M_\mathfrak{p}$ とみなせる．$M_{[\mathfrak{p}]}$ は $R_{[\mathfrak{p}]}$-加群である．また，$R_{[\mathfrak{p}]}$ は $\mathfrak{p}R_{[\mathfrak{p}]}$ を唯一の斉次極大イデアルとする局所次数付き環である．$R - \mathfrak{p}$ 内の斉次元全体のなす積閉集合を S とすれば，

$$M_{[\mathfrak{p}]} = S^{-1}M$$

であることに注意する．

例 8.3.2. k は体とし，多項式環 $R = k[X_0, \ldots, X_n]$ を通常の方法で次数付き環と考える．斉次素イデアル $\mathfrak{p} = (0)$ に対し，

$$R_{[(0)]} = k\left(\frac{X_1}{X_0}, \ldots, \frac{X_n}{X_0}\right)\left[X_0, \frac{1}{X_0}\right]$$

である．他方，$R_{(0)} = Q(R)$ だから，$R_{(0)} \neq R_{[(0)]}$ である．

定義 8.3.3. R は次数付き環, $M = \bigoplus_{n \in \mathbb{Z}} M_n, N = \bigoplus_{n \in \mathbb{Z}} N_n$ は R-次数付き加群とし, $d \in \mathbb{Z}$ を固定する. R-準同型写像 $f: M \to N$ は, 各 $n \in \mathbb{Z}$ に対し $f(M_n) \subset N_{n+d}$ を満たすとき, d 次の R-**次数付き準同型写像**であるという. このとき, $\operatorname{Ker} f$, $\operatorname{Im} f$, $\operatorname{Coker} f$, $\operatorname{Coim} f$ も R-次数付き加群の構造を持つ. $(\operatorname{Coim} f)_n \cong (\operatorname{Im} f)_{n+d}$ であるので注意すること.

$M = \bigoplus_{n \in \mathbb{Z}} M_n \in \mathfrak{G}_R$ と $d \in \mathbb{Z}$ に対し, $L_n = M_{n+d}$ と定めた次数付き加群 $L = \bigoplus_{n \in \mathbb{Z}} L_n$ を

$$L = M(d)$$

と書き, M の**次数を d シフトして得られる加群**という.

命題 8.3.4. $(R, \mathfrak{m})$ が局所次数付き環であって $R/\mathfrak{m}$ が体でないならば, R の 0 次部分 R_0 は $\mathfrak{m}_0 = \mathfrak{m} \cap R$ を唯一の極大イデアルとする局所環であって (R_0 が体で $\mathfrak{m}_0 = (0)$ の場合を含む), $k = R_0/\mathfrak{m}_0$ とすると,

$$R/\mathfrak{m} \cong k[T, 1/T]$$

となる. ただし, T の次数は適当に定める.

特に, R が体でない次数付き環で, R の斉次イデアルが (0) と R 以外に存在しないならば, R_0 は体であって, $R \cong R_0[T, 1/T]$ となる.

証明. もし, $R_0 \supsetneq \mathfrak{a} \neq \mathfrak{m}_0$ となる R_0 の極大イデアル $\mathfrak{a}$ が存在すれば, $\mathfrak{a} + \mathfrak{m}$ は $\mathfrak{m}$ より真に大きい斉次イデアルになるので, $\mathfrak{m}$ の極大性に反する. したがって, R_0 は $\mathfrak{m}_0$ 以外に極大イデアルを持たない.

$R/\mathfrak{m}$ の 0 以外の斉次元は可逆元であることに注意する. $R/\mathfrak{m}$ の正の次数の斉次元のうち, 次数が最小な元 x を 1 つとり固定する. $\varphi: k[T, 1/T] \longrightarrow R/\mathfrak{m}$ を $\varphi(T) = x$ で定める. $\deg T = \deg x =: d$ として $k[T, 1/T]$ に次数構造を定めれば, φ は次数付き環の準同型写像で, 単射である. 任意の $0 \neq a \in R_i/(\mathfrak{m} \cap R_i)$ ($i \neq 0$) をとる. $i = qd + r$ ($0 \leqq r < d$) とおく. $a/x^q \in R_r/(\mathfrak{m} \cap R_r)$ であるが $d = \deg x$ の最小性から $r = 0$ であり, $a/x^q = c \in R_0/\mathfrak{m}_0 = k$ と書ける. すると, $a = \varphi(cT^q)$ なので, φ は同型写像である. □

定義 8.3.5. R は次数付き環, $\mathfrak{a}$ は R の (斉次とは限らない) イデアルとする. このとき, $\mathfrak{a}$ に属するすべての斉次元で生成される R の斉次イデアルを

$$\mathfrak{a}^*$$

と書くことにする.

命題 8.3.6. R は次数付き環, $\mathfrak{p}$ は R の (斉次とは限らない) 素イデアルとする. このとき, $\mathfrak{p}^*$ は R の斉次素イデアルであり, $\mathfrak{p}^* \subsetneq \mathfrak{q} \subsetneq \mathfrak{p}$ となる素イデアル $\mathfrak{q}$ は存在しない.

証明. $a, b \notin \mathfrak{p}^*$ かつ $ab \in \mathfrak{p}^*$ と仮定すると矛盾することは, a, b を各次数の成分の和に表して議論すればすぐわかる.

$\mathfrak{p}^* \subsetneq \mathfrak{q} \subsetneq \mathfrak{p}$ となる素イデアル $\mathfrak{q}$ が存在したと仮定する. R の代わりに $R/(\mathfrak{p}^*)$ を考えることにより, はじめから R は整域で, $\mathfrak{p}^* = (0)$ であると仮定してよい. すなわち, $\mathfrak{p}$ は 0 以外の斉次元を含まない. 斉次素イデアル (0) による局所化 $S = R_{[(0)]}$ を考える. S は S と (0) 以外に斉次イデアルを含まないから, 命題 8.3.4 より, S_0 は体で, $S \cong S_0[T, 1/T]$ となる. 他方, $\mathfrak{p}S, \mathfrak{q}S$ は S の (0) でない素イデアルである. $(0) \subsetneq \mathfrak{q}S \subsetneq \mathfrak{q}S$ なので, Krull $\dim S = 1$ と矛盾する. □

命題 8.3.7. R は次数付き環, $\mathfrak{p}$ は斉次でない R の素イデアルとする. すると,

$$\operatorname{ht}(\mathfrak{p}^*) = \operatorname{ht}\mathfrak{p} - 1$$

が成り立つ. ここで, 高さ ht は次数構造を考えないで定義したものである.

証明. $n = \operatorname{ht}(\mathfrak{p}^*) < \infty$ と仮定し, n に関する帰納法で証明する. $n = 0$ の場合は, 上の命題から $\operatorname{ht}\mathfrak{p} = 1$ である.

$n \geq 1$ とする. $\mathfrak{q} \subsetneq \mathfrak{p}$, $\operatorname{ht}\mathfrak{q} = \operatorname{ht}\mathfrak{p} - 1$ を満たす素イデアル $\mathfrak{q}$ をとる. $\mathfrak{q}$ が斉次イデアルならば, $\mathfrak{q} \subset \mathfrak{p}^*$, $\operatorname{ht}\mathfrak{q} \geq \operatorname{ht}\mathfrak{p}^*$ より, $\mathfrak{q} = \mathfrak{p}^*$ となるので, $\operatorname{ht}(\mathfrak{p}^*) = \operatorname{ht}\mathfrak{p} - 1$ である.

$\mathfrak{q}$ が斉次でない場合を考える. もし, $\mathfrak{q}^* = \mathfrak{p}^*$ ならば, 上の命題から, $\mathfrak{q} = \mathfrak{p}$ となり, $\mathfrak{q}$ が斉次でないことに矛盾する. したがって, $\mathfrak{q}^* \subsetneq \mathfrak{p}^*$ で

あり, $\operatorname{ht}\mathfrak{q}^* \leq n-1$ だから, 帰納法の仮定により, $\operatorname{ht}\mathfrak{q} = \operatorname{ht}(\mathfrak{q}^*) + 1 \leq n$ である.
$$\operatorname{ht}\mathfrak{p} > \operatorname{ht}(\mathfrak{p}^*) \geq \operatorname{ht}(\mathfrak{q}^*) + 1 = \operatorname{ht}\mathfrak{q} = \operatorname{ht}\mathfrak{p} - 1$$
なので, $\operatorname{ht}(\mathfrak{p}^*) = \operatorname{ht}\mathfrak{p} - 1$ である. □

命題 8.3.8. 正の次数付き環 $R = \bigoplus_{n=0}^{\infty} R_n$ においては,
$$\operatorname{Krull\ dim} R = \max\{\operatorname{ht}\mathfrak{m} \mid \mathfrak{m}\ \text{は}\ R\ \text{の斉次極大イデアル}\}$$
が成り立つ.

証明. R の斉次でない極大イデアル $\mathfrak{m}$ が $\operatorname{Krull\ dim} R = \operatorname{ht}\mathfrak{m}$ を満たす場合を考える. 前命題より, $\operatorname{ht}(\mathfrak{m}^*) = \operatorname{ht}\mathfrak{m} - 1$ である. $\mathfrak{m}_0 = \mathfrak{m} \cap R_0 = \mathfrak{m}^* \cap R_0$ とおくと, $1 \notin \mathfrak{m}$ だから $\mathfrak{m}_0 \neq R_0$ である. $R_+ = \bigoplus_{n=1}^{\infty} R_n$ とし, $\mathfrak{m}_0$ を含む R_0 の極大イデアル $\mathfrak{n}_0$ をとり, $\mathfrak{n} = \mathfrak{n}_0 + R_+$ とおく. $R/\mathfrak{n} \cong R_0/\mathfrak{n}_0$ は体だから, $\mathfrak{n} \neq \mathfrak{m}$ であり, $\mathfrak{n}$ は R の斉次極大イデアルである. また, $\operatorname{ht}\mathfrak{n} \geq \operatorname{ht}\mathfrak{m}$ なので, $\operatorname{Krull\ dim} R = \operatorname{ht}\mathfrak{n}$ である. □

次数付き環 R が Noether 次数付き環であるとは, 次数構造を考えない普通の環として R が Noether 環であることをいう. 次の命題の証明は簡単なので省略する.

命題 8.3.9. 次数付き環 R が Noether 次数付き環であるための必要十分条件は, その 0 次部分 R_0 が Noether 環であって, R が R_0 上有限個の斉次元で生成される多元環であることである.

命題 8.3.10. R は次数付き環, M は R-次数付き加群とする. もし, $\mathfrak{p} \in \operatorname{Supp} M$ ならば, $\mathfrak{p}^* \in \operatorname{Supp} M$ である. ここで, $\mathfrak{p} \in \operatorname{Supp} M$ とは, $M_\mathfrak{p} \neq 0$ となることである.

証明. $M_\mathfrak{p} \neq 0$, $M_{\mathfrak{p}^*} = 0$ と仮定して矛盾を導く. $M_{\mathfrak{p}^*} = 0$ だから, 各斉次元 $x \in M$ に対し, ある $a \in R - \mathfrak{p}^*$ が存在して $ax = 0$ となる. 特に, a の i 次部分 a_i に対し $a_i x = 0$ である. しかし, $a \notin \mathfrak{p}^*$ だから, ある $i \in \mathbb{Z}$

を選べば $a_i \notin \mathfrak{p}^*$ である. a_i は斉次元だから $\mathfrak{p}^*$ の定義により, $a_i \notin \mathfrak{p}$ である. すると, $x = 0 \in M_\mathfrak{p}$ となる. すなわち, $M_\mathfrak{p}$ は 0 以外に斉次元を持たない. すると, $M_\mathfrak{p} = 0$ となる. □

命題 8.3.11. R は次数付き環, M は R-次数付き加群とする. もし, $\mathfrak{p} \in \mathrm{Ass}\, M$ ならば, $\mathfrak{p}$ は斉次素イデアルであり, ある斉次元 $x \in M$ により, $\mathfrak{p} = \mathrm{ann}(x)$ と書ける.

証明. まず, $\mathfrak{p} \in \mathrm{Ass}\, M$ ならば, $\mathfrak{p}$ は斉次素イデアルであることを証明する. (0) は斉次イデアルなので, $\mathfrak{p} \neq (0)$ の場合を考える.

$(0) \neq \mathfrak{p} = \mathrm{ann}(x) \in \mathrm{Ass}\, M\ (0 \neq x \in M)$ をとる. $x = x_m + x_{m+1} + \cdots + x_n$ $(x_m \neq 0, x_n \neq 0)$ と斉次成分の和に表す. $0 \neq a \in \mathfrak{p}$ に対し $ax = 0$ である. $a = a_r + a_{r+1} + \cdots + a_s$ $(a_r \neq 0, a_s \neq 0)$ と斉次成分の和に表す. 各 $d \in \mathbb{Z}$ に対し $\sum_{i+j=d} a_i x_j = 0$ なので, $a_r x_m = 0$ である. また, $a_r x_{m+1} + a_{r+1} x_m = 0$ より, $0 = a_r^2 x_{m+1} + a_{r+1} a_r x_m = a_r^2 x_{m+1}$ となる. 以下, $i \in \mathbb{N}$ に関する帰納法で, $a_r^i x_{m+i-1} = 0$ が得られる. したがって, $a_r^{n-m+1} x = 0$ である. ゆえに, $a_r^{n-m+1} \in \mathfrak{p}$ であり, $a_r \in \mathfrak{p}, a_r x = 0$ となる.

すると, $a' = a - a_r = a_{r+1} + \cdots + a_s$ も $a'x = 0$ を満たすので, 上と同様な議論で, $a_{r+1} \in \mathfrak{p}$ を得る. 以下, 帰納法で, 任意の $i \in \mathbb{Z}$ に対し $a_i \in \mathfrak{p}$ を得る. つまり, 任意の $a \in \mathfrak{p}$ に対し, a にすべての斉次成分 a_i が $\mathfrak{p}$ に属するのだから, $\mathfrak{p}$ は斉次元で生成され, 斉次素イデアルであることがわかる.

$\mathfrak{p} = \mathrm{ann}(x)\ (x = x_m + \cdots + x_n, x_j \in M_j)$ が, ある斉次元 $y \in M$ により $\mathfrak{p} = \mathrm{ann}(y)$ と書けることを示す. 上と同様な議論で, 任意の斉次元 $a \in \mathfrak{p}$ と $j \in \mathbb{Z}$ に対し, $ax_j = 0$ であることがわかる. したがって, $\mathfrak{p} \subset \mathrm{ann}(x_j)$ である. 他方 $b \in R$ が $bx_j = 0\ (m \leqq \forall j \leqq n)$ を満たせば $b \in \mathfrak{p}$ であるから, $\bigcap_{j=m}^n \mathrm{ann}(x_j) \subset \mathfrak{p}$ である. $\mathfrak{p}$ は素イデアルだから, ある j に対し $\mathrm{ann}(x_j) \subset \mathfrak{p}$ でなければならず, $\mathfrak{p} = \mathrm{ann}(x_j)$ となる. □

命題 8.3.12. R は次数付き環, $\mathfrak{q} \subset \mathfrak{p} \subset R$ は斉次素イデアル, M は R-次数付き加群とする.

(1) $\mathfrak{q}R_{[\mathfrak{p}]}$ は $R_{[\mathfrak{p}]}$ の素イデアルで,
$$\mathrm{ht}\, \mathfrak{q}R_{[\mathfrak{p}]} = \mathrm{ht}\, \mathfrak{q}$$
が成り立つ.

(2) $\mathrm{Krull}\, \dim_{R_{[\mathfrak{p}]}} M_{[\mathfrak{p}]} = \mathrm{Krull}\, \dim_{R_{\mathfrak{p}}} M_{\mathfrak{p}}$ が成り立つ.

証明. (1) $\mathfrak{q}R_{\mathfrak{p}}$ は $R_{\mathfrak{p}}$ の素イデアルで,
$$R_{[\mathfrak{p}]}/\mathfrak{q}R_{[\mathfrak{p}]} \subset R_{\mathfrak{p}}/\mathfrak{q}R_{\mathfrak{p}}$$
なので, $R_{[\mathfrak{p}]}/\mathfrak{q}R_{[\mathfrak{p}]}$ は整域で, $\mathfrak{q}R_{[\mathfrak{p}]}$ は $R_{[\mathfrak{p}]}$ の素イデアルである.

$S_1 = R - \mathfrak{p}$ とし, S_1 の中の斉次元全体の集合を S_2 とする. $M_{\mathfrak{p}} = S_1^{-1}M$, $M_{[\mathfrak{p}]} = S_2^{-1}M$ なので, $M_{\mathfrak{p}} = S_1^{-1}M_{[\mathfrak{p}]}$ である. $h := \mathrm{ht}\, \mathfrak{q}$ を与える R の素イデアル列 $\mathfrak{q}_0 \subsetneq \mathfrak{q}_1 \subsetneq \cdots \subsetneq \mathfrak{q}_h = \mathfrak{q}$ に対し, $\mathfrak{q}_0 R_{[\mathfrak{p}]} \subsetneq \mathfrak{q}_1 R_{[\mathfrak{p}]} \subsetneq \cdots \subsetneq \mathfrak{q}_h R_{[\mathfrak{p}]}$ は細分できない $R_{[\mathfrak{p}]}$ の素イデアル列であるので, $\mathrm{ht}\, \mathfrak{q}R_{[\mathfrak{p}]} = \mathrm{ht}\, \mathfrak{q}$ が得られる.

(2) (1) の証明の議論題より,
$$\mathrm{Ass}\, M_{[\mathfrak{p}]} = \{\mathfrak{q}M_{[\mathfrak{p}]} \mid \mathfrak{q} \in \mathrm{Ass}\, M \text{ かつ } \mathfrak{q} \subset \mathfrak{p}\}$$
$$\mathrm{Ass}\, M_{\mathfrak{p}} = \{\mathfrak{q}M_{\mathfrak{p}} \mid \mathfrak{q} \in \mathrm{Ass}\, M \text{ かつ } \mathfrak{q} \subset \mathfrak{p}\}$$
がわかる. あとは, (1) の結果より結論を得る. □

定義 8.3.13. R は次数付き環とする. R の斉次素イデアル列 $\mathfrak{p}_0 \subsetneq \mathfrak{p}_1 \subsetneq \cdots \subsetneq \mathfrak{p}_n$ の長さ n の上限 (最大値) を
$${}^*\mathrm{Krull}\, \dim R$$
と書くことにする.

${}^*\mathrm{Krull}\, \dim R \leqq \mathrm{Krull}\, \dim R$ であり, 両者は一致するとは限らない. 例えば, k を体とし, $R = k[T, 1/T]$ を通常の方法で次数付き環と考えるとき, R は (0) 以外の斉次素イデアルを持たないから ${}^*\mathrm{Krull}\, \dim R = 0$ であるが, $\mathrm{Krull}\, \dim R = 1$ である.

定理 8.3.14. R は Noether 次数付き環，M は有限生成 R-次数付き加群とする．

(1) $\mathfrak{p}, \mathfrak{q}$ は R の斉次素イデアルで，$\mathfrak{p} \subsetneq \mathfrak{q}$ であり，かつ，$\mathfrak{p} \subsetneq \mathfrak{a} \subsetneq \mathfrak{q}$ となるような斉次素イデアル $\mathfrak{a}$ は存在しないと仮定する．すると，$\mathfrak{p} \subsetneq \mathfrak{a} \subsetneq \mathfrak{q}$ となるような斉次でない素イデアル $\mathfrak{a}$ も存在しない．

(2) $\mathfrak{p} \in \operatorname{Supp} M$ が斉次素イデアルで，$d = \dim M_\mathfrak{p}$ ならば，$\mathfrak{p}_i \in \operatorname{Supp} M$ $(0 \leqq \forall i \leqq d)$，$\mathfrak{p}_0 \subsetneq \mathfrak{p}_1 \subsetneq \cdots \subsetneq \mathfrak{p}_d = \mathfrak{p}$ を満たす斉次素イデアル列が存在する．

(3) $\mathfrak{p} \in \operatorname{Supp} M$ が R の斉次でない素イデアルならば，次が成り立つ．

$$\operatorname{Krull} \dim_{R_\mathfrak{p}} M_\mathfrak{p} = 1 + \operatorname{Krull} \dim_{R_{\mathfrak{p}^*}} M_{\mathfrak{p}^*} = 1 + \operatorname{Krull} \dim_{R_{[\mathfrak{p}^*]}} M_{[\mathfrak{p}^*]}$$

(4) $\operatorname{Krull} \dim R - 1 \leqq {}^*\!\operatorname{Krull} \dim R \leqq \operatorname{Krull} \dim R$ が成り立つ．

(5) R が体上有限生成な正の次数付き環ならば，次が成り立つ．

$$^*\!\operatorname{Krull} \dim R = \operatorname{Krull} \dim R$$

証明． (1) $\mathfrak{p} \subsetneq \mathfrak{a} \subsetneq \mathfrak{q}$ となる斉次でない素イデアル $\mathfrak{a}$ が存在したと仮定する．R の代わりに $R/\mathfrak{p}$ を考えることにより，はじめから R は整域で，$\mathfrak{p} = (0)$ であると仮定してよい．

斉次元 $0 \neq a \in \mathfrak{q}$ をとる．$\operatorname{ht} \mathfrak{q} \geqq 2$ だから，$\mathfrak{q} \neq (a)$ である．次数構造を考えずに，(a) の無駄のない準素イデアル分解を考え，$\mathfrak{b}$ は (a) の極小素因子のひとつとする．命題 8.3.11 より $\mathfrak{b}$ は斉次素イデアルである．$\operatorname{ht} \mathfrak{b} = 1$ だから，$\mathfrak{p} = (0) \subsetneq \mathfrak{b} \subsetneq \mathfrak{q}$ となり矛盾する．

(2)～(5) に共通する一般論を述べる．$\mathfrak{p}_0 \subsetneq \mathfrak{p}_1 \subsetneq \cdots \subsetneq \mathfrak{p}_d = \mathfrak{p}$ は細分できない (斉次とは限らない) 素イデアル列とする．このとき，$\mathfrak{p}_0^* \subset \mathfrak{p}_1^* \subset \cdots \subset \mathfrak{p}_d^*$ であるが，命題 8.3.7 より，$\mathfrak{p}_i^* = \mathfrak{p}_{i+1}^*$ となるのは，$\mathfrak{p}_i$ が斉次イデアルで，$\mathfrak{p}_{i+1}$ が非斉次イデアルの場合に限る．

ところで，$\mathfrak{p}_i$ が斉次イデアルで $\mathfrak{p}_{i-1}$ が非斉次イデアルの場合，命題 8.3.6 より，$\operatorname{ht} \mathfrak{p}_i^* - \operatorname{ht} \mathfrak{p}_{i-1}^* = 2$ だから，(1) より $\mathfrak{p}_{i-1}^* \subsetneq \mathfrak{q} \subsetneq \mathfrak{p}_i^*$ を満たす斉次素イデアル $\mathfrak{q}$ が存在する．この考察から次のことがわかる．

もし，$\mathfrak{p}$ が斉次イデアルならば，斉次素イデアル列 $\mathfrak{q}_0 \subsetneq \mathfrak{q}_1 \subsetneq \cdots \subsetneq \mathfrak{q}_d = \mathfrak{p}$ が存在する．もし，$\mathfrak{p}$ が非斉次イデアルならば，斉次素イデアル列 $\mathfrak{q}_0 \subsetneq$

$\mathfrak{q}_1 \subsetneq \cdots \subsetneq \mathfrak{q}_{d-1} = \mathfrak{p}^*$ が存在する．このことから，(2), (3), (4) がわかる．

R が体上有限生成な正の次数付き環ならば，無縁イデアル R_+ が R の唯一の斉次極大イデアルで，R_+ を含む斉次でない極大イデアルは存在しない．また，正規化定理 ([永田] 系 4.0.3 参照) より Krull dim $R = $ ht R_+ なので，(5) が得られる． □

8.4. 次数付き加群の圏

本節以降は，射影スキームと層係数コホモロジーに関して，ある程度の知識がある読者を対象とする．

重み付き射影空間などを思い出してもらえばわかるように，可換環 R には何通りもの次数付き環の構造が入りえて，それに応じて斉次イデアルをはじめ様々な構造が変化する．次数付き環に関する諸概念や諸定理はだいたい次数構造のない環の場合と並行して考えることができるが，微妙な差異があるので注意が必要である．

定義 8.4.1. R は次数付き環とする．R-次数付き加群全体を対象，R-次数付き準同型写像を射とする圏を $\mathcal{G}_R$ と書くことにし，これを R-**次数付き加群の圏**という．$M \in \mathcal{G}_R$ に対し，M の次数構造を忘れた $M \in \mathcal{M}_R$ を概念を明確化するために $\Phi(M) \in \mathcal{M}_R$ と書く．この共変関手 $\Phi: \mathcal{G}_R \longrightarrow \mathcal{M}_R$ を **(次数) 忘却関手**という．本来は，$\mathcal{M}_R$ も $\mathcal{M}_{\Phi(R)}$ と書くべきかもしれないが，煩雑なので単に $\mathcal{M}_R$ と書く．

圏 $\mathcal{G}_R$ における射影的対象，移入的対象をそれぞれ**射影的次数付き加群**，**移入的次数付き加群**という．すなわち，R-次数付き加群の任意の完全系列 $L \xrightarrow{f} M \longrightarrow 0$ と R-次数付き準同型写像 $g: P \to M$ に対し，ある R-次数付き準同型写像 $h: P \to L$ が存在して，$g = f \circ h$ が成り立つとき，P は射影的 R-次数付き加群という．次数付き R-移入加群も同様である．

後で述べるように，$I \in \mathcal{G}_R$ が $\mathcal{G}_R$ で移入的であっても，$\mathcal{M}_G$ で移入的であるとは限らない．射影性についても同様であるが，射影分解を用いて議論する際には，以下に述べるように自由分解を使えば，煩わしさを回避

8.4 次数付き加群の圏

できる.

$M \in \mathcal{G}_R$ に対し, M の生成系として斉次元からなるものが選べるので, 圏 $\mathcal{G}_R$ における完全系列

$$\cdots \to F_2 \xrightarrow{d_2} F_1 \xrightarrow{d_1} F_0 \xrightarrow{\varepsilon} M \longrightarrow 0$$

で, 各 F_i が R-自由次数付き加群であるようなものが存在する. これを, M の**次数付き自由分解**とよぶ. これは, 圏 $\mathcal{G}_R$ における射影分解であると同時に圏 $\mathcal{M}_R$ における射影分解である. さらに, M が有限生成 R-次数付き加群ならば, 有限個の斉次元からなる生成系が選べ, F_0 は有限生成であるように選べる. さらに R が Noether 次数付き環ならば, $\operatorname{Ker} \varepsilon$ は有限生成 R-次数付き加群である. したがって, すべての F_i が有限生成 R-次数付き自由加群であるように選べる. これを, **ランク有限な次数付き自由分解**とよぶ.

$M, N \in \mathcal{G}_R$ に対し, $M \otimes_R N$ も自然に R-次数付き加群の構造を持ち, その n 次部分は, $\bigoplus_{p+q=n} M_p \otimes_R N_q$ で与えられる.

$N \in \mathcal{G}_R$ に対し, $T_N(\bullet) = \bullet \otimes_R N$ で定まる関手は $T_N \colon \mathcal{G}_R \to \mathcal{G}_R$ とも考えられるし, $T_N \colon \mathcal{M}_R \to \mathcal{M}_R$ とも考えられる. しかし, 上のような M の次数付き自由分解を用いて T_N の導来関手を計算すれば, $\mathcal{G}_R$ における導来関手も $\mathcal{M}_R$ における導来関手も一致するので, それを改めて,

$$\operatorname{Tor}_n^R(M, N) = L_n T_N(M) \quad (M \in \mathcal{G}_R)$$

と定義する. このとき, $\operatorname{Tor}_n^R(M, N)$ は R-次数付き加群の構造を持つ.

Ext のほうは, もう少し注意深い議論が必要である. $M, N \in \mathcal{G}_R$ に対し $\mathcal{M}_R$ における $\operatorname{Hom}_R(M, N)$ を考え, $d \in \mathbb{Z}$ に対し,

$${}^*\operatorname{Hom}_R^d(M, N) = \{f \in \operatorname{Hom}_R(M, N) \mid f(M_i) \subset N_{i+d} \ (\forall i \in \mathbb{Z})\}$$
$${}^*\operatorname{Hom}_R(M, N) = \bigoplus_{d \in \mathbb{Z}} {}^*\operatorname{Hom}_R^d(M, N)$$

とおく. すると, ${}^*\operatorname{Hom}_R(M, N) \in \mathcal{G}_R$ である.

$N \in \mathcal{G}_R$ を固定して, $G_N = {}^*\operatorname{Hom}_R(\bullet, N)$ で定まる関手 $G_N \colon \mathcal{G}_R \to \mathcal{G}_R$ は, 左半完全反変関手である. Tor のときのように, 第 1 変数 M の次数

付き自由分解を用いて G_N の導来関手を計算し，$\mathfrak{G}_R$ における導来関手を
$$^*\mathrm{Ext}_R^n(M, N) = R^n G_N(M) \quad (M \in \mathfrak{G}_R)$$
と定義する．このとき，$^*\mathrm{Ext}_R^n(M, N)$ は R-次数付き加群の構造を持つ．
ここで，次の命題が基本的になる．

命題 8.4.2. R は Noether 次数付き環，M は有限生成 R-次数付き加群
とする．すると，$\mathfrak{M}_R$ において以下の等式が成立する．
$$\mathrm{Hom}_R(M, N) = {}^*\mathrm{Hom}_R(M, N) \qquad ①$$
$$\mathrm{Ext}_R^i(M, N) = {}^*\mathrm{Ext}_R^i(M, N) \qquad ②$$

証明． ① を示す．$\supset$ は明らかなので $\subset$ を示す．$f \in \mathrm{Hom}_R(M, N)$ をと
る．$\iota_i : M_i \xhookrightarrow{\subset} M$ を包含写像，$\pi_j : N \to N_j$ を正射影とし，$f_{i,j} = \pi_j \circ f \circ \iota_i$
とおく．そして，$f_d = \sum_{j-i=d} f_{i,j}$ とおけば，$f_d \in \mathrm{Hom}_R^d(M, N)$ である．M
が有限生成ならば，$x \in M$ に対し $f_d(x) \neq 0$ となる $d \in \mathbb{Z}$ は有限個しか存
在しないので，$f(x) = \sum_{d \in \mathbb{Z}} f_d(x)$ が成り立つ．

② は，M のランク有限な次数付き自由分解を用いて ① の両辺の導来関
手を計算すると得られる． □

上の命題において，M が有限生成でない場合には ①，② は保証されず，
後でそういう議論が登場する．後で示すように，$\mathfrak{G}_R$ でも移入分解が存在
し，第 2 変数にそれを用いて $^*\mathrm{Ext}_R(M, N)$ を計算することもできる．

ところで，局所次数付き環上の有限生成次数付き加群には，次のように
標準的で便利な，最小次数付き自由分解が存在する．

定義 8.4.3. (最小次数付き自由分解) $(R, \mathfrak{m})$ は局所次数付き環，M は
有限生成 R-次数付き加群とする．$x_1, \ldots, x_n \in M$ を極小斉次生成系 (斉次
元による生成系のうち n が最小であるも) の 1 つとする．$d_i = \deg x_i$ と
し，$F_0 = \bigoplus_{i=1}^n R(-d_i)$ とおく．また，$e_1, \ldots, e_n$ を F_0 の標準基底とし，全
射 $\varepsilon F_0 \to M$ を $\varepsilon(e_i) = x_i$ で定める．

もし，$\operatorname{Ker}\varepsilon \not\subset \mathfrak{m}F_0$ であったと仮定すると，斉次元 $u = a_1e_1+\cdots+a_ne_n \in \operatorname{Ker}\varepsilon - \mathfrak{m}F_0$ (各 a_i は斉次元) が存在する．このとき，$a_i \notin \mathfrak{m}$ となる i が存在するが，この a_i は可逆なので，$x_1,\ldots, x_{i-1}, x_{i+1},\ldots, x_n$ が M の生成系になり，矛盾する．したがって，$\operatorname{Ker}\varepsilon \subset \mathfrak{m}F_0$ である．すると，$M/\mathfrak{m}M$ における $x_1,\ldots, x_n$ の像 $\overline{x_1},\ldots, \overline{x_n}$ は $R/\mathfrak{m}$-加群 $M/\mathfrak{m}M$ の個数最小の生成系である．このとき，$F_0/\mathfrak{m}F_0 \xrightarrow{\overline{\varepsilon}} M/\mathfrak{m}M$ は最小自由分解の最初のステップを与える．したがって，定義 7.1.8 で述べた理由から，$\operatorname{Ker}\varepsilon$ の極小斉次生成系の個数は，M の極小斉次生成系の選び方に依存せずに一定である．

すると，定義 7.1.8 と同じ方法で，M の**最小次数付き自由分解**

$$\cdots \to F_n \xrightarrow{d_n} F_{n-1} \xrightarrow{d_{n-1}} \cdots \xrightarrow{d_2} F_1 \xrightarrow{d_1} F_0 \xrightarrow{\varepsilon} M \longrightarrow 0$$

が定義できて，

$$\cdots \to \frac{F_n}{\mathfrak{m}F_n} \xrightarrow{\overline{d_n}} \frac{F_{n-1}}{\mathfrak{m}F_{n-1}} \xrightarrow{\overline{d_{n-1}}} \cdots \xrightarrow{\overline{d_2}} \frac{F_1}{\mathfrak{m}F_1} \xrightarrow{\overline{d_1}} \frac{F_0}{\mathfrak{m}F_0} \xrightarrow{\overline{\varepsilon}} \frac{M}{\mathfrak{m}M} \longrightarrow 0$$

は $R/\mathfrak{m}$-加群 $M/\mathfrak{m}M$ の最小自由分解になる．

定理 8.4.4. R は Noether 次数付き環，M は有限生成 R-次数付き加群，$\mathfrak{p}$ は R の斉次でない素イデアルで $M_\mathfrak{p} \neq 0$ とする．このとき，次が成り立つ．

(1) $\operatorname{depth}_{R_\mathfrak{p}} M_\mathfrak{p} = 1 + \operatorname{depth}_{R_{[\mathfrak{p}^*]}} M_{[\mathfrak{p}^*]}$

(2) $\dim_{Q(R/\mathfrak{p}^*)} {}^*\operatorname{Ext}^i_{R_{[\mathfrak{p}^*]}}\left(Q(R/\mathfrak{p}^*), M_{[\mathfrak{p}^*]}\right)$
$= \dim_{Q(R/\mathfrak{p})} \operatorname{Ext}^{i+1}_{R_\mathfrak{p}}\left(Q(R/\mathfrak{p}), M_\mathfrak{p}\right) \qquad (i \geqq 0)$

証明．(2) 基礎環 R を $R_{[\mathfrak{p}]}$ にとりかえて議論してよいので，はじめから $\mathfrak{p}^*$ は R の斉次極大イデアルであると仮定してよい．$\overline{R} = R/\mathfrak{p}^*$ は整域で，(0) と無縁イデアル以外に斉次素イデアルを持たないので，命題 8.3.4 より，$k = \overline{R}_0$ は体で $\overline{R} \cong k[T, 1/T]$ であることがわかる．これは単項イデアル整域であるので，ある斉次とは限らない $a \in R - \mathfrak{p}^*$ により $\mathfrak{p}\overline{R} = a\overline{R}$ と書ける．したがって，$\mathfrak{p} = aR + \mathfrak{p}^*$ である．なお，$\mathfrak{p}$ は R の極大イデアルである．完全系列

$$0 \longrightarrow R/\mathfrak{p}^* \xrightarrow{\times a} R/\mathfrak{p}^* \longrightarrow R/\mathfrak{p} \longrightarrow 0$$

を考える. $\mathfrak{M}_R$ で Ext を考え, $^*\mathrm{Ext}^i_R(R/\mathfrak{p}^*, M) = \mathrm{Ext}^i_R(R/\mathfrak{p}^*, M)$ であることを用いると, 完全系列

$$\cdots \to {}^*\mathrm{Ext}^i_R(R/\mathfrak{p}^*, M) \xrightarrow{\varphi_a} {}^*\mathrm{Ext}^i_R(R/\mathfrak{p}^*, M) \longrightarrow \mathrm{Ext}^{i+1}_R(R/\mathfrak{p}, M) \to \cdots$$

が得られる. ここで, φ_a は a 倍写像である.

$^*\mathrm{Ext}^i_R(R/\mathfrak{p}^*, M)$ は有限生成 $R/\mathfrak{p}^*$-次数付き加群でもある. ところで, 単項イデアル整域上の有限生成加群の構造定理を利用すれば, 有限生成 $k[T, 1/T]$-次数付き加群は, 自由 $k[T, 1/T]$-加群であることがわかる. したがって,

$$^*\mathrm{Ext}^i_R(R/\mathfrak{p}^*, M) \cong \bigoplus_{i=1}^r (R/\mathfrak{p}^*) \cdot e_i$$

と書け, a 倍写像 φ_a は単射である. これと $\mathfrak{p} = aR + \mathfrak{p}^*$ より,

$$\mathrm{Ext}^{i+1}_R(R/\mathfrak{p}, M) \cong \frac{{}^*\mathrm{Ext}^i_R(R/\mathfrak{p}^*, M)}{a \cdot {}^*\mathrm{Ext}^i_R(R/\mathfrak{p}^*, M)} \cong \bigoplus_{i=1}^r \frac{(R/\mathfrak{p}^*) \cdot e_i}{a \cdot (R/\mathfrak{p}^*) \cdot e_i}$$

$$\cong \bigoplus_{i=1}^r (R/\mathfrak{p}) \cdot e_i$$

が得られる. $K = Q(R/\mathfrak{p}^*) = R_{[\mathfrak{p}^*]}/\mathfrak{p}^* R_{[\mathfrak{p}^*]}$ は有限生成 $R_{[\mathfrak{p}^*]}$-次数付き加群で, $R/\mathfrak{p}$ は体であることに注意する. $R - \mathfrak{p}^*$ 内の斉次元全体のなす積閉集合を S とすれば,

$$\dim_K {}^*\mathrm{Ext}^i_{R_{[\mathfrak{p}^*]}}\left(K, M_{[\mathfrak{p}^*]}\right) = \dim_K \mathrm{Ext}^i_{R_{[\mathfrak{p}^*]}}\left(K, M_{[\mathfrak{p}^*]}\right)$$
$$= \dim_K S^{-1} \mathrm{Ext}^i_R(R/\mathfrak{p}^*, M) = \mathrm{rank}_{R/\mathfrak{p}^*} \mathrm{Ext}^i_R(R/\mathfrak{p}^*, M)$$
$$= r = \mathrm{rank}_{R/\mathfrak{p}} \mathrm{Ext}^{i+1}_R(R/\mathfrak{p}, M) = \dim_{Q(R/\mathfrak{p})} \mathrm{Ext}^{i+1}_{R_\mathfrak{p}}\left(Q(R/\mathfrak{p}), M_\mathfrak{p}\right)$$

が得られる.

(1) は定義 7.5.7 よりわかる. □

参考 8.4.5. 次数付き環と射影スキームの関係をまとめておく. 射影スキームを考えるときは正の次数付き環で考える.

次数付き加群 M に付随する層 $\widetilde{M}$ ($M^\sim$ とも書く) の定義は, [H] 第 II 章 Prop. 5.11 の直前か, [宮西] p.154 などを参照してほしい.

多くの代数幾何のテキストでは, アフィン・スキームに比べ, 射影スキームの説明は短いが, 射影スキームのほうが次数付き環やその上の次数付き

8.4 次数付き加群の圏

加群との関係は厄介である．そもそも，可換環 R 上の加群 M と，アフィン・スキーム $\operatorname{Spec} R$ 上の準連接加群 $\widetilde{M}$ は 1 対 1 に対応するのに反し，次数付き環 R 上の次数付き加群 M と射影スキーム $\operatorname{Proj} R$ 上の準連接加群 $\widetilde{M}$ の対応は多対 1 である．当然，$\operatorname{Proj} R \cong \operatorname{Proj} S$ であっても $R \cong S$ とは限らない．

以下，要点だけ復習する．R は正の次数付き環，M は R-次数付き加群，$f \in R$ は斉次元で非零因子とする．$\operatorname{Proj} R$ のアフィン開集合 $U = \operatorname{Spec} R[1/f]_0$ に対しては，
$$\Gamma(\operatorname{Spec} R[1/f]_0, \widetilde{M}) = M[1/f]_0$$
$\operatorname{Proj} R$ のザリスキー開集合
$$U = \operatorname{Spec} R[1/f_1]_0 \cup \cdots \cup \operatorname{Spec} R[1/f_r]_0 \subset \operatorname{Proj} R$$
(f_i は R の斉次元) に対しては，
$$\Gamma(U, \widetilde{M})$$
$$= \left\{ (x_1, \ldots, x_r) \in \bigoplus_{i=1}^{r} M\left[\frac{1}{f_i}\right]_0 \ \middle| \ \frac{f_j x_i}{f_j} = \frac{f_i x_j}{f_i} \in M\left[\frac{1}{f_i f_j}\right] \ (\forall i, j) \right\}$$
によって，U 上の準連接加群層の圏から加群の圏への共変関手 $\Gamma(U, \bullet)$ が定義されるのであった．これは $x \in M_0$ の像 $(x, \ldots, x) \in \Gamma(U, \widetilde{M})$ を含むが，それより大きくなる場合もある．$T(M) = \Gamma(U, \widetilde{M})$ とおけば，T は $\mathfrak{G}_R$ から加群の圏への左半完全共変関手であるので，
$$H^i(U, \widetilde{M}) = R^i T(M)$$
と定義するのであった．

$\cdots \to L \to M \to N \to \cdots$ は $\mathfrak{G}_R$ における完全系列とする．任意の斉次素イデアル $\mathfrak{p} \subset R$ に対し，
$$\cdots \to L_{[\mathfrak{p}]} \longrightarrow M_{[\mathfrak{p}]} \longrightarrow N_{[\mathfrak{p}]} \to \cdots$$
は $R_{[\mathfrak{p}]}$-加群の完全系列であり，$M_{[\mathfrak{p}]}$ の 0 次部分 $(M_{[\mathfrak{p}]})_0$ は層 $\widetilde{M}$ の素点 $\mathfrak{p}$ におけるストークであることに注意すれば，
$$\cdots \to \widetilde{L} \longrightarrow \widetilde{M} \longrightarrow \widetilde{N} \to \cdots$$

は $\widetilde{R}$-加群層の完全系列になる．とくに，$L \subset M$ のとき，
$$(M/L)^{\sim} \cong \widetilde{M}/\widetilde{L}$$
である．しかし，$\Gamma(U, (M/L)^{\sim})$ と $\Gamma(U, \widetilde{M})/\Gamma(U, \widetilde{L})$ は必ずしも一致しないので注意すること．

[宮西] 補題 3.7 に書いてあるように，M, N が R-次数付き加群のとき，
$$\mathcal{H}om_{\widetilde{R}}(\widetilde{M}, \widetilde{N}) = {}^*\mathrm{Hom}_R(M, N)^{\sim}$$
が成り立ち，これより，
$$\mathcal{E}xt^i_{\widetilde{R}}(\widetilde{M}, \widetilde{N}) = {}^*\mathrm{Ext}^i_R(M, N)^{\sim}$$
が証明できる ([H] 第 III 章命題 6.2 参照)．他方，層の射全体のなす加群 $\mathrm{Hom}_{\widetilde{R}}(\widetilde{M}, \widetilde{N})$ からその導来関手として定義される $\mathrm{Ext}^i_{\widetilde{R}}(\widetilde{M}, \widetilde{N})$ があるが，これらはスペクトル系列
$$E_2^{p,q} = H^p\big(\mathrm{Proj}\, R, \mathcal{E}xt^q_{\widetilde{R}}(\widetilde{M}, \widetilde{N})\big) \implies E^n = \mathrm{Ext}^n_{\widetilde{R}}(\widetilde{M}, \widetilde{N})$$
を通して結びつけられる ([安藤 1] 系 6.3.18 参照)．
$$\mathrm{Ext}^i_{\widetilde{R}}(\widetilde{R}, \widetilde{M}) \cong H^i(\mathrm{Proj}\, R, \widetilde{M})$$
であった ([H] 第 III 章命題 6.3 参照)．

加群層の圏では射影的分解が必ずしも存在しないので，一般の層に対し $\mathcal{T}or$ は定義できないが，準連接加群層 $\widetilde{M}$ については，次数付き加群 M の次数付き自由加群による自由分解の層化が $\widetilde{M}$ の局所自由分解を与え，$\mathcal{T}or^{\widetilde{R}}_i(\widetilde{M}, \widetilde{N})$ が定義でき，
$$\mathcal{T}or^{\widetilde{R}}_i(\widetilde{M}, \widetilde{N}) = \mathrm{Tor}^R_i(M, N)^{\sim}$$
が成り立つ．それでは，これから，移入分解のほうを考察しよう．

定義 8.4.6. R は次数付き環，M は R-次数付き加群，$N \subset M$ は部分次数付き加群とする．M が N の**次数付き本質的拡大**であるとは，任意の R-次数付き部分加群 $0 \neq L \subset M$ に対し $L \cap N \neq 0$ が成り立つことをいう．

E が移入的 R-次数付き加群で,$M \subset E$ であり,E が M の次数付き本質的拡大であるとき,E は M の**次数付き移入閉包**であるといい,本書では

$$E = {}^*E_R(M)$$

と書くことにする.他方,$E_R(M)$ は $\mathfrak{M}_R$ での移入閉包を表す.

命題 8.4.7. R は次数付き環,M は R-次数付き加群とする.すると,${}^*E_R(M)$ が同型を除き一意的に存在し,$M \subset {}^*E_R(M) \subset E_R(M)$ とみなせる.

証明.${}^*E_R(M)$ の一意性の証明は,定理 3.4.2 と同様である.以下,存在を証明する.

$$\{N \in \mathfrak{G}_R \mid M \subset N \subset E_R(M) \text{ で } N \text{ は } M \text{ の次数付き本質的拡大}\}$$

は容易にわかるように帰納的順序集合であるので,その極大元の 1 つを E とする.E が $\mathfrak{G}_R$ で移入的であることを確かめれば,証明は完了する.もしそうでないとすると,次数付き本質的拡大 $E \subsetneq E'$ が存在する.E' は M の次数付き本質的拡大である.$E_R(M)$ は $\mathfrak{M}_R$ で移入的なので,$\mathfrak{M}_R$ における $f\colon E' \to E_R(M)$ で,$f|_E = \mathrm{id}_E$ を満たすものが存在する.f が単射であることが示されれば,$E \subsetneq E' \subset E_R(M)$ とみなせ,E の極大性に矛盾し,$E = {}^*E_R(M)$ であることが証明される.

$0 \neq \mathrm{Ker}\, f \ni x = x_m + \cdots + x_n$ ($x_i \in E_i, x_m \neq 0, x_n \neq 0$) であると仮定する.もし,ある $a \in R$ に対し $0 \neq ax \in E$ ならば,$ax = f(ax) = af(x) = 0$ となり矛盾する.

そこで,$n - m$ に関する帰納法で,$0 \neq ax \in E$ を満たす斉次元 $a \in R$ が存在することを示し,矛盾を導く.

$n - m = 0$ ならば,x は斉次で E' は E の次数付き本質的拡大なので,$E' \cap Rx \neq 0$ から $E \cap Rx \neq 0$ が得られる.したがって,ある斉次元 $a \in R$ を選べば,$0 \neq ax \in E \cap Rx$ である.

$n - m > 0$ とし,$x' = x - x_m$ とする.帰納法の仮定から斉次元 $b \in R$ で $0 \neq bx' \in E$ を満たすものが存在する.もし,$bx_m = 0$ ならば $a = b$ と

おけばよい．$bx_m \neq 0$ ならば，帰納法の仮定から，$0 \neq cbx_m \in E$ を満たす斉次元 $c \in R$ が存在するので，$a = cb$ とおけばよい．   □

R-次数付き加群 M の最小移入分解
$$0 \longrightarrow M \longrightarrow {}^*E_R^0(M) \xrightarrow{d^0} {}^*E_R^1(M) \xrightarrow{d^1} {}^*E_R^2(M) \to \cdots$$
の定義と存在の証明は $E_R^n(M)$ の場合と同様である．${}^*E_R(M) \subset E_R(M)$ なので，
$$ {}^*E_R^n(M) \subset E_R^n(M) $$
とみなせることに注意しよう．

定義 8.4.8. R は次数付き環，M は R-次数付き加群とする．M が 2 つの 0 でない R-次数付き加群の直和として表せないとき，R は **既約**な R-次数付き加群であるという．

補題 8.4.9. R は Noether 次数付き環，I は移入的 R-次数付き加群とする．このとき，次が成り立つ．
(1) I は既約な移入的 R-次数付き加群の直和として表せる．
(2) 上の分解は順序と同型を除いて一意的である．

証明． 補題 7.2.4 の証明とまったく同様である．   □

補題 8.4.10. R は Noether 次数付環，I は移入的 R-次数付き加群, $\mathfrak{p}$ は R の斉次素イデアル，$\mathfrak{a}$ は R の斉次イデアルで $\mathfrak{a} \subset \mathfrak{p}$ とする．このとき，次が成り立つ．
(1) $\mathrm{Hom}_R(R/\mathfrak{a}, I)$ は移入的 $R/\mathfrak{a}$-次数付き加群である．
(2) ${}^*E_{R/\mathfrak{a}}(R/\mathfrak{p}) \cong \mathrm{Hom}_R\left(R/\mathfrak{a}, {}^*E_R(R/\mathfrak{p})\right)$

証明． 命題 3.3.10(4)，命題 7.2.9 の証明と同様である．   □

定理 8.4.11. R は Noether 次数付き環，M は次数付き R-加群とする．このとき，以下が成り立つ．
(1) $\mathfrak{M}_R$ で考えて $\mathrm{Ass}\, M = \mathrm{Ass}\, {}^*E_R(M)$ である (これらには，斉次でない素イデアルが含まれることがあるので注意せよ).

(2) I は移入的 R-次数付き加群で既約とすると，ある斉次素イデアル $\mathfrak{p} \subset R$ と整数 $d \in \mathbb{Z}$ が存在して，
$$I \cong {}^*E_R(R/\mathfrak{p})(d)$$
となる．

(3) 任意の移入的 R-次数付き加群は ${}^*E_R(R/\mathfrak{p})(d)$ ($\mathfrak{p}$ は R の斉次素イデアル) という形の移入的 R-次数付き加群の直和として表せる．

(4) $\mathfrak{p}$ が R の斉次素イデアルのとき，
$$E_R({}^*E_R(R/\mathfrak{p})(n)) = E_R(R/\mathfrak{p})$$

(5) いま，
$$P_1 = \{\mathfrak{p} \in \operatorname{Ass} M \mid \mathfrak{p} \text{ は斉次素イデアル}\}$$
$$P_2 = \{\mathfrak{p} \in \operatorname{Ass} M \mid \mathfrak{p} \text{ は斉次でない素イデアル}\}$$
とおく．このとき，
$${}^*E_R^n(M) = \bigoplus_{\mathfrak{p} \in P_1} \bigoplus_{d \in \mathbb{Z}} {}^*E_R(R/\mathfrak{p})(d)^{\oplus \mu_n(\mathfrak{p},d)}$$
という形に書ける．ここで，$\mu_n(\mathfrak{p}, d)$ はある濃度である．さらに，$\mu_n(\mathfrak{p}) = \sum_{d \in \mathbb{Z}} \mu_n(\mathfrak{p}, d)$ は Bass 数 $\mu_n(\mathfrak{p}, M)$ と一致し，
$$E_R^n(M) = \left(\bigoplus_{\mathfrak{p} \in P_1} E_R(R/\mathfrak{p})^{\oplus \mu_n(\mathfrak{p})} \right) \oplus \left(\bigoplus_{\mathfrak{p} \in P_2} E_R(R/\mathfrak{p})^{\oplus \lambda_n(\mathfrak{p})} \right)$$
という形に書ける．

証明． (1) の証明は命題 7.2.9 の証明と同様である．

(2) の証明は命題 7.2.5 の証明と同様であるが，その証明の中で，$x \in I$ が d 次の斉次元で $\mathfrak{p} = \operatorname{ann}(x)$ であるとき，次数付き加群としては $Rx \cong (R/\mathfrak{p})(d)$ であるから，次数がシフトして $I = {}^*E_R(R/\mathfrak{p})(d)$ となる．

(3) は上の 2 つの補題と (2) より得られる．

(4) $\mathfrak{M}_R$ での議論だから $n = 0$ と仮定してよい．${}^*E_R(R/\mathfrak{p}) \supset R/\mathfrak{p}$ だから，$E_R({}^*E_R(R/\mathfrak{p})) \supset E_R(R/\mathfrak{p})$ である．あと，$E_R({}^*E_R(R/\mathfrak{p}))$ が $R/\mathfrak{p}$ の本

質的拡大であることを示せば，定理 3.4.2 より $E_R(^*E_R(R/\mathfrak{p})) = E_R(R/\mathfrak{p})$ となる．

そうでないとすると，ある $x \in E_R(^*E_R(R/\mathfrak{p}))$ が存在し，$Rx \neq 0$, $(R/\mathfrak{p}) \cap Rx = 0$ を満たす．$E_R(^*E_R(R/\mathfrak{p}))$ は $^*E_R(R/\mathfrak{p})$ の本質的拡大だから，ある $a \in R$ が存在して $^*E_R(R/\mathfrak{p}) \cap Rx \ni ax \neq 0$ となる．ax は R-次数付き加群に属するから，$ax = x_m + \cdots + x_n$ ($x_i \in (^*E_R(R/\mathfrak{p}))_i$, $x_m \neq 0$, $x_n \neq 0$) と書ける．$^*E_R(R/\mathfrak{p})$ は次数加群としての $R/\mathfrak{p}$ の本質的拡大だから，$x_i \neq 0$ ならば $(R/\mathfrak{p}) \cap Rx_i \neq 0$ である．これは，$0 \neq (R/\mathfrak{p}) \cap Rax \subset (R/\mathfrak{p}) \cap Rx$ を意味し，矛盾である．

(5) の前半は (3) の言い換えにすぎない．後半は (4) より得られる． □

定義 8.4.12. R は次数付き環，$M \neq 0$ は R-次数付き加群とする．このとき，
$$^*\mathrm{inj}\dim_R M = \sup\left\{n \in \mathbb{N} \cup \{0\} \mid {^*E_R^n}(M) \neq 0\right\}$$
と定義する．

定理 8.4.13. R は Noether 次数付き環，$M \neq 0$ は次数付き R-加群とする．

(1) $\mathfrak{p} \subset R$ が斉次でない素イデアルならば，Bass 数について，次が成り立つ．
$$\mu_0(\mathfrak{p}, M) = 0$$
$$\mu_{i+1}(\mathfrak{p}, M) = \mu_i(\mathfrak{p}^*, M) \quad (i \geqq 0)$$

(2) もし $\mathrm{Ass}\, M$ が斉次素イデアルのみからなる集合であれば，
$$^*\mathrm{inj}\dim_R M = \mathrm{inj}\dim_R M$$
が成り立ち，$\mathrm{Ass}\, M$ が非斉次素イデアルを含めば，
$$^*\mathrm{inj}\dim_R M = \mathrm{inj}\dim_R M - 1$$
が成り立つ．

(3) $\mathfrak{m}$ が R の斉次極大イデアルであれば，
$$^*E_R(R/\mathfrak{m}) = E_R(R/\mathfrak{m})$$

証明. (1) 定理 8.4.4(2) の言い換えにすぎない.

(2) $g = {}^*\mathrm{inj}\dim_R M$ とおく. 前定理の (5) より
$$g \leqq \mathrm{inj}\dim_R M = \sup\{n \in \mathbb{N} \cup \{0\} \mid E_R^n(M) \neq 0\}$$
である. 斉次イデアル $\mathfrak{p} \subset R$ については, 前定理の (5) より, $i > g$ ならば $\mu_i(\mathfrak{p}, M) = 0$ である. また, 非斉次イデアル $\mathfrak{p} \subset R$ については, (1) より, $i > g+1$ ならば, $\mu_i(\mathfrak{p}, M) = \mu_{i-1}(\mathfrak{p}^*, M) = 0$ である. これより, 結論を得る.

(3) 定理 8.4.11(1) より, $\mathrm{Ass}\, {}^*E_R(R/\mathfrak{m}) = \mathrm{Ass}\, R/\mathfrak{m} = \{\mathfrak{m}\}$ である. これと上の議論より結論を得る. □

8.5. 算術的 CM 次数付き環

前にも述べたが, $R_0 = k$ が体のとき, 正の次数付き環 $R = \bigoplus_{n=0}^{\infty} R_n$ は, 無縁イデアル $\mathfrak{m} = R_+ = \bigoplus_{n=1}^{\infty} R_n$ を唯一の極大イデアルとする局所次数付き環である. 特に, 射影代数多様体の座標環は局所次数付き環である.

CM 環, Gorenstein 環, 正則環などの定義を次数付き環で考えるとき, ちょっと厄介なことが生じる. 定義の前に, 簡単な例を 1 つ考察する.
$R = \mathbb{C}[X_0, X_1, X_2]$ とし, $\deg X_0 = 2$, $\deg X_1 = \deg X_2 = 1$ として R に次数付き環の構造を定める. 次数構造を忘れた R は正則環である.
しかし, R は重み付き射影空間 $\mathbb{P}(2,1,1)$ の座標環であって, $\mathbb{P}(2,1,1)$ は点 $(1:0:0)$ に特異点を持つのだから, R は代数幾何の意味で正則とは呼べない. 実際, $\mathfrak{p} = (X_1, X_2)$ とするとき, $\left(R_{[\mathfrak{p}]}\right)_0$ は
$$A = \mathbb{C}\left[\frac{X_1^2}{X_0}, \frac{X_2^2}{X_0}, \frac{X_1 X_2}{X_0}\right] \cong \frac{\mathbb{C}[X, Y, Z]}{(XY - Z^2)}$$
の $(X, Y, Z) \subset A$ による局所化と同型であって, これはいわゆる A_1 型有理 2 重点の局所環であって, 正則局所環ではない.

この状況は CM 性ではまた様相が変わってくる. 例えば, $\mathrm{Proj}\, R$ が非特異射影多様体であっても, 次数構造を忘れた R が CM 環でないような

ものが存在する．例えば，$H^1(S, \mathcal{O}_S) \neq 0$ であるような非特異射影曲面 S の座標環は CM 環でない (後の命題 8.5.5 参照)．

可換環論の専門家には申し訳ないが，以下では代数幾何の用語に基づいた定義を与える．これは，可換環論の論文で用いられている用語とは異なるので，気を付けてほしい．

定義 8.5.1. R は次数付き環，M は R-次数付き加群とする．任意の斉次素イデアル $\mathfrak{p} \subset R$ に対し $M_{[\mathfrak{p}]}$ の 0 次部分 $\left(M_{[\mathfrak{p}]}\right)_0$ が CM $(R_{[\mathfrak{p}]})_0$-加群であるとき，M は **locally CM** であるという．他方，次数構造を忘れた M が CM 加群であるとき，**算術的 CM**(arithmetic(ally) Cohen-Macaulay, 略して **aCM**) であるとか，**projective(ly) Cohen-Macaulay** であるという．ホモロジー代数では後者の用語は誤解を与えるので，本書では前者を用いる．

代数幾何では locally CM のことを単に CM と言い，可換環論では aCM 環を単に CM 環という．しかし，代数幾何でも liaison 理論等で aCM スキームの重要性が認識されて以来，両者を区別することが増えてきた．

任意の斉次素イデアル $\mathfrak{p} \subset R$ に対し $\left(R_{[\mathfrak{p}]}\right)_0$ が Gorenstein 環であるとき，R は **locally Gorenstein** であるという．他方，次数構造を忘れた R が Gorenstein であるとき，R は **算術的 Gorenstein**(arithmetic(ally) Gorenstein, 略して **aG**) であるとか **projective(ly) Gorenstein** であるという．

同様に，任意の斉次素イデアル $\mathfrak{p} \subset R$ に対し $\left(R_{[\mathfrak{p}]}\right)_0$ が正則局所環であるとき，R は**局所的正則環**であるといい，次数構造を忘れた R が正則環であるとき，R は**算術的正則環**であるとよぶことにする．

また，本節の最初に述べた代数多様体の座標環の例のように，算術的正則環であって局所的正則環でないものが存在するし，局所的正則環であって算術的正則環でないものも存在する．CM 性と Gorenstein 性については，後で説明する．

命題 8.5.2. Noether 次数付き環 R と有限生成 R-次数付き加群 M に

対し，以下は同値である．

(1) M は aCM 加群である．つまり，任意の極大イデアル $\mathfrak{m} \subset R$ に対し，$M_\mathfrak{m}$ は CM $R_\mathfrak{m}$-加群である．
(2) 任意の斉次素イデアル $\mathfrak{p} \subset R$ に対し，$M_\mathfrak{p}$ は CM $R_\mathfrak{p}$-加群である．
(3) 任意の斉次素イデアル $\mathfrak{p} \subset R$ に対し $M_{[\mathfrak{p}]}$ は CM $R_{[\mathfrak{p}]}$-加群である．
(2′) 任意の斉次極大イデアル $\mathfrak{m} \subset R$ に対し，$M_\mathfrak{m}$ は CM $R_\mathfrak{m}$-加群である．
(3′) 任意の斉次極大イデアル $\mathfrak{m} \subset R$ に対し $M_{[\mathfrak{p}]}$ は CM $R_{[\mathfrak{m}]}$-加群である．

証明. (1) $\Longrightarrow$ (2′) は自明である．

(2′) $\Longrightarrow$ (2). $\mathfrak{p}$ が R の斉次素イデアルであるとき，$\mathfrak{p} \subset \mathfrak{m} \subset R$ となる斉次極大イデアル $\mathfrak{m}$ をとれば，(2′) より $M_\mathfrak{m}$ は CM $R_\mathfrak{m}$-加群である．$M_\mathfrak{p} = (M_\mathfrak{m})_{\mathfrak{p} R_\mathfrak{m}}$ なので，命題 7.7.6 より，$M_\mathfrak{p}$ も CM 加群である．

(2) $\Longleftrightarrow$ (3). $S = R - \mathfrak{p}$ とすると，$M_\mathfrak{p} = S^{-1} M_{[\mathfrak{p}]}$ であった．

$$\mathrm{Ext}^i_{R_\mathfrak{p}}(R_\mathfrak{p}/\mathfrak{p} R_\mathfrak{p}, M_\mathfrak{p}) \cong S^{-1} \mathrm{Ext}^i_{R_{[\mathfrak{p}]}}(R_{[\mathfrak{p}]}/\mathfrak{p} R_{[\mathfrak{p}]}, M_{[\mathfrak{p}]})$$

であるので，$\mathrm{depth}_{R_\mathfrak{p}}(\mathfrak{p} R_\mathfrak{p}, M_\mathfrak{p}) = \mathrm{depth}_{R_{[\mathfrak{p}]}}(\mathfrak{p} R_{[\mathfrak{p}]}, M_{[\mathfrak{p}]})$ が成り立つ．これと命題 8.3.12 より，

$$\mathrm{depth}_{R_{[\mathfrak{p}]}}(\mathfrak{p} R_{[\mathfrak{p}]}, M_{[\mathfrak{p}]}) = \mathrm{Krull}\,\mathrm{dim}_{R_{[\mathfrak{p}]}} M_{[\mathfrak{p}]}$$
$$\Longleftrightarrow \quad \mathrm{depth}_{R_\mathfrak{p}}(\mathfrak{p} R_\mathfrak{p}, M_\mathfrak{p}) = \mathrm{Krull}\,\mathrm{dim}_{R_\mathfrak{p}} M_\mathfrak{p}$$

が成り立つ．(2′) $\Longleftrightarrow$ (3′) も同様である．

(2) $\Longrightarrow$ (1). (2) を仮定したとき，非斉次極大イデアル $\mathfrak{p} \subset R$ に対して，$R_\mathfrak{p}$ が CM 環であることを証明すればよい．(2) の仮定から，$R_{\mathfrak{p}^*}$ は CM 環であることに注意する．定理 8.3.14(3)，定理 8.4.4 より，

$$\mathrm{Krull}\,\mathrm{dim}_{R_\mathfrak{p}} M_\mathfrak{p} = 1 + \mathrm{Krull}\,\mathrm{dim}_{R_{\mathfrak{p}^*}} M_{\mathfrak{p}^*}$$
$$= 1 + \mathrm{depth}_{R_{\mathfrak{p}^*}} M_{\mathfrak{p}^*} = \mathrm{depth}_{R_\mathfrak{p}} M_\mathfrak{p}$$

なので，$R_\mathfrak{p}$ は CM 環である． $\square$

定理 8.5.3. R は体 k 上有限個の正の次数の斉次元で生成される次数付き環, $X = \operatorname{Proj} R$ とする. もし, X 上の任意の局所自由加群層 $\mathcal{F}$ に対し,
$$H^i(X, \mathcal{F}(-n)) = 0 \quad (\forall i < \dim X, \forall n \gg 0)$$
が成り立てば, R は locally CM 環である.

また, k が代数的閉体, R が locally CM 環で, X のすべての既約成分の次元が等しければ, X 上の任意の局所自由加群層 $\mathcal{F}$ に対し,
$$H^i(X, \mathcal{F}(-n)) = 0 \quad (\forall i < \dim X, \forall n \gg 0)$$
が成り立つ.

証明は, [H] 第 III 章定理 7.6(b) を見よ. なお, [H] の (ii) $\Longrightarrow$ (i) の証明では, k が代数閉体であることを用いていないことに注意せよ.

$(R, \mathfrak{m})$ は Noether 局所次数付き環, M は R-次数付き加群とする. $R/\mathfrak{m}^n$ は有限生成だから, $^*\operatorname{Ext}^i_R(R/\mathfrak{m}^n, M) \cong \operatorname{Ext}^i_R(R/\mathfrak{m}^n, M)$ が成り立つ. したがって, 局所コホモロジー群
$$H^i_\mathfrak{m}(M) = \varinjlim_n {}^*\operatorname{Ext}^i_R(R/\mathfrak{m}^n, M)$$
は R-次数付き加群の構造を持つ. しかし, 局所次数付き環は, 次数構造を考えない意味での局所環であるとは限らないので, 第 8.2 節後半の諸定理は, 局所次数付き環に対しては, 再証明を要する.

定理 8.5.4. R は次数付き環で体 $R_0 = k$ 上有限個の正の次数の斉次元 $x_0, x_1, \ldots, x_s$ で生成されると仮定し, $\mathfrak{m} = (x_0, x_1, \ldots, x_s)$ は R の無縁イデアル, $X = \operatorname{Proj} R$ とする. また, M は R-次数付き加群とし, 射影スキームの意味で M から得られる準連接層を $\mathcal{F} = \widetilde{M}$ とする. このとき, 次の完全系列と同型が存在する.
$$0 \longrightarrow H^0_\mathfrak{m}(M) \longrightarrow M \longrightarrow \bigoplus_{n \in \mathbb{Z}} H^0(X, \mathcal{F}(n)) \longrightarrow H^1_\mathfrak{m}(M) \longrightarrow 0$$
$$\bigoplus_{n \in \mathbb{Z}} H^i(X, \mathcal{F}(n)) \cong H^{i+1}_\mathfrak{m}(M) \quad (i \geq 1)$$

証明. 必要なら添え字を付け替え，$\mathbf{a} = (x_0, x_1, \ldots, x_d)$ $(d \leqq s)$ は R のパラメータ系とする．$x_i \neq 0$ で定まる X のアフィン開集合を U_i とすると，$\{U_0, U_1, \ldots, U_d\}$ は X のアフィン開被覆である．$r \in \mathbb{N}$ に対し，

$$\mathfrak{I}_r = \{I \subset \{0, 1, \ldots, d\} \mid \#I = r\}$$

とおく．$I = \{i_1, i_2, \ldots, i_r\} \in \mathfrak{I}_r$ に対し，

$$U_I = U_{i_1} \cap U_{i_2} \cap \cdots \cap U_{i_r}, \quad x_I = x_{i_1} x_{i_2} \cdots x_{i_r},$$

$$C_n^r = \bigoplus_{I \in \mathfrak{I}_{r+1}} H^0(U_I, \mathcal{F}(n)), \quad C^r = \bigoplus_{n \in \mathbb{Z}}^{\infty} C_n^r$$

とおく．代数幾何の Čech コホモロジー理論でよく知られているように，

$$H^i(X, \mathcal{F}(n)) = H^i(C_n^\bullet)$$

である．したがって，

$$\bigoplus_{n \in \mathbb{Z}} H^i(X, \mathcal{F}(n)) = \bigoplus_{n \in \mathbb{Z}} H^i(C_n^\bullet) = H^i(C^\bullet)$$

である．ところで，代数幾何でよく知られているように，

$$\left(M[x_I^{-1}]\right)_n = H^0(U_I, \mathcal{F}(n)), \quad M[x_I^{-1}] = \bigoplus_{n \in \mathbb{Z}} H^0(U_I, \mathcal{F}(n))$$

であるので，$i \geqq 1$ のとき，定義 7.6.7 の記号で，

$$\check{C}^i(\mathbf{a}) \otimes_R M = \bigoplus_{I \subset \mathfrak{I}_i} R_I \otimes_R M = \bigoplus_{I \subset \mathfrak{I}_i} M[x_I^{-1}] = \bigoplus_{n \in \mathbb{Z}} \bigoplus_{I \subset \mathfrak{I}_i} H^0(U_I, \mathcal{F}(n))$$
$$= \bigoplus_{n \in \mathbb{Z}} C_n^{i-1} = C^{i-1}$$

が成り立つ．定理 8.2.8 より，

$$H_{\mathfrak{m}}^i(M) \cong H^i\big(\check{C}^\bullet(\mathbf{a}) \otimes_R M\big)$$

であるので，$i \geqq 2$ のとき，

$$H_{\mathfrak{m}}^i(M) = \bigoplus_{n \in \mathbb{Z}} H^{i-1}(X, \mathcal{F}(n))$$

が成り立つ．また，複体 $\check{C}^\bullet(\mathbf{a}) \otimes_R M$ の 0, 1, 2 次のところは

$$0 \longrightarrow M \xrightarrow{d^0} \bigoplus_{I \in \mathfrak{I}_1} \bigoplus_{n \in \mathbb{Z}} H^0(U_I, \mathcal{F}(n)) \xrightarrow{d^1} \bigoplus_{I \in \mathfrak{I}_2} \bigoplus_{n \in \mathbb{Z}} H^0(U_I, \mathcal{F}(n)) \xrightarrow{d^2} \cdots$$

(これは完全系列とは限らない) である．
$$0 \to \operatorname{Ker} d^0 \to M \xrightarrow{d^0} \operatorname{Ker} d^1 \to \operatorname{Ker} d^1/\operatorname{Im} d^0 \to 0$$
は完全系列で，$\operatorname{Ker} d^0 = H_{\mathfrak{m}}^0(M)$, $\operatorname{Ker} d^1/\operatorname{Im} d^0 = H_{\mathfrak{m}}^1(M)$ であり，また，Čech コホモロジーの定義から，
$$\operatorname{Ker} d^1 = \bigoplus_{n \in \mathbb{Z}} H^0(X, \mathcal{F}(n))$$
であるので，求める完全系列を得る． □

命題 8.5.5. k は体，$S = k[X_0, \ldots, X_r]$ は通常の次数構造による次数付き環とし，$\mathfrak{a} \subset S$ は斉次イデアル，$R = S/\mathfrak{a}$ とする．通常の方法で $X = \operatorname{Proj} R \subset \mathbb{P}^r = \operatorname{Proj} S$ と考える．さらに $d = \dim X$ とし，X のすべての既約成分は d 次元であると仮定する．このとき，R が aCM 環であるための必要十分条件は，次の (1), (2) が成立することである．

(1) 任意の $n \in \mathbb{Z}$ に対し，自然な制限写像
$$H^0(\mathbb{P}^r, \mathcal{O}_{\mathbb{P}^r}(n)) \longrightarrow H^0(X, \mathcal{O}_X(n))$$
は全射である．

(2) $0 < i < \dim X$, $n \in \mathbb{Z}$ ならば，$H^i(X, \mathcal{O}_X(n)) = 0$ である．

証明． $d = \dim X = \operatorname{Krull} \dim R - 1$ とおく．上の定理より，$i \geqq 1$ に対し，
$$\bigoplus_{n \in \mathbb{Z}} H^i(X, \mathcal{O}_X(n)) \cong H_{\mathfrak{m}}^{i+1}(R) \qquad ①$$
$$\bigoplus_{n \in \mathbb{Z}} H^0(X, \mathcal{O}_X(n)) \cong R \qquad ②$$
が成り立つ．

R が aCM 環のとき，定理 8.2.10 より，$i < d+1$ ならば $H_{\mathfrak{m}}^i(R) = 0$ であるので，① より，$1 \leqq i < d$ ならば $H^i(X, \mathcal{O}_X(n)) = 0$ である．また，$\bigoplus_{n \in \mathbb{Z}} H^0(\mathbb{P}^r, \mathcal{O}_{\mathbb{P}^r}(n)) \cong S$ と ② より，全射 $S \twoheadrightarrow R$ から全射 $H^0(\mathbb{P}^r, \mathcal{O}_{\mathbb{P}^r}(n)) \twoheadrightarrow H^0(X, \mathcal{O}_X(n))$ が誘導されることがわかる．

8.5 算術的 CM 次数付き環

逆に，(1), (2) が成り立つと仮定する．① より，$i \geqq 2$ かつ $i \neq d+1$ のとき $H_{\mathfrak{m}}^i(R) = 0$ である．完全系列

$$0 \longrightarrow H_{\mathfrak{m}}^0(R) \longrightarrow R \xrightarrow{\varphi} \bigoplus_{n \in \mathbb{Z}} H^0(X, \mathcal{O}_X(n)) \longrightarrow H_{\mathfrak{m}}^1(R) \longrightarrow 0$$

において，$\varphi: R \longrightarrow \bigoplus_{n \in \mathbb{Z}} H^0(X, \mathcal{O}_X(n)) \cong R$ は，

$$0 \longrightarrow R \xrightarrow{d^0} \bigoplus_{I \in \mathfrak{I}_1} \bigoplus_{n \in \mathbb{Z}} H^0(U_I, \mathcal{O}_X(n))$$

から得られる写像であるので，恒等写像である．したがって，$H_{\mathfrak{m}}^0(R) = 0$, $H_{\mathfrak{m}}^1(R) = 0$ である．系 8.2.11 より R は aCM 環である． □

参考 8.5.6. 上の系の仮定に加え，k は代数閉体で，X のすべての既約成分の次元は等しく，R は locally CM 環であり，さらに，$H^0(X, \mathcal{O}_X) = 0$ であって，すべての $0 < i < \dim X$ に対し，$H^i(X, \mathcal{O}_X) = 0$ が成り立つと仮定する．すると，ある aCM 次数付き環 R' により $\operatorname{Proj} R \cong \operatorname{Proj} R'$ となるようにできる．

実際，セールの消滅定理と定理 8.5.3 により，ある $n_0 \in \mathbb{N}$ が存在して，$0 < i < \dim X$, $|n| > n_0$ ならば $H^i(X, \mathcal{O}_X(n)) = 0$ かつ $H^0(\mathbb{P}^r, \mathcal{O}_{\mathbb{P}^r}(n)) \longrightarrow H^0(X, \mathcal{O}_X(n))$ が全射であるようにできる．そこで，$H^0(X, \mathcal{O}_X(n_0))$ の基底 $f_0, \ldots, f_m$ によってベロネーゼ埋入 $f = (f_0 : \cdots : f_m): Y \to \mathbb{P}^m$ を作れば，$f(Y) \subset \mathbb{P}^m$ の座標環 R' は aCM 環になる．ここで，R が locally Gorenstein ならば R' は算術的 Gorenstein である（命題 8.5.12 参照）．この種の話題は，最近ではもっと精密化・一般化されている．

さて，aCM 環の考察のために，ここから少し地味な作業をしばらく続けなければならない．局所次数付き環は，次数構造を忘れた環としては局所環であるとは限らないので，第 7.5〜7.7 節で証明した結果は，そのまま局所次数付き環に適用することはできない．そこで，第 7.5〜7.7 節の理論の次数付き環バージョンを改めて考察する必要がある．まず，正則列から始める．

命題 8.5.7. R は Noether 次数付き環,M は有限生成 R-次数付き加群,$\mathfrak{a} \subset R$ は斉次イデアルで $\mathfrak{a}$ のすべての斉次元は M-非正則元であると仮定する.すると,$\mathfrak{a} \subset \mathfrak{p} \in \mathrm{Ass}\, M$ を満たす素イデアル $\mathfrak{p}$ が存在する.

証明. 命題 7.5.2 の証明を見直してみると,命題 8.3.11 より $\mathfrak{p} \in \mathrm{Ass}\, M$ は斉次素イデアルで,$\mathfrak{a} - \bigcup_{\mathfrak{p} \in \mathrm{Ass}\, M} \mathfrak{p}$ の中に M-正則斉次元が存在するので,結論を得る. □

定理 8.5.8. R を Noether 次数付き環,M は有限生成 R-次数付き加群,$\mathfrak{a}$ は R の斉次イデアルで,$\mathfrak{a}M \neq M$ であるとする.このとき,次が成り立つ.
 (1) N は有限生成 R-次数付き加群,$\mathfrak{a} = \mathrm{ann}(N)$ とする.$\mathfrak{a}$ の斉次元からなる長さ n の M-正則列が存在するための必要十分条件は,任意の $i < n$ に対し $\mathrm{Ext}^i_R(N, M) = 0$ となることである.
 (2) $\mathrm{depth}_R(\mathfrak{a}, M) < \infty$ のとき,$\mathfrak{a}$ の斉次元からなる極大 M-正則列 $a_1, \ldots, a_n$ の長さ n は $\mathrm{depth}_R(\mathfrak{a}, M)$ に等しい.

証明. 定理 7.5.9 の証明を見直す.定理 7.5.9(1′) の証明の Step 1 の部分について,$\mathfrak{a}$ のすべての斉次元が M-非正則元であると仮定すると,上の命題を使うと定理 7.5.9 の証明と同じ議論で矛盾が生じる.これより,$\mathfrak{a}$ が斉次な M-正則元を含むことが導かれる.

Step 2 以降の証明は,定理 7.5.9 の証明と同じである. □

$(R, \mathfrak{m})$ が Noether 局所次数付き環,M が有限生成 R-次数付き加群のとき,
$$\mathrm{depth}_R M := \mathrm{depth}_R(\mathfrak{m}, M)$$
と約束する.

命題 8.5.9. Noether 局所次数付き環 $(R, \mathfrak{m})$ に対し,次の (1)〜(3) は同値である.
 (1) R は aCM 環である.
 (2) $\mathrm{depth}_R R = {}^*\mathrm{Krull\,dim}\, R$ が成り立つ.

(3) 任意の $i < {}^*\mathrm{Krull}\dim R$ に対し，${}^*\mathrm{Ext}_R^i(R/\mathfrak{m}, R) = 0$ が成り立つ．

証明． (1) $\Longrightarrow$ (2)．$(R, \mathfrak{m})$ は aCM であるとする．すると，$(R_\mathfrak{m}, \mathfrak{m}R_\mathfrak{m})$ は CM 局所環で，命題 7.5.10 より，
$$\mathrm{depth}_R R = \mathrm{depth}_{R_\mathfrak{m}} R_\mathfrak{m} = \mathrm{Krull}\dim R_\mathfrak{m}$$
$$= \mathrm{ht}\,\mathfrak{m}R_\mathfrak{m} = \mathrm{ht}\,\mathfrak{m} = {}^*\mathrm{Krull}\dim R$$
である．

(2) $\Longrightarrow$ (1)．$\mathrm{depth}_R R = {}^*\mathrm{Krull}\dim R$ が成り立つと仮定すると，$\mathrm{depth}_{R_\mathfrak{m}} R_\mathfrak{m} = \mathrm{Krull}\dim R_\mathfrak{m}$ が成り立つ．命題 8.5.2 より，R は aCM 環である．

(2) $\Longleftrightarrow$ (3) は，定理 8.5.8 よりわかる． $\square$

定義 8.5.10. $(R, \mathfrak{m})$ は aCM 局所次数付き環とする．K_R が R の**標準次数付き加群**であるとは，K_R は有限生成次 R-数付き加群であって，
$$ {}^*\mathrm{Ext}_R^i(R/\mathfrak{m}, K_R) \cong \begin{cases} R/\mathfrak{m} & (i = {}^*\mathrm{Krull}\dim R) \\ 0 & (i \neq {}^*\mathrm{Krull}\dim R) \end{cases}$$
が成り立つことをいう．上の同型は 0 次の同型を表す．

命題 8.5.11. $(R, \mathfrak{m})$ は aCM 局所次数付き環で，標準次数付き加群 K_R を持つを仮定する．
(1) $\mathbf{a} = (a_1, \ldots, a_n) \subset \mathfrak{m}$ が斉次元からなる極大 R-正則列ならば，ある $m \in \mathbb{Z}$ が存在して，次が成り立つ．
$$K_R/\mathbf{a}K_R \cong E_{R/\mathbf{a}R}(R/\mathfrak{m})(m)$$
(2) K_R は次数構造を忘れて $\mathfrak{M}_R$ で考えても標準加群である．
(3) K_R' も標準次数付き加群ならば，次数も込めた 0 次の同型の意味で
$$ {}^*\mathrm{Hom}_R(K_R, K_R') \cong R$$
である．特に，0 次の R-同型写像 $\varphi\colon K_R \longrightarrow K_R'$ が存在する．
(4) $\mathbf{a} = (a_1, \ldots, a_n)$ が斉次元からなる R-正則列ならば，$\mathbf{a}$ は K_R-正則列である．

(5) $\mathfrak{p} \subset R$ が斉次素イデアルならば,
$$K_{R_{[\mathfrak{p}]}} \cong (K_R)_{[\mathfrak{p}]}$$
が成り立つ.

証明. (1) 定理 8.1.5(2) の証明において, k を $R/\mathfrak{m}$ と書き換えればよい.

(2) 示すべきことは, $\mathfrak{M}_R$ で考えた任意の素イデアル $\mathfrak{p} \subset R$ に対し, $(K_R)_\mathfrak{p}$ が $R_\mathfrak{p}$ の標準加群になることである. $\mathfrak{p}$ が斉次イデアルの場合は, 定理 8.1.6(2) の証明と同様である.

$\mathfrak{p}$ が斉次でない場合を考える. 定理 8.4.4(2) の証明で述べたように, $\mathrm{Ext}^i_{R_\mathfrak{p}}(R/\mathfrak{p}, (K_R)_\mathfrak{p})$ は $R/\mathfrak{p}$-自由加群であって, 上の議論と合わせると,
$$\mathrm{rank}_{R/\mathfrak{p}} \mathrm{Ext}^i_{R_\mathfrak{p}}\left(R/\mathfrak{p}, (K_R)_\mathfrak{p}\right) = \mathrm{rank}_{R/\mathfrak{p}^*} \mathrm{Ext}^{i-1}_{R_{[\mathfrak{p}^*]}}\left(R/\mathfrak{p}^*, (K_R)_{[\mathfrak{p}^*]}\right)$$
$$= \begin{cases} 1 & (i-1 = \mathrm{Krull}\dim R_{[\mathfrak{p}^*]}) \\ 0 & (i-1 \neq \mathrm{Krull}\dim R_{[\mathfrak{p}^*]}) \end{cases}$$

である. $\mathrm{Krull}\dim R_{[\mathfrak{p}^*]} = \mathrm{Krull}\dim R_\mathfrak{p} - 1$ なので, $R_\mathfrak{p}$ は CM 局所環である.

(3) 上の結果と命題 8.1.11 より, $L = \mathrm{Hom}_R(K_R, K'_R)$ はランク 1 の局所自由 R-加群である. K_R は有限生成だから, $\mathrm{Hom}_R(K_R, K'_R) = {}^*\mathrm{Hom}_R(K_R, K'_R)$ であり, L は R-次数付き加群になる. L の最小次数付き自由分解 $\cdots \to F_0 \xrightarrow{\varepsilon} L \longrightarrow 0$ をとる. $\cdots \to F_0/\mathfrak{m}F_0 \xrightarrow{\bar{\varepsilon}} L/\mathfrak{m}L \longrightarrow 0$ は $R/\mathfrak{m}$-加群 $L/\mathfrak{m}L$ の最小自由分解になり, $L/\mathfrak{m}L \cong R/\mathfrak{m}$ だから, $i \geqq 1$ のとき $F_i/\mathfrak{m}F_i = 0$ であり, したがって, $i \geqq 1$ のとき $F_i = 0$ となる. すなわち, L はランク 1 の R-自由次数付き加群である. したがって, ある $m \in \mathbb{Z}$ が存在して, $L \cong R(-m)$, $K_R \cong K'_R(m)$ となる. $d = {}^*\mathrm{Krull}\dim R$ として, 0 次の同型の意味で,
$$R/\mathfrak{m} \cong {}^*\mathrm{Ext}^d_R(R/\mathfrak{m}, K_R) \cong {}^*\mathrm{Ext}^d_R(R/\mathfrak{m}, K'_R(m))$$
$$\cong {}^*\mathrm{Ext}^d_R(R/\mathfrak{m}, K'_R)(m) \cong (R/\mathfrak{m})(m)$$

であるので, $m = 0$ を得る.

(4) 定理 8.1.5(5) の証明と同じである.

(5) 定理 8.1.6(2) の証明において，$R_\mathfrak{p}, K_{R_\mathfrak{p}}, (K_R)_\mathfrak{p}, k, E_A$ をそれぞれ $R_{[\mathfrak{p}]}, K_{[\mathfrak{p}]}, (K_R)_{[\mathfrak{p}]}, R/\mathfrak{m}, {}^*E_A$ と書き換え，a_i を斉次元として選べばよい．
□

命題 8.5.12. $(R, \mathfrak{m})$ は aCM 局所次数付き環で，${}^*\mathrm{Krull}\dim R = n$ とする．

(1) R が標準次数付き加群 K_R を持つとき，R が算術的 Gorenstein であるための必要十分条件は，ある $m \in \mathbb{Z}$ により $K_R \cong R(m)$ となることである．($a_1, \ldots, a_n$ を R の斉次正規パラメータ系とすれば，$m = -\sum_{i=1}^{n} \deg a_i$ である．)

(2) R が算術的 Gorenstein 環であるための必要十分条件は，ある $m \in \mathbb{Z}$ が存在して，
$$ {}^*\mathrm{Ext}^i_R(R/\mathfrak{m}, R) \cong \begin{cases} 0 & (i \neq n \text{ のとき}) \\ (R/\mathfrak{m})(-m) & (i = n \text{ とき}) \end{cases} $$
が成り立つことである．

証明． (1) R が算術的 Gorenstein ならば，R の任意の素イデアル $\mathfrak{p}$ に対し $R_\mathfrak{p}$ は Gorenstein なので，$(K_R)_\mathfrak{p} \cong R_\mathfrak{p}$ であり，K_R はランク 1 の局所自由 R-加群になる．定理 3.2.11 より K_R は射影的 R-加群である．定義 8.4.3 で述べたような K_R の最小次数付き自由分解を $\cdots \to F_1 \to F_0 \to K_R \to 0$ とすると，$(F_0)_\mathfrak{p} \cong (K_R)_\mathfrak{p} \cong R_\mathfrak{p}$ で，$i \geqq 1$ に対し $(F_i)_\mathfrak{p} = 0$ だから，$F_1 = F_2 = \cdots = 0$ で，$\mathrm{rank}\, F_0 = 1$ でなければならない．定義 8.4.3 で述べたように $F_0 = R(m)\ (\exists m \in \mathbb{Z})$ と書けるので，$K_R \cong R(m)$ となる．

逆に，$K_R \cong R(n)$ ならば R が算術的 Gorenstein であることは明らかである．

(2) まず，$Q(R/\mathfrak{m})$ 内の 0 でない有限生成 $R/\mathfrak{m}$-加群 M は，ある $x \in Q(R/\mathfrak{m})$ により，$M = (R/\mathfrak{m}) \cdot x \cong R/\mathfrak{m}$ と書けることに注意する．

実際，$R/\mathfrak{m}$ が体のときは，このことは明らかで，$R/\mathfrak{m} \cong k[T, 1/T]$ のときは，$R/\mathfrak{m}$ は単項イデアル整域なので，単項イデアル整域上の有限生成加群の構造定理より結論を得る．

さて，R は算術的 Gorenstein 環であるとし，$R - \mathfrak{m}$ 内の斉次元全体の集合を S とする．*Krull dim $R =$ Krull dim $R_\mathfrak{m}$ なので，次数を気にしないで考えると，

$$S^{-1}\mathrm{Ext}^i_R(R/\mathfrak{m}, R) \cong \mathrm{Ext}^i_{R_\mathfrak{m}}(Q(R/\mathfrak{m}), R_\mathfrak{m})$$
$$\cong \begin{cases} 0 & (i \neq n \text{ のとき}) \\ Q(R/\mathfrak{m}) & (i = n \text{ のとき}) \end{cases}$$

が成り立つ．$\mathrm{Ext}^i_R(R/\mathfrak{m}, R)$ は有限生成 R-加群だから，最初に述べたことから，

$$\mathrm{Ext}^i_R(R/\mathfrak{m}, R) \cong \begin{cases} 0 & (i \neq n \text{ のとき}) \\ R/\mathfrak{m} & (i = n \text{ とき}) \end{cases}$$

が成り立つ．次数を気にしなければ，*$\mathrm{Ext}^i_R(R/\mathfrak{m}, R) = \mathrm{Ext}^i_R(R/\mathfrak{m}, R)$ であるが，$R/\mathfrak{m}$ の自由分解分解として Koszul 複体を用いて考えると，R のパラメータ系の次数の和を m とするとき，*$\mathrm{Ext}^n_R(Q(R/\mathfrak{m}), R_\mathfrak{m}) \cong (R/\mathfrak{m})(-m)$ である．

逆に，上の等式が成り立つとき，$R(m)$ は R の標準次数付き加群の定義を満たすので，R は算術的 Gorenstein である． □

次数付き環の Matlis 双対を定義するときは，$E_R(k)$ を $E_R(R/\mathfrak{m})$ に置き換えたのではだめで，次の定義のように，$E_{R_0}(R_0/\mathfrak{m}_0)$ を使わないといけない．

定義 8.5.13． $(R, \mathfrak{m})$ は局所次数付き環，M は R-次数付き環，$\mathfrak{m}_0 = \mathfrak{m} \cap R_0$ とする．R_0 を 0 次以外の次数部分が 0 であるような次数付き環と考え，M の **Matlis 双対**を，

$$M^\diamond = {}^*\mathrm{Hom}_{R_0}\left(M, E_{R_0}(R_0/\mathfrak{m}_0)\right)$$

と定義する．$M^\diamond$ は R-次数付き加群かつ R_0-次数付き加群であり，R_0-次数付き加群としての $M^\diamond$ の d 次部分は，

$$(M^\diamond)_d = {}^*\mathrm{Hom}_{R_0}\left(M_{-d}, E_{R_0}(R_0/\mathfrak{m}_0)\right)$$

である．

また，Noether 次数付き環 $(R, \mathfrak{m})$ が**完備**であるとは，$(R_0, \mathfrak{m}_0)$ が完備局所環 (R_0 が体である場合も含む) であることをいう．

例えば，k が体のとき，多項式環 $k[X_0, X_1, \ldots, X_n]$ は完備 Noether 局所次数付き環であり，次数を考えない環の場合とは「完備」の様子がかなり変わるので注意してほしい．

また，$(R, \mathfrak{m})$ が完備 Noether 局所次数付き環のとき，各 R_n ($n \in \mathbb{Z}$) は $\mathfrak{M}_R$ での意味で完備 R_0-加群である．そこで，R_0-加群としての $\mathfrak{M}_R$ での完備化を考えると，
$$\widehat{R_n} = R_n, \quad \widehat{R} = R$$
が成り立つことに注意する．

命題 8.5.14. $(R, \mathfrak{m})$ は完備 Noether 局所次数付き環，M は R-次数付き加群とする．このとき，以下が成り立つ．
(1) M が有限生成 R-次数付き加群ならば，$M^{\diamond\diamond} \cong M$．
(2) 任意の R-次数付き加群 M に対し，$M^{\diamond} \cong {}^*\mathrm{Hom}_R(M, R^{\diamond})$．
(3) $(R/\mathfrak{m})^{\diamond} \cong R/\mathfrak{m}$．
(4) $R^{\diamond} \cong {}^*E_R(R/\mathfrak{m})$．

証明. (1) $E = E_{R_0}(R_0/\mathfrak{m}_0)$ とおく．定理 7.4.3 より R_0-加群として，
$$(M^{\diamond\diamond})_i = \mathrm{Hom}_{R_0}\bigl(\mathrm{Hom}_{R_0}(M_i, E), E\bigr) \cong \widehat{R} = R$$
が成り立つ．これより，$M^{\diamond\diamond} \cong M$ である．

(2) 0 次準同型 $\varphi \colon {}^*\mathrm{Hom}_R\bigl(M, {}^*\mathrm{Hom}_{R_0}(R, E)\bigr) \longrightarrow {}^*\mathrm{Hom}_{R_0}(M, E)$ を，$f \in {}^*\mathrm{Hom}_R\bigl(M, {}^*\mathrm{Hom}_{R_0}(R, E)\bigr)$ と $x \in M$ に対し，$(\varphi(f))(x) = (f(x))(1)$ によって定める．逆に，$\psi \colon {}^*\mathrm{Hom}_{R_0}(M, E) \longrightarrow {}^*\mathrm{Hom}_R\bigl(M, {}^*\mathrm{Hom}_{R_0}(R, E)\bigr)$ を，$g \in {}^*\mathrm{Hom}_{R_0}(M, E)$ と $x \in M, a \in R$ に対し，$((\psi(g))(x))(a) = a \cdot g(x)$ と定めれば，容易にわかるように $\psi = \varphi^{-1}$ なので，φ は同型写像である．

(3) $R/\mathfrak{m}$ が体 k の場合は，$R_0/\mathfrak{m}_0 \cong R/\mathfrak{m} = k$ であり，系 7.2.10 より $\mathrm{Hom}_R(k, E_{R_0}(k)) = k$ である．$R/\mathfrak{m}$ が体でない場合は，命題 8.3.4 より，$k = R_0/\mathfrak{m}_0$ とすると，$R/\mathfrak{m} \cong k[T, 1/T]$ である．その d 次部分は，$(k[T, 1/T])_d \neq 0$ ならば k-ベクトル空間として $(k[T, 1/T])_d \cong k$ である．したがって，
$$\bigl((R/\mathfrak{m})^{\diamond}\bigr)_d \cong \mathrm{Hom}_{R_0}\bigl((k[T, 1/T])_{-d}, E_{R_0}(k)\bigr) \cong k$$

であるから，結論を得る．

(4) $E_{R_0}(R_0/\mathfrak{m}_0)$ は移入的なので，$0 \to A \to B$ が R-次数付き加群の完全系列のとき，$B^\diamond \to A^\diamond \to 0$ も完全系列である．(2) より，$^*\mathrm{Hom}_R(B, R^\diamond) \longrightarrow {}^*\mathrm{Hom}_R(A, R^\diamond) \longrightarrow 0$ は完全系列である．したがって，$R^\diamond$ は移入的 R-次数付き加群である．また，$R^{\diamond\diamond} \cong R$ は既約なので，$R^\diamond$ も既約である．定理 8.4.11(2) より，ある $d \in \mathbb{Z}$ と斉次素イデアル $\mathfrak{p}$ により，$R^\diamond \cong {}^*E_R(R/\mathfrak{p})(d)$ と書ける．単射 $R/\mathfrak{m} \cong (R/\mathfrak{m})^\diamond \to R^\diamond \cong {}^*E_R(R/\mathfrak{p})(d)$ が存在するのだから，$\mathfrak{p} \in \mathrm{Ass}\, R/\mathfrak{m}$ であり $\mathfrak{p} = \mathfrak{m}$ である．$d = 0$ は (3) を使えばわかる． □

定義 8.5.15. R は次数付き環，M は R-次数付き加群とする．M が **Artin 次数付き加群**であるとは，M の任意の R-次数付き加群の無限列 $M = N_0 \supset N_1 \supset \cdots$ に対し，ある $n \in \mathbb{N}$ が存在して $N_n = N_{n+1} = \cdots$ が成り立つことをいう．

命題 8.5.16. $(R, \mathfrak{m})$ は Noether 局所次数付き環，M は R-次数付き加群とする．
(1) $^*E_R(R/\mathfrak{m})$ は Artin 次数付き加群である．
(2) M が Artin 次数付き加群であるための必要十分条件は，ある非負整数 n と $d_1, \ldots, d_n \in \mathbb{Z}$ が存在して，
$$M \subset \bigoplus_{i=1}^n R^\diamond(d_i) \qquad ①$$
と書けることである．
(3) $(R, \mathfrak{m})$ が完備 Noether 局所次数付き環で，$M^\diamond$ が有限生成 R-次数付き加群ならば，M は Artin 次数付き加群である．

証明. (1) 命題 7.4.11(1) の証明において，$E_R(k)$ を $^*E_R(R/\mathfrak{m})$, Hom を *Hom,「環」を「次数付き環」,「加群」を「次数付き加群」,「イデアル」を「斉次イデアル」等と機械的に書き換えるだけである．

(2) $N = {}^*\mathrm{Hom}_R(R/\mathfrak{m}, M)$ とおく．① が成り立つと仮定すると，(1) より，$^*E_R(R/\mathfrak{m})$ は Artin R-次数付き加群であるので，M も Artin R-次数

付き加群である．

逆に，M は Artin 次数付き加群とする．$N \subset {}^*\mathrm{Hom}_R(R, M) \cong M$ なので，N も Artin R-次数付き加群である．また，N は $R/\mathfrak{m}$-加群でもある．N は $R/\mathfrak{m}$-部分加群の無限下降列を持たないので，$R/\mathfrak{m}$-加群としても Artin 加群で，$R/\mathfrak{m}$-加群として有限生成である．定理 8.4.4 の証明で述べたように，有限生成 $R/\mathfrak{m}$-次数付き加群は自由 $R/\mathfrak{m}$-加群なので，

$$N = {}^*\mathrm{Hom}_R(R/\mathfrak{m}, M) \cong \bigoplus_{i=1}^{n} (R/\mathfrak{m})(d_i) \quad \text{②}$$

という形に表せる．ここで，この同型が R-加群としての同型にもなるように，右辺に d_i がついている．

斉次元 $x \in M$ をとると，Rx は Artin 次数付き加群なので，$Rx \cap N = {}^*\mathrm{Hom}_R(R/\mathfrak{m}, Rx) \neq 0$ となる．つまり，$N \subset M$ は本質的拡大である．したがって，${}^*E_R(N) = {}^*E_R(M)$ が成り立つ．② より，

$$M \subset {}^*E_R(M) = {}^*E_R(N) \cong \bigoplus_{i=1}^{n} {}^*E_R((R/\mathfrak{m})(d_i)) \cong \bigoplus_{i=1}^{n} R^{\diamond}(d_i)$$

が得られる．

(3) $M^{\diamond}$ が有限生成ならば，ある $n \in \mathbb{N}, d_1, \ldots, d_n \in \mathbb{Z}$ と全射 $\varphi \colon \bigoplus_{i=1}^{n} R(d_i)$ $\longrightarrow M$ が存在する．このとき，$\varphi^{\diamond} \colon M^{\diamond} \longrightarrow \bigoplus_{i=1}^{n} {}^*E_R(R/\mathfrak{m})(-d_i)$ は単射である．${}^*E_R(R/\mathfrak{m})$ は Artin 次数付き加群だから，$M^{\diamond}$ も Artin 次数付き加群である． □

命題 8.5.17. $(R, \mathfrak{m}), (S, \mathfrak{n})$ は aCM 局所次数付き環，$\varphi \colon S \to R$ は 0 次の準同型で，$\varphi(\mathfrak{n}) \subset \mathfrak{m}$ を満たし，R は有限生成 $\varphi(S)$-次数付き加群であるとする．また，$t = {}^*\mathrm{Krull\,dim}\, S - {}^*\mathrm{Krull\,dim}\, R \geqq 0$ とする．S が標準次数付き加群 K_S を持てば，R も標準次数付き加群 K_R を持ち，

$$K_R \cong {}^*\mathrm{Ext}_S^t(R, K_S)$$

が成り立つ．

証明. 定理 8.1.8 の証明において, k を $S/\mathfrak{n}$ で置き換え, $a_1,\ldots, a_n$ を斉次元として選ぶことにし, R^∇ などを $R^\diamond$ などと書き換え, 引用する定理や命題の番号を適宜変更すればよい. □

系 8.5.18. $(R, \mathfrak{m})$ は体 $R_0 = k$ 上, 有限個の正の次数の斉次元で生成される局所次数付き環とする. このとき, R が aCM 環であれば, R は標準次数付き加群 K_R を持つ.

証明. X_i を適当な正の次数の斉次不定元とすれば, $R = k[X_1,\ldots, X_n]/\mathfrak{a}$ ($\mathfrak{a}$ は斉次イデアル) と書けるので, $S = k[X_1,\ldots, X_n]$ が標準次数付き加群 K_S を持つことを示せばよい. $m = \sum_{i=1}^n \deg X_i$, $C = S(-m)$, $\mathfrak{m} = S_+ = (X_1,\ldots, X_n) \subset S$ とおく. 定理 7.6.3 より, 正則列 $\mathbf{a} = (X_1,\ldots, X_n)$ による Koszul 複体 $K_\bullet = K_\bullet(\mathbf{a}, S/\mathfrak{m})$ は $S/\mathfrak{m}$ の次数付き自由分解を与える. $K_n(\mathbf{a}, S/\mathfrak{m}) = S \cdot X_1 \wedge \cdots \wedge X_n$ なので,

$$\mathrm{Ext}^n_S(S/\mathfrak{m}, C) \cong H^n(\mathbf{a}, C) \cong (S/\mathfrak{m})(-m) \cdot e_1 \wedge \cdots \wedge e_n \cong S/\mathfrak{m}$$

($\deg e_i = \deg X_i = d_i$ であることに注意) となる. したがって, $K_S \cong C = S(-m)$ である. □

命題 8.5.19. $(R, \mathfrak{m})$ は aCM 局所次数付き環で, 標準次数付き加群 K_R を持つと仮定する. また, $\mathbf{a} = (a_1,\ldots, a_n)$ が斉次元からなる R-正則列で, $m = \sum_{i=1}^n \deg a_i$ とおくと, 次が成り立つ.

$$K_{R/\mathbf{a}R} \cong (K_R/\mathbf{a}K_R)(m)$$

証明. 定理 8.1.6(1) の証明において, k を $R/\mathfrak{m}$ と書き換えればよいが, その証明に登場する同型写像に, 0 次でないものがある. 命題 8.5.17 を利用するほうが簡明で, 定理 7.6.3 とあわせて,

$$K_{R/\mathbf{a}R} \cong {}^*\mathrm{Ext}^n_R(R/\mathbf{a}, K_R) \cong H^n(\mathbf{a}, K_R) \cong (K_R/\mathbf{a}K_R)(m)$$

となる. ここで, 次数のシフト m は, Koszul 複体を用いて $H^n(\mathbf{a}, K_R)$ を計算するために生じる. □

命題 8.5.20. $(R, \mathfrak{m})$ は Noether 局所次数付き環, M は有限生成 R-次数付き加群とする. このとき, 次が成り立つ.

(1) R の斉次素イデアル $\mathfrak{p}$ に対し,
$$H_{\mathfrak{m}}^0\bigl({}^*E_R(R/\mathfrak{p})\bigr) \cong \begin{cases} {}^*E_R(R/\mathfrak{m}) & (\mathfrak{p} = \mathfrak{m} \text{ のとき}) \\ 0 & (\mathfrak{p} \neq \mathfrak{m} \text{ のとき}) \end{cases}$$

(2) $E = E_R(R/\mathfrak{m})$, $\mu_i = \mu_i(\mathfrak{m}, M)$ (Bass 数) とすると, M の最小移入分解の微分 $\widetilde{d^i}: E_R^i(M) \longrightarrow E_R^{i+1}(M)$ の制限として R-準同型 $d^i: E^{\oplus \mu_i} \longrightarrow E^{\oplus \mu_{i+1}}$ が自然に誘導されて,
$$H_{\mathfrak{m}}^i(M) = \operatorname{Ker} d^i / \operatorname{Im} d^{i-1}$$
が成り立つ.

(3) $H_{\mathfrak{m}}^i(M)$ は Artin 次数付き加群である.

(4) 非負整数 i を固定したとき,
$$H_{\mathfrak{m}}^i(M) = 0 \iff {}^*\operatorname{Ext}_R^i(R/\mathfrak{m}, M) = 0.$$

(5) R が算術的 Gorenstein 環ならば,
$$H_{\mathfrak{m}}^i(R) \cong \begin{cases} {}^*E_R(R/\mathfrak{m}) & (i = {}^*\operatorname{Krull dim} R \text{ のとき}) \\ 0 & (i \neq {}^*\operatorname{Krull dim} R \text{ のとき}) \end{cases}$$
が成り立つ.

(6) $\widehat{N} = \varprojlim_r (R/\mathfrak{m}^r \otimes_R N)$ とおくとき, 任意の $i \geqq 0$ に対し,
$$H_{\mathfrak{m}}^i(M) \cong \widehat{R} \otimes_R H_{\mathfrak{m}}^i(M) \cong H_{\mathfrak{m}\widehat{R}}^i(\widehat{M})$$
が成り立つ. ここで, $\widehat{R}$ は次数構造を忘れても, 局所環であることに注意する.

証明. (1) 定理 8.2.7(1) の証明において, E_R を ${}^*E_R$, k を $R/\mathfrak{m}$ などと書き換え, $0 \neq z \in E = {}^*E_R(R/\mathfrak{m})$ を斉次元として選べばよい.

(2) 定理 8.2.7(2) の証明と同様である.

(3) 定理 8.4.11, 定理 8.5.16 を利用すれば, 定理 8.2.7(3) の証明と同様である.

(4) 定理 8.2.7(4) の証明において，k を $R/\mathfrak{m}$, E を $^*E_R(R/\mathfrak{m})$ と書き換える．命題 8.5.14(3) より，$\mathrm{Hom}_R\left(R/\mathfrak{m}, {}^*E_R(R/\mathfrak{m})\right) \cong R/\mathfrak{m}$ なので，定理 8.2.7(4) の証明の書き換えが，そのまま成り立つ．

(5) 命題 8.5.12 を使えば，定理 8.2.7(5) の証明と同じである．

(6) 定理 8.2.7(7) の証明がそのまま使える． □

$(R, \mathfrak{m})$ は Noether 局所次数付き環で，$d = {}^*\mathrm{Krull}\dim R$ とする．$\mathfrak{m}$ は斉次イデアルで，長さ d の斉次素イデアル列 $\mathfrak{p}_0 \subsetneq \mathfrak{p}_1 \subsetneq \cdots \subsetneq \mathfrak{p}_d = \mathfrak{m}$ が存在するから，斉次元からなるパラメータ系 $a_1, \ldots, a_d \in \mathfrak{m}$ を選ぶことができる．

命題 8.5.21. $(R, \mathfrak{m})$ は Noether 局所次数付き環，M は R-次数付き加群，$\mathbf{a} = (a_1, \ldots, a_d) \subset \mathfrak{m}$ は斉次元からなるパラメータ系とする．このとき，局所コホモロジー $H^i_{\mathfrak{m}}(M)$ は Čech 複体を利用して，次のように計算できる．

$$H^i_{\mathfrak{m}}(M) \cong H^i\bigl(M \otimes_R \check{C}^{\bullet}(\mathbf{a})\bigr) \cong \varinjlim_r H^i(\mathbf{a}^r, M)$$

証明. 定理 8.2.8 の証明と同様である． □

定理 8.5.22. $(R, \mathfrak{m})$ は Noether 局所次数付き環，M は有限生成 R-次数付き加群，$t = \mathrm{depth}_R M$, $d = {}^*\mathrm{Krull}\dim_R M$ とする．このとき，次が成り立つ．

(1) $i < t$ または $i > d$ のとき，$H^i_{\mathfrak{m}}(M) = 0$
(2) $H^t_{\mathfrak{m}}(M) \neq 0$
(3) $H^d_{\mathfrak{m}}(M) \neq 0$

証明. (1) 斉次元からなる R のパラメータ系 $\mathbf{a} = (a_1, \ldots, a_d)$ を利用すれば，定理 8.2.10 の証明と同様である．

(2) $a \in \mathfrak{m}$ を斉次元に選ぶこと以外は，定理 8.2.10 の証明と同じである．

(3) 定理 8.2.10(3) の証明が修正なしで成立する． □

系 8.5.23. $(R, \mathfrak{m})$ は Noether 局所次数付き環で, $d = {}^*\mathrm{Krull}\dim R < \infty$ とする. このとき, R が aCM 環であるための必要十分条件は, $i \neq d$ のとき $H_\mathfrak{m}^i(R) = 0$ となることである.

定理 8.5.24. $(R, \mathfrak{m})$ は Noether 局所次数付き環とする.
(1) M, N が R-次数付き加群のとき次が成り立つ.
$$\mathrm{Tor}_n^R(M, N)^\diamond \cong {}^*\mathrm{Ext}_R^n(M, N^\diamond)$$
(2) さらに, M が有限生成 R-次数付き加群ならば, 次が成り立つ.
$$\mathrm{Tor}_n^R(M, N^\diamond) \cong {}^*\mathrm{Ext}_R^n(M, N)^\diamond$$
(3) M は R-次数付き加群, $d = {}^*\mathrm{Krull}\dim R$, $\mathbf{a} = (a_1, \ldots, a_d) \subset \mathfrak{m}$ は斉次元からなるパラメータ系とする. このとき, 次が成り立つ.
$$H_\mathfrak{m}^i(M) \cong \mathrm{Tor}_{d-i}^R(H_\mathfrak{m}^d(R), M)$$

証明. (1) $\mathfrak{m}_0 = \mathfrak{m} \cap R_0$, $E = R_{R_0}(R_0/\mathfrak{m}_0)$ とし, 反変関手
$$F^n(\bullet) = \mathrm{Hom}_{R_0}\left(\mathrm{Tor}_n^R(\bullet, N), E\right), \quad G^n(\bullet) = {}^*\mathrm{Ext}_R^n(\bullet, \mathrm{Hom}_{R_0}(N, E))$$
を考える. R-加群の完全系列 $0 \to A \to B \to C \to 0$ が与えられたとき, これは R_0-加群としても完全系列であり, E は移入的 R_0 加群なので, R_0 加群としての完全系列
$$0 \to F^0(C) \to F^0(B) \to F^0(A) \to F^1(C) \to F^1(B) \to \cdots$$
$$0 \to G^0(C) \to G^0(B) \to G^0(A) \to G^1(C) \to G^1(B) \to \cdots$$
が得られる. これは, R-加群としての完全系列にもなる. $F^0, G^0 : \mathcal{G}_R \to \mathcal{G}_R$ と考えたとき, 定理 4.7.4 より, $F^n(M) = R^n F^0(M), G^n(M) = R^n G^0(M)$ が成り立つ. 命題 1.9.13(1) より, $F^0(\bullet) = G^0(\bullet)$ である. したがって, $F^n(\bullet) = G^n(\bullet)$ である.

(2) 上と同様に, 定理 7.4.5(2) の方法で証明できる.

(3) 命題 8.5.21 を使えば, 命題 8.2.12(1) の証明と同じである. □

定理 8.5.25. $(R, \mathfrak{m})$ は aCM 局所次数付き環で標準加群 K_R を持つと仮定する. また, $d = {}^*\mathrm{Krull}\dim R$, M は有限生成 R-次数付き加群とする. このとき, 任意の整数 i に対し次が成り立つ.

(1) $H_\mathfrak{m}^{d-i}(M)^\diamond \cong {}^*\mathrm{Ext}_R^i(M, K_R)$
(2) $H_\mathfrak{m}^{d-i}(M) \cong {}^*\mathrm{Ext}_R^i(M, K_R)^\diamond$

証明. 定理 8.2.13 の証明と同様に進行することを確認しよう.

Step 1. R が完備 Gorenstein 局所次数付き環の場合は,
$$H_\mathfrak{m}^{d-i}(M)^\diamond \cong \mathrm{Tor}_i^R(M, H_\mathfrak{m}^d(R))^\diamond = \mathrm{Tor}_i^R(M, {}^*E_R(R/\mathfrak{m}))^\diamond$$
$$\cong \mathrm{Tor}_i^R(M, R^\diamond)^\diamond \cong \mathrm{Ext}_R^i(M, R^{\triangledown\triangledown}) \cong \mathrm{Ext}_R^i(M, K_R)$$

で (1) が得られ, Matlis 双対をとることにより (2) も得られる.

Step 2. R が Gorenstein 局所環の場合.
$\mathfrak{m}_0 = \mathfrak{m} \cap R_0$, $k = R_0/\mathfrak{m}_0$ として,
$$H_\mathfrak{m}^{d-i}(M) \cong H_{\mathfrak{m}\widehat{R}}^{d-i}(\widehat{M}) \cong \mathrm{Hom}_{\widehat{R_0}}\left(\mathrm{Ext}_{\widehat{R}}^i(\widehat{M}, K_{\widehat{R}}), E_{\widehat{R_0}}(k)\right)$$
$$\cong \mathrm{Hom}_{\widehat{R_0}}\left(\mathrm{Ext}_R^i(M, K_R)\widehat{}, E_{\widehat{R_0}}(k)\right)$$
$$\cong \mathrm{Hom}_{R_0}\left(\mathrm{Ext}_R^i(M, K_R), E_{R_0}(k)\right)\widehat{}$$

であるが, $H_\mathfrak{m}^i(M)$ は Artin 加群なので (2) が得られる. この Matlis 双対をとると (1) が得られる.

Step 3. R が CM 局所環の場合.

定理 8.1.9(2) の証明と同様にして, $S = R \oplus K_R$, $\mathfrak{n} = \mathfrak{m} \oplus K_R$ とおくと, $(S, \mathfrak{n})$ が Gorenstein 局所次数付き環であることが証明できる. 命題 8.5.17 より, $K_R \cong {}^*\mathrm{Ext}_S^t(R, S)$ ($t = {}^*\mathrm{Krull\,dim}\,S - {}^*\mathrm{Krull\,dim}\,R$) である. $s = {}^*\mathrm{Krull\,dim}\,S$ とおく. 命題 8.2.9 の証明と同様にして,
$$H_\mathfrak{m}^i(M) \cong H_\mathfrak{n}^i(M) \cong \mathrm{Hom}_{S_0}\left({}^*\mathrm{Ext}_S^{s-i}(M, S), E_{S_0}(k)\right)$$

が証明できる. この後の証明は, 定理 8.2.13 の証明において, $E_S(k)$, Hom_S, Hom_R を $E_{S_0}(k)$, Hom_{S_0}, Hom_{R_0} と書き換えるだけである. □

命題 8.5.26. $(R, \mathfrak{m})$ は体 $R_0 = k$ 上, 有限個の正の次数の斉次元で生成される局所次数付き環とする. もし R が aCM 環ならば R は locally CM 環である.

証明. $X = \operatorname{Proj} R$ とし, 適当に $X \subset \mathbb{P}^r$ と考える. $d = {}^*\operatorname{Krull} \dim R = \operatorname{depth}_R R = \dim X + 1$ とおく. X 上の局所自由加群層 $\mathcal{F}$ は, ある R-次数付き加群 M により, $\mathcal{F} = \widetilde{M}$ と書ける. すると, 定理 8.5.4 より,

$$\bigoplus_{n \in \mathbb{Z}} H^i(X, \mathcal{F}(n)) \cong H^{i+1}_{\mathfrak{m}}(M) \quad (i \geq 1)$$

で, 系 8.5.23 から, $1 \leq i < \dim X$ のとき $H^i(X, \mathcal{F}(n)) = 0$ が得られる. また,

$$H^0(X, \mathcal{F}(-n)) = 0 \quad (\forall n \gg 0)$$

である. したがって, 定理 8.5.3 より, R は locally CM 環である. □

命題 8.5.27. k は体とし, $S = k[X_0, X_1, \ldots, X_r]$ には通常の次数構造を入れて考える. $\mathfrak{a} \subset S$ は斉次イデアル, $R = S/\mathfrak{a}$ とする. $t = r+1-\operatorname{Krull}\dim R$ とし,

$$\omega_R := \mathcal{E}xt^t_S(\widetilde{R}, \widetilde{K_S}), \quad K_R := {}^*\operatorname{Ext}^t_S(R, K_S)$$

とおく. すると,

$$\omega_R \cong \widetilde{K_R}$$

が成り立つ. また, もし R が locally CM 環ならば, ω_R は S の選び方に依存せずに, R のみから同型を除いて一意的に定まる. ω_R を R または $\operatorname{Proj} R$ の **dualizing sheaf** という.

証明. 前半は, $\mathcal{E}xt^i_{\widetilde{R}}(\widetilde{M}, \widetilde{N}) = {}^*\operatorname{Ext}^i_R(M, N)\widetilde{}$ からすぐわかる. 後半の証明は, [H] 第 III 章命題 7.5 の証明を見よ. □

命題 8.5.28. $(R, \mathfrak{m})$ は体 $R_0 = k$ 上, 有限個の正の次数の斉次元で生成される局所次数付き環とする. R が算術的 Gorenstein 環ならば, R は locally Gorenstein 環である.

証明. R が算術的 Gorenstein 環ならば, $K_R \cong R(m) \ (\exists m \in \mathbb{Z})$ である. $X = \operatorname{Proj} R$ とし, $\mathcal{O}_X = \widehat{R}$ を X の構造層とすれば, $\omega_R \cong \mathcal{O}_X(m)$ で, ω_R は可逆層である. $\mathfrak{p} \neq \mathfrak{m}$ を R の斉次素イデアルとして, $A = (R_{[\mathfrak{p}]})_0$, $\mathfrak{q} = \mathfrak{p} R_{[\mathfrak{p}]} \cap A$ とおけば, 代数幾何でよく知られているように, K_A は ω_X

の $\mathfrak{p}$ におけるストークであるので，$K_A \cong A$ となる．したがって，R は locally Gorenstein 環である． □

代数幾何の言葉で言えば，ω_X が可逆層であることが X が locally Gorenstein であることと同値であり，$\omega_X \cong \mathcal{O}_X(m)$ ($\exists m \in \mathbb{Z}$) であることが X が算術的 Gorenstein であることと同値である．

演習問題 8.

8.1. $(R, \mathfrak{m})$ は Noether 局所環，$\{M_\lambda, f_{\lambda\mu}\}$ は R-加群の帰納系とする．このとき，次が成り立つことを示せ．

$$\varinjlim H^i_{\mathfrak{m}}(M_\lambda) \cong H^i_{\mathfrak{m}}\left(\varinjlim M_\lambda\right)$$

これを用いて，M が有限生成でない R-加群の場合にも，$i < \mathrm{depth}_R M$ または $i > \mathrm{Krull}\,\dim_R M$ ならば $H^i_{\mathfrak{m}}(M) = 0$ であることを証明せよ．

(ヒント．前半は，命題 6.1.6 と，2 つの帰納的極限が交換可能であることを用いよ．)

8.2. $(R, \mathfrak{m}, k)$ は CM 局所環で，$d = \mathrm{Krull}\,\dim R$ とする．もし，R が Gorenstein 環ならば $H^d_{\mathfrak{m}}(R) = E_R(k)$ であり，逆に，もし，$H^d_{\mathfrak{m}}(R)$ が移入的ならば R は Gorensein 環であることを証明せよ．

(解答は [Str] 系 10.1.10 を見よ．ただし，前半は定理 8.2.13 を使えば簡単．)

8.3. $(R, \mathfrak{m}, k)$ は Noether 局所環で，標準加群 K_R を持つとする．また，$d \in \mathbb{N}$ とする．このとき，次の (1)〜(3) は同値であることを示せ．
(1) R は CM 環で，$\mathrm{Krull}\,\dim R = d$ である．
(2) $\mathrm{flat}\,\dim_R H^d_{\mathfrak{m}}(R) = d$ である．
(3) $\mathrm{proj}\,\dim_R H^d_{\mathfrak{m}}(R) = d$ である．

(解答は [EJ] 命題 9.5.22 を見よ．)

8.4. k は体とし，k 上の n 変数多項式環 $S = k[X_1, \ldots, X_n]$ を考える．S を通常の方法で次数付き環と考え，S-加群 k の最小自由分解

$$\cdots \to F_n \xrightarrow{d_n} F_{n-1} \xrightarrow{d_{n-1}} \cdots \xrightarrow{d_2} F_1 \xrightarrow{d_1} F_0 \xrightarrow{\varepsilon} k \longrightarrow 0$$

を定義 8.4.3 のように構成する．このとき，$F_0 \cong S$，

$$F_r \cong \bigoplus_{1 \leqq i_1 < \cdots < i_r \leqq n} S \cdot X_{i_1} X_{i_2} \cdots X_{i_r}$$

であり，特に $\mathrm{proj}\,\dim_S k = n$ であることを示せ．

8.5. R は Noether 可換環，M は R-加群とする．単項イデアル (a) に対しては，
$$H^0_{(a)}(M) = \Gamma_{(a)}(M) = \mathrm{Ker}\left(M \to M[a^{-1}]\right)$$
$$H^1_{(a)}(M) \cong \frac{M[a^{-1}]}{M/\Gamma_{(a)}(M)}$$
であることを証明せよ．

8.6. R は Noether 可換環，M は R-加群，$\mathfrak{a}$ は R のイデアル，$a_1,\ldots,a_n \in R$ で，
$$\sqrt{(a_1,\ldots,a_n)} = \sqrt{\mathfrak{a}}$$
が成り立つと仮定する．このとき，$i > n$ ならば，$H_\mathfrak{a}(M) = 0$ であることを証明せよ．

8.7. R は Noether 可換環，M は R-加群，$\mathfrak{a}$ は R のイデアルとする．
$$H^i_\mathfrak{a}(M) = 0 \quad (i > \mathrm{Krull}\,\dim R)$$
であることを証明せよ．
(解答は，[BS] p.103 定理 6.1.2 を見よ．)

8.8. R は Noether 可換環，M は有限生成 R-加群，$\mathfrak{a}$ は R のイデアルで，$\mathfrak{a}M \neq M$ とする．このとき，
$$\mathrm{depth}(\mathfrak{a}, M) = \min\left\{i \in \mathbb{Z} \mid H^i_\mathfrak{a}(M) \neq 0\right\}$$
であることを証明せよ．
(ヒント．M-正則元 $a \in \mathfrak{a}$ をとり，完全系列
$$H^{i-1}_\mathfrak{a}(M) \longrightarrow H^{i-1}_\mathfrak{a}(M/aM) \longrightarrow H^i_\mathfrak{a}(M) \xrightarrow{\times a} H^i_\mathfrak{a}(M)$$
を用いて，$\mathrm{depth}(\mathfrak{a}, M)$ に関する帰納法にもちこむ．[BS] p.109 定理 6.2.7 に解答あり．)

初版第 2 刷の補遺

初版第 1 刷においては省略した定理 7.7.3 の証明を以下に与える．

証明. 命題 7.7.4, 命題 7.7.5, 命題 7.7.6 の証明で定理 7.7.3 は用いられていないので，これら 3 つの命題を利用して定理 7.7.3 を証明する．

(1) $\Longrightarrow$ (2) を示す．命題 7.7.4 の (1) $\Longrightarrow$ (2) より，$a_1, \ldots, a_d$ ($d = \operatorname{depth} R = \operatorname{Krull dim} R$) が R-正則列ならば，$\operatorname{ht}(a_1, \ldots, a_d) = d$ であるので，$(a_1, \ldots, a_d)$ の素因子は $\mathfrak{m}$ のみで，$a_1, \ldots, a_d$ は正規パラメータ系になる．

(1) $\Longrightarrow$ (3) を示す．R は CM 環で，$\mathfrak{a} = (a_1, \ldots, a_r)$ は R のイデアルで $\operatorname{ht} \mathfrak{a} = r$ と仮定する．$\mathfrak{p}$ は $\mathfrak{a}$ の素因子とする．$\mathfrak{p} \in \operatorname{Ass}(R/\mathfrak{a})$ である．定理 7.5.11 より，$\operatorname{depth} R/\mathfrak{a} \leqq \operatorname{Krull dim} R/\mathfrak{p} \leqq \operatorname{Krull dim} R/\mathfrak{a}$ である．他方，

$$\operatorname{Krull dim} R/\mathfrak{a} = \operatorname{Krull dim} R - r = \operatorname{depth} R - r$$

である．命題 7.7.4 の (2) $\Longrightarrow$ (1) より，$a_1, \ldots, a_r$ は R-正則列である．定理 7.5.9(3) より，$\operatorname{depth} R/\mathfrak{a} = \operatorname{depth} R - r$ である．以上より，$\operatorname{Krull dim} R/\mathfrak{p} = \operatorname{Krull dim} R/\mathfrak{a}$ が得られるので，$\operatorname{ht} \mathfrak{p} = r$ である．

(3) $\Longrightarrow$ (1) を示す．$\operatorname{Krull dim} R = d$ とし，$\mathfrak{p}_0 \subsetneq \mathfrak{p}_1 \subsetneq \cdots \subsetneq \mathfrak{p}_d = \mathfrak{m}$ を R の素イデアル列とする．帰納的に，正則列 $a_1, \ldots, a_d$ ($a_i \in \mathfrak{p}_i$) を構成する．

$i \geqq 1$ とし，正則列 $a_1, \ldots, a_{i-1}$ が定まっていて，イデアル $\mathfrak{a}_{i-1} = (a_1, \ldots, a_{i-1})$ は $\operatorname{ht} \mathfrak{a}_{i-1} = i-1$ を満たすと仮定する．ただし，$\mathfrak{a}_0 = 0$ とする．$\mathfrak{a}_{i-1} = (a_1, \ldots, a_{i-1})$ のどの素因子も高さ $i-1$ だから，$a_i \in \mathfrak{p}_i$ を，$\mathfrak{a}_{i-1}$ のどの素因子にも含まれないように選ぶことができる．$R/\mathfrak{a}_{i-1}$ における a_i の像 $\overline{a_i}$ は，(0) の素因子に含まれないのでゼロ因子でない．実際，準素イデアル分解 $\mathfrak{a}_{i-1} = \mathfrak{q}_1 \cap \cdots \cap \mathfrak{q}_r$ をとるとき，$a_i x \in \mathfrak{a}_{i-1}$ ならば，$a_i^n \notin \mathfrak{q}_j$ だから $x \in \mathfrak{q}_j$ で，$x \in \mathfrak{a}_{i-1}$ となる．よって，$a_1, \ldots, a_i$ は正則列になる．

長さ d の正則列が存在するので，$\operatorname{depth} R = d = \operatorname{Krull dim} R$ となる．□

参考文献

「はじめに」でも書いたように，[CE] は伝統的標準教科書で，あらゆるところでよく引用される．現在販売されている版には，Buchsbaum による appendix が付いている．[HS] も [中山・服部] と同様 [CE] の構成にのっとって書かれた本である．[HS] のほうが [CE] より詳しい点も多い．

最近では，いろいろなホモロジー代数の教科書が出版されている．一般的な概説書の中で，本書の内容に物足りない方は [Weibel] を読まれるとよいと思う．[Weibel] が難しいと感じる方は，[GM1], [Maclane], [Osborne], [Rot], [V] も目を通してみるとよい．[EJ] は相対ホモロジーの立場から書かれた本で，標準的なホモロジー代数とは異なった視点で書かれている．

射影的加群，平坦加群，移入的加群などについて，もっと詳しいことを知りたい方は [Lam] を読むとよい．スペクトル系列については [McCleary] が詳しい．

CM 環については，[BH], [BS], [Str] が詳しい．局所コホモロジーをより詳しく勉強されたい方には，可換環論的観点からは上記の [BS], [BH], [Str] を推薦するが，原典は下の [SGA2] と [H2] である．こちらは，代数幾何的な扱いが主なテーマである．なお，[H2] は 1961 年にハーバード大学で行われた Grothendieck のセミナーをまとめたものである．Buchsbaum 環については [SV] を読んでほしい．

(コ) ホモロジーが数学のどのような分野で利用されているかの概説については，[安藤 2] の他 [GM2] がすぐれている．

本書の執筆にあたっては，主に，以下の文献を参考にした．原論文のリストについては，下記の諸文献の巻末を参照されたい．

[安藤 1] 安藤哲哉『代数曲線・代数曲面入門』数学書房 (2007).

[安藤 2] 安藤哲哉 (編)『コホモロジー』日本評論社 (2002).

[彌永・小平] 彌永昌吉・小平邦彦『現代数学概説 I』岩波書店 (1986).

[岩永・佐藤] 岩永恭雄・佐藤眞久『環と加群のホモロジー代数的理論』日

本評論社 (2002).
- [河田] 河田敬義『ホモロジー代数』岩波書店 (1976).
- [河野・玉木] 河野明・玉木大『一般コホモロジー』岩波講座現代数学の展開 (2002).
- [後藤・渡辺] 後藤四郎・渡辺敬一『可換環論』日本評論社 (2011)
- [佐藤] 佐藤肇『位相幾何』岩波講座現代数学の基礎 (1996).
- [永田] 永田雅宜『可換環論』紀伊國屋書店 (1974).
- [中山・東屋] 中山正・東屋五郎『代数学 II』岩波書店 (1954).
- [中山・服部] 中山正・服部昭『ホモロジー代数学』共立出版 (1957).
- [松村] 松村英之『可換環論』共立出版 (1980).
- [森田] 森田康夫『代数概論』裳華房 (1987).
- [BH] W. Bruns & J. Herzog『Cohen-Macaulay Module』Cambridge U. P. (1993).
- [BS] M. P. Brodmann & R. Y. Sharp『Local Cohomology』Cambridge U. P. (1988).
- [CE] H. Cartan & S. Eilenberg『Homological Algebra』Princeton (1956) (現行版は 1973 年の第 7 版).
- [EJ] E. E. Enochs & O. M. G. Jenda『Relative Homological Algebra』Walter de Gruyter (2000).
- [Eis] D. Eisenbud『Commutative Algebra with a View Toward Algebraic Geometry』GTM 150, Springer (1995).
- [GJ] P. Goeters & O. M. G. Jenda『Abelian Groups, Rings, Modules, and Homological Algebra』Chapman & Hall/CRC (2006).
- [GM1] S. I. Gelfand & Yu. I. Manin『Methods of Homological Algebra』Springer (2003). (これは，ロシア語原典からの英訳)
- [GM2] S. I. Gelfand & Yu. I. Manin『Homological Algebra』Algebra V, EMS 38, Springer (1994).
- [H] R. Hartshorne『Algebraic Geometry』GTM 52, Springer (1977). 和訳: ハーツホーン『代数幾何学』(全 3 巻) 高橋宣能・松下大介訳, シュプリンガー・フェアラーク東京 (2004~2005)

[H2] R. Hartshorne 『Local Cohomology』 LNM 41, Springer (1967).
[HS] P. J. Hilton & U. Stammback 『A Cource in Homological Algebra』 GTM 4, Springer (1971).
[In] H. Inassaridze 『K-Theory and Homological Algebra』 LNM 1437, Springer (1990).
[Iv] B. Iversen 『Cohomology of Sheavs』 Springer (1986).
和訳: イヴァセン『層のコホモロジー』前田博信訳, シュプリンガー・フェアラーク東京 (1997).
[Lam] T. Y. Lam 『Lectures on Modules and Rings』 GTM 189, Springer (1999).
[Maclane] S. MacLane 『Homology』 Springer(1994).
[McCleary] J. McCleary 『User's Guide To Spectral Sequences』 Publish or Perish, Inc. (1985)
[Osborne] M. S. Osborne 『Basic Homological Algebra』 GTM 196, Springer (2000).
[Rot] J. J. Rotman 『An Itroduction to Homological Algebra』 Academic press (1979).
[SGA2] A. Grothendieck 『 Cohomologie Locale des Faisceaux Coherents et Theoremes de Lefschetz (SGA2)』 LNM 152, Springer (1968).
[Str] J. R. Strooker 『Homological Questions in Local Algebra』 London Math. Soc. Lecture Note Ser. 145, Cambridge (1990).
[SV] J. Stückrad & W. Vogel 『Buchsbaum Rings and Applications』 Springer (1986).
[V] L. Vermani 『An Elementary Approach to Homological Algebra』 Chapman & Hall/CRC (2003).
[Weibel] C. A. Weibel 『An Introduction to Homological Algebra』 Cambridge studies in advanced mathematics 38 (1994).

記号索引

$S^{-1}M$	8	$E_R(M)$	80
$Q(R)$	8	$E_R^n(M)$	85
$R_\mathfrak{p}$	9	$\operatorname{proj\,dim}_R M$	87
$M_\mathfrak{p}$	9	$\operatorname{inj\,dim}_R M$	87
$\operatorname{ht}\mathfrak{p}$	9	$\mathfrak{M}_R$	97
$\operatorname{coht}\mathfrak{p}$	9	$R^n T(M)$	106
$R^{\oplus \Lambda}$	16	$L_n T(M)$	108
$R^{\oplus \lambda}$	16	$\varprojlim^1$	124
$\varinjlim M_\lambda$	18	$E_2^{p,q} \Longrightarrow E^n$	126
$\varinjlim_\lambda M_\lambda$	18	$\operatorname{Ext}_R^n(M, N)$	165
$\varprojlim M_\lambda$	19	$\operatorname{Tor}_n^R(M, N)$	167
$\varprojlim_\lambda M_\lambda$	19	$\operatorname{flat\,dim}_R M$	179
$\varinjlim h_\lambda$	20	$\operatorname{w.dim}_R M$	186
$\varprojlim h_\lambda$	20	$\operatorname{gl\,dim} R$	186
$\operatorname{Hom}_R(M, N)$	22	$\operatorname{Tot}(C)$	201
$M^\vee$	28	$\mathbb{L}_n T(C)$	202
$\varphi^\vee$	28	$\mathbb{T}\mathrm{or}_n^R(P, Q)$	203
$L \otimes_R M$	30	$\mathbb{R}_n T(C)$	203
$f \otimes g$	31	$b_i(M)$	212
$C^\bullet$	50	$\operatorname{Spec} R$	214
$R[1/a], M[1/a]$	65	$V(I)$	214
		$\sqrt{\mathfrak{a}}$	215
		$\operatorname{Supp} M$	215

$\mathrm{ann}(X)$	215	$\mathfrak{G}_R$	299
$\mathrm{Ass}\, M$	215	$^*\mathrm{Hom}_R(M, N)$	300
$\mathrm{Krull}\,\dim_R M$	215	$^*\mathrm{Ext}^n_R(M, N)$	301
$\mu_n(\mathfrak{p}, M)$	221	$^*E_R(M)$	305
$\widehat{R}, \widehat{M}, M\widehat{\;}$	223	$^*\mathrm{inj}\dim_R M$	309
M^∇	223	$M^\diamond$	321
$\mathrm{Soc}\, M$	226		
$\mathrm{depth}(I, M)$	232		
$\mathrm{grade}\, M$	232		
$\mathrm{depth}_R M$	232		
$K_\bullet(\mathbf{a}, M)$	242		
$H_n(\mathbf{a}, M)$	243		
$K^\bullet(\mathbf{a})$	243		
$K_\bullet(\mathbf{a})$	243		
$K^\bullet(\mathbf{a}, M)$	243		
$H^n(\mathbf{a}, M)$	251		
$\check{C}^\bullet(\mathbf{a})$	249		
$r(M)$	255		
K_R	264		
$H^n_\mathfrak{a}(M)$	274		
R_+	291		
$M_{[\mathfrak{p}]}$	292		
$M(d)$	293		
$\mathfrak{a}^*$	294		
$^*\mathrm{Krull}\dim R$	297		

用語索引

【英数字】

2 重複体	148
aCM	311
annihilator	215
aG	311
arithmatically CM	311
arithmetically Gorenstein	311
Artin 次数付き加群	323
Artin 加群 (環)	187, 227, 264, 279
Bass 数	221, 308, 309
betti 数	212
Cartan-Eilenberg 分解	92, 93
Čech 複体	249, 282
CM 加群	252
CM 環	252, 254
Cohen-Macaulay 加群	252
Cohen-Macaulay 環	252
Dedeking 環	74, 187
flat	→ 平坦
free part	63
Gorenstein 環	255, 270, 279
grade	232, 253
Koszul 複体	242, 250, 258, 325
Krull 次元	9
locally CM	311
locally Gorenstein	311
$L\Pi$ 的	112
$L\Pi^*$ 的	113
$L\Sigma$ 的	112
$L\Sigma^*$ 的	113
Matlis 双対	223, 321
Noether 加群	227
projectively CM	311
projectively Gorenstein	311
reflexive	29
$R\Pi$ 的	112
$R\Pi^*$ 的	113
$R\Sigma$ 的	112
$R\Sigma^*$ 的	113
Socle	226
split	6
syzygy	212
torsion part	63
torsion 元	63
type	255

【あ行】

移入 (的) 次元	87, 174, 181, 184, 210, 247,

	255, 266, 309
移入的	60
移入(的)分解	84, 89, 92
移入閉包	80
上に有界	44

【か行】

可換	10
可逆	69
核	3
加群の圏	97
可約	216
完全共変関手	101
完全反変関手	101
完全系列	4
完全対	141
完備	223, 321
完備化	20, 223, 257, 269
基底	16
帰納系	17
帰納的極限	18
既約	216
極大 CM 加群	264
境界	45
境界作用素	43
極小移入分解	85
極小生成系	211
極小自由分解	212
局所化	9
局所コホモロジー群	274
局所次数付き環	291

局所自由加群	65, 274, 313
局所的正則環	311
極大正則列	233
系列	4
Cohen-Macaulay 加群	252
Cohen-Macaulay 環	252
コ複体	43
コホモロジー	45
コホモロジー完全系列	56
コホモロジー複体	43
コホモロジー連結系列	119
Gorenstein 環	255, 270, 279

【さ行】

最小移入分解	85
最小自由分解	212
算術的 CM	311
算術的 Gorenstein	311
算術的正則環	311
次数付き加群	50, 291
次数付き環	290
自然変換	118
下に有界	44
準同型写像	50
射影分解	90
射影系	19
射影(的)次元	86, 174, 181, 186, 213, 236, 239, 240, 258
射影的	60
射影的極限	19

射影 (的) 分解	83, 93
弱次元	186, 287
自由加群	16
集合の圏	97
自由部分	63
自由分解	83
準素部分加群	215
剰余加群	52
深度	→ 深さ
図式	10
スペクトル系列	125
正規パラメータ系	251
斉次イデアル	291
斉次極大イデアル	291
斉次元	291
斉次素イデアル	291
正則環	258
正則局所環	258
正則パラメータ系	258
正則列	228
正の次数付き環	290
成分	43
積閉集合	7
全商環	8
素因子	215
像	3
双線形写像	30
双対	6
双対加群	28
双対基底	28
双対写像	28

双対複体	45

【た行】

大域次元	186, 258
第 1 象限	126
高さ	9
短完全系列	4
単射的	→ 移入的
単射的次元	→ 移入的次元
単射的分解	→ 移入的分解
中心元	3
超左導来関手	202
直既約	216
直和因子	14
Dedekind 環	74
テンソル積	30
導来完全対	143

【な行】

2 重複体	148
入射的	60
入射 (的) 分解	84
入射包絡	80
ねじれ加群	63
ねじれ部分	63
Noether 加群	227

【は行】

ハイパー Tor	203
ハイパー左導来関手	202
パラメータ系	251
半順序集合	17

左 Cartan -Eilenberg 分解	93
左導来関手	108
左半完全共変関手	101
左半完全反変関手	101
左導来関手	110
微分	43
微分を持つ加群	50
微分を持つ次数つき加群	51
標準加群	264, 273
標準次数付き加群	318
ファイブ・レンマ	12
フィルターづけ	137, 156
深さ	232, 240, 247, 251
	264, 286, 289, 302
複体	43, 44
複体の準同型写像	52
部分加群	52
分解	6
分割可能	73
分数イデアル	69
分数体	8
分裂	6
平坦	35, 68, 70
	§6.2-6.4
平坦次元	179, 263, 287, 332
平坦分解	178
蛇の補題	10
包含写像	2
ホモトープ	54
ホモトピー	54

ホモトープ	202
ホモロジー	46
ホモロジー完全系列	56
ホモロジー・スペクトル系列	153
ホモロジー 2 重複体	158
ホモロジー複体	44
本質的拡大	80

【ま行】

右 Cartan -Eilenberg 分解	92
右導来関手	106
右導来関手	109
右半完全共変関手	101
右半完全反変関手	101
無縁イデアル	291

【や行】

有界	44
有限表示	25
有向集合	17
余核	3

【ら行】

ランク	16
輪体	45
連結系列	119
連結写像	11
連接	25

安藤哲哉
あんどう・てつや

1959年　愛知県瀬戸市生まれ．岐阜県(旧)明智町出身．
1982年　東京大学理学部数学科卒業．
　　　　同大学院を経て，
1986年　千葉大学講師．
現　在　千葉大学理学部情報・数理学科准教授．
　　　　理学博士(東京大学)，
　　　　専門は代数幾何学．

著書
　『数学オリンピック事典』(共著，朝倉書店)
　『世界の数学オリンピック』(日本評論社)
　『コホモロジー』(編著者，日本評論社)
　『ジュニア数学オリンピックへの挑戦』(日本評論社)
　『三角形と円の幾何学』(海鳴社)
　『理系数学サマリー――高校・大学数学復習帳』(数学書房)
　『代数曲線・代数曲面入門 新装版――複素代数幾何の源流』(数学書房)
　『不等式――21世紀の代数的不等式論』(数学書房)

ホモロジー代数学(だいすうがく)

2010年3月10日　第1版第1刷発行
2014年1月20日　第1版第2刷発行

著者　　　安藤哲哉
発行者　　横山 伸
発行　　　有限会社　数学書房
　　　　　〒101-0051　東京都千代田区神田神保町1-32-2
　　　　　TEL　03-5281-1777
　　　　　FAX　03-5281-1778
　　　　　mathmath@sugakushobo.co.jp
　　　　　振替口座　00100-0-372475
印刷
製本　　　モリモト印刷
装幀　　　岩崎寿文

Ⓒ Tetsuya ANDO 2010　Printed in Japan
ISBN 978-4-903342-16-0